攀西马铃薯高产栽培

PANXI MALINGSHU GAOCHAN ZAIPEI

李佩华　主编

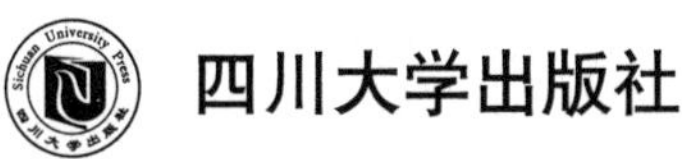

项目策划：梁　平
责任编辑：梁　平
责任校对：傅　奕
封面设计：璞信文化
责任印制：王　炜

图书在版编目（CIP）数据

攀西马铃薯高产栽培 / 李佩华主编. — 2版. — 成都：四川大学出版社，2021.1
ISBN 978-7-5690-4266-5

Ⅰ. ①攀… Ⅱ. ①李… Ⅲ. ①马铃薯—栽培技术 Ⅳ. ①S532

中国版本图书馆 CIP 数据核字（2021）第 012570 号

书名　攀西马铃薯高产栽培

主　　编	李佩华
出　　版	四川大学出版社
地　　址	成都市一环路南一段 24 号（610065）
发　　行	四川大学出版社
书　　号	ISBN 978-7-5690-4266-5
印前制作	四川胜翔数码印务设计有限公司
印　　刷	郫县犀浦印刷厂
成品尺寸	170mm×240mm
印　　张	20
字　　数	412 千字
版　　次	2021 年 3 月第 2 版
印　　次	2021 年 3 月第 1 次印刷
定　　价	72.00 元

◆ 读者邮购本书，请与本社发行科联系。
电话：(028)85408408/(028)85401670/
(028)86408023　邮政编码：610065
◆ 本社图书如有印装质量问题，请寄回出版社调换。
◆ 网址：http://press.scu.edu.cn

四川大学出版社
微信公众号

总　　序

为深入贯彻落实党中央和国务院关于高等教育要全面坚持科学发展观，切实把重点放在提高质量上的战略部署，经国务院批准，教育部和财政部于 2007 年 1 月正式启动“高等学校本科教学质量与教学改革工程”（简称“质量工程”）。2007 年 2 月，教育部又出台了《关于进一步深化本科教学改革　全面提高教学质量的若干意见》。自此，中国高等教育拉开了“提高质量，办出特色”的序幕，从扩大规模正式向“适当控制招生增长的幅度，切实提高教学质量”的方向转变。这是继“211 工程”和“985 工程”之后，高等教育领域实施的又一重大工程。

在党的十八大精神的指引下，西昌学院在“质量工程”建设过程中，全面落实科学发展观，全面贯彻党的教育方针，全面推进素质教育；坚持“巩固、深化、提高、发展”的方针，遵循高等教育的基本规律，牢固树立人才培养是学校的根本任务，质量是学校的生命线，教学是学校的中心工作的理念；按照分类指导、注重特色的原则，推行“本科学历（学位）＋职业技能素养”的人才培养模式，加大教学投入，强化教学管理，深化教学改革，把提高应用型人才培养质量视为学校的永恒主题。学校先后实施了提高人才培养质量的“十四大举措”和“应用型人才培养质量提升计划 20 条”，确保本科人才培养质量。

通过 7 年的努力，学校“质量工程”建设取得了丰硕成果，已建成 1 个国家级特色专业，6 个省级特色专业，2 个省级教学示范中心，2 个卓越工程师人才培养专业，3 个省级高等教育“质量工程”专业综合改革建设项目，16 门省级精品课程，2 门省级精品资源共享课程，2 个省级重点实验室，1 个省级人文社会科学重点研究基地，2 个省级实践教学建设项目，1 个省级大学生校外农科教合作人才培养实践基地，4 个省级优秀教学团队，等等。

为搭建“质量工程”建设项目交流和展示的良好平台，使之在更大范围内发挥作用，取得明显实效，促进青年教师尽快健康成长，建立一支高素质的教学科研队伍，提升学校教学科研整体水平，学校决定借建院十周年之机，利用

2013年的“质量工程建设资金”资助实施“百书工程”，即出版优秀教材80本，优秀专著40本。“百书工程”原则上支持和鼓励学校具有副高职称的在职教学和科研人员，以及成果极为突出的具有中级职称和获得博士学位的教师出版具有本土化、特色化、实用性、创新性的专著，结合“本科学历（学位）+职业技能素养人才培养模式”的实践成果，编写实验、实习、实训等实践类的教材。

在“百书工程”实施过程中，教师们积极响应，热情参与，踊跃申报：一大批青年教师更希望借此机会促进和提升自身的教学科研能力；一批教授甘于奉献，淡泊名利，精心指导青年教师；各二级学院、教务处、科技处、院学术委员会等部门的同志在选题、审稿、修改等方面做了大量的工作。北京理工大学出版社和四川大学出版社给予了大力支持。借此机会，向为实施“百书工程”付出艰辛劳动的广大教师、相关职能部门和出版社的同志等表示衷心的感谢！

我们衷心祝愿此次出版的教材和专著能为提升西昌学院整体办学实力增光添彩，更期待今后有更多、更好的代表学校教学科研实力和水平的佳作源源不断地问世，殷切希望同行专家提出宝贵的意见和建议，以利于西昌学院在新的起点上继续前进，为实现第三步发展战略目标而努力！

西昌学院校长　夏明忠

2013年6月

前　言

攀西地区位于四川省西南部，包括凉山彝族自治州（以下简称凉山州）和攀枝花市。攀西地区是四川省西部地区最重要的农业区，历史上曾被誉为“西康粮仓”。在四川，马铃薯是极具增产潜力、增收潜力、加工增值潜力的一大优势作物，该产业是集粮食安全和特色产业发展于一身的农业产业。四川省委、省政府把马铃薯列为确保粮食安全的三大作物之一，同时又将其列为十大优势特色效益农业之首。在凉山州，马铃薯产业更是集粮食安全、扶贫增收、优势开发和特色产业发展于一身的重要农业产业。

近年来，四川省马铃薯生产发展很快，马铃薯已成为四川省第二大旱粮作物。随着四川省农业产业结构的调整及种植马铃薯效益的不断提高，全省种植马铃薯的面积正在逐年增加，马铃薯在春粮作物中占有越来越重要的地位。据四川省农业厅统计资料，2012 年马铃薯对四川省粮食增产贡献仅次于玉米。四川省凉山州创建了西南地区最大的马铃薯集中产区、全国最大的绿色原料马铃薯标准化生产基地，“凉山马铃薯”经农业部核准登记为“农产品地理标志产品”。因此，四川省农业厅提出了马铃薯产业发展“抓凉山，带四川”的基本工作思路。

攀西马铃薯种植地区主要指凉山及攀枝花的部分山区县，攀西地区是川西南山地区的关键组成，在四川马铃薯种植区域属川西南山地种植带，立体气候特征明显。生产上基本为大春一季净作，近年来攀西地区马铃薯生产出现了较大的新变化，在低山河谷坝区种植效益较高的秋、冬作马铃薯发展迅猛，大春生产也呈现多样化种植方式，间套作种植模式被广泛推广应用。

西昌学院地处凉山州，早在 20 世纪 90 年代就开始对马铃薯进行研究，特别是在 2000 年以后，针对攀西地区生产实际和生态条件，以提高大面积生产水平为目标，开展了马铃薯生理生态、栽培技术和品种选育等方面的研究，取得了一系列研究成果，并在生产中推广应用，社会经济效益显著。面对全球经济一体化的新形势、新机遇、新挑战，大力调整农业结构特别是种植业结构，发展高效、优质农业，成为中国农业的必由之路。在种植业结构调整中，马铃薯是我国具有国际竞争力的少数几个农作物之一，具有良好的市场开发前景，也是农民致富的途径之一。充分利用本地区自然资源条件，积极利用和开发马铃薯，不仅有利于西部生态农业建设，而且有利于区域优势特色产业的形成，有鉴于此，我们组织编写了这本《攀西马铃薯栽培》。

全书由李佩华统稿，共分十一章。第一章“概述”由蔡光泽、李佩华编写，第二章“攀西良繁技术体系及生产技术体系”由李佩华编写，第三章“攀西地区用于脱毒的主要马铃薯栽培品种”由李佩华编写，第四章“攀西地区良种繁育技术研究”由李佩华编写，第五章“马铃薯高产栽培的生理基础”由李佩华编写，第六章“攀西地区马铃薯高产优质栽培技术的肥料运筹”由郑顺林、李佩华编写，第七章“攀西地区不同季节马铃薯高产栽培技术”由李佩华、郑顺林编写，第八章“攀西地区马铃薯立体高产高效栽培技术”由李佩华、郑顺林编写，第九章“攀西地区马铃薯种植的主要集成栽培技术”由李佩华编写，第十章“攀西地区马铃薯病害防治技术”由李佩华、蔡光泽编写，第十一章“攀西地区马铃薯贮藏”由李佩华编写。

本书内容丰富，资料新颖，紧密结合四川马铃薯产业大发展的新形势，全面、系统地反映了攀西地区马铃薯的历史、现状、栽培区划、发展潜力以及脱毒马铃薯良种繁育状况，可供农业管理部门、农业院校、科研单位、种子企业、贸易加工企业等领域的人员参考。本书的编写得到了西昌学院、国际马铃薯中心驻京办事处、四川大学出版社的鼎力支持，在此表示最诚挚的谢意！由于攀西地区地域复杂，自然生态条件、社会经济、技术条件及生产力水平差异悬殊，加之本研究内容较广，资料收集还不够充分，有的还需要进一步整理和论证，同时，由于时间仓促，错误及不足之处在所难免，恳请同行和读者批评和指正。

编　者

目　　录

第一章　概　述

植物与作物一直是也将永远是人类至关重要的生命支撑。因为它们是食物、饲料、原材料、能源和休闲的必要源泉。作物生产不仅为人类生命活动提供能量和其他物质基础，也为其他以植物为食的动物和微生物的生命活动提供能量，是农业生产中的第一性生产。粮食的供求关乎着人类的生存和发展，保持粮食的供给与需求的平衡，对每一个国家乃至世界的稳定极为重要。

回顾整个20世纪，世界谷物的单位面积产量呈现显著的增加趋势，2007年，北美洲的谷物单位面积产量平均达到5.9 t/hm^2，遥遥领先于其他大洲。欧洲和亚洲的单产接近，分别为3.3 t/hm^2和3.5 t/hm^2，而非洲的单产最低，仅为1.4 t/hm^2。全球范围内，谷类作物生产力由1951年的1.2 t/hm^2增加到目前的3.4 t/hm^2，并预测在2020年可能将达到4.2 t/hm^2。产量的增加来自品种的改良和农艺的改进。品种的改良包括优良种子，农艺措施包括灌溉、施肥、病虫草防除等，两者相互依赖、互为补充。自1990年以来，土地的生产力增长极其缓慢，1990年以前的40年，世界粮食每公顷每年增加2.1%，而1990—2000年，每年仅增加1.1%，单位面积增加的产量与种植面积的增加，补偿了人口增多而致的人均种植面积的减少。在20世纪80年代以前，谷物种植面积最大的地区为亚洲；谷物的总产量，全球来看，亚洲最高，2007年达到年产11.4亿t。中国谷物的总种植面积20世纪一直保持较高的水平，46年来，总收获面积则略有降低，即从1961年的9055万hm^2减少到2007年的8473万hm^2，减少了6.4%；单产从1961年的1.2 t/hm^2稳步提高至2007年的5.4 t/hm^2，增加了3.5倍；总产从1961年的1.1亿t增加到2007年的4.6亿t，增加了3.2倍。

总产的增加与单产的增加是同步的，谷物产量的增加带来了显著的社会变化，包括粮食安全的保障，营养不良的减少，更多的食物选择，同时也引起农业结构的改变。就全世界范围来看，粮食供给与消费基本平衡，目前存在着的粮食短缺和饥荒一方面来自于战争、贫穷、政治体系和分配不均；另一方面人口激增、气候异常、土地利用极限、水资源短缺、土壤侵蚀及其盐渍化以及人类对肉类供应需求增长将增加对粮食的消费。到2025年，为了满足全球30亿新出生人口对食物的需求，并改善营养不良状况，全球主要作物单产必须增加50%，绿色革命带来的谷物快速增长的作用已在过去的20～30年里基本实现，而粮食单产的进一步增加则将依赖于发现更有产量潜力的优势作物、生产技术的突破和研究水平的提高及发展改善作物生产体系。

第一节　马铃薯的消费、营养及良种繁育

一、马铃薯的消费需求日益增加，发展马铃薯生产有利于粮食安全

马铃薯（学名：*Solanum tuberosum*，英文：Potato），根据其来源、性味和形态，人们给它取了许多有趣的名字。马铃薯又称土豆、洋芋、洋山芋、山药蛋、馍馍蛋、薯仔（香港、广州人的惯称）等。例如我国山东鲁南地区（滕州）叫地蛋，云南、贵州一带称芋或洋山芋，广西叫番鬼慈薯，山西叫山药蛋，东北各省多称土豆；意大利人叫地豆，法国人叫地苹果，德国人叫地梨，美国人叫爱尔兰豆薯，俄国人叫荷兰薯。

马铃薯是非谷类作物中最重要的粮食作物，是集粮、菜、饲和加工原料于一身的重要作物。具有高产、早熟、用途广（淀粉、食品、加工、酿造及能源等重要工业原料作物）、分布广、耐贮（较其他蔬菜耐贮藏）、既是粮又是菜的特点。马铃薯作为人类的食物源之一，既可以作为主食也可以作为菜肴，同时亦可制作生物燃料，几乎在所有国家都有种植，更是许多国家贫困地区的“当家”农作物。在现今世界人口不断增加、耕地面积减少的情况下，粮食的重要性凸现，马铃薯也越来越受到人们的重视。马铃薯在提高食品安全和减少贫困中扮演着重要角色，尤其对发展中国家的减贫具有重要作用。广大公众特别是年轻人、儿童和在校学生对休闲马铃薯食品的需求，使决策人员对农业在面对解决诸如粮食不安全、营养不良、贫困和对环境威胁等全球焦点问题，确保当代和子孙后代的粮食安全重要性方面的认识更加清楚，马铃薯或将是应对这些挑战所做努力的一个重要组成部分。由于马铃薯对人类的重要作用，我们认为马铃薯生产及其相关产业将一定程度地影响到人类未来的生存和发展。

就马铃薯的发展来看，全世界马铃薯的产量在过去十年间一直以每年4.5%的速度增长，超过许多亚洲发展中国家的其他粮食商品产量的增长。尽管欧洲的马铃薯消费量在下降，但马铃薯在发展中国家的消费量却在增加，从1961—1963年的人均不足10 kg增加到2002—2003年的人均21 kg。不过发展中国家的马铃薯消费量依然比欧洲（93 kg/年）低很多，所有的证据都表明马铃薯在未来将有强劲的增长。

二、马铃薯有益于健康，可为饥饿者提供食物，马铃薯的种植遍及全球

（一）马铃薯的营养价值

马铃薯因其丰富的营养价值，被誉为“地下苹果”和人类的“第二面包”；富含碳水化合物，使其成为良好的热能来源。在块根块茎类作物中，它的蛋白质含量最高（湿重条件下的含量约为2.1%），氨基酸模式与人类的需求非常匹配。它还富含维生素C，一个中等大小的马铃薯含有建议日摄入量的大约一半。从营养角度看，马铃薯可称为“十全十美的食物”。美国国家农业部的研究机构认为：“每餐只吃全脂牛奶和马铃薯，即可获取人体所需的全部食物元素。”

马铃薯兼具粮食和蔬菜的双重特点，这种优点在为数众多的农产品中是不可多得的。与人类最重要的粮食作物水稻和小麦相比较，马铃薯的各种营养成分比例显得更加平衡而且全面（表1—1），即使是其他的粮食作物在这一点上也稍显逊色。

表1—1　马铃薯与大米、面粉营养成分表（每500 g）

营养成分	马铃薯	大米	面粉
胡萝卜素（mg）	0.521	0	0
硫胺素（mg）	0.426	0.9	1.25
核黄素（mg）	0.126	0.15	0.30
烟酸（mg）	1.75	7.5	17
抗坏血酸（mg）	76.68	0	0
蛋白质（g）	8.2	37	55
脂肪（g）	3	2.5	7
碳水化合物（g）	119.32	395	370
热量（kcal）	542.72	1753	1763
粗纤维（g）	6.012	1	1.5
无机盐（g）	5.15	2	3
钙（mg）	46.6	50	0
磷（mg）	252.14	500	0
铁（mg）	38.6	5.0	0
钾（mg）	5.3	5.0	5.5

1. 碳水化合物

碳水化合物是由碳、氢和氧三种元素组成，由于它所含的氢氧的比例为2∶1，就像水分子的氢氧比例一样，故称为碳水化合物。碳水化合物可以说是马铃薯的基本财富，这是人类机体不可缺少的热量来源，形象地说，是人们运动的“燃料”。它是为人体提供热能的三种主要的营养元素（蛋白质、脂肪、碳水化合物）中最廉价的营养元素，为生物的生长、运动、繁殖提供主要能源，是人类生存发

展必不可少的重要物质之一。

马铃薯块茎重量的物质构成中大约四分之三是水，在其余的全部营养物质（干物质）中，碳水化合物含量居第一位。马铃薯中碳水化合物占干重的 80%（范围 63%～86%），主要由淀粉构成，一个中型的马铃薯能提供约 419 kJ 的能量。淀粉在马铃薯块茎中的分布不均匀：顶部芽眼偏少，其淀粉含量比基部少 15%～20%；块茎的形成层和髓外部淀粉含量最多；表皮和髓内部（占块茎重的 25%～30%）淀粉含量少，同一植株的各块茎之间淀粉含量可相差百分之几。

此外，马铃薯碳水化合物类型中含有对人体有重要作用的物质膳食纤维。膳食纤维是植物性食物中含有的不能被人体消化酶分解利用的物质，包括纤维素、半纤维素、木质素、果胶等物质，是植物细胞间质组成成分。它虽没有营养功能，但却为人体健康所必需，是平衡膳食结构的必需的营养素之一。膳食纤维在人体内不但能刺激胃肠道蠕动，缩短食物在胃肠里通过的时间，降低结肠压力，减少有害物质与肠壁接触的时间，并将肠道内的有毒物质及时排出体外，从而减少慢性便秘发病率。膳食纤维还能降低人体内血脂和血糖的水平，减少糖尿病患者对胰岛素的依赖；它还可降低血液中胆固醇浓度，对预防心血管疾病也有一定的作用。

2. 蛋白质

农产品是人类食物蛋白质的主要来源，大量生产优质的蛋白质是现代农业生产的重要任务。植物蛋白质的食用和饲用价值是由其氨基酸的成分即人类必需的氨基酸含量决定的。马铃薯的蛋白质与其他植物来源的蛋白质更容易被人和动物所吸收，其品质相当于鸡蛋的蛋白质，所以是更有价值的蛋白质。马铃薯块茎中蛋白质含量不高，一般在 1.6%～2.1%，马铃薯蛋白质是全价蛋白质，营养价值很高，它含有 18 种氨基酸（见表 1－2），包括人体不能合成的各种必需的氨基酸（赖氨酸、苏氨酸、酪氨酸、组氨酸、蛋氨酸、缬氨酸、精氨酸、亮氨酸、异亮氨酸和苯丙氨酸），其中赖氨酸和色氨酸是其他粮食作物所缺乏的。

虽然马铃薯所含蛋白质不能像鸡蛋或肉类里的蛋白质那样丰富，但是计算一下每公顷的土地上收获了多少马铃薯，再算一算人们一生中要吃多少马铃薯，就可以看出马铃薯在对人类机体的蛋白质“供应”上，绝不会是占末位的。而且值得注意的是，马铃薯里的蛋白质属于全价蛋白质（全价蛋白质是指那些含有的必需的氨基酸种类齐全、含量充足、比例适当，能够维持生命和促进生长发育的一类蛋白质），能很好地被人的机体所吸收。

表 1-2 马铃薯块茎氨基酸的成分（占干重的 mg/100mg 数）

氨基酸	块茎的比重（0.065～1.076）低			块茎的比重（1.095～1.106）高		
	总量	化合状态	游离状态	总量	化合状态	游离状态
必需氨基酸						
精氨酸	5.8	2.6	3.2	4.0	1.5	2.5
组氨酸	2.4	1.6	0.8	1.4	0.9	0.5
异亮氨酸	2.7	1.9	0.8	2.6	1.9	0.7
亮氨酸	3.9	3.6	0.3	3.9	3.5	0.4
赖氨酸（总）	5.7	3.9	1.8	4.2	2.8	1.4
赖氨酸（煮熟）	4.3	2.7	1.6	3.7	2.5	1.2
蛋氨酸	1.2	0.7	0.5	1.0	0.6	0.4
苯丙氨酸	4.5	3.3	1.2	3.2	1.9	1.3
苏氨酸	2.8	2.0	0.8	2.5	1.8	0.7
酪氨酸	3.7	2.0	1.7	2.6	1.4	1.2
缬氨酸	7.7	4.2	3.5	6.4	3.9	2.5
小计	40.4	25.8	14.6	31.8	20.2	11.6
非必需氨基酸						
丙氨酸	3.2	2.1	1.1	2.8	2.0	0.8
胱氨酸	3.8	3.7	0.1	2.8	2.0	0.8
天门冬氨酸	29.0	26.2	2.8	26.9	24.8	2.1
谷氨酸	23.7	21.1	2.6	18.9	16.1	2.8
甘氨酸	2.1	2.0	0.1	1.8	1.7	0.1
脯氨酸	2.8	2.2	0.6	2.4	1.8	0.6
丝氨酸	3.1	2.0	1.1	2.8	1.9	0.9
小计	67.7	59.3	8.4	58.5	51.1	7.4
总计	108.1	85.1	23.0	90.3	71.3	19.0

3. 维生素 C

马铃薯营养价值的另一个显著特点是它含有对人体有着非常重要作用的维生素 C，即抗坏血酸。煮熟的马铃薯含有维生素 C 约 16 mg/100g，刚收获时含量更高，一般是从 16～40 mg/100g，比去皮的苹果高一倍。在我们一切常吃的食物当中，包括蔬菜在内，马铃薯中的维生素 C 最多，历史上曾有过这样的情况：当马铃薯歉收的时候，维生素 C 缺乏病就流行。

几百年前的欧洲，长期在海上航行的水手经常遭受维生素C缺乏病的折磨，患者常常牙龈出血，甚至皮肤淤血和渗血，最后痛苦地死去，人们一直查不出病因。奇怪的是只要船只靠岸，这种疾病很快就不治而愈了，因为这些船员在陆上的主食就是马铃薯。后来去远海捕鱼的人们都带着马铃薯，把马铃薯放在有糖蜜的罐子里，也有的放在醋中，以便长期贮存，从此维生素C缺乏病在船员中就不再发生。

表1-3　马铃薯块茎中维生素含量（占干重mg/100g）

维生素种类	含量
A（胡萝卜素）	0.028～0.06
B_1（硫胺素）	0.024～0.2
B_2（核黄素）	0.075～0.2
B_6（吡哆醇）	0.009～0.25
C（抗坏血酸）	5～50
PP（烟酸或称尼克酸）	0.0008～0.001
H（生物素）	1.7～1.9
K（凝血维生素）	0.0016～0.002
P（柠檬素）	25～40

现代医学证明，一个人吃200～300 g新鲜的马铃薯，就足够补偿他一昼夜里维生素C的消耗。经计算，马铃薯的营养价值和其他蔬菜的营养价值相比较，相当于胡萝卜的两倍、白菜的三倍，而和番茄比较起来，它的营养价值可以高到四倍。

4. 胡萝卜素

马铃薯中胡萝卜素的含量约0.05 mg/100g，而我们日常食用的大米和面粉中不含胡萝卜素。胡萝卜素摄入人体消化器官后，可以转化成维生素A，马铃薯是目前最安全补充维生素A的产品（单纯补充化学合成维生素A，过量时会使人中毒）。通过食用马铃薯可以维持眼睛和皮肤的健康，改善夜盲症、皮肤粗糙的状况，有助于身体免受自由基的伤害。

5. 无机盐铁

马铃薯所含有的无机盐类也是人体所不可缺少的，无机盐铁是人体内含量最多的微量元素，铁与人体的生命及其健康有密切的关系，缺铁会导致缺铁性贫血、免疫力下降。马铃薯中富含铁元素（含量为0.6～0.8 mg/100 g），其铁的含量是大米的8倍，而在面粉中则不含铁元素，而且马铃薯还含有其搭档食品牛奶中所缺乏的一些微量元素。

在动物饲养实验中，采用两种不同的食物喂食实验鼠：一种是马铃薯，另一种是精白面粉。结果这些实验鼠的每单位体积的骨头钙的含量发生了很大的变化和差异，饲喂马铃薯的实验鼠骨头中钙的含量最高。

6. 热量

作为一种粮食作物，按有关规定折算，5 kg 鲜马铃薯可折合 1 kg 主粮。这样计算出马铃薯所产生的热量比一般粮食也大得多，吃 500 g 马铃薯可发出热量 543 kcal，这个数字比胡萝卜大一倍，比西红柿大两倍，比鸡蛋和牛奶少 1/2。食用马铃薯具有很好的饱腹感，而其能量也相对较低，所以马铃薯是理想的减肥食品。

从上述资料中可以看出，除了蛋白质和脂肪的含量较低外，其余各类营养物质在马铃薯中都很丰富。综上所述，马铃薯不愧为人们所给予它的评价——地下宝藏，其价值应在人类的经济生活中占有重要的地位。

（二）马铃薯的种植遍及全球

马铃薯适应性强，其种植区域广泛。马铃薯应当成为旨在为穷人和饥饿者提供富有营养食物战略的一个重要成分，它非常适合那些土地有限而劳动力充裕的地方，而这种条件是大多数发展中国家的特点。

马铃薯在安第斯地区作为食物消费已有大约 8000 年的历史，马铃薯栽培种作为栽培作物在南美洲的栽培历史是非常悠久的。据考古学家们研究：南美洲秘鲁以及沿安第斯山麓智利沿岸、玻利维亚等地，都是马铃薯的故乡。远在新石器时代人类刚刚创立农业的时候，当时被饥饿所迫的原始人，在野外寻找可食性植物，便发现了马铃薯。在古代印第安人的生活中，马铃薯占有重要地位，马铃薯的丰收和他们的生存有极密切的关系，印第安人把马铃薯奉为丰收之神，要举行盛大的祭祀仪式，祈求马铃薯神保佑丰收。

1536 年，继哥伦布之后到新大陆的西班牙探险队员，在哥伦比亚的苏洛科达村发现了一种新作物——马铃薯。《格兰纳达新王国史》一书中记述：我们看到印第安人种植玉米、豆子和一种奇怪的植物，它开着淡紫色的花，根部结球，含有很多的淀粉，味道很好。这种块茎有很多用途：印第安人把生薯切片敷在断骨上疗伤；擦额头治疗头疼；外出时随身携带预防风湿病；或者和其他食物一起吃，预防消化不良；印第安人还把马铃薯作为互赠礼品。从这段记述可以断定，在西班牙人到达新大陆之前，印第安人在当地栽培马铃薯已有悠久历史。

马铃薯是南美洲最古老的栽培作物，它从南美传播出来的历史迄今只有 450 多年。当西班牙人于 16 世纪将其带到欧洲后，便很快在全球迅速传播，从中国的云南高原和印度的亚热带低地，到爪哇的赤道高地和乌克兰的大草原。从全球范围马铃薯纯粹的收获量来讲，2006 年的产量超过 3.15 亿 t。马铃薯生产潜力大，增值潜力大，对环境的适应性较强，廉价的马铃薯已成为世界上仅次于稻、麦、玉米的第四大粮食作物，现已遍布世界各地。热带和亚热带国家甚至在冬季或凉爽季节也可栽培并获得较高产量，其广泛分布于世界上 120 多个国家和地区，种植面积达 2000 万 hm^2，在全世界人民生活中占有重要地位。英国著名植物遗传学家沙拉曼（R. N. Salaman）在论述马铃薯起源与传播时说："哥伦布发现了新大陆，给我们带来的马铃薯是人类真正的最有价值的财富之一。"沙拉曼还宣称："马铃薯的驯化和广泛栽培，是人类征服自然最卓越的事件之一。"

世界马铃薯主要生产国有俄罗斯、波兰、中国、美国，中国是世界上最大的马铃薯生产国，种植面积和产量分别占全世界的 25%和 20%左右。中国马铃薯的主产区是西南山区、西北和东北地区，其种植面积占全国 85%左右，中原二作区和南方冬作区近年发展也较快。随着我国改革开放及市场经济的发展，农业产业结构的不断调整，加工业的迅速发展，对马铃薯的需求将日益增大，其播种面积将有进一步扩大的趋势。

三、良种良法配套，马铃薯良种繁育体系建设是发展马铃薯生产的关键要素

粮食安全是事关国计民生的大事，随着社会经济的发展，耕地减少和粮食需求刚性增长的趋势不会改变，肥料、农药的利用也受到农产品质量和环境要求的约束。在这一形势下，要确保粮食安全，依靠科技，提高单产、增加总产，突破口就是良种。加快推进现代农作物种业发展，加强种业科技创新，培育和推广优良品种，已成为突破耕地和水等资源约束、加快现代农业发展、提升农业国际竞争力的迫切需要。

当前，我国正处在工业化、信息化、城镇化、农业现代化同步发展的新阶段，保障国家粮食安全和实现农业现代化对农作物种业发展的要求明显提高。随着全球经济一体化进程不断加快和生物技术迅猛发展，农作物种业国际竞争异常激烈。改革开放特别是进入 21 世纪以来，我国农作物种业发展实现了由计划供种向市场化经营的根本性转变，取得了巨大成绩，为提高农业综合生产能力、保障农产品有效供给和促进农民增收做出了重要贡献，特别是为近年来实现粮食生产"九连增"发挥了重要作用。一是品种选育水平显著提升，成功培育并推广了一大批突破性优良品种，主要农作物良种覆盖率提高到 96%，良种在农业增产中的贡献率达到 43%以上；二是良种供应能力稳步提高，建立了一批良种繁育基地；三是种子企业实力明显增强，"育繁推一体化"水平不断提高；四是法律法规和管理体系逐步完善，公布实施了《中华人民共和国种子法》和《植物新品种保护条例》，绝大部分涉农县（市、区）成立了种子管理机构。

然而目前我国农作物种业发展尚处初级阶段，仍存在产业集中度低、品种多乱杂散、行业监管力度不强、国际竞争力弱等问题，加之种子企业活力尚未充分发挥、种子产销与育种科研衔接尚不紧密，现有的项目建设因数量少、覆盖面窄、总体辐射带动能力有限，难以适应有效提升我国种业竞争力的客观要求，与发展现代农业的要求还不相适应。其表现在：一是育种创新能力较低。育种材料深度评价不足，育种力量分散，育种方法、技术和模式落后，成果评价及转化机制不完善，育种复合型人才缺乏。二是种子企业竞争能力较弱。企业数量多、规模小、研发能力弱，尚未建立商业化育种体系。三是种子生产水平不高。种子繁育基础设施薄弱，抗自然灾害风险能力差，机械化水平低，加工工艺落后。四是市场监管能力不强。种子管理力量薄弱，监管技术和手段落后，工作经费不足。五是种业发展支持体系不健全。种子法律法规不能完全适应农作物种业发展新形势的需要，财政、税收、信贷等政策扶持力度有待进一步强化。

有鉴于此，农业部制定了《关于印发 2012 年种子工程储备项目可行性研究报告申报指导意见的通知》，四川省颁布了《四川省农业发展种子工程“十二五”规划》，继续支持建设种子工程。通过项目引导，促使良种选育和推广能力显著提高，安全供种水平有了一定的提升。《全国现代农作物种业发展规划》（2012—2020 年）提出加强常规作物育种和无性繁殖材料选育及应用技术研发：以水稻、玉米、小麦、大豆、马铃薯等 5 种主要粮食作物和 15 种重要经济作物为重点，开展相关种质资源的搜集、保存、评价与利用，挖掘高产、优质、抗病虫、营养高效等具有重大应用价值的功能基因；坚持常规育种与生物技术相结合，培育适宜不同生态区域和市场需求的农作物新品种；开展种子（苗）生产轻简化、机械化、工厂化以及加工贮藏、质量检测、高产高效栽培、病虫害防控、品质测试等相关技术研究，实现良种良法配套。

为此，农业科研工作应加强马铃薯品种资源保存、鉴定和遗传改良，选育高产、优质专用马铃薯新品种；同时加强脱毒种薯繁育和质量控制技术研究与推广应用，使马铃薯脱毒种薯覆盖率达到 40%。

1. 马铃薯良种繁育意义

中国马铃薯种植面积占世界 20%～25%，但总产只占全球马铃薯产量的 18%～20%，表明中国马铃薯生产水平还较低，仍有较大的增产空间，最关键的是要通过良种良法配套促使我国的马铃薯生产获得较大提升。在过去二十余年，中国马铃薯种植面积和总产一直呈上升的趋势，面积从 1992 年的 299.5 万 hm^2 增加到 2008 年的 573 万 hm^2，总产从 1992 年的 3743.5 万 t 增加到 2008 年的 8800 万 t；主要集中在我国的东北、内蒙古、华北和西南山区等气候较冷凉的地区种植，其中以西南山区的播种面积最大，约占全国总面积的 1/3，单产水平一直在 14 t/hm^2 左右波动。其中，2006 年全国栽培面积达到533.33 万 hm^2，四川省达到 63.33 万 hm^2，约占当年全国栽培面积的 1/8。

从世界范围来看，马铃薯产量较高的国家，其种薯质量也是较高的，例如荷兰、比利时、英国和美国等。中国由于马铃薯优质脱毒种薯生产远远不能满足生产需要，生产用种薯质量差（携带病毒和其他病菌），品种布局不合理，马铃薯单产为 15 t/hm^2，单产水平接近世界平均水平，仅及欧美国家的 1/3～1/2，远远落后发达欧美国家平均单产水平，因此潜力巨大。

客观地讲，中国还不是马铃薯产业发展强国，主要原因除栽培条件（自然环境条件和人工种植水平）差外，另外一个最主要的原因就是马铃薯脱毒种薯少。马铃薯通过茎尖组织培养脱除病毒，采用快繁技术生产脱毒种薯，一般可增产 30%以上。而目前我国马铃薯种薯质量总体较差，真正优质的种薯应用比例很低，马铃薯脱毒种薯推广应用面积不大，占种植面积的 20%左右，而发达国家优质脱毒使用率则达到了 90%以上，种薯问题是限制我国马铃薯产量最主要的因素。

目前，马铃薯种薯质量监督体系不健全，没有统一的脱毒种薯生产操作规程，缺乏质量标准和检测手段，种薯质量参差不齐，成为制约马铃薯产业发展最突出的问题。建立马铃薯脱毒种薯繁育体系，使脱毒苗的生产、各级脱毒种薯的生产系统化、标准化和产业化，大量生产合格种薯，提高马铃薯生产上脱毒种薯的普及率，是提高马铃薯单产水平、改善薯块品质、促进马铃薯产业化发展的一项根本性措施。

种子产业化是农业现代化的重要组成部分，也是农业现代化的一个重要标志，因而马铃薯脱毒良种繁育实现规模化、标准化、产业化将是马铃薯产业走向现代化的重要标准。根据 2004 年 8 月 28 日通过的《中华人民共和国种子法》（以下简称《种子法》）第四章第二十条的要求，主要农作物和主要林木的商品种子生产实行许可证制度。第十一章附则的第七十四条，定义的主要农作物是指稻、小麦、玉米、棉花、大豆以及国务院农业行政主管部门和省、自治区、直辖市人民政府农业行政主管部门各自分别确定的其他一至两种农作物。根据农业部 2001 年 2 月 13 日公布的第 51 号令《主要农作物范围规定》中第二条指出：根据《种子法》第七十四条第一款第三项规定，除稻、小麦、玉米、棉花、大豆为主要农作物外，农业部确定油菜、马铃薯为主要农作物。因此，应下大力气依法依章抓好马铃薯种子的良繁工作。

2. 攀西地区马铃薯良种繁育

马铃薯种植面积占全国 85%左右的北方一作区和西南混作区，一般都既是重要的商品薯生产地区，又是重要的种薯生产地区。而在这两个最重要的马铃薯生产大区，种薯生产和商品薯生产还没有形成严格的区域布局。近些年，农业部投资建设了大量的脱毒快繁中心，在重要的马铃薯生产省（区）都至少有一个投资 500 万元以上、生产能力 3000 万粒以上的脱毒快繁中心。加上各省（区）自已投资兴建的及企业自投资金兴建的各类脱毒快繁设施，2010 年我国微型薯的生产能力已达到了 15 亿～20 亿粒的规模。四川省马铃薯脱毒种薯快繁生产始于 20 世纪 70 年代末期，当时省政府拨专款 20 万元由科研院所联合实施开展了较大规模的脱毒快繁、温网室和大田试验示范工作，所选择的品种主要是疫不加、川芋 56 和米拉，脱毒马铃薯产量较对照未脱毒马铃薯增产幅度一般在 30%～100%，在生产上取得了一定的成效，奠定了四川省马铃薯脱毒技术和脱毒苗快繁技术的基础，并逐渐在有关产地农科所推广了脱毒马铃薯生产快繁技术。

20 世纪 90 年代农业部拨款支持四川省及攀西地区马铃薯的脱毒种薯快繁生产，由四川省农业厅主持推进攀西地区马铃薯脱毒种薯快繁生产应用。但由于产业结构和市场需求的限制，以及种薯体系未能建立健全，加之某些技术上的不成熟和徘徊，以往的马铃薯脱毒种薯快繁生产都未能持续发展，几年后就萎缩了，更未形成规模化、标准化和产业化格局。

攀西地区马铃薯良种繁育从 2000 年以来，特别是近两年来在有关部门的项目支持和组织下，种薯繁育以及秋、冬马铃薯免耕间套作栽培等方面取得了较为显著的成效。目前攀西地区从事马铃薯脱毒快繁、病害检测和种薯生产的机构单位，具有年生产脱毒种薯 2000 万粒能力，在实际运行中每年生产 1500 万粒脱毒原原种，合格种薯（一级至三级种薯）2 万 t。但这也只能提供目前攀西地区马铃薯总播种面积的 15%左右的需求，还未包括日益增长的秋、冬马铃薯种薯需求，所以仍远远不能满足生产、市场的需求。

2008 年以前，攀西地区种薯生产和商品薯生产没有严格的区分，也没有规范的种薯生产、质量控制和管理体系，种薯生产基本还处于一种无序的状态，某些马铃薯生产大县，由于马铃薯种植面积较大，常常出现不同级别种薯甚至商品薯交错分布的状况。这些因素造成种薯质量难以提高，在一些地方尝试将少量微型薯分发至农户，结果并没有得到预期的效果，其中重要原因之一就是良种繁育受周边环境的较大影响，从而加速了病毒和其他病害对微型薯的影响，使种薯质量难以保证。

四川省农业厅“十一五”期间制订了《四川省马铃薯产业发展规划》，启动实施完成了“十一五”末我四川省马铃薯在面积、单产、种薯体系建立、农民增收以及加工比例等方面的具体规划，已使四川省马铃薯产业在西南乃至全国都处于十分重要地位，为经济和社会发展做出了较大的贡献。紧接着实施的“新增百亿斤粮食项目”、“粮棉油高产创建项目”、扶贫项目、灾后重建项目等一系列项目，马铃薯均被纳入诸项目付诸实施，在有关措施、方案的有力支撑下，并通过研究和开发马铃薯脱毒种苗（薯）新技术，在全省范围内建立马铃薯脱毒快繁中心和基地并进行产业化开发，根据国际和国家标准结合四川省实际情况提出四川省马铃薯种薯生产技术规程和种薯质量、病虫害检测标准，结合新品种的推广，提高种薯质量，从而提高了产品质量和单产水平，极大地促进了攀西地区的马铃薯生产，满足了市场需求并增加了农民收入，取得了显著的社会经济意义。

第二节　攀西地区马铃薯产业发展概况

一、四川马铃薯概况

四川省是全国马铃薯栽培面积最大的省份之一，2007 年全省马铃薯种植面积达 61.3 万 hm^2，总产鲜薯 1067 万 t，均创历史新高，在 2003 年的基础上翻了一番，面积和总产分别位居全国第 3 位和第 4 位；2008 年马铃薯种植面积为 63.13 万 hm^2；据 2012 年国家统计局四川调查总队数据，四川马铃薯总产列全国第一，面积列全国第二；据四川省农业厅简报，2013 年四川马铃薯面积和总产均列全国第一。近年四川马铃薯种植面积一般在 70 万 hm^2 左右，全省 21 个市（州）均有种植，面积 666.67 hm^2 以上的县有 139 个，主要集中在凉山、达州、巴中、广元等盆周山区和川西南山地，其中凉山州常年种植面积在 16 万 hm^2 左右。

四川省提出了“面积第一、产量第一、加工前列，使马铃薯产业真正成为统筹城乡发展、一二三产业互动、带动农民增收、引领农村经济发展的一大支柱产业”的战略；凉山州以理念创新为先导，遵循自然规律，顺应市场需求，尊重农民意愿，把马铃薯产业纳入统筹区域城乡发展战略，作为民生工程的突破口，着力把马铃薯产业建成现代农业的示范产业。四川一年四季均可种植马铃薯，形成了全国乃至全世界特有的马铃薯周年生产的多熟高效种植模式，主要为春、秋、冬作。根据全省马铃薯分布、栽培特点、生产水平和各地生态条件可划分为四个种植区域，即川西南山地区、盆周山区、盆地丘陵区、川西平原区。其中川西南山地区和盆周山区重点发展加工专用型马铃薯，盆地丘陵区和川西平原区大力发展菜用型马铃薯。

（一）川西南山地区

川西南山地区位于四川省西南部，本区包括攀西地区的凉山、雅安及乐山的部分山区县。区内以山地为主，立体气候明显，日照充足，昼夜温差大，年均温 13～21 ℃，年积温 3600～7500 ℃，年降雨量 700～1200 mm，非常适宜马铃薯生长。区内盐源县、布拖县、昭觉县等 16 个重点县马铃薯种植面积 16 万 hm^2，单产 1284 kg/667m^2，总产 148.56 万 t，面积和总产分别占全省的 17.64% 和 19.38%，是四川省的马铃薯主产区之一。川西南山地区的马铃薯生产以大春一季作净作为主，一般在 2～3 月份播种，7 月中下旬到 9 月上旬收获。

在四川农业区划上常提出攀西地区农业这一概念，攀西地区属于川西南山地区，立体农业特征明显，近年来，这一区域马铃薯生产呈现出多种栽培模式、周年生产的显著特点，可实行春、秋、冬三季栽培，特别是攀枝花市两县一区、安宁河谷地带，以及宁南县、会东县、会理县、雷波县等县低山地区秋、冬马铃薯种植发展迅速，有别于传统意义上的川西南山地马铃薯生产特点。

其中，属于川西南山地区凉山州种植面积不到全省的25%，但单产高于全省平均水平，是四川马铃薯的高产区、重点区。优越的生态条件使本区生产的马铃薯淀粉含量较高、品质好，加之本区通过近几年的快速发展，马铃薯产业化具备了良好的基础，适合发展淀粉加工型、鲜薯食用型等马铃薯，具有得天独厚的优势和条件。同时，由于本区地处云贵高原，海拔高、气候冷凉，是优良种薯的天然基地。

（二）盆周山区

本区包括盆周山区的达州、巴中、广元、宜宾、乐山、雅安的部分山区及川西北高原的甘孜、阿坝。本区地貌复杂，海拔较高，立体气候明显，昼夜温差大，年均温16 ℃，年积温4800～5200 ℃，年降雨量1000～1600 mm，适宜马铃薯的生长。马铃薯主要于2～3月播种，7月中下旬到9月上旬收获，种植模式以一季净作为主，仅有少部分地区有秋马铃薯种植，川西北高原地区播种期可推迟到4～5月，可提供反季节的马铃薯。2005年，区内宣汉县、万源市、开江县等22个重点县马铃薯种植面积14.23万 hm^2，单产1190 $kg/667m^2$，总产254.09万t，面积和总产分别占全省的32.56%和33.14%，是四川省第一大面积马铃薯产区。

（三）盆地丘陵区

本区包括资阳市、内江市、遂宁市、自贡市全部及成都市、德阳市、绵阳市、乐山市、眉山市、南充市、广安市、达州市、泸州市、宜宾市的丘陵县。区域内土多田少，热量充足，年平均气温16.5～18 ℃，大于或等于10 ℃积温5000～5500 ℃，无霜期290～330 d，年降雨量900～1200 mm，年日照1200～1400 h，土壤以紫色土为主。盆中丘陵区春秋两季气候十分有利于马铃薯生长。广安市、达州市、自贡市、泸州市、宜宾市海拔400 m以下、年均气温17.5 ℃以上的地区，冬季大多数年份无雷、无霜，也适合马铃薯生长。良好的气候条件使该区马铃薯一年可种植三季：一是1月至2月播种，4月至5月收获的春马铃薯；二是8月下旬至9月下旬播种，12月收获的秋马铃薯；三是10月中旬至12月中旬播种，2月下旬至3月下旬收获的冬马铃薯。2005年，区域内马铃薯种植面积0.2万 hm^2 以上的县（市、区）共计20个。23个重点县马铃薯种植面积为 9.11 万 hm^2，占全省马铃薯面积的 21% ；总产鲜薯 152.8 万 t，占全省的 20%；鲜薯单产 1100 kg/667m^2，比全省平均低 70 kg。本区马铃薯生产具有多季播种、鲜薯上市时间长的特点，加之耕制复杂，马铃薯种植模式多样，旱地和稻茬田均可种植，扩面积的潜力大，通过加快发展，可建成四川省理想的菜用型马铃薯生产基地，并可为加工企业提供原料补充。

（四）川西平原区

本区包括成都（金堂、龙泉驿及五城区、高新区除外）、德阳（中江除外）、眉山（仁寿除外）及绵阳的江油、涪城、游仙，乐山的夹江、市中区。本区自然生态条件较好，热量充足，年平均气温 16 ℃，年积温 4800～5200 ℃，年降雨量 950～1300 mm，且多集中在 6、7、8 月份。区内川西平原有都江堰水利工程，可避免旱、涝灾害。土壤大部分是冲击母土发育而成的水稻土，土层深厚，结构良好，土壤肥沃，耕作水平高。本区 9 个重点县 2005 年马铃薯种植面积 2.7 万 hm^2，占全省的 6.2%，总产 44.5 万 t。本区秋季自然温光条件好，水稻收获后空闲田多，土壤结构疏松，透水性好，为发展秋马铃薯提供了优越的时空条件，非常有利于发展秋马铃薯生产。

二、攀西地区自然地理概况

（一）自然地理环境

攀西地区位于四川省西南部，地处长江上游，北紧靠青藏高原，南接云贵高原，东临四川盆地，地理位置介于东经 100°15′～103°53′、北纬 26°13′～29°27′之间，由攀枝花市两县三区和凉山州 17 县（市）共 22 个县（市）的行政区域构成。南北长 370 km，东西宽 360 km，面积 6.75 万 km^2，占四川省总面积的 11.9%。

攀西地区为四川省西部地区最重要的农业区，历史上曾被誉为“西康粮仓”。攀西地区地貌以山为主，占整个面积的 95%以上。攀西马铃薯种植地区主要指凉山及攀枝花的部分山区县，攀西地区是川西南山地区的关键组成，在四川马铃薯种植区域属川西南山地种植带。其纬度较低，基本上在北纬 29°以南，南界达北纬 26°。它是云贵高原的向北延伸部分，据中国自然地理区划，其绝大部分归入云南高原亚区。境内小相岭、螺髻山、黑水河以东直至黄茅埂为山原地貌，山原海拔 2000～3000 m；西部接近横断山脉东缘，山岭海拔 3000 m 左右，最高处白林山主峰海拔 4111 m，大部分河谷底部在海拔 1000 m 以上，一般相对高差 1000～2000 m。本区属西南季风气候，干湿季节分明。特殊的自然地理环境决定了其一系列的区域农业生态特点。

攀西地区是我国西南资源“金三角”区域的重要组成部分。据调查，本区有高等植物200余科5000多种，占四川全省高等植物总数的50%，带来了丰富多彩的生物群落。区内地形地貌复杂，相对高差达5000 m，是农业立体带状分布特征最为明显的地区。复杂的地理条件和立体气候优势，给各种植物生长和繁衍创造了极为有利的条件，植物生长量大，生长速度快，产量高，品质优。相当一部分农产品独具地方特色，以早、稀、高、优的竞争优势，在国内外享有盛誉。

（二）气候、土壤资源特点

1. 太阳辐射强度大，季节变化小

攀西地区由于纬度较低，海拔较高（1000～3000 m）和年日照时数多（平均为2131±366 h），全年太阳总辐射量高达52.63±5.72亿J/m²，为四川盆地成都平原、丘陵和南部山区的1.45倍，同时具有月季变化较小的特点。攀西地区总辐射强度大，补偿了夏温偏低的不足，因而大、小春马铃薯都具有较高的光温潜力，这已为凉山州诞生的马铃薯的高产纪录所证明。本区总辐射量大还弥补了因海拔较高造成的低温条件，海拔2100～2500 m的昭觉县、布拖县、盐源县等县都可种植，马铃薯在本区的种植上限可达3200 m。

2. 冬温高、夏温低，气候分带明显

攀西地区低山、河谷坝区冬温较高，对秋、冬种马铃薯生产有利；夏温较低，适宜马铃薯生长。区内光热充足，昼夜温差大，干雨季分明，年均温13～21 ℃，年积温3600～7500 ℃。据18个县的气象资料统计，最冷月均温除昭觉县、布拖县、美姑县、越西县低于4 ℃外，其余14个县均在5 ℃以上；但最热月均温较低，即使是仁和区（年均温度高达20.3 ℃）也不过25.8 ℃，因此气温的年较差小，平均15.1±1.8 ℃。

3. 水、土资源特点

攀西地区平均年降雨量700～1200 mm，雨量充沛，且自然降水规律与马铃薯需水规律基本吻合，能够满足马铃薯生育期的水分需要，非常适宜马铃薯生长。大部分地区为亚热带红壤区，耕地土壤类型在河谷坝区以水稻土、潮土和新积土为主，谷坡和山地以红壤、紫色土、黄棕壤为主。据1982年西昌土壤普查资料记载，西昌耕地土壤有机质含量中（2%～3%）、低（1.5%～2%）者分别占72%和26%；全氮量中（0.1%～0.15%）、低（0.075%～0.1%）者分别占88%和11%；速效氮中（90～120 mg/kg）、低（60～90 mg/kg）者分别占57%和43%；速效磷均在缺乏范围内（<10 mg/kg），其中严重缺乏（≤5 mg/kg）的占30%；速效钾<80 mg/kg的低水平占79%，其中严重缺乏（<60 mg/kg）的占34%。

三、攀西地区马铃薯种植区划

川西南山地区是四川马铃薯优势产区，所处这一区域的攀西地区凉山州是本区域最集中的马铃薯优势产区，该区为云贵高原与四川盆地的接壤地带，其马铃薯种植规模大。目前凉山州马铃薯种植大县较多，全州 17 县市中，种植面积在 0.67 万 hm^2以上的有盐源，0.33 万 hm^2～0.67 万 hm^2的有昭觉、布拖、会东、越西、雷波、美姑、喜德、冕宁、会理、金阳 10 县，其余县都在 333.33 hm^2以下。其中，平均单产在 1000～1500 kg/667m^2中等水平的有会理县、冕宁县、宁南县、美姑县、甘洛县、越西县、普格县等县，以昭觉县、布拖县、盐源县等县马铃薯种植产量较高，可为马铃薯资源的综合开发利用创造较好的基础条件。

凉山州马铃薯的高产水平居全省之冠，创建了全国最大的马铃薯绿色生产基地，并注册了地理标志。因此，四川省农业厅提出了马铃薯产业发展“抓凉山，带四川”的基本工作思路。2005 年以来，为促进农民增产增收，按照省委、省政府的部署，州委、州政府进一步调整结构，整合资源，强调以更大气魄抓马铃薯产业，提出“全党抓经济，重点抓产业，关键看效果，高山地区重点发展马铃薯产业”。把马铃薯产业纳入了“立足资源，拓展两线、开发三江、发展三带经济，统筹区域和城乡协调发展”战略，重点突破，强力推进，取得了显著成效。按照《凉山州人民政府关于加快马铃薯产业发展意见》精神，通过几年强势发展，使马铃薯种植规模不断扩大，产量水平连创新高。2006 年马铃薯种植面积 9.13 万 hm^2，产量达到 200 万 t，商品率 40%，分别比 2004 年增加1.4 万 hm^2、50 万 t、7 个百分点，产量居全省第一位。2012 年凉山州马铃薯单产达到 1623.93 kg/667m^2，种植面积达到 16.02 万 hm^2，总产量达到 390.336 万 t；2013 年单产达到 1632.65 kg/667m^2，种植面积将达到 16.33 万 hm^2，总产量达到 400 万 t。

攀西地区的南北纬度变化和高度差异，造成明显的气候分带。境内小区气候复杂多样，垂直立体气候差异明显，具有从南亚热带到北温带的多种气候类型，因此在一些无霜期长的地区，具有适宜发展秋、冬作（早春）马铃薯的独特地理气候优势。由于特殊的立体气候条件，使这些地区一年四季均可种植马铃薯（主要为冬、春、秋作），鲜薯上市时间长，亦可为加工企业周年提供原料供应。

根据攀西地区自然禀赋和生产条件，可将马铃薯的种植区划分为最适种植区、适宜区和次适宜区三个生态区域，海拔 2200～2500 m 的高二半山区是马铃薯最适种植区，海拔 2500～2700 m 为马铃薯生产适宜区，海拔 1500～2200 m 或 2700～3000 m 是马铃薯的次适宜区。传统上，攀西地区马铃薯栽种植区也据此划分为三个生产区域：高二半山一季作区（海拔 1500～2200 m）、高寒山一季作区（海拔 2500～2700 m）、低二半山次适宜区（海拔 1500～2200 m）。近年来攀西地区马铃薯生产出现了较大的新变化，根据这一发展的新形势，我们将攀西地区马铃薯生产划分为四个种植区：高二半山一季作区（海拔 1500～2200 m）、高寒山一季作区（海拔 2500～2700 m）、低二半山次适宜区（海拔 1500～2200 m）以及近年来种植效益较高、发展迅猛的秋、冬作马铃薯河谷坝区（海拔 800～1600 m）。

（一）高寒山一季作区

高寒山一季作区按马铃薯宜种性可分为两部分。其一是海拔 2500～2700 m 的地区，该区为马铃薯种植的适宜区，单产一般在 1250～1500 kg/667m^2，种植大县主要有布拖县、盐源县、昭觉县、美姑县、木里县等；其二是海拔 2700～3000 m 的地区，该区为马铃薯种植的次适宜区，单产一般在 1000～1250 kg/667m^2，种植大县主要有昭觉县、布拖县、美姑县、木里县等，这一产区海拔高，生育期推迟，单株产量一般较低，主要品种有凉薯 3 号、乌洋芋等。本区域的气候特点是春天气温回升迟缓，秋、冬降温早和快，且气候寒冷，因此只适合春种一季。该区由于海拔高、气温低、风速大，病毒传媒少，马铃薯退化慢、产量高，可建立凉山州的良种繁育区。

（二）高二半山一季作区

马铃薯主要种植在海拔 2200～2500 m 的地带，此地带是马铃薯生产的主产区，也是马铃薯最适种植区，其播种面积占凉山州的 85%以上，种植大县主要有盐源县、昭觉县、布拖县、美姑县、越西县、会东县、喜德县、雷波县、甘洛县等，单产一般在 1500～2000 kg/667m^2。这一区域年平均气温在 10 ℃左右，气候冷凉，昼夜温差较大，春天气温回升迟缓，秋、冬降温早和快，且气候寒冷，因此只适合春种一季。种植品种以米拉、凉薯 97、凉薯 14、合作 88 等高产、高淀粉中晚熟品种为主，所产马铃薯薯形好、淀粉含量高，除当地食用和加工外，主要销往内地及外省。该区由于海拔高、气温低、风速大，病毒传媒少，马铃薯退化慢、产量高，可建立凉山州的良种繁育区。

（三）低二半山次适宜区

马铃薯主要种植在海拔 1600～2200 m 地带，单产一般在 1250～1500 kg/667m^2。种植大县主要有越西县、喜德县、西昌市、普格县、会理县、会东县、冕宁县、雷波县等，气候比较温暖，降水量相对较多，过去种植马铃薯不多，近年由于市场的需求，早熟品种发展较快，生产上选择米拉、凉薯 30、大西洋等品种。马铃薯可早春、秋、冬播，秋作 8～12 月期间光热资源充足，优于四川盆地，且雨季要到 10 月才结束，其后 1～2 月内土壤中有积存水分可供利用，因而具有发展马铃薯秋作的基本条件，可采取稻草覆盖免耕栽培或地膜覆盖栽培。若作为早春（冬作），可在12月或1月地膜覆盖栽培，出苗期避过霜期，充分利用凉爽气候和昼夜温差较大的自然条件，所产马铃薯可供应冬季淡季蔬菜市场，能有较高的经济效益。

（四）秋、冬作河谷坝区

本区域主要指安宁河、金沙江流域的西昌市、德昌县、会理县、会东县、宁南县的河谷平坝和攀枝花市两县（米易县、盐边县）三区及其他各县类似生态区域。攀西地区攀枝花市两县三区和凉山州大部分宽谷、河谷底部大都处于海拔1000 m以上，近年来，由于市场利益驱动，反季节秋、冬作马铃薯种植呈较好的发展势头，种植面积有了一定的规模，这一种植区域一般在海拔800～1600 m的地带。

攀西地区冬温较高，对秋、冬种马铃薯生产有利，夏温较低，适宜马铃薯生长。本区域气候特点是春季气温回升早和快，秋、冬季降温迟和缓，积温较高，部分地带无霜冻。其中：安宁河谷地带及类似生态区域适合秋种和早春两季；金沙江河谷地带无霜冻区域，适合冬季种植。

攀西地区宁南县年均气温19.7 ℃，年总日照时数2225.1 h，沿江河谷基本无霜期，光热资源丰富，非常适合种植冬季马铃薯，曾被专家誉为“发展冬季马铃薯不可多得的一块宝地”。宁南县是河谷坝区发展冬季马铃薯生产的典型，召开的2013年四川省冬作马铃薯生产的现场会就安排在该县。该县所生产的冬季马铃薯具有上市早（为全国最早上市的冬季马铃薯）、薯形好、芽眼浅、品质优、光洁度好、绿色无污染等优点，冬季马铃薯产业取得了突破性发展。

会理县地处凉山州正南端，位于云贵高原边缘，县境内多晴天，日照充足，年均日照2388 h；气候温暖，热量条件好，年均温15.1 ℃，≥10 ℃积温4750 ℃，无霜期240～280 d，部分地区终年无霜，雨季主要分布于5～10月，冬春降雨稀少，年均降雨量1130 mm左右，优越的自然条件适宜于春、秋、冬三季马铃薯种植；会东县马铃薯生产以小春（冬作）菜用型马铃薯和大春淀粉加工型马铃薯品种为主，其小春（冬作）菜用型马铃薯种植近年发展较快，初步形成了一定的规模；雷波县马铃薯生产主要是大春和晚秋马铃薯两季，金沙江河谷坝区还可种一季冬马铃薯（小春）；西昌市佑君镇、樟木乡、礼州镇等近年小春（冬作）菜用型马铃薯种植发展较快，形成了一定的规模。

凉山州其余县海拔较低低山地区、河谷地带及毗邻攀枝花市两县三区，由于光热充足，昼夜温差大、干雨季分明，冬温较高，无霜期短，区内适宜种植马铃薯。受市场利益驱动，近年小春（冬作）菜用型马铃薯种植均呈现发展较快的势头。

四、攀西地区马铃薯产业发展成效

新中国建立以来，我国开展马铃薯研究工作已有近 60 年的历史，特别在最近 10 多年得到了长足的发展。目前从事马铃薯研究的单位遍及全国各地，内容涉及马铃薯育种技术、栽培管理、种薯生产技术、病虫害防治、贮藏运输、加工利用等。目前在马铃薯运输贮藏和加工利用方面的研究相对薄弱，在一定程度上制约了马铃薯产业的发展。近年来，为促进农民增产增收，按照省委、省政府的部署，四川省启动实施了一系列项目，狠抓马铃薯良种繁育体系建设和科技示范，通过近 10 年的努力，攀西地区马铃薯产业得到了快速发展。回顾攀西地区马铃薯产业近 60 年的发展历程，马铃薯产业取得了以下几个方面的进展。

（一）选育了大批优良新品种

在多年的生产过程中，大致经历了几次品种更新更换。新中国成立前凉山马铃薯品种主要有瓦波、勒波、裸波、乌洋芋、红洋芋、尼恒等地方品种。20 世纪 50 年代延续种植地方品种，60 年代引进米拉、疫不加、阿奎纳、南湖塔、东北洋芋等试种。20 世纪 50 年代初期，四川从国外引进了马铃薯品种米拉，原凉山昭觉农科所 1963 年引进米拉洋芋在布拖县、昭觉县试种，表现为抗晚疫病、癌肿病及高产、品质好，米拉品种遂成为攀西地区乃至全省的主推品种，现如今仍是凉山州等地的主栽品种之一。20 世纪 80 年代主要推广昭觉农科所育成的凉薯 3 号、凉薯 97 和州农技站选育的凉薯 14 号等高产、抗癌肿病和晚疫病的新品种。20 世纪 90 年代以来，生产上应用的品种主要有米拉、凉薯 97、凉薯 3 号、凉薯 30、凉薯 14 号、克疫等，占 84%左右。

在马铃薯主要作为粮用的年代，攀西地区重点推广了一批中晚熟、高产抗病品种，目前为止，此类品种仍占较大比例，为社会经济发展起了很大作用。近年随着市场发展的需求，农业部门加大了国内外新品种的引进和推广力度，马铃薯品种单一化局面逐步被打破，人们在注重高产抗病的前提下，越来越重视品种的优质性、商品性、专用性。目前早熟型、高淀粉型、油炸型等专用品种迅速推广，马铃薯生产呈现多样化、专用型生产的发展趋势。种植品种类型呈现多元化，如大西洋、合作 88、会－2、抗青 9－1 等品种。近两年来，新选育的西薯 1 号、西薯 2 号（已通过区试、生试、抗性鉴定、品质鉴定、田间技术鉴定）、凉薯系列、川凉薯系列新品种的育成为攀西地区马铃薯产业的发展奠定了基础，且仍在迅速增加，马铃薯品种结构正在趋于合理。

（二）马铃薯良种育、引、繁、供体系取得突破

1. 良种选育、引种成效显著

优良品种对农作物增加产量和改善品质起着至关重要的作用，谁控制了种子，就掌握了农业竞争的主动权。良种是重要的农业生产资料，是先进农业科技的集成和先进农业科技推广的载体，是农业产业化的基础和农产品质量竞争的核心，在农业生产发展中起着基础性和先导性作用。通过育种攻关，攀西地区已育成适合春、秋、冬一、二季作区种植的西薯系列、凉薯系列、川凉薯系列等新品种，成功引进了加工型品种大西洋、夏坡地、费乌瑞它等。近年来，攀西地区先后从国内外共引进马铃薯新品种（品系）300～400 份，其中，国外（阿根廷等国）近 50 份。西昌学院、凉山州西昌农科所高山作物研究站现保存有马铃薯种质资源 1500 份左右。通过新品种选育、引种鉴定，初步筛选出适合攀西地区不同生态气候类型的优良品种 20 余份，品种结构得到优化，品种布局进一步合理化。

2. 引进、创新、研究形成了新的、成熟的马铃薯脱毒快繁技术，初步建成了马铃薯良繁网络框架

“科技兴农，种子先行”，种子是最重要的农业生产资料，良种是农业的核心竞争力。良种的推广应用为农业增效、农民增收发挥了重要作用，取得了显著成效。良种繁育的任务主要有两方面：一是迅速繁殖正在推广的优良品种和经过区域试验、生产试验鉴定适合当地推广的新品种，另一方面则是保持和提高优良品种的种性和种子质量。构建支持保障有力的种业体系，促进良种发展的种业体系，对建设优质、高产、高效、生态、安全的现代农业至关重要。

对攀西地区马铃薯主要病害进行普查后，结果发现导致攀西地区马铃薯种薯退化的主要病毒是 PLRV、PVY、PVX、PVS、PVM、PVA 等。1978 年四川省农科院开展了马铃薯脱毒种薯繁育及保种技术体系研究，与国际马铃薯中心（CIP）合作，改进了马铃薯脱毒种薯快繁技术和检测技术，使脱毒薯的增产率达 15%～40%，促进了四川省种薯生产体系的建立。20 世纪 90 年代初凉山州西昌农科所开始了脱毒马铃薯良繁工作，2000 年以来有了进一步的发展，特别是近两年来，在省委、省政府领导的重视下，省农业厅给予马铃薯发展相当重视，通过创新良种繁育机制和实施马铃薯良繁体系建设项目，优质脱毒马铃薯种薯在生产上被广泛应用。同时，还加强了马铃薯病毒检测研究，运用了一套快速检测技术，为种薯质量监控体系奠定了技术基础。

攀西地区凉山州以凉山州马铃薯良种繁育中心、西昌学院为依托的脱毒苗、原原种年生产能力 2013 年分别达到 1500 万苗、3000 万粒。攀西地区现有凉山州良圆种业、凉山州恒然农业、四川高地种业、九寨沟岷山农业 4 家马铃薯种子

公司在凉山州布拖、昭觉、越西、喜德、会理建立了种子生产基地，开展马铃薯原原种、原种、生产种的生产。2013 年凉山州将推广脱毒薯 11.33 万 hm^2，占总面积的 69.3%。

目前四川省脱毒马铃薯原原种薯生产能力达到 8000 万粒，生产合格种薯（1～3 级）10 万 t，已培育了获得马铃薯种子生产经营资质的四川九寨沟岷山农业公司、成都久森农业科技有限公司、四川高地种业公司、凉山州良圆种业、凉山州育新农业（更名为四川恒然农业）、四川喜玛高科农业生物工程有限公司 6 家专业种子公司，还包括从事马铃薯种薯生产的成都城市阳光、通江空山种业、峨边黑竹沟种业等专业的几家种子企业，其余还有各县、市成立的一些地方性种子公司。攀西地区以凉山州马铃薯良种繁育中心、西昌学院为中心，并在凉山州马铃薯重点县盐源县、昭觉县、布拖县、喜德县、越西县建成了 5 个马铃薯原原种网室生产基地、原种及生产种生产基地布局，形成了辐射川西南的马铃薯良繁网络框架。通过引进、研究、创新总结新的节本高效的工厂化马铃薯脱毒快繁技术以及基质栽培、雾培技术、水培技术在马铃薯原原种生产中的推广运用，原种、生产种生产中的生产质量控制技术得到落实，从而为提高攀西地区马铃薯脱毒种薯的生产能力奠定了坚实的物质及技术基础。

（三）研究集成了一批高产高效生产技术

针对马铃薯生产上存在的种薯质量低劣、繁殖系数低、栽培措施不完善和种薯生产体系不健全等问题，总结完善了马铃薯配套高产栽培技术体系，尤其是经过几年的试验探索，掌握了秋、冬马铃薯的生产技术，研究出了打破种薯休眠的时间调控技术，适宜不同季节种植的高厢双行垄作、地膜（稻草）覆盖马铃薯高产高效栽培技术，马铃薯与玉米（油菜）间套作栽培技术和马铃薯晚疫病预警系统和综合防治技术等。据统计，2005 年全省地膜覆盖面积近 3.33 万 hm^2，垄作栽培面积达 6.67 万 hm^2，配方施肥面积达到 65%以上；稻茬田秋马铃薯套作油菜免耕面积达 2.67 多万 hm^2，小麦、玉米、马铃薯套作面积达 3.11 万 hm^2。这些技术已在生产上大面积推广，为全省马铃薯单产水平的稳步提高奠定了坚实的科技基础，为马铃薯单产水平的提高和大面积生产示范推广起到了十分重要的作用。

就四川全省马铃薯总体生产格局而言，一是以凉山州、甘孜州、阿坝州和盆周山区为主的春马铃薯/玉米套作区，该区重点是改一季为两季，提高复种指数，增加效益；二是盆地马铃薯秋作区，主要推广中稻－稻草覆盖秋洋芋/免耕油菜省工节本高效模式；三是丘陵旱地带状种植春马铃薯区，主要推广洋芋/玉米/红苕和洋芋/玉米/大豆套作模式，盆中、盆东示范推广利用改制的预留空行增种一季早春马铃薯，马铃薯收后种植一季迟春玉米或早夏玉米模式；四是近年四川省异军突起的川东南冬马铃薯区，充分利用当地冬春季较好的温光资源，在小春预留行、沿江河谷地带和冬闲地内增种冬马铃薯，不影响大春作物播栽，马铃薯上市时间恰是省内商品马铃薯紧缺季节，效益超过正季作物，已成为四川省马铃薯生产上的一大亮点。由于马铃薯种植模式的不断深化和创新，带来了全省马铃薯面积和总产的突破性发展。

就攀西地区而言，其生产状况由过去单纯以马铃薯大春单季净作生产发展演变为以大春单季净作生产为主的多熟、高效周年生产，广泛推广马铃薯与玉米、芸豆、桑园等农作物、经济作物间、套种植，种植模式和技术不断地探索创新。总体而言，攀西地区马铃薯生产格局一是以凉山州昭觉县、布拖县、美姑县、盐源县、喜德县、金阳县、越西县、木里县大部为主高寒山一季作区，该区马铃薯生产种植带分布在海拔 2500～3000 m 这一区域，其中海拔 2500～2700 m 区域为马铃薯种植的适宜区，海拔 2700～3000 m 区域为马铃薯种植的次适宜区，主要发展马铃薯净作；二是以昭觉县、布拖县、美姑县、喜德县、金阳县、越西县、木里县、甘洛县、冕宁县为主的高二半山一季作区，该区马铃薯种植带分布在海拔 2200～2500 m 这一区域，为马铃薯的最适种植区，该区的重点是旱地带状马铃薯种植区，重点发展马铃薯/玉米、马铃薯/芸豆间套作；三是以普格县、喜德县、越西县、盐源县、甘洛县为主构成的低二半山次适宜区，该区马铃薯种植带分布在海拔 1600～2200 m 这一区域，该区的重点是改一季为两季，提高复种指数，增加效益，可发展早春反季节马铃薯；四是凉山州安宁河、金沙江河谷坝区以及热量丰富的攀枝花米易县、盐边县秋、冬作马铃薯种植区，主要发展反季节马铃薯。

攀西地区立体气候明显，因地制宜的探索出多个适合攀西不同生态区的马铃薯高产高效种植模式，通过创新种植模式，以马铃薯高产高效创建为载体，坚持技术集成创新，全面落实“脱毒良种、适时早播，增施磷钾、平衡施肥，深松整地、双行垄作，密度四千、垄土三次，综防病虫、科学管理”四十字技术要领，使标准化生产面积占种植面积的 70%以上，马铃薯单产、面积和产量取得突破。

（四）通过创新经营机制、技术集成，攀西地区马铃薯产业开发取得一定突破

近年来，四川省研制出了适合中、小型企业的马铃薯快餐粉丝、真空油炸技术和设备，这些技术和设备不仅在省内外推广，而且通过 CIP 和联合国粮农组织向发展中国家推广。马铃薯加工企业逐步增加，全省共有从事薯类加工的大、中型企业 20 余家。据统计，2005 年全省马铃薯订单生产面积达 0.27 万 hm^2，为农民增加纯收入 100 元/667m^2 以上。

攀西地区马铃薯加工工业起步晚，加工企业零散，科技含量不高。企业与农

民没有实行订单生产，利益联结机制尚未形成。企业+基地+农户的机制有待进一步完善。缺乏多元化的精深加工产品（没有全粉、变性淀粉、快餐食品等），产品主要是粗淀粉、精淀粉、粉条、粉丝、粉皮等，加工基本上是初级加工，档次水平低，增值空间严重受损。

近两年，攀西地区马铃薯产业坚持“面向市场建企业、依托企业建基地、围绕基地建良繁”的发展思路，坚定不移地走“公司+基地+农户”的路子，马铃薯产业化开发迈出了坚实的一步。一方面薯类加工技术开发成效显著。引进安装了适合农户的马铃薯淀粉、粉条加工技术和设备，实现了从手工操作向半机械化生产方式的转变。其中，年加工能力达到 2 万 t 以上的大型企业有西昌科兴、普格豪吉集团、盐源世富、成都吉鑫、丰产农业等淀粉加工企业。另一方面，马铃薯基地建设搭起了企业和农户之间的桥梁。基地建设，既增加了农民收入，又为企业提供了稳定的原料供给，从而有效地促进了攀西地区马铃薯产业的健康发展。2013 年马铃薯加工企业加工量将达到 100 万 t，商品量将达到 248 万 t，商品率将达到 62%。

多年来，四川省马铃薯被看成小作物和杂粮，没有得到应有的重视，在资金、科技等方面的投入少，基础十分薄弱，尽管近年取得了长足发展，但整个马铃薯产业仍然处在艰难的爬坡阶段，产业发展的弱质现状还未得到根本改变，一些关键环节如马铃薯贮藏、马铃薯专业批发市场等还存在突出的问题。

马铃薯销售主要通过农贸市场，贮藏条件落后，主要采用自然堆放的方式，易腐烂、失水、霜冻，易通过休眠期，品质变劣，损失严重。马铃薯流通不畅，受交通条件的制约，部分乡镇道路建设差，道路崎岖，运输距离长，增加了运输的成本。攀西地区凉山州将着力建设马铃薯专业批发市场，培育产地市场，狠抓鲜薯分级、定量、包装销售。引导支持龙头企业、农民专业合作社建立种薯、专用商品薯生产基地，壮大农民经纪人队伍，加强“农超对接”和产销衔接，13 个重点县和宁南县至少新建立 1 个标准化马铃薯专业合作社。

第三节 攀西地区马铃薯产业发展前景

四川是我国马铃薯生产和消费大省，近年马铃薯栽培面积 40 万 hm^2，总产 600 万 t，主要分布于川西平原、丘陵地区和盆周山区，是四川省粮、经、饲、加工及能源原料等主要作物，又是贫困及民族地区农民的主要粮食作物和收入来源。近年来随着耕作制度的改革，增种间套复种的发展，马铃薯的种植在浅丘平坝地区有快速发展的趋势，成为极受城乡人民群众欢迎的作物。因此，大力发展四川省马铃薯产业对增加四川省粮食总产量、减缓粮食安全压力、增加农民收入和发展农村经济有着十分重要的意义。

四川省是一个人口大省，2005 年末，全省人均耕地面积仅 453.56 m^2，而且耕地减少和人口增加的矛盾不可逆转，粮食安全的压力很大。从长远来看，马铃薯生产的不断发展对提高全省粮食产量、确保粮食安全具有重要的战略意义，大力发展马铃薯产业对实现全省粮食自求平衡、振兴农村区域经济、构建和谐社会具有重要的战略意义。四川省自然条件优越，马铃薯宜种性强，面积和产量均位居全国前列，是我国的马铃薯主产区。

在高寒山区，由于自然环境条件的限制，水稻、玉米等作物都不宜种植。适宜种植的荞麦、燕麦等作物属于低产类型，马铃薯是川西南山区少数民族彝族群众的主食，对于山区少数民族群众的温饱具有不可替代的重要意义。

一、攀西地区马铃薯市场前景广阔

有一种普遍的观点，种植马铃薯的地区往往是最贫穷落后的地区。辩证的理解这一观点：一方面马铃薯由于其良好的适应能力，所以能在最为恶劣的环境里种植，粗生易长，能满足人们的生存需要；另一方面马铃薯经济价值较之其他作物低。其实，马铃薯是具有重要价值的农作物：一方面在于其在一些地区比较效益突出，因为在这样的地区往往自然条件较差，许多作物种植效益十分低；此外，马铃薯确实是容易被人类接受的食物类型，其在人类消费中具有较大的增长潜力。随着时代进步，人类对其价值的认识将更加深刻。

四川马铃薯产业开发的基础较好，增产增收的潜力很大，市场需求前景广阔，四川城乡居民素有食用马铃薯的习惯，是马铃薯的消费大省，尤其在经济落后的盆周山区和川西南山地区，马铃薯是大部分农民群众的主食。据统计，凉山州高山少数民族群众的马铃薯人均每年消费量约为 600 kg，高于国内平均水平、世界平均水平，高于发达国家人均消费量；而我国马铃薯每年人均消费量为 72.5 kg，为世界平均水平的一半，远低于发达国家人均消费量 370 kg 的水平。按世界平均水平计算，我国每年的马铃薯需求量在 19500 万 t 以上，四川每年的需求量为 1290 万 t。按发达国家的消费水平计算，我国每年的马铃薯需求量在 48100 万 t，四川的需求量为 3200 万 t，而目前我国和四川马铃薯的年产量分别仅 7086 万 t 和 766.5 万 t，市场需求缺口很大。

若把马铃薯加工成薯条、薯泥、油炸薯片（条）和薯类膨化食品，可升值 10～20 倍，国外 70％～80％的马铃薯都是依靠加工实现增值。美国、荷兰、法国的深加工比例分别为 50％、40％、59％，我国马铃薯精淀粉每年需求量 90 万 t~100 万 t，但国内生产量仅 30 万 t，大部分依赖进口。四川马铃薯加工仅为 12％，攀西地区马铃薯加工主要是以传统作坊式加工为主，家庭式小作坊初级加工居多，产品主要是粗淀粉、粉条、粉丝、粉皮，档次水平低，其中约 50％为农民自己消费。

据测算，四川省马铃薯淀粉、炸片、炸条、全粉及其产品的需求量分别为6万t、1.4万t、0.6万t、0.3万t以上，因此我国及四川省马铃薯加工品的市场前景十分广阔，同时，由于我国马铃薯的国内价格低于国际市场价格，马铃薯也是我国具有国际竞争力的少数几个农产品之一。据调查，鲜薯产值达1500元/667m^{2}左右，纯收益达1000元/667m^{2}以上，其比较效益明显高于其他大田作物。国内目前已有数十家企业、公司与攀西地区马铃薯主产县建立了合作关系，攀西地区马铃薯已有少量出口。近些年，马铃薯鲜薯销售已形成规模，并吸引大批客商来凉山调运，年销售率约15%～30%。仅靠铁路运输，每年约有5万t左右的马铃薯发往省内外。随着市场的发展，一大批销售专业经纪人队伍不断成长壮大，组织营销能力正在提高，经营活动日趋规范，有的还用上了计算机网络等高科技销售手段。据铁路运输部门统计，全州1992—1996年5年中，运输马铃薯27.97万t。2001年仅西昌市、冕宁县、喜德县、越西县等县市铁路沿线就发运马铃薯653个车皮，共计3.918万t，促进了农产品商品化、规模化、集约化发展，对农村粮增产、钱增收，贫困山区农民脱贫致富起了应有的作用。从凉山州情况看，其总人口509万多人，彝族等少数民族约为300万人，马铃薯作为川西南凉山州高山少数民族群众的主食，同时还作为牲畜饲料，其用途大概为食用占30%、外销商品用占30%、本地加工用占20%、饲用占10%、种用占10%。初步测算下来，凉山州每年的需求量为500万t，而现阶段凉山州马铃薯总产为380万t，缺口仍较大。

二、攀西地区马铃薯增产潜力巨大、增收效果突出

近年来，四川省马铃薯生产发展很快，马铃薯已成为四川省第二大旱粮作物。随着四川省农业产业结构的调整及种植马铃薯效益的不断提高，全省种植马铃薯的面积正在逐年增加，马铃薯在春粮作物中占有越来越重要的地位，据四川省农业厅统计资料，2012年马铃薯对四川省粮食增产贡献仅次于玉米。同时，随着马铃薯用途从传统的粮菜兼用向休闲食品、工业淀粉、生物医药等多用途的转变，市场对马铃薯的需求将不断扩大。

近年来，由于四川省委、省政府大力推进马铃薯产业化工作，四川省马铃薯生产也得到了长足的发展，种植面积逐年增大。四川凉山州是西南地区最大的马铃薯集中产区，种植面积达18万hm^2，创建了全国最大的10.13万hm^{2}绿色原料马铃薯标准化生产基地，“凉山马铃薯”经农业部核准登记为“农产品地理标志产品”。

在四川，马铃薯产业是极具增产潜力、增收潜力、加工增值潜力的一大优势作物，是集粮食安全和特色产业发展于一身的农业产业。在凉山州马铃薯产业更是集粮食安全、扶贫增收、优势开发和特色产业发展于一身的农业重要产业。四

川省是全国马铃薯栽培面积最大的省份之一，2007年，全省马铃薯种植面积达61.3万hm^2，总产鲜薯1067万t，均创历史新高，在2003年的基础上翻了一番；2008年马铃薯种植面积为63.13万hm^2；近年马铃薯栽培面积一般为70万hm^2，总产1000万t以上。其中，凉山州2012年种植面积16万hm^2，总产量390.336万t。

三、各级政府重视，各种政策支持力度大，攀西地区被确立为四川省马铃薯生产优势产区

由于马铃薯在粮食安全和增加农民收入等方面能发挥重要的作用，近年来从中央政府到省、地、县各级政府都特别重视对马铃薯生产的扶持。从2009年开始，农业部开始在重要马铃薯生产省区进行了良种补贴试点，补贴标准为原种生产补助500元/667m^2，良种生产补助100元/667m^2。有些省（区）也制定了自己的补贴标准，良种补贴标准80～150元/667m^2不等。通过各级政府实施的马铃薯种薯生产补贴，可降低种薯生产者的成本，增加优质种薯的数量和提高优质种薯的质量。农业部、四川省农业厅以及吸引民间投资（通过市场机制引导，采取种薯生产补贴、政策扶持）在四川建设了6个有一定规模的脱毒快繁中心，投资兴建了各类脱毒快繁设施。其中攀西地区建有全省最大的2家脱毒马铃薯原原种生产中心，年生产能力可达到3000万粒。

近年来，四川省委、省政府把马铃薯列为确保粮食安全的三大作物之一，省委、省政府主要领导先后做出重要批示，同时又将其列为十大优势特色效益农业之首。到2015年，全省马铃薯面积将达到100万hm^2，总产鲜薯2100万t，在全国做到“面积第一、产量第一、加工前三”的发展目标。

《全国种植业发展第十二个五年规划》指出马铃薯重点建设东北、华北、西北、西南和华南等5大优势产区。2012年四川省农业厅出台了《关于进一步加强四川省马铃薯良种繁育体系建设的意见》，提出2015年马铃薯原原种生产量达到2亿粒，建立优质脱毒种薯繁育基地4万hm^2，年生产优质种薯80万t，马铃薯脱毒种薯推广率达到50%以上，马铃薯种薯生产、经营基本实现市场化。

四川省农业厅编制了《四川省优势特色效益农业发展规划——马铃薯专项规划（2008—2012年）》。“十一五”期间，启动了马铃薯产业提升行动，重点抓马铃薯良繁体系建设，2007年在30个生态适宜和生产条件较好的山区县，建立一代种166.67 hm^2、二代种0.14万hm^2、三代种1.2万hm^2；2008年全省马铃薯脱毒种薯推广面积由2005年的10%提高到17%，种薯企业仅4家；2009年建立20个脱毒种薯扩繁基地，种植面积较2008年扩大11.6万hm^2、增加293万t，推广脱毒种薯16.67万hm^2。“十二五”期间实施的“新增百亿斤粮食”项目将发展优质脱毒马铃薯种薯列为重点，财政每年均给予5000万元左右

的经费。据初步测算，2011 年生产上使用的各级低代脱毒种薯量达 10 万 t（包括近年从邻近云南会泽、昭通及湖北恩施、陕西安康、甘肃定西等地调种 1 万 t)，当年推广面积 20 万 hm^2 以上。通过几年坚持不懈的发展，四川马铃薯产业空前发展，单产大幅提升，总产、面积均处于全国第一。

2013 年凉山州政府关于抓好马铃薯产业发展的十条意见指出：一是各网室生产销售到州内使用的合格原原种，每粒由部、省、州补贴 0.10 元。有粮食生产能力建设、国家马铃薯原种生产补贴项目的县，要用种薯购种补贴购买有关企业在州内生产的原原种，县级或种薯企业购买州良圆公司生产的试管苗，每苗不高于 0.25 元。在适宜区域实施国家马铃薯贮藏窖建设项目。二是整合国家马铃薯原种生产补贴项目、粮食生产能力建设马铃薯项目和州级补贴资金，购买有关企业在州内生产的原种、生产种，补贴 0.2 元/kg。各县市财政要拿出一定资金用于补贴农户购买生产种。三是企业建设种薯或商品薯生产基地在 66.7 hm^2 以上，与农户有实质性合作，具备相关手续，州级补贴 150 元/hm^2 给企业。四是每新建立一个标准化马铃薯农民专业合作社，在工商部门注册，确实带动农民增收，经验收合格，州级给予每个农民专业合作社 2 万元补助。五是加工企业、专业合作社、营销大户在新闻媒体上宣传“大凉山马铃薯”品牌、在产品包装上印刷“大凉山马铃薯”标牌标识的，奖励 3000 元。六是对农户、种植大户、农场职工购买马铃薯生产耕整地、播种、收获等机械实行农机购置补贴政策。七是落实《凉山州农业产业化银行贷款项目州级财政贴息资金管理办法》，对马铃薯加工龙头企业继续给予资金支持。八是将各县市对马铃薯产业的投入情况纳入州级目标考核内容。九是对鲜薯加工工作抓得好、加工数量大的企业，年终通过评比给予表彰奖励。对年外销马铃薯 5000 t 以上的营销大户，凭植物检疫证，给予表彰奖励。十是州农业发展担保公司对龙头企业用于马铃薯产业发展符合条件的银行贷款予以担保。

各地认真贯彻落实州级马铃薯产业有关会议精神和领导指示，把做大做强马铃薯产业作为落实“立足资源，拓展‘两线’，开发‘三江’，发展‘三带’经济，统筹区域协调发展”的重要举措。像抓烤烟一样抓马铃薯，用抓工业的理念、产业化的思路抓生产、销售、加工。把发展壮大马铃薯产业作为实现农业振兴的突破口，促进二半山以上地区农民增收的切入点，按照“抓良繁带基地、抓市场带营销、抓企业带加工、抓重点带全州、抓品牌增效益”的思路。采取超常规的措施发展马铃薯，克服各种不利自然因素的影响，在良种推广、规模化种植、标准化生产、加工营销、产品品牌等方面实现突破，取得了量增价升、农民增收的好成绩，逐渐成为凉山州山区农民增收的一大支柱产业。

四川凉山州创建了西南地区最大的马铃薯集中产区、全国最大的绿色原料马铃薯标准化生产基地，“凉山马铃薯”“万源马铃薯”经农业部核准登记为“农产品地理标志产品”。凉山州政府将加快推进由生产大州向产业发展强州跨越，突出“大凉山马铃薯”品牌，努力把凉山打造成“中国绿色食品马铃薯之都”。

四、攀西地区自然生态、地理条件优越，技术储备丰富

攀西地区生态类型多样，独特的立体气候条件孕育了多种生态类型的马铃薯，特别是在作为四川马铃薯主产区的川西南山区、盆周山区和部分丘陵区，因其生态条件与马铃薯原产地极其相似和良好的无污染环境而被誉为全国最佳马铃薯种植区域之一。良好的气候条件使攀西地区一年四季均可种植马铃薯，鲜薯上市时间长，亦可为加工企业周年提供原料供应。各县市正集中力量打造县域优势产业带和专业乡镇，推进马铃薯生产向优势产区集中和适度规模经营。大春马铃薯向高二半山区集中，秋、冬马铃薯向沟坝河谷地区集中，推进万亩乡镇、千亩村基地建设。

四川省开展马铃薯研究的科研单位近 10 家，培养了一支从事马铃薯研究和推广的人才队伍，具有高级以上职称的科技人员达 100 人以上。原四川农科院杨鸿祖被认为是中国马铃薯事业的奠基人之一，从美国引入了 62 个杂交组合的种子和近 100 个品系，在四川鉴定入选了巫峡、小叶子两个品种，后在生产上广泛推广使用。攀西地区凉山州具有一大批从事马铃薯研究和推广的科技人员，建州 60 多年来，搜集整理保存了 1000 多份亲本材料，使马铃薯科技事业取得了较大的成就，对生产起到了重要的促进作用。西昌学院、凉山州西昌农科所长期开展马铃薯的品种选育及科学研究工作，选育出了抗病、优质、高产的马铃薯新品种 17 个，选育出了四川省 1/2 以上的马铃薯品种；经过多年的研究，在种质资源研究、品种选育、脱毒种薯推广、种植模式、晚疫病防治及流行规律研究、配套栽培技术和产后加工等方面进行了大量的研究创新，取得了丰硕的成果，成果均居全省领先水平，为马铃薯产业化开发奠定了坚实的科技基础。攀西地区西昌学院、凉山州马铃薯良种繁育中心专业从事基础苗、原原种的生产，凉山州 13 个生产重点县农业推广体系健全，共有 350 个乡（镇）农技站，农业技术科技人员 500 名以上，其中高师以上 46 人，为下一步马铃薯产业的全面升级奠定了坚实的科技、物质基础。

第四节　攀西地区马铃薯良种繁育体系建设及生产技术概况

一、通过规范化、市场化运作，马铃薯种薯产业升级换代

按照《种子法》要求，杜绝马铃薯品种使用存在的未审先推、已审未推现象，品种生产、推广要合法化，在对米拉、费乌瑞它等使用多年、生产上需要的

品种予以认定的基础上，按品种管理相关规定加快审定一批四川省生产上需要的优良品种。

加快制定出台四川省马铃薯种薯生产、经营管理办法，加快审核办理一批已达到一定生产经营规模、符合相关规定和条件的企业或单位从事马铃薯种薯生产和经营，杜绝无证生产和经营种薯的现象。在实行种薯质量认证的基础上，规范企业生产、经营行为，严厉打击马铃薯品种生产经营侵权、以商品薯冒充脱毒种薯等违法行为，确保马铃薯种薯生产经营走上稳定、健康的发展轨道。

（一）种薯生产者登记制度

根据 2004 年 8 月 28 日通过的《种子法》第四章第二十条的要求，主要农作物和主要林木的商品种子生产实行许可证制度。第二十一条规定，申请领取种子生产许可证的单位和个人，应当具备下列条件：(1) 具有繁殖种子的隔离和培育条件。(2) 具有无检疫性病虫害的种子生产地点或者县级以上人民政府林业行政主管部门确定的采种林。(3) 具有与种子生产相适应的资金和生产、检验设施。(4) 具有相应的专业种子生产和检验技术人员。(5) 法律、法规规定的其他条件。

根据《种子法》第五章第二十六条要求，种子经营实行许可证制度。种子经营者必须先取得种子经营许可证后，方可凭种子经营许可证向工商行政管理机关办理或者变更营业执照。同时，第二十九条要求，申请领取种子经营许可证的单位和个人，应当具备下列条件：(1) 具有与经营种子种类和数量相适应的资金及独立承担民事责任的能力。(2) 具有能够正确识别所经营的种子、检验种子质量、掌握种子贮藏和保管技术的人员。(3) 具有与经营种子的种类、数量相适应的营业场所及加工、包装、贮藏和保管设施和检验种子质量的仪器设备。(4) 法律、法规规定的其他条件。

所以，从严格意义上来说，马铃薯的种薯生产者（单位或个人）需要领取种薯生产许可证，从事种薯经营应当领取种薯经营许可证。但目前我国只有少数种薯生产和经营单位领取了相关的种薯生产和经营许可证，大部分种薯生产和经营单位没有领取相关的许可证，种薯生产和经营基本上还是处于一种无序的状况，这可能是导致我国种薯质量低下的重要原因之一。

现阶段如果在全国范围建立种薯生产和经营许可证制度是不太现实的，但我们可以从某些条件好、管理水平高的省（区）开始实行种薯登记制度，给具备相应资质、具备相应条件的单位和个人颁发种薯生产和经营许可证，并提供相应的检验服务，主要是对生产过程进行监督管理，在收获时发放相关的标签和证书等。如果不能对 G1 种薯至 G3 种薯全部实行登记制度，也可以考虑从 G1 和 G2 种薯开始，逐步扩大到 G3 种薯，促进种薯质量的提高。

通过实行种薯生产登记制度，可以促进 G1 和 G2 种薯生产专业乡（镇）、专业村和合作社的发展。当这些登记注册的生产者和经营者确实能通过规范的种薯生产来提高种薯质量、增强其种薯竞争力并获得更好的经济效益时，将带动更多的生产和经营者自觉地进行登记。

（二）脱毒马铃薯种薯质量监控

从国内外的成功经验和失败教训中可以看出，没有一个严格的质量控制体系，就不可能大规模地生产出高质量的种薯。虽然目前我国建立了两个国家级的种薯质量检验检测中心，但分布全国各地、面积庞大的种薯生产，靠这两个中心来进行全程质量控制是不可能的。这两个中心如果能将所在省（区）的种薯质量进行全面的监控，也将会为我国种薯质量的提高起到带动和示范的作用。

鉴于我国种薯生产面积大、分布范围广、生产条件各异的实际情况，在马铃薯种薯生产省（区）建立省级种薯质量监控体系更具有操作性，更能真正对种薯质量进行全面、有效的监督。

攀西地区马铃薯种薯产业从 20 世纪 90 年代初起步，到 20 世纪“十五”期间基本处于停滞和徘徊。“十一五”期间攀西地区马铃薯种薯生产终于迎来了大发展，从无到有，从小到大，从无序生产到 2008 年建立严格的种薯质量检测制度，制定了《四川省脱毒马铃薯种薯病毒病检测实施办法》，明确了检测范围包括脱毒核心材料、原原种、原种，重点检测普通花叶病（PVX）、重花叶病毒（PVY）、马铃薯卷叶病毒（PLRV）、马铃薯潜隐花叶病毒（PVS）、轻花叶病毒（PVA）和马铃薯皱缩花叶病毒（PVM）。送检样品为生长健壮的试管苗，每个样品 3 瓶，在种薯收获前 30 d 左右送到种薯生产地（圃）。采取项目实施单位要主动送检及农业厅植检站在关键时期对原原种、原种进行抽检，取消种薯质量严重不合格单位的项目实施资格。种薯（原原种、原种）调出时供种单位必须出具加盖鲜章的种薯质量检测报告给调入单位，禁止检验不合格的种薯（苗）进入下一个生产程序。

执行种薯的统一质量标准，不仅可使各级种薯质量规范化，使生产上用的种薯质量有较持久的保证，而且有利于种薯出口，进入国际市场。该质量标准与国际标准接近，容易与国际市场接轨。2008 年四川制定颁布了《四川省脱毒马铃薯种薯生产技术规程》《四川省马铃薯种薯贮藏技术规程》，2009 年四川省农业厅下发了《四川省马铃薯种薯全程质量监控体系构建工作方案》，实现种薯质量全程监控。

二、攀西地区马铃薯脱毒种薯生产体系的建立

种子产业化是农业现代化的重要组成部分，也是农业现代化的一个重要标

志。通过茎尖组织培养脱除病毒，采用快繁技术生产脱毒种薯，一般可增产30%以上。通过研究和开发马铃薯脱毒种苗（薯）新技术，在攀西地区范围内建立马铃薯脱毒快繁中心和基地并进行产业化开发，根据国家和四川省标准并结合攀西地区实际情况，按照马铃薯种薯生产技术规程和种薯质量、病虫害检测标准，并结合新品种的推广来提高种薯质量，从而提高产品质量和单产水平，以促进攀西地区马铃薯生产，满足市场需求和增加农民收入，具有重要的社会经济意义。凉山州制订了2008—2012年《凉山州马铃薯产业发展规划》，明确凉山州马铃薯在面积、单产、种薯体系建立、农民增收以及加工比例等方面的长远稳定目标，这将使攀西地区马铃薯产业在四川乃至西南都处于重要地位，可为经济和社会发展做出更大的贡献。

在实验室利用茎尖脱毒组培试管苗和温网室扦插苗快繁结合病毒鉴定和检测生产出一定数量的脱毒苗和脱毒薯，再在隔离防病的大田中逐级（代）扩繁，以增加用种量和降低成本，并保证薯种质量，最终为生产者（农户或公司）利用。根据以往成功经验和最新发展以及西南山区的特点，现将攀西地区脱毒种薯生产技术流程体系的基本模式图示为：

实验室脱毒苗组织培养快繁→温网室脱毒小薯（原原种）生产→规模化基地（山区）原种生产→基地良种（生产种）生产

马铃薯原原种生产系指经茎尖脱毒并经酶联免疫吸附检测（ELISA）不带X、Y、卷叶病毒（PLRV）等的试薯苗或试管薯，在防虫（蚜虫等）隔离温网定条件下繁殖生产脱毒扦插苗或小薯。要严格做好防虫隔离，以防室外蚜虫进入室内对脱毒植株传播病毒。同时要做好培养基质消毒，对其他真菌、细菌病害进行控制，以确保生产出的种薯质量。

原种生产指利用原原种为材料，在良好的自然隔离条件下繁殖生产，如在海拔1000 m以上的冷凉山区。原种生产主要采取单芽眼切块培育母苗，顶端切段扦插苗，按1万株/667m^{2}定植，在保证全苗和适时管理的条件下，一般可生产原种1500 kg/667m^{2}以上。

良种（生产种）指由原种繁殖的种薯。为解决种薯大量调运的困难，也为减少农户购买所需脱毒种薯的投入，农户可按实际生产面积的十分之一就近购买原种，自繁自用、每年更换。良种繁殖主要可采用育芽带薯移栽技术，以保证种薯产量，该技术主要包括催育壮芽和适时提早移栽两个环节。在大田生长季节前，将原种种薯提早播入苗床，保温催芽。当芽长2～3 cm时，选留3～4根主芽，适当提早移栽于大田。采用这种技术，可提早一周左右收获，种薯产量较常规方式有明显提高。

以上从原原种到良种的繁殖生产都需要做好病虫害防治，及时拔除病株、杂株，更重要的是要进行病害分级检测，以保证、控制各级种薯的相应质量。从以上图例可看出，利用脱毒苗扦插快繁生产大量的原原种，可在2～3年后源源不断地向农户提供优质种薯。

三、攀西地区脱毒马铃薯原原种、原种、生产种生产能力和质量大幅提升

（一）四川省马铃薯种业现状

不少西方国家的种子生产以种子公司为依托，已发展成为集种子科研、生产、加工、销售、技术服务于一体的现代种子生产体系。美国的先锋种子公司、卡捷尔公司、孟山都种子公司，法国的利马格兰公司，德国的KWS公司，英国的ZENECA集团，日本的珑井公司、板田种子公司，泰国的正大集团等在国际种子界都有相当实力。当今种业国际化成为高度发达的农业经济国际化的重要组成部分，种业发展的国际化趋势已势不可挡。

四川农业基础好，在全国有“川种优势”之说。面对新形势，我国农业良种工程建设启动实施，种业联合并购已成为发展潮流，资本营运和资本重组成为种业发展的一次机遇，面对市场经济的发展，种业界必须换思维、调整战略，加快种子企业在体制、机制、经营、管理等诸多方面的重大改革和调整。通过企业内部资源整合、机构重组、企业之间强强联手等形式，实现扬长避短、优势互补，建立育、繁、推一体化模式，组建一批大型集团化种子企业，推动脱毒马铃薯良种生产的企业化管理和市场化经营。

马铃薯种薯销售未完全市场化，马铃薯市场化需要一步步的推进，还有个过程。企业要生存必须靠品质赢得信誉，靠质量创出品牌，靠“质量+品牌”拓展市场。努力建设和完善市场网络体系，培育市场，扩大市场容量。目前，我国及四川马铃薯脱毒种薯市场化的程度不高，薯农自觉使用脱毒种薯的积极性不高，市场容量还很小，在很多地方基本上还是一个政策市——有多少项目资金就只有相应大小的市场容量。依托营销网络，运作与推广两杂种子相似的工作模式，开展示范、推广工作，让薯农充分认识脱毒良种的增产、增收作用，逐渐扩大脱毒良种的覆盖率，扩大市场容量。

四川属西南一、二季垂直分布区，本区多山地和高原，区域广阔，地势复杂。四川目前采取三代种薯繁育体系，按目前每年的马铃薯播种面积70万hm^2计算，每年需要种薯量为157.5万t左右（种薯用量按2.25 t/hm^2）。种薯平均产量按22.5 t/hm^2计算，每年需要种植生产种（G3种薯）7万hm^2左右。要满足7万hm^2的G3种薯生产需要原种（G2种薯）15.75万t，按22.5 t/hm^2产量计算，需要种植原种（G2种薯）7000 hm^2。生产G2种薯时，需要原原种（G1种薯）7.5万～12万粒/hm^2，全省则需要原原种（G1种薯）5.25亿～8.4亿粒。

如果普及率按 60%计算，需要 3 亿~5 亿粒原原种（G1 种薯）。

以现代种子企业作为推动马铃薯种薯产业发展的主体，用市场的机制推动形成一批有实力的种子企业，没有强大的种子企业，种业的发展是一句空话。四川马铃薯种薯企业发展取得了很大进步，据测算，2012 年生产经检测合格的脱毒原原种已达到近 3500 万粒，产生了较大型的种薯生产企业 7 家，其余还有一些各马铃薯大县自己建立的小型种薯生产企业，实现县级区域内调剂使用（见表 1—4）。

表 1—4 2012 年四川马铃薯种薯生产主要科研单位、企业情况一览表

种薯企业及依托科研单位	组培室面积（m^2）	防虫网室面积（m^2）	原原种生产量（万粒）	合格生产种生产量（t）
西昌学院（凉山育兴公司）	450	15000	1500	200
西昌学院、四川农业大学、成都市农林科学院（九寨沟岷山公司）	400	6000	600	4500
凉山州良圆马铃薯种业	1200	20000	2000	交由州内各县生产
四川省农科院（成都阳光田园城市投资有限公司）	200	5000	800	不详
四川农业大学（成都久森农业科技有限公司）	1050	25000	3000	暂无
四川农业大学（四川喜玛高科农业生物工程有限公司）	1000	20000	2000	暂无
四川颈峰种业	不详	不详	不详	不详
四川高地种业	不详	昭觉县、越西县、喜德县、盐源县（合作生产、经营）	1500	3000 t
四川南充农科所、广元农科所、达州农科所、通江县、峨边县、美姑县、布拖县、普格县、甘洛县等	3 个农科所均有组培室	均有面积不等网室	南充、广元、达州三农科所 400 万粒	建立有立足于本县、辐射周边的自建专业种薯生产基地，估测种薯生产量 50 万 t

（二）攀西地区马铃薯种业现状

首先，攀西地区有接近 20 万 hm^2 的马铃薯种植面积，适宜区内气候冷凉，是脱毒马铃薯良种繁育的优势区域，有许多县还建设有规模化的防蚜网室等脱毒马铃薯良繁基础设施，基础条件优越。在川西南、川西高原，马铃薯生长季节风速大，蚜虫不易降落于山洼地，非常适合建立天然的种薯生产基地。其次，在川西南高原高寒山区气温低，无霜期短、夏季凉爽、雨量充沛，而冬季天寒地冻、十分寒冷，耕作层冻土深厚，一些地区冻土层深达 20～30 cm，病菌难以在土层中越冬存活。可以连作，避免种薯生产基地轮作客观存在的选地困难。

攀西地区以马铃薯高产高效为载体，着力提高单产、优化品质。突出良繁体系建设，各级农业行政主管部门加强种薯质量监控。实行原原种、原种分级分片种植，提高原种、生产种生产能力，在原原种繁育的基础上，建设原种繁育和一代生产种繁育的大田基地建设，延长和完善种薯繁育产业链，直至生产出薯农直接使用的优质良种。各级农业部门积极应对困难，推进脱毒马铃薯种薯的企业化运作、市场化经营，开拓脱毒马铃薯优质种薯繁育产业，以链条式订单生产为保证，构建了“种薯企业＋农技体系＋专业合作社＋生产基地”的脱毒种薯生产模式。

攀西地区主要马铃薯种薯企业有 5 家。

1. 凉山州良圆马铃薯有限责任公司

凉山州良圆马铃薯有限责任公司是凉山州马铃薯良种繁育体系的龙头企业，是四川省生产能力最大的试管苗和原原种生产单位，主要负责向州内各县网室提供试管苗和原原种，已获马铃薯种薯生产经营许可证。2012 年公司原原种生产计划完成 500 万粒，目前，良圆公司组培室面积 1000 多 m^2，具有年产试管苗 1500 万苗的生产能力；网室 28000 多 m^2，具有年产脱毒原原种 2000 万粒以上的生产能力。

2. 凉山州育兴农业开发有限责任公司

公司成立于 2010 年 4 月，注册资本 1000 万元。育兴公司是一家与高校（西昌学院）共同合作、开发的民营性质的农业开发公司，已取得马铃薯种薯生产经营许可证。公司脱毒马铃薯生产配套设施现有植物组培室面积 350 m^2，脱毒马铃薯原原种生产网室 12000 m^2，原种生产实践基地 6.67 hm^2。育兴公司生产的产品主要为原原种，有一定数量的脱毒试管苗和原种。

3. 四川高地种业有限公司

高地种业公司长期从事两杂制种，已获马铃薯种薯生产经营许可证，在大田繁种管理和经营上有丰富经验和成熟的管理模式。高地种业组建了凉山高地种业公司，建设了两大种子生产基地：杂交玉米制种基地和凉山脱毒马铃薯良种繁育基地。高地种业立足凉山得天独厚的资源优势以及市场优势，依托凉山现有脱毒马铃薯良种繁育硬件资源、技术资源，与喜德县、越西县、盐源县、昭觉县、叙永县等县合作，充分利用各县的现有网室资源，以委托生产的方式进行原原种生产；与州内各马铃薯良繁单位以及各马铃薯大县紧密合作，以委托生产、合作生产的方式进行原种生产，建设企业为主体的马铃薯良种繁育基地。

4. 成都久森农业科技有限公司

公司成立于2009年，位于成都市新都区马家镇，占地66.67 hm^2，包括组培实验室1100 m^2，低温冷库300 m^2，智能温室3000 m^2，网室大棚25000 m^2，专项中试基地8 hm^2，仪器设备150套，已获马铃薯种薯生产经营许可证。公司脱毒马铃薯原原种生产能力已达到3000万粒以上，公司主要在汉源县建设了马铃薯原种、生产种生产基地。

5. 四川九寨沟岷山农业科技有限公司

公司位于四川省阿坝藏族羌族自治州九寨沟县，已获马铃薯种薯生产经营许可证。2011年组培中心脱毒马铃薯微型薯繁育能力达1000万粒，生产基地面积400 hm^2，繁育脱毒马铃薯种薯10000余t，于2007年建成并投产了6000 t级马铃薯低温贮藏库。2013年公司在会理县崩崩山、布拖县拖觉镇建设了马铃薯生产种基地。

第五节　攀西地区马铃薯栽培技术概况

由于历史的原因，马铃薯一直被看成是一种低效益的农作物，往往种植在水肥条件差的旱地上。随着近年来马铃薯经济效益的不断提高，灌溉与施肥也逐步用于马铃薯生产了，相应的技术参数得到进一步深入研究，通过创新配套技术，马铃薯生产水平取得突破。通过科研单位和推广部门的共同努力，总结完善了马铃薯配套高产栽培技术体系，尤其是经过几年的试验探索，掌握了秋、冬马铃薯的生产技术，针对马铃薯生产上存在的问题，研究出了打破种薯休眠的时间调控技术，适宜不同季节种植的高厢双行垄作、地膜（稻草）覆盖马铃薯高产高效栽培技术，马铃薯与玉米间套作栽培技术和马铃薯晚疫病预警系统和综合防治技术等，并在生产上得到推广运用。

一、攀西地区马铃薯生产的限制因素

攀西地区马铃薯生产从大面积看，生产水平极不平衡，尤以凉山州存在较大差异。影响马铃薯高产的原因很多，主要有以下限制因素。

（一）耕作粗放、施肥水平低

凉山地区马铃薯主要分布于二半山区以上山地，一般坡度15°～40°，种植土

地坡度大。由于自然生态条件破坏严重，土壤砾石多，耕作层浅，一般 9.9～13.2 cm。加上种植经营不是精耕细作，而是广种薄收，长期的盲目开荒，植被破坏，水土流失严重，短时间自然生态恢复困难。因此，农业生产基础相当薄弱。

相当大的种植面积没有开厢起垄，大面积种植密度不够，施肥水平低，施农家肥 500～750 kg/667m²，无机肥料不足 13.3 kg/667m²，甚至不施用钾肥。部分地区甚至实行刀耕火种，因而植株瘦小，茎叶不茂，生长旺盛期叶面指数仅在 1～3，产量很低。

（二）品种混杂，退化严重，良种普及率不高

凉山州目前良种繁育体系还处在逐步完善、提高的过程中，马铃薯种薯市场化难度较大，主要通过政府扶持、推广运作。马铃薯连作重茬、种薯贮藏条件差，农户用种自繁自留又没有及时进行选种提纯等，造成了良种混杂和退化。

（三）晚疫病等病害十分严重

凉山地区马铃薯产区前期干旱，缺窝率高，而中后期雨水较多，气候潮湿，6～8 月降雨量占马铃薯全生育期的 76%，容易引起烂薯和晚疫病，是限制本区马铃薯产量的重要因素。种植抗病性弱或不抗病的品种，产量损失可达 80%以上，即使种植抗病性较强的品种，重发病年份产量也会减少 10%～15%。由于近年大面积推广抗病品种，改进栽培技术等综合防治措施，癌肿病得到一定控制，但在一些地方该病仍然存在。据调查，青枯病近年来也呈上升趋势。因此，马铃薯病害仍是影响凉山地区马铃薯高产的限制因素之一。

（四）农民科技文化素质差，观念落后，农业基础薄弱

凉山州一步跨千年，由奴隶社会直接向社会主义社会飞跃，农民文化水平低，科技观念淡薄。马铃薯种植区又主要集中在高寒彝族聚居山区，这些地方自然地理情况差，气候恶劣、土地贫瘠、水肥条件差，人们旧的思想、传统根深蒂固，积重难返，沿袭至今的刀耕火种、看天吃饭、雨灌农业仍有一定的存在。

二、攀西地区马铃薯高产栽培技术推广应用

（一）良种良法配套，集成各项栽培管理技术，突出科技措施推广

认真落实“五良”（良壤、良灌、良种、良法、良制）、“五改”措施（改使用劣、杂品种为应用主导优良品种，改满天星式种植为双行垄作，改一次中耕垄墒为两三次中耕培土，改偏施氮肥为测土配方平衡施肥，改粗放管理为精细管

理，综合防治病虫害），重点落实马铃薯原种、原原种标准化技术规程，重点推广“脱毒良种、双行垄作、适时播种、增加密度、增施磷钾肥、加强田管、综防病虫”等覆盖全过程的标准化、无公害综合生产技术。

加强宣传发动，大搞垄作，狠抓技术培训，共培训 1734 期次，60.03 万人次，州农业局印发《凉山州马铃薯高产栽培技术规范》技术手册 50 万册，全部发放到每户种植农户手中。2006 年全州大春马铃薯高厢垄作 5.38 万 hm^2，高产片增施磷、钾肥；防治病虫 0.83 万 hm^2，占发生面积的 67.5%，挽回损失 1.1 万 t。高产片基本实现了标准化生产，产量比大面积提高 14.7%以上。

凉山州 2012—2013 年马铃薯生产情况见表 1－5。

表 1－5 凉山州 2012—2013 年马铃薯生产情况（单位：万亩、万 t）

县（市）	技术措施		小春马铃薯				大春马铃薯			
	脱毒薯	双行垄作	面积		总产量		面积		总产量	
			2012 年	2013 年	2012 年	2013 年	2012 年	2013 年	2012 年	2013 年
西昌市	6.9	6.2	1.9305	2.15	2.303	2.58	6.87	6.65	11.9	11.68
德昌县	2.3	2.7	1.5855	1.75	2.828	3.109	2.0565	2.05	5.5525	5.641
会理县	7.8	9.1	3.5	3.8	6.1425	6.67	7.9	8	15.8475	16.16
会东县	10.5	10.8	3.1095	3.5	6.0275	6.79	11.793	11.9	23.919	24.22
冕宁县	8.3	8.2	1.284	1.45	1.7945	2.03	10.2561	10.27	16.715	16.85
宁南县	5.5	6.6	2.448	3.3	2.9015	3.91	5.5721	5	9.484	8.97
盐源县	18.4	18.6	0.84	0.9	0.592	0.635	24.8235	25.6	33.884	35.205
木里县	6	6	0.1485	0.16	0.1415	0.153	8.3535	8.36	10.811	10.847
昭觉县	18.9	17.5	0.525	0.53	0.16	0.162	22.7	23.47	45	46.698
美姑县	9.4	10	0.1245	0.15	0.077	0.093	13.5755	14	23.004	23.847
雷波县	7.3	8.6	2.5635	2.6	1.355	1.39	9.54	9.65	13.745	14
甘洛县	7.3	7.1	0.708	0.75	0.425	0.45	9.1335	9.17	13.9005	14.05
越西县	12.2	12.8	1.56	1.7	2.38	2.595	16.2405	16.5	31.0245	31.705
喜德县	16.1	15.1	0.6	0.65	0.31	0.335	20.7	20.35	32.69	32.325
普格县	8.6	9.4	0.9045	0.91	0.7175	0.723	12.315	12.43	22.087	22.397
布拖县	15.2	15.2	0.1335	0.14	0.055	0.058	21.07	21.5	30.6035	31.422
金阳县	10.3	11.1	0.4995	0.54	0.281	0.317	15.0015	15.1	21.677	21.983
合计	170	176	22.4645	25	28.491	32	217.901	220	361.845	368

（二）试验示范，突出高产高效创建

试验示范是探索新的实用栽培技术和技术创新的关键，是不断完善技术措施的必要手段，抓好马铃薯优质高产高效技术研究。

2006 年，试验示范的力度前所未有，在凉山州大部分县市实施了马铃薯高产栽培试验、密度试验、钾肥肥效试验共三个类别的试验。通过试验得出：实收鲜薯单产 3106.5 kg/667m²。设计实施的密度 3500 株/667m²、4000 株/667m²、4500 株/667m²、5000 株/667m²、5500 株/667m² 试验，种植 4000～4500 株/667m² 最为经济，既便于管理，又能增加商品薯比例。实施的施硫酸钾0、2.5 kg/667m²、5 kg/667m²、7.5 kg/667m²、10 kg/667m²、12.5 kg/667m²、15 kg/667m² 试验，以施钾肥 5 kg/667m² 最为经济有效。在昭觉县进行了马铃薯晚疫病防治试验，防治的平均单产 1885.0 kg/667m²，未防治的平均单产 1364.5 kg/667m²，防治比对照增加 520.5 kg/667m²，增产 38.1%。坚持“以点带片、以片促面、规模生产”原则，认真落实“建设 6.67 hm² 脱毒种薯原种扩繁基地、抓好 66.7hm² 中心示范片和 667hm² 标准化栽培示范田、辐射带动全县马铃薯生产”的目标。全州共完成中心示范片 0.26 万 hm²、高产示范片 2.49 万 hm²，其中，领导示范片 0.68 万 hm²。力争百亩攻关单产3500 kg/667m²，千亩展示单产 2500 kg/667m²，万亩高产创建单产比大面积种植增产 10%以上。标准化生产面积占种植面积的 70%以上。

2013 年，在凉山州大部分县市实施了马铃薯原种生产高标准示范，马铃薯高产创建攻关，抗病抗旱增产增效综合技术集成试验示范，马铃薯晚疫病综合治理集成技术试验示范，马铃薯早疫病综合防控、集成技术试验，马铃薯与玉米、芸豆套作栽培试验，使用不同叶面肥对马铃薯产量的影响试验，马铃薯品种资源圃建设。

在具体做法上，通过做到各级领导有示范样板，农业部门有示范点，充分发挥典型引路的作用，做给农民看，带着农民干，引导农民赚，马铃薯生产正朝着规模化、标准化、集约化、产业化方向发展。

（三）规模化种植、创新种植模式，实现周年生产

攀西地区立体气候明显，因地制宜地探索出多个适合攀西不同生态区的马铃薯高产高效种植模式，通过创新种植模式，以马铃薯多熟高效种植新模式为突破口，扩大秋冬马铃薯种植面积，分区构建高效种植模式，实现马铃薯由一季春作为主向春、秋、冬马铃薯多熟种植发展，形成马铃薯周年生产、周年供给的产业链发展格局。通过改偏施氮肥为全程平衡配方施肥，保障全生育期营养供给。在 1500～2500 kg/667m²农家肥基础上，春薯施纯 N 4～7 kg/667m²，出苗后追施纯

N 2~4 kg/667m²，氮磷钾比例为 1∶1∶1.5~2；秋马铃薯基施纯 N 4~7 kg/667m²，氮磷钾比例为 1∶1.5∶1.5；冬马铃薯基施纯 N 25~7 kg/667m²，氮磷钾比例为 1∶2∶2。新施肥技术平均增产 15.35%~16.05%。增加地膜或稻草覆盖，提高抗逆生长能力。通过实行多熟高效种植新模式，攀西地区全年粮食产量提高 15%~40%，全年纯收益提高 30%~256%，耕地复种指数提高 50%~100%。

突出扩大种植面积，不断创新种植模式，重点挖掘秋冬马铃薯生产潜力，抓好增种间作、套作、轮作，把马铃薯作为建设“千斤粮万元钱”“吨粮田五千元”粮经复合现代农业产业基地的重要茬口作物。规范和有序推进农村土地流转，实行相对集中连片开发和适度规模经营，推动马铃薯生产向优势产区、规模基地、种植大户集中。采取龙头企业和专业合作社建基地、大园区小业主建基地等多种形式，建设现代农业马铃薯产业基地。

参考文献

[1] 李佩华，蔡光泽，普晋，等. 四川省马铃薯脱毒种薯生产现状及发展对策浅析 [J]. 西昌学院学报（自然科学版）. 2013（3）.

[2] 李佩华. 四川省马铃薯产业发展对策浅析 [G] //四川省马铃薯发展国际研讨会论文集. 2005.

[3] 李佩华. 四川省凉山州马铃薯生产现况及发展对策思考 [J]. 西昌农业高等专科学校学报. 2003（1）.

[4] 孙慧生. 马铃薯育种学 [M]. 北京：中国农业出版社，2003.

[5] 李佩华. 马铃薯新型栽培种后代材料改良鉴定 [J]. 西南农业学报. 2013（2）.

[6] 李佩华，蔡光泽，华劲松，等. 不同供氮水平对野生荞麦与栽培苦荞的表现型差异性比较 [J]. 西南农业学报，2007（6）.

[7] 孙晓辉，夏明忠，刘世全. 攀西地区农业增产综合技术研究 [M]. 成都：四川科技出版社，1994.

[8] 凉山州人民政府. 凉山州优势马铃薯产业发展规划（2008—2012 年）.

[9] 凉山州人民政府. 凉山州马铃薯原原种繁育基地建设工作方案（凉农〔2008〕51 号）.

[10] 陈学才，曹晋福，杨正美，等. 对凉山州马铃薯产业发展的思考 [G] //凉山州马铃薯大会论文集. 2008.

[11] 刘绍文，董红萍，郭浩. 凉山州不同区域马铃薯高产栽培技术 [G] //凉山州马铃薯大会论文集. 2008.

[12] 徐成勇，曹吉祥，陈学才，等. 四川省马铃薯贮藏现状、存在问题及解决措施 [G] //凉山州马铃薯大会论文集. 2008.

[13] 四川省农业厅．四川省马铃薯脱毒种薯病毒检测抽样管理办法（川农业〔2013〕5号）.

[14] 凉山州质量技术监督局．凉山彝族自治州农业地方标准无公害农产品马铃薯（DB 5134/T06—2003）.

[15] 门福义，刘梦芸．马铃薯栽培生理［M］．北京：中国农业出版社，1993.

[16] 四川省农业厅．四川省马铃薯产业“十一五”发展规划［G］．2007，1.

[17] 刘晓冰，王光华，金剑，张秋英．作物根际和产量生理研究［M］．北京：科学出版社，2010.

[18] 王建华，张春庆．种子生产学［M］．北京：高等教育出版社，2006.

[19] 中华人民共和国农业部．马铃薯脱毒种薯繁育技术规程（中华人民共和国农业行业标准 NY/T 1212—2006）.

[20] 谢开云，何卫．马铃薯三代种薯体系与种薯质量控制［M］．北京：金盾出版社，2011.

第二章　攀西地区马铃薯良种繁育体系及生产技术体系

国以农为本，农以种为先。我国是农业生产大国和用种大国，农作物种业是国家战略性、基础性核心产业，是促进农业长期稳定发展、保障国家粮食安全的根本。现代农业是先进科技的农业，是高效、安全和有竞争力的农业，更是可持续发展的农业。良种是推动农业发展最活跃的生产要素，是农业生产中最重要的科技载体，通过推广新品种、新技术，生产的农产品不仅能实现优质、高产、高效益，而且可提高市场竞争力和占有率。加快建设现代农业一靠科技、二靠良种，抓住了这两项核心要素，才能有效降低成本、改进品质、提高产量，增强农产品市场竞争力。另外，要保持农业的可持续发展，就必须有可持续发展的种业，不断培育出更高水平、更适应市场需要的品种。

第一节　攀西地区马铃薯的退化与脱毒

危害植物的病毒迄今为止有文献记录的有300多种，几乎所有的栽培植物都发现感染一种甚至几种植物病毒。病毒对植物正常生长发育所产生的不良影响，采用生物、物理、化学等方法来防治收效甚微，有的则毫无成效，致使世界范围内病毒病的发展越来越严重，给生产带来不可估量的损失。因此，通过植物组织培养脱除病毒，培育无毒苗木对农业生产具有非常重要的意义。攀西地区生产上使用的马铃薯种薯带毒，马铃薯退化造成病害发生较重，产量水平较低，一般导致减产20％～40％，严重的高达50％以上。由于感染马铃薯病毒，可导致马铃薯品质低下，商品率不高，严重影响马铃薯在市场上的竞争能力。

无性繁殖是相对于有性繁殖而言的，可以进行无性繁殖而产生后代的作物即为无性繁殖作物，在一般情况下，这类作物不通过两性细胞的结合而产生后代。多是利用营养器官代替种子，作为播种材料繁殖后代。无性繁殖作物大多数情况下以无性繁殖来延续后代，马铃薯利用块茎作为播种材料称为种薯，但在其生长发育阶段或在适于发育的自然或人工控制条件下，仍可自然开花结实，进行有性繁殖。

一、攀西地区马铃薯病毒与种薯退化

（一）马铃薯病毒

马铃薯生长期间经常出现植株变矮、分枝减少、叶片皱缩、生长势衰退、块茎变小的现象，产量明显下降，一年不如一年，最后失去种植价值，一般称这种现象为马铃薯退化。这种退化究竟是什么原因造成的呢？关于这一点过去很长时间没有搞清楚。主张衰老学说的人认为马铃薯退化是病毒侵染的结果，主张生态学说的人认为马铃薯退化是高温引起的。各派学者都提出一些论据，但都缺乏足够的说服力，因此，对马铃薯退化问题曾长期争论不休。及至 1955 年，法国人莫勒尔和马丁用退化的马铃薯茎尖分生组织，培养出完全无病毒的马铃薯植株，并使用该马铃薯植株恢复了原来的健康状态。此后世界上才公认马铃薯的退化是由病毒造成的，而不是由其他原因或是因遗传性状改变造成的。

攀西地区在马铃薯作物上已发现多种病毒、类病毒以及植原体，马铃薯的病变主要有马铃薯卷叶病毒（potato leaf roll virus，PLRV）引起的卷叶，马铃薯 A 病毒（potato virus A，PVA）引起的轻花叶病，马铃薯 Y 病毒（potato virus Y，PVY）引起的花叶病、条斑花叶病、条斑垂叶坏死病、点条斑花叶病，马铃薯 M 病毒（potato virus M，PVM）引起的副皱缩花叶病、卷花叶病、脉间花叶病，马铃薯 X 病毒（potato virus X，PVX）引起的普通花叶病，马铃薯 S 病毒（potato virus S，PVS）引起的潜隐花叶病，马铃薯纺锤块茎类病毒（potato spindle tuber viroid，PSTVd）引起的纺锤块茎病、紫顶萎蔫病、块茎尖头病等。

退化是所有无性繁殖植物在长期无更新栽培的过程中生命活力系统性衰退的现象。马铃薯种薯退化现象则是其中的典型，主要症状表现为：植株矮小或生长畸形，叶面遍布病斑或皱缩，结薯数量减少，块茎变小，产量逐年下降，品质变劣，贮藏期间因腐烂等损失增大。这种马铃薯种薯退化植株可形象地比喻为“一年大，二年小，三年不见了”，由此可见退化现象对马铃薯生产构成了威胁。

（二）马铃薯种薯退化

马铃薯种薯的退化主要是由感染病毒引起的，病毒是传染性病害，可通过接触、昆虫传染，也可通过种子传染（如 PSTVd）。如 PVS、PVX 和 PSTVd 病毒可通过田间植株间枝叶接触、互相摩擦而使病株的病毒传给健株，或在田间管理中通过工具和人的衣物把病毒传给健株；咀嚼式口器的害虫在咬食病株后又咬食健株也可传毒等；PVA、PVY、PVM 和 PLRV 病毒可由蚜虫、粉虱等昆虫传毒，而且桃蚜是传播病毒的主要害虫，尤其以有翅蚜虫传播病毒最为普遍，传毒快且流动性大，最难控制。病毒的传染速度和对马铃薯生产的危害程度与品种的抗病性、传毒媒介（主要是蚜虫）的活动以及病毒在体内增殖的条件等有关。采用抗病品种、切断毒源或减轻蚜虫传毒机会、冷凉气候条件限制病毒在体内繁殖的速度和向块茎运转速度，都能减轻病毒的危害，延缓退化速度。马铃薯病毒、类病毒以及菌原质（体）的传病方式大致可分为四个方面。

1. 接触传病

接触传病的方式是多种多样的，如：健康植株与病株在田间枝叶交接，因风吹互相摩擦即可使健株感染病毒；在贮藏过程或催芽后，健康的块茎幼芽与病薯幼芽在运输过程中摩擦也可传病；人在田间操作时用的农具和人的衣物，接触病株经摩擦带毒后又与健株接触也可把病毒带到健株上；用切刀切种薯时，切了病薯又切健康薯即可使健康薯感病；还有些咀嚼口器的昆虫，如甲虫、蝗虫等咬食病株后又食健株也可使健株得病，等等。通过接触可传病的有 X 病毒、S 病毒、A 病毒和纺锤块茎类病毒（PSTV）等。

2. 昆虫传毒

传毒的害虫较多，如蚜虫、叶蝉、螨、粉虱、甲虫、蝗虫等均可传毒，最普遍的是蚜虫传毒。蚜虫中以桃蚜传毒为主，可传播持久性病毒和非持久性病毒（如 X 病毒、A 病毒、M 病毒和 S 病毒的一些株系及类病毒等均属非持久性病毒），蚜虫取食病株后，病毒保存在口针上，不进入体内，最少经过一小时之后再食健株时才能传毒。因持久性病毒需在蚜虫体内繁殖，而后经口针传毒，不像非持久性病毒可在取食后瞬间传毒。螨类、粉虱可传播 Y 病毒，咀嚼口器的害虫可传播 X 病毒和纺锤块茎类病毒，叶蝉可传播绿矮类型病毒和紫顶萎蔫类型病毒，等等。

3. 线虫传毒

线虫通过口针取食时把病毒吸入体内，在健壮株幼根上取食时传播病毒。烟草脆裂病毒和番茄黑环病毒均可通过线虫传毒，马铃薯也可感染此病毒。

4. 真菌传毒

所谓土壤传病实际上并不是土壤本身传病，而是土壤中的线虫或真菌孢子可以把病毒传染给健株，真菌孢子在土壤中存活的时间因病菌的种类而不同，且具有很大差异。可传播 X 病毒的癌肿病菌在土壤中可存活 20 多年，传播束顶病毒的粉痂病菌孢子在土壤中可存活一年。

二、马铃薯脱毒原理与方法

（一）马铃薯脱毒苗生产

1. 马铃薯脱毒苗生产的意义

危害植物的病毒迄今为止有文献记录的有 300 多种，几乎所有的栽培植物都发现感染一种甚至几种植物病毒。病毒对植物正常生长发育所产生的不良影响，采用生物、物理、化学等方法来防治收效甚微，有的则毫无成效，致使世界范围内病毒病的发展越来越严重，给生产带来不可估量的损失。因此，通过植物组织培养脱除病毒，培育无毒苗木对农业生产具有非常重要的意义。

栽培马铃薯是四倍体无性繁殖作物，在生产期间容易被病毒传染造成病毒性退化，并常受晚疫病、环腐病、青枯病和黑胫病等多种病害侵袭。经过近半个世纪的研究证明，生产优质的马铃薯组培苗、原原种、原种、合格种，并建立完善的马铃薯良种繁育体系，是保持种薯质量、防止种薯迅速发生病毒性退化的关键性措施。同时专业化、规范化、规模化、工厂化生产马铃薯组培苗、原原种、原种、合格种是降低生产成本的必由之路。由此，人们的研究也就朝着马铃薯组培苗、原原种、原种、合格种生产的规范化、规模化、工厂化方向前进，规范的脱毒苗生产环节可以有效保证品种质量、增加繁殖系数、有效防止病毒的再次侵染，脱毒技术也朝着分子水平方向发展，质量控制体系建设也成为研究和建设的目标。

2. 植物组织培养

植物离体培养是指通过无菌操作，把植物体的各类结构材料，即外植体接种于人工配制的培养基上，在人工控制的环境条件下，进行离体培养的一套技术和方法，通常也称植物组织培养或植物的细胞与组织培养。

（二）茎间分生组织培养脱毒原理

1. 马铃薯茎间分生组织

一般认为，茎间分生组织培养可以脱除马铃薯病原菌的原理为病原菌在植株体内的分布不均匀：PVX 和 PSTVd 感染分生组织和维管束，其余病毒寄生在维管系统组织。而分生组织缺乏维管系统，这就使通过维管系统传染的病毒不会感染到分生组织。植株的分生组织代谢活力最强，病毒难以在代谢旺盛、细胞生长和分裂迅速的分生组织细胞中增殖。由于生长素的作用，植物分生组织中生长素的含量（或活性）一般远远高于其他组织，具有抑制病毒增殖的效果。

根据不同培养基、培养时间和继代次数等对脱毒率的影响分析认为，培养基成分和分生组织培养的过程在脱除病原菌中可起着关键作用。

2. 马铃薯脱毒苗生产的方式方法

利用茎尖分生组织培养可以成功地脱除马铃薯病原菌，但是其脱毒率通常很低。根据病毒靠近生长点的远近，其脱毒难易程度为 PLRV＜PVA＜PVY＜PVX＜PVS。对准备进行脱毒的马铃薯品种进行田间株选和薯块选择，不仅可提高工作效率，而且能提高脱毒效果。田间所选植株必须符合品种特性，如花色、株型、茎秆颜色等农艺性状要好，植株生长健壮、无明显的病虫害，薯块选择必须是本株材料。

另外，所选单株还必须进行病毒鉴定，尤其是必做 PSTVd 鉴定，因茎尖脱毒也难脱掉此类病毒。鉴定方法一般采用往返聚丙烯酰胺凝胶电泳法检测，若有 PSTVd 则应坚决淘汰；也可采用指示植物（如番茄幼苗、千日红等）作鉴定，以获得没有感染 PSTVd 的单株块茎作为接种材料。对块茎用 1%硫脲+5 mg/L 赤霉素浸种 5 min 以打破休眠，在 37 ℃恒温培养箱中干热处理 30 d 后作茎间剥离，在实际操作过程中，经常要结合一些必要的辅助性措施以提高脱毒效率。

（1）茎尖分生组织结合热处理。

热处理（温度、时间、效果）方法很早即被成功地用于感染甘蔗的斐济病毒。在分生组织剥离之前或培养过程中，对材料或外植体进行不同温度、不同时间或不同热处理方法（恒温或变温）的预热或高温处理，可以有效地提高脱除马铃薯病毒的概率，这已经成为国内外专门机构用于脱除马铃薯病毒的常规方法，其依据的原理为病毒和植物细胞对热处理及时间的反应不同。但热处理（37 ℃）仅可以消除马铃薯块茎内的 PLRV 和大幅度降低 PVY 的含量，对其他病毒的作用较小，对类病毒则无明显效果。

（2）茎尖分生组织结合化学处理。

在培养基中加入抑制病菌增殖的抑制剂、利巴韦林和利福平等抗生素，高浓度的生长素可以抑制病毒的增殖，用 2，4−D 或 NAA 诱导愈伤组织形成后，愈伤组织中的病毒含量大幅度下降，甚至检测不到；其次，改变培养基配方，尤其提高培养基中重金属离子含量，可提高脱毒率。

（3）茎间分生组织结合低温处理。

一般认为，对材料进行长时间（4 个月以上）的低温（6～8 ℃）处理后，再进行分生组织的剥离和培养，对脱除类病毒效果较好。

3. 茎间剥离与培养

剪取经过热处理的发芽块茎的茎尖 1～2 cm，清水漂洗，剥去外面叶片，然后在超净工作台上进行严格消毒。把已消毒芽放在解剖镜下（放大 8～40 倍）仔细剥离，直到显现出圆滑生长点时，用灭过菌的解剖针截取 0.1～0.5 mm 带 1～2 个叶原基的茎尖，接种于 MS 培养基。将接种好的茎尖置于温度 18～25 ℃、光照时间 10 h/d、照度 2000 lx 的培养条件下培养诱导 3～6 个月，其间用同样培养基转接 1～2 次，最后形成试管苗。

诱导形成的试管苗在大量扩繁之前，必须对其进行仔细的病毒检测，确保无病毒之后方可扩繁。弃去脱不掉病毒的试管苗。如图 2−1 所示。

被感染的植株

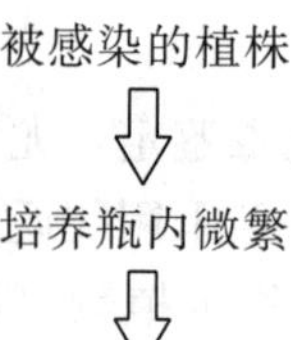

培养瓶内微繁

热处理生长室34℃：16小时；32℃：8小时

每个品系选10个茎尖进行培养

评价类病毒和病毒：ELISA和指示植物

遗传稳定性评价

脱毒植株与感病的植株在田间进行形态学比较

用干净材料取代感病植株

图 2－1　茎尖脱毒及程序（病毒脱除的过程）

4. 脱毒苗组培快繁

（1）脱毒试管苗切段繁殖。

把经过检测不带病毒的试管苗切成带 1～2 个芽的茎段，转接于快繁培养基上，待新的小苗长至 10 cm 左右时（2～3 周），再转接进行下一次扩繁。快繁培养基可用固体培养或液体浅层静止培养，培养室的温度控制在 20～25 ℃，光照 2000～3000 lx、12 h/d。也可利用自然散射光作光源，用散射光培养的试管苗茎叶粗大，叶片肥厚、深绿，节间短，生长健壮，可降低生产成本和提高试管苗移栽的成活率。

脱毒试管苗移栽前的最后一次转接，可在培养基中加入生长延缓剂 B_9，质量浓度为 10～15 mg/L，可使试管苗生长粗壮、节间短、叶色深绿，大大提高移栽成活率。

（2）试管薯诱导。

试管苗也可直接诱导形成试管薯，试管薯便于携带运输，发芽率及成活率高，可直接用于原种繁殖。试管薯诱导的培养基为含生根诱导剂和 2%蔗糖的 MS 培养基，培养条件为光照 8 h/d、3000 lx，温度控制在 17～20 ℃，培养 2 个月即可成薯。高糖浓度、短日照、低温有利于块茎的形成。

为了进一步提高繁殖倍数，还可以诱导茎间产生丛生芽以提高繁殖倍数，即用茎间培养基 MS+6－BA2 mg/L+NAA0.1 mg/L，丛生芽分割成单芽，接种到生根培养基（如 MS+NAA 0.5 mg/L）中，让其快速成苗。

（3）组培室及附属设备设施。

植物组织与细胞培养是对植物器官、组织、细胞甚至原生质体进行的离体操作与培养，并使其生长、发育形成完整植株的技术，要求严格的无菌条件和良好的培养条件，必须有最基本的实验室、实验仪器和设备。

完整的植物组织培养实验室通常包括准备室、接种室、培养室，并且按顺序排列，在准备室与接种室之间应留有缓冲空间。接种室墙面应光滑平整，地面铺瓷砖安装移动门，并且门与窗或门与门错开，使室内空气不对流，缓冲间与接种间以玻璃相隔，便于瞭望。缓冲间放置酒精灯、消毒瓶、消毒液、接种工具、培养瓶等。接种室内设置操作台或放置超净工作台，台面放置酒精灯、消毒瓶、消毒液、接种工具、培养瓶等，室内一般每 5 m^2 左右安装一支 30 W 的紫外灯。接种室要求封闭性好，干燥清洁，能较长时间保持无菌。

准备室要求宽敞明亮、通风条件好。室内应有试验台、水槽、超声波洗涤仪、晾干架、放置各种培养器具的橱柜、药品柜、电热鼓风干燥箱、各种冰柜、天平、液氮罐、酸度计、移液器、电炉、水浴锅、微波炉、磁力搅拌器、培养基分装装置、灭菌消毒器、蒸馏水器。

培养室大小根据研究和生产规模确定，设计应以充分利用空间和节省能源为原则，因此最好设在向阳面，并应有隔热性能。高度以比培养架略高为宜，墙壁地面光洁无缝，墙壁和天花板应具防火性能。室内安装培养架、日光灯、空调、紫外灯等设备。若是试管快繁，应尽量采用自然光照。

5. 马铃薯离体培养的培养基

马铃薯必需的有机物是在不同器官上合成的，马铃薯植株某一组织或器官在离体培养条件下对营养物质的需求比整个植物体要多。一直在田间生长的植物，在外部供给一些无机物就可以完成它的生命周期，而从一株植物上分离的离体器官、组织、细胞或原生质体要正常生长、发育，除了必需的无机盐外，还必须有某些有机物质和生长调控物质，由这些物质共同组成的培养基是植物离体培养生长、发育的基础。

培养基的组分对植物组织与细胞培养的成功与否关系甚大。20 世纪三四十年代植物组织与细胞培养发展的初期，使用的培养基成分简单，这是因为：一方面人们对离体培养的植物组织和器官对营养的需求还不了解；另一方面，化学试剂纯度不高。随着组织培养技术的发展，培养基的成分不断改进和完善，1943 年，怀特（White）建立了第一个较为理想的综合培养基。1963 年，穆拉希吉克（Murashige）和斯科克（Skoog）设计了 MS 培养基，这是目前应用最广的基本培养基，也成了马铃薯组培苗工厂化生产所选择的基本培养基。该培养基的特点是无机盐浓度较高，为较稳定的离子平衡溶液，其养分的数量和比例较合适，可满足植物细胞的营养和生理需要。它的硝酸盐（钾、铵）的含量较其他培养基的高，广泛用于植物的器官、花药、细胞和原生质体培养，效果良好。之后，人们又陆续设计了适合各种培养需要的特殊培养基，培养基的改进和扩展，极大地促进了植物组织与细胞培养技术的发展。

马铃薯组培苗的繁殖方法程序如图 2－2 所示。

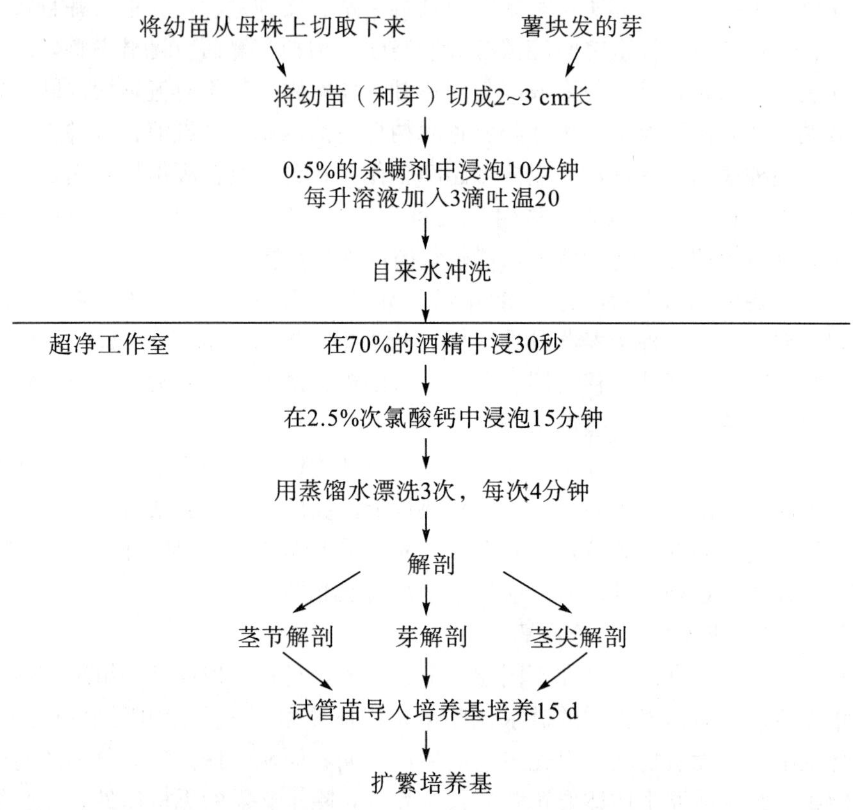

图 2－2　马铃薯组培苗的繁殖方法程序（温网室中生产环节）

（1）母液的制备。

在一些发达国家，培养基由专业公司或专业实验室生产，出售的培养基为粉状，使用时只需要用蒸馏水溶解，然后加入琼脂、糖和其他附加物并定容即可。我国常规的马铃薯组织培养工作中，配制培养基是一项基本工作，为简便起见，常将配方中的药品一次称量供一段时间使用，即将培养基的各成分含量按一定倍数增大配成一定浓度的储存液，用时再进行稀释，这种储存液就叫储备液或母液。母液一般按照药品种类和性质分别配制，单独保存或几种混合保存。制备母液一方面是为了制备培养基时方便；另一方面则是为了提高培养基中各成分含量的准确性，减少称量误差。

马铃薯组培选用的 MS 培养基是应用最广泛的一种培养基，配制时可根据药品种类和性质分别配制成大量元素母液、微量元素母液、铁盐母液和有机成分母液，激素母液也应单独制备保存。

①大量元素母液。

大量元素母液浓度一般为原培养基浓度的 10、20 或 50 倍，有时也可以用到 100 倍，倍数不宜过高，也不应过低。倍数太高，准确性降低；倍数太低，则需经常配制，工作量加大。实验室少量制备培养基时可使用较低的倍数，工厂化大规模生产时，母液浓度可配制高一些。MS 培养基的大量元素无机盐由 5 种化合物组成，首先按各成分含量的 10 倍称量，用蒸馏水分别溶解，按顺序逐步混合。注意在溶解 $CaCl_2 \cdot 2H_2O$ 时，蒸馏水需要加热沸腾，除去水中的 CO_2，以防止产生 $CaCO_3$ 沉淀。药品称量过程要尽量快，防止一些药品因吸湿而增加称量误差，后用蒸馏水定容到 1000 mL 的容量瓶中，即为 10 倍的大量元素母液（表 2−1）。

表 2−1　马铃薯 MS 培养基大量元素母液制备

序号	培养基		扩大倍数	母液		
	成分	浓度（mg/L）		称量（mg）	体积（L）	浓度（mg/L）
1	NH_4NO_3	1650	10	16500	1	16500
2	KNO_3	1900	10	19000	1	19000
3	$CaCl_2 \cdot 2H_2O$	440	10	4400	1	4400
4	$MgSO_4 \cdot 7H_2O$	370	10	3700	1	3700
5	KH_2PO_4	170	10	1700	1	1700

②微量元素母液。

由于培养基中微量元素浓度多在 0.001～0.1 mg/L 之间，所以，母液宜配制成原培养基成分含量的 100 倍液，个别元素还可以配置成 1000 倍液。微量元素药品称量很低，称量准确性要求很高，应使用灵敏度高、感量为万分之一的电子分析天平。MS 培养基的微量元素无机盐由 7 种化合物（铁除外）组成。微量元素用量较少，特别是后两类用量甚微，一般分两次制备。前 5 种即硫酸锰、硫酸锌、硼酸、碘化钾和钼酸钠分别按含量的 100 倍称量，用蒸馏水充分溶解。按顺序混合后定容到 1000 mL，即为 100 倍液的微量元素母液Ⅰ，但也有人将 KI 单独配制，储存于棕色瓶中。后两种含量甚微的硫酸铜和氯化钴按各自含量的 1000 倍称量，分别溶解后混匀，定容到 1000 mL，即为 1000 倍的微量元素母液Ⅱ（表 2−2）。

表 2－2　马铃薯 MS 培养基微量元素母液制备

类别	序号	培养基		扩大倍数	母液		
		成分	浓度（mg/L）		称量（mg）	体积（L）	浓度（mg/L）
Ⅰ	6	$MnSO_4 \cdot 4H_2O$	22.3	100	2230	1	2230
	7	$ZnSO_4 \cdot 7H_2O$	8.6	100	860	1	860
	8	H_3BO_3	6.2	100	620	1	620
	9	KI	0.83	100	83	1	83
	10	$Na_2MoO_4 \cdot 2H_2O$	0.25	100	25	1	25
Ⅱ	11	$CuSO_4 \cdot 5H_2O$	0.025	1000	25	1	25
	12	$CoCl_2 \cdot 6H_2O$	0.025	1000	25	1	25

③铁盐母液。

铁属于微量元素，但为了保证铁元素的稳定供应，绝大多数常用的培养基都用螯合剂 $Na_2 \cdot EDTA$（乙二胺四乙酸二钠）和 $FaSO_4 \cdot 7H_2O$（硫酸亚铁）来单独配制铁盐母液，或者用 Na・Fe・EDTA 形态的铁盐配制。配制时先按表 2－3 将称量好的 $FeSO_4 \cdot 7H_2O$ 和 $Na_2 \cdot EDTA$ 分别用 350～400 mL 蒸馏水溶解，可适当加热，然后混合搅拌均匀，并定容到 1000 mL，最后将溶液 pH 调到 5.5，贴上标签，储存备用。

表 2－3　马铃薯 MS 培养基微量铁盐母液制备

序号	培养基		扩大倍数	母液		
	成分	浓度（mg/L）		称量（mg）	体积（L）	浓度（mg/L）
13	$Na_2 \cdot EDTA$	37.3	100	2730	1	2730
14	$FeSO_4 \cdot 7H_2O$	27.8	100	2780	1	2780

④有机物母液。

有机成分大多为水溶性，但一些药品（如叶酸）需要用少量的氨水才能溶解。MS 培养基的有机成分有甘氨酸、肌醇、盐酸、盐酸硫胺素和盐酸吡哆醇。培养基中的有机成分原则上应分别单独配制，扩大适当的倍数制成一定浓度的母液。MS 培养基的有机成分可根据其培养基中的含量配制成 50 倍的甘氨酸母液，100 倍的盐酸硫胺素、盐酸吡哆醇、烟酸母液，20 倍的肌醇母液（表 2－4）。

表 2-4 MS 培养基有机物质母液的制备

序号	培养基		扩大倍数	母液		
	成分	浓度（mg/L）		称量（mg）	体积（L）	浓度（mg/L）
15	甘氨酸	2	50	100	0.1	1000
16	肌醇	100	20	2000	0.1	2000
17	盐酸硫铵素	0.4	100	40	0.1	400
18	盐酸吡哆醇	0.5	100	50	0.1	500
19	烟酸	0.5	100	50	0.1	500

⑤激素母液。

植物组织培养中使用激素的种类和含量是根据不同的研究目的而定的，但激素在培养基中含量甚微，因而，在制备培养基前也应先将可能使用的激素配制成一定浓度的母液储存。一般激素母液配制的最终浓度以 0.5 mg/L 为好。多数植物激素不是水溶性的，所以配制时应注意。IAA、ZT 和 NAA 先用少量 95%乙醇充分溶解，然后用蒸馏水定容到一定浓度；IBA 用少量 50%乙醇溶解后，加水定容；乙醇浓度太高时，加水会导致沉淀。2，4-D 用 1 mol NaOH 溶解后，加水定容；KT、BA 先溶于少量 1 mol HCl，再加水定容。

激素的用量一般采用 mg/L 表示，过去也用 μmol/L 表示。为了计算方便，现将 μmol/L 与 mg/L 换算表列于表 2-5 和表 2-6。

表 2-5 主要激素的 mg/L 和 μmol/L 的换算表

μmg/L	μmol/L					
	NAA	2，4-D	IAA	6-BA	KT	GA_3
1	5.371	4.524	5.708	4.439	4.647	2.887
2	10.741	9.048	11.417	8.879	9.293	5.774
3	16.112	13.572	17.125	13.318	13.940	8.661
4	21.483	18.096	22.834	17.757	18.586	11.548
5	26.853	22.620	28.52	22.197	23.231	14.435
6	32.223	27. 144	34.250	26.636	27.880	17.323
7	37.594	31.668	39.959	31.075	32.526	20.210
8	42.965	36.193	45.667	35.515	37.173	23.097
9	48.339	40.717	51.376	39.945	41.820	25.984
相对分子质量	186.20	221.04	175.18	225.26	215.21	346.37

表 2-6　主要激素的 μmol/L 和 mg/L 的换算表

μmol/L	mg/L					
	NAA	2，4-D	IAA	6-BA	KT	GA_3
1	0.1682	0.2210	0.1752	0.2253	0.2152	0.3464
2	0.3724	0.4421	0.3504	0.4505	0.4304	0.6927
3	0.5586	0.6631	0.5255	0.6758	0.6456	1.0391
4	0.7448	0.8842	0.7007	0.9010	0.8608	1.3855
5	0.9310	1.1052	0.8759	1.1263	1.0761	1.7319
6	1.1172	1.3262	1.0511	1.3516	1.2913	2.0782
7	1.3034	1.5473	1.2263	1.5768	1.5065	2.4246
8	1.4896	1.7683	1.4014	1.8021	1.7217	2.7710
9	1.6758	1.9894	1.5766	2.0273	1.9369	3.1173

母液含有相当丰富的营养物质，易受污染。配制好的母液应放置在普通冰箱中保存备用，母液的保存时间不宜过长，当出现沉淀或浑浊及霉变时，应重新配制。保存时应贴标签，注明类型、日期、浓度等。

MS 培养基中蔗糖为 30 g/L，在制备培养基时直接加入即可。

（2）培养基的制备。

配制培养基时先将母液按顺序放好，将洁净的各种玻璃器皿（量筒、烧杯、移液器、玻璃棒、漏斗等）放在指定的位置，准备好 pH 计或 pH 精密试纸、1 mol NaOH 和 1 mol HCl，称好所需的琼脂、蔗糖，配好所需用的生长调节物质；准备好重蒸馏水及作封口用的封口膜、包装线等。

①移液与定容。

每次配制培养时应按培养基中各成分的含量和母液浓度，求出每升培养基吸取母液的量，计算公式为：

吸取量（mL）＝培养基中物质的含量（mg/L）/母液浓度（mg/L）×100%

按以上公式求算的各母液吸取量，结果见表 2－7。制备培养基时，先按表 2-7的顺序和吸取量吸取各成分母液加入 1000 mL 的瓷量杯中，再按目的加入一定浓度的激素或其他附加成分。充分混匀后加入用蒸馏水化的 30 g 蔗糖和已溶化的琼脂，最后用蒸馏水定容到 1000 mL。

②调 pH。

由于培养基的 pH 直接影响到培养物对离子的吸收，因而过酸或过碱都对植物材料的生长有很大的影响。此外，琼脂培养基的 pH 还影响到凝固情况，所以培养基定容后应立即进行 pH 的调整。最好用酸度计测试，既快又准，如无条件也可以用精密 pH 试纸，培养基偏酸时用 1 mol/L NaOH 来调节，偏碱用 1 mol HCl（盐酸）调节。

表 2-7　配制 1 L MS 培养基各母液的吸取量

母液类型	1 L MS 培养基的吸收量
大量元素	100
微量元素Ⅰ	10
微量元素Ⅱ	1
铁盐	10
甘氨酸	2
肌醇	5
盐酸硫胺素	1
盐酸吡哆醇	1
烟酸	1

③分装、包扎。

pH 调好后，将培养基及时分装于培养容器中，分装时要尽量避免培养基污染瓶口。分装后，盖上瓶盖或用无菌培养容器封口膜外加一层牛皮纸封口。

④灭菌。

培养基采用湿热灭菌，在高压锅内于 0.1 MPa 压力下灭菌 20 min。灭菌后及时取出放平，待冷却后即可接种。

6. 马铃薯病毒检测技术

在脱毒种薯生产体系的每一个环节都要进行病毒和类病毒检测，尤其在茎尖分生组织培养脱毒过程中，每一株试管苗均须进行多次的反复检测，才能认定它是否为脱毒基础种苗。常用于马铃薯病毒检测的方法主要有酶联免疫吸附测定和指示植物等。其中，酶联免疫吸附测定方法是最常用的病毒检测方法，它可以在较短时间内对大量样品同时进行定性和定量检测，需要的设备条件不高，相对费用较低。马铃薯类病毒的检测目前主要利用指示植物千日红、二维聚丙烯酰胺凝胶电泳法和反转录聚合酶链式反应方法。

把一个特定病毒（纯化）注入动物体内将产生免疫反应，生产相应的抗体来对抗该病毒，这些抗体存在于被注射动物血液的血清中，这种血清叫作抗血清。马铃薯是将不同的病毒提纯后，注射到兔子体内，产生抗血清，将血清提取出来后，通过纯化和酶处理，得到两种类型的抗体：第一抗体，未经酶处理；第二抗体，经过酶处理。一种病毒两种类型的抗体必须通过病毒粒子才能结合在一起，用底物与抗体上连接的酶发生反应，产生某种颜色（如黄色），就可以检测到样品中存在某种病毒，如果样品中不存在病毒，两种抗体无法结合在一起，也就没有颜色反应，这便是酶联免疫吸附法测定病毒的原理。由于第一抗体和第二抗体（酶标抗体）将病毒夹在中间，所以这种测定方法也叫双抗体夹心酶联免疫吸附测定法，双抗体夹心酶联免疫吸附测定法是目前认为最为灵敏的血清学技术之一。病毒颗粒如果存在于样品中，将首先被吸附在酶联板样品孔中的特异性抗体捕捉，然后与酶标抗体反应。加入特定的反应底物后，酶将底物水解并产生有颜色的产物，颜色的深浅与样品中病毒的含量成正比。病毒颗粒如果不存在，实验结束时将不会产生颜色反应，本方法最大的优点是可以批量检测样品（低成本），缺点是步骤较多，通常需要一天半时间才能完成检测过程。

四川省马铃薯种薯质量控制相关技术标准有：

①马铃薯卷叶病毒、马铃薯 Y 病毒和马铃薯 A 病毒检验鉴定技术规程（DB 51T868—2009）。

②马铃薯 M 病毒、马铃薯 S 病毒检疫鉴定技术规程（DB 51T1203—2011）。

③马铃薯 X 病毒检验鉴定技术规程（DB 51T1210—2011）。

第二节　攀西地区马铃薯脱毒种薯的繁育体系及生产方式

一、马铃薯种薯繁育体系

建立种薯体系是保证种薯质量、满足生产需要的必要条件，关于种薯分级，全世界都处于一种混乱状态，甚至同一个国家内都有不同的分级体系，各级种薯的名称也不尽相同。欧盟的种薯分级体系为 3 级种薯，即原原种、原种和合格种，每个级别中又可能再细分成若干个级别，如原种，不同国家分为 1～4 级不等：俄罗斯只有 1 级，而芬兰、瑞典、丹麦和法国又细分为 4 个级别。美国的分级体系更是复杂，不同州之间有不同的分级体系，一般分为 6～7 级。加拿大的分级体系不同于其他国家，自成一体，分为原原种、原种Ⅰ、原种Ⅱ、原种Ⅲ、原种Ⅳ、基础种薯、合格种薯。

马铃薯供种体系可划分为三类：采用“正规种薯体系”的发达国家，采用“正规种薯体系”和“传统种薯体系”相交叉和结合种薯体系的发展中国家，以及采用“传统种薯体系”的不发达国家。

“正规种薯体系”由以下几方面组成：

(1) 具有法律效应的机构以保障育种者权利和控制种薯质量；

(2) 种薯繁殖机构和公司；

(3) 种薯经营（进出口）公司和协会；

（4）种薯生产技术研究机构；

（5）针对种薯生产者和种薯质量检测者的教育和培训机构。

“传统种薯体系”则完全是由农户在自然条件适合的地区根据长期积累的经验自发形成的种薯繁殖体系。

马铃薯脱毒种薯繁育是脱毒技术利用的基础，而目前在中国存在“四级良繁体系”“三级良繁体系”和“二级良繁体系”并存的局面。2000 年重新修改和发布的国家标准（GB 18133—2000）中规定了我国的马铃薯种薯级别为原原种、原种Ⅰ、原种Ⅱ、合格种薯Ⅰ和合格种薯Ⅱ等 5 个级别。但不同地区使用的级别有所不同：谢从华在西南地区提出的超级原种（微型薯）、一级原种、二级原种、一级良种分级类别，李文刚在内蒙古提出的原原种、原种、一级良种、二级良种、三级良种分级类别，董玲在安徽提出的原原种、原种和生产用种分级类别，朱汉武在甘肃定西提出的原原种、原种、一级种和二级种分级类别，张仲平在云南省昆明市提出的微型薯、原种、一代种和生产用种分级类别。贵州省种薯分为微型薯（原原种）、原种和一、二、三级种；黑龙江省将种薯分为原原种（微型薯）、原种一级、原种二级、一级良种、二级良种（有些地区无此级）和生产用种 6 个级别；青海省种薯生产体系中则分为原原种和原种，但原种分为一代原种至五代原种等级别。

由于我国土地辽阔，马铃薯播种面积大，南北方均可以周年生产马铃薯，我国主要建立了两种类型的马铃薯种薯生产体系。

（一）北方春作区生产体系

北方春作区的黑龙江北部、内蒙古、甘肃、山西北部地区是我国的重要种薯生产基地。这些繁殖基地主要建在纬度高、传毒媒介少、气候冷凉、交通方便的地区。北方春作区的繁育体系一般为五年五级制，有的单位实行四年四级制，后者的具体繁育体制如下：

第一年，将组培室繁殖的试管苗扦插到防虫温网室内生产原原种（脱毒微型薯）；

第二年，在防虫网室或隔离繁殖田用原原种作种源繁殖一级原种；

第三年，在隔离繁殖田用一级原种作种源繁殖二级原种；

第四年，在隔离繁殖田用二级原种作种源繁殖一级良种。

在各级种薯繁殖过程中，都采用催芽促早熟栽培，生育早期拔除病株，根据有翅蚜迁飞测报，在蚜虫迁飞盛期到来后的一周至十天将薯秧割掉，防止蚜虫传播的病毒侵染块茎，以及密植早收生产小种薯进行整薯播种，防止切刀传染病毒或病菌。

（二）南方（中原春秋二季作区）生产体系

如图 2－3 所示，该区的马铃薯生育季节气温较高，蚜虫活动频繁，植株易感染病毒，因此必须利用阳畦或日光温室早种早收，避开蚜虫迁飞期，防止病毒再侵染。秋繁则适当推迟播种期，避免病毒再侵染。其生产体系是以生产脱毒小薯为主，采用防止病毒再侵染措施的方法进行。

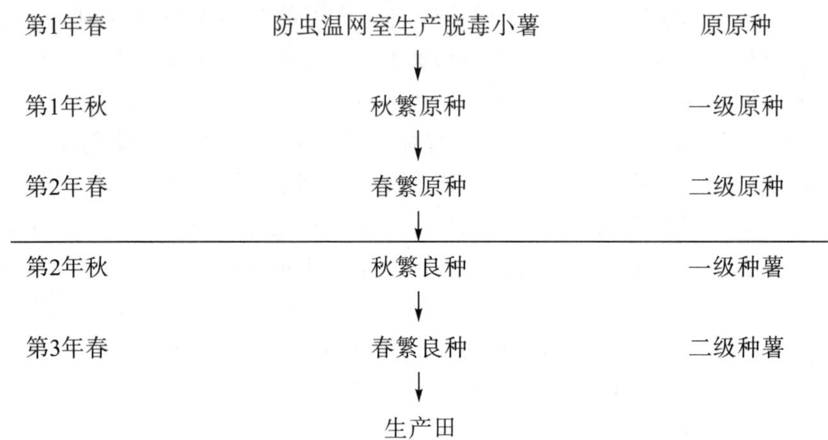

图 2－3　南方（中原春秋二季作区）脱毒马铃薯生产体系原理

（三）四川省马铃薯种薯生产体系模式

1. 3 G 种薯体系

针对我国马铃薯种薯生产环境较差、各地种薯分级混乱和质量控制难以开展的现状，为了缩短脱毒原原种从实验室到农户手中的周期和提高种薯质量，屈冬玉等人曾提出三代种薯繁育体系的建设，即原原种、原种、一级良种模式，旨在通过适当缩短种薯繁育周期、统一分级标准和开展全程质量控制，以期在短时间内迅速提高我国种薯质量。按照 GB 18133—2000 规定的种薯生产程序，从试管苗到二级合格种薯最少需要 5 代（或需要 5 年时间），这期间都有很多环节需要进行质量控制，例如试管苗生产至少需要对基础苗进行质量检测，试管苗移栽前（用于原原种生产）需要进行质量检测，其他各级种薯生产过程中需要进行质量跟踪监测。质量监控的工作量相当大，而目前从事马铃薯质量控制的部门和人员根本不能满足质量控制的要求，因此种薯质量无法控制。

种薯生产体系总的发展趋势是向着体系更加简化、繁育年限缩短、效益更高的方向发展。采用三代种薯体系，可以简化生产过程，只需要重点对基础苗和试管苗（室内）和 G1（人为隔离条件）质量进行严格控制，就能显著提高我国的种薯质量。对 G2 种薯和 G3 种薯的质量控制，主要通过田间检验人员的目测进行，简便易行。如果近期内能将种薯的病毒株率控制在5%以下，我国马铃薯种薯的质量将有一个质的飞跃。三代种薯体系种薯分级为原原种（一代种薯，G1）、原种（二代种薯，G2）和生产种（三代种薯，G3）。此种推广模式虽然可以在短时间内提高种薯质量，但是大大提高了生产成本，目前国内在局部范围内推广。由于组培快繁技术的普及，可根据需要兴建更多的脱毒快繁中心，迅速增加一代种薯（微型薯）的生产量，以保证三代种薯体系的实施。

一代种薯（G1种薯）：指在人工隔离条件下（温网室或实验室）生产出的微型薯种薯（重量在1 g以上、20 g以下，如果以直径计算，一般在10～25 mm范围内），不带任何病毒、真菌和细菌病害。

二代种薯（G2种薯）：指在自然条件好（高海拔、蚜虫少、气候冷凉）、天然隔离条件较好、周边800 m内无其他级别种薯或商品薯等条件下，利用原原种生产出来的种薯，大小控制在每块75 g以下，不带各种真菌、细菌病毒，田间病毒株率不超过1%。

三代种薯（G3种薯）：指在自然条件较好（海拔较高、蚜虫较少、气候较冷凉）、天然隔离条件较好、周边800 m无商品薯等条件下，利用原种生产出来的块茎大小在50～100 g之间的种薯。不带真菌、细菌病毒，田间病毒株率不超过5%。

实行三代种薯体系，更便于政府决策部门制定和实行种薯补贴政策。例如，原种（G2）补贴就补贴购买原原种（G1），避免有些地方所有的种薯都称为原种，或者分为一级原种、二级原种或三级原种等混乱称谓，保证补贴标准的准确性和公平性。通过各级政府实施的马铃薯种薯生产补贴，可降低种薯生产者的成本，增加优质种薯的数量和提高优质种薯的质量。三代种薯体系的概念得到了国际马铃薯中心（CIP）科学家的赞同。在2008年四川汶川大地震发生后，国际马铃薯中心立刻向国际农业磋商组织提交了利用三代种薯体系恢复和提高四川省马铃薯种薯的数量和质量的科技救灾项目，项目很快得到批准。

马铃薯三代种薯体系的概念不仅为我国广大种薯生产者和马铃薯种植者所接受，一些种薯公司已经采用该体系进行种薯生产，并取得了较好的经济效益和社会效益。三代种薯体系概念也影响了国外的一些种薯生产者，他们也认为种薯繁育周期太长，将显著增加种薯质量控制和种薯贮藏等方面的投入。需要指出的是，提出和推荐三代种薯体系的目的主要是为了迅速提高我国的种薯质量，而并非要求所有地区、所有品种和所有种薯生产者都只能采用三代种薯体系，根据实际情况，可能延续到四代或五代，也可能缩短到二代。

2. 攀西地区种薯分级

为进一步规范四川省马铃薯种薯生产经营行为，提高脱毒种薯质量，满足生产需要，以构建马铃薯三代种薯体系建设为重点，推动种薯市场化生产经营为方向，以提高脱毒种的产量和质量为目标，以链条式订单生产为保证，按照“科研单位+种薯企业+农技体系+专业合作社+生产基地”为主的脱毒种薯生产模式，建立以政府为引导、企业为主体、科研为支撑、基地为依托的市场化马铃薯良繁体系。全省马铃薯脱毒基础苗由四川省马铃薯脱毒种薯基础苗供应中心和成都、南充、雅安、凉山四个分中心为主体统一供给。原原种、原种和生产种必须由具备相应资质的企业或单位生产、经营。鼓励种薯生产各环节间实行定点生产、订单回收、定向供种。到 2015 年，全省马铃薯原原种生产量将达到 2 亿粒，拟建立优质马铃薯脱毒种薯繁育基地 4 万 hm^2，年生产优质种薯将达到 80 万 t，马铃薯脱毒种薯推广率达到 50%以上，马铃薯种薯生产、经营基本实现市场化。

目前，攀西地区按照四川省方案采用的马铃薯“三代种薯体系”，即四川省马铃薯良种繁育体系统一实行原原种、原种和生产种三代种薯繁育体系。攀西地区按照四川省总体设计进行马铃薯种子标准化有序生产，即在温室或网室等隔离条件下，利用试管苗（G0）生产的符合质量要求的种薯为原原种（G1 种薯，也称微型薯）；利用原原种（G1）在环境条件适宜的大田繁殖的符合质量要求的种薯为原种（G2 种薯）；利用原种（G2）在适宜条件下繁殖的符合质量要求的种薯为生产种（G3）种薯，也称脱毒生产种、合格种薯或一级种薯。实际生产中，在环境条件控制良好的情况下利用 G3 种薯加代繁殖的符合质量要求的种薯也可作为生产种。各代种薯（基础苗、原原种、原种、生产种）质量必须符合《四川省马铃薯种薯全程质量监控体系构建工作的方案》（川农业函〔2009〕571 号）的有关规定。为进一步加快脱毒种薯繁育体系建设，扩大低代脱毒良种推广应用面积，确保发挥增产潜力，凉山州提出了“凉山州马铃薯原原种繁育基地建设工作方案”。

二、马铃薯脱毒种薯生产方式

（一）原原种生产

种薯生产标准化流程：茎尖脱毒→组培快繁→网室生产脱毒小薯→隔离或开放条件下繁殖原种→合格种薯。进行品种的茎尖剥离之前，通过病毒检测明确品种带毒情况：品种仅带有 PLRV、PVY 时，剥离的茎尖可大些，带 1~2 个叶原基；带有 PVX 或 PVS 时，则要通过热处理，剥离的茎尖要小，只带 1 个叶原基。实践证明，连续繁殖过程中会再度出现病毒，对保存的基础苗在扩繁之前要进行病毒检测。

实践中，即使生产同一品种的种薯，结薯习性也有差异。孙慧生（2003）的实验结果表明同一个品种从不同芽眼剥离出的茎尖无性系，在生产力、匍匐茎长短、薯形等方面都有一定的差异。连勇（2001）的试验证实，同一品种不同茎尖无性系的试管苗，在相同的培养条件下，其试管苗的生长势不尽相同。因此，脱毒时要多剥离茎尖，对成活茎尖的结薯情况和生产力进行选择。

脱毒小薯即原原种是利用脱毒试管苗或试管薯在防蚜温网室中繁殖的小型种薯，它是种薯繁殖的核心。一般采用 2 种繁殖方式：①基质栽培繁殖；②营养雾化栽培繁殖。实践中雾化栽培生产，种薯含水量偏高，影响质量，不利于贮存，收获前可通过降低喷灌量、适当摊晾等措施来解决这方面的问题。

一代种薯（G1 种薯）是指在人工隔离条件下（温网室或实验室）生产出的微型薯种薯（重量在 1 g 以上、20 g 以下），再次种植时不需要进行切块。可以利用组培苗（试管薯）在无病害基质中（蛭石、草炭、珍珠岩、细砂等）得到微型薯，也可利用组培苗（试管薯）在无基质条件下（水培和雾培）得到微型薯，还可以是组培苗直接移栽到人工隔离条件下生产的小块茎。无论何种方式生产出来的微型薯，都必须保证不带任何病害（不带任何病毒、真菌和细菌病害）。

脱毒试管苗快繁技术和微型薯生产中，需要根据微型薯生产方法和计划生产微型薯数量来确定需要的试管苗数量。一般情况下，用基质方法生产微型薯，一般马铃薯品种每株试管苗可生产微型薯 5 粒左右。在试管苗质量有保证的情况下，可以剪切 3~5 次，以增加微型薯的繁殖效率，即一株试管苗可生产微型薯 10 粒左右（每段剪切苗可生产微型薯 2 粒左右）。

一般情况下，每个组培瓶可生产 30 株试管苗，每个标准的组培架（长 1 m，宽 0.45~0.50 m，高 1.65~1.8m，分 5 层）可放 500 瓶，一个组培架一次可出试管苗 15000 株。每个组培架按平均面积 1.3 m^2 计算（包括过道），1000 m^2 的培养室，一次可以出试管苗 1000 万株左右。而整个组培中心的面积应当是培养室面积的 2 倍左右。对不同类型的培养基（固体或液体）、不同的配方（加糖或不加糖）、不同的光照培养条件（自然光照或日光灯）等进行深入细致的研究，取得了一些高效低成本的试管苗快繁方法，具体可根据生产条件和技术掌握程度采用切实可行的试管苗生产技术。利用基质生产微型薯，一般可扦插试管苗 200 株/m^2左右（株距 5 cm，行距 10 cm），1000 万株试管苗需要 5 万 m^2 的苗床，按网室利用率为 70%计算，需要 7 万 m^2 左右网室。按目前的生产水平，一般可生产微型薯 20～30 万粒/667m^2，1000 万株试管苗可生产 2000～3000 万粒微型薯。客观上由于生产地点、生产条件（基质）、生产经验和生产管理水平的不同，同样的试管苗在不同繁殖中心生产的微型薯数量可能差异较大。

目前很多种薯繁育单位为提高微型薯生产效率，尝试使用一些新的无基质微型薯生产技术，如水培和雾培等生产技术，这些新技术需进一步完善。特别是雾培生产技术，不仅可以节省大量的基质，而且可以节省大量的组培苗和生产空间。雾培单位面积上的生产效率一般为基质生产的 2～4 倍，全国大部分地区可以一年生产两季，每个生产周期结束后，可以很方便地进行消毒处理。

（二）原种生产

选择高质量的G1种薯（原原种）和选择适合的繁育地点，一定要购买信誉好、带有质检部门颁发的检验证书（标签）、无质量问题的微型种薯。利用原原种生产原种，一般需要75000～120000粒/hm^2，即播种量为5000～8000粒/667m^2。由于生产条件的差异，G2种薯的产量一般为22.5～30 t/hm^2（产量为1.5～2 t/667m^2）。在有灌溉条件、充足的肥料和严格的病虫害管理的较好生产条件情况下，G2种薯产量可超过4.5 t/667m^2（即产量超过3 t/667m^2）。不论何种方式生产的微型薯都会出现大小不均匀的现象，播种前将微型薯进行分级处理非常重要，将大小相近的微型薯播种在一起，有利于出苗整齐和田间管理。

根据各地的气候条件、种植季节、种植用途（如粮用、菜用、深加工和饲用等）来选择适应性较强、产量较高、群众容易接受的品种作为下一步繁殖原种的品种。原种生产不可能只在温网室内进行，这样种薯的繁殖数量少、成本高，解决不了大面积生产的急需问题。由于G2种薯是在开放条件下进行生产，所以对土地本身及周边的环境有严格的要求。可通过三种方式生产：①用脱毒苗扦插繁殖；②用脱毒微型（试管）薯繁殖；③用脱毒小薯繁殖。

生产过程中要严格进行病虫害的防治，重点需要控制蚜虫数量和防治晚疫病。由于这些地区往往选择在高山或草原深处，各种食叶性的害虫较多，需要认真防治。一些种薯繁育单位和种薯公司采用指针式喷灌设施进行种薯繁育时，生产管理相对简单，容易达到800 m以内无其他代数的种薯生产或商品薯生产，可确保种薯质量。在我国北方种薯生产地区，即使没有指针式喷灌设施，也可以连片种植种薯，数百亩或上千亩土地连片种植相同代数的种薯也可保证种薯质量。但在攀西地区大多为山区，很难找到连片的、可采用指针式灌溉的土地进行种薯繁育。一般年份下，该地区的天然降雨基本可满足马铃薯种薯生产的需要，通过适当的生产管理也可以生产高质量的种薯。根据自然条件和土壤条件选择合适的繁殖地点后，需要通过当地政府部门（乡和村）、农民合作组织或者种薯繁育公司精心组织，在自然隔离较好、土地面积数百亩至数千亩的相对封闭的范围内，只生产同一代数的种薯，建成原种乡（镇）或者原种村（G2种薯）。当实行种薯生产登记制度后，可迅速推动这种原种乡（镇）、村的发展。进行G2种薯生产时，一定要有充足的土地进行轮作，每三年以上种植一次种薯，轮作作物一定选择非茄科作物、禾本科类作物或者十字花科植物可优先考虑。

（三）生产种

选择高质量的G2种薯（原种）和选择适合的繁育地点。一定要购买信誉好、带有质检部门颁发的检验证书（标签）、无质量问题的 G2 种薯（原种）。所用的 G2 种薯最好选择直径为 28～35 mm 或者 35～45 mm 的规格，这样可以进行整薯播种。采用以上规格的种薯，播种量一般在 2.25～3 t/hm^2（150～200 kg/667m^2）。

与 G2 种薯生产一样，进行 G3 种薯生产时，一定要有充足的土地进行轮作，至少做到两年制轮作，即每两年种植一次种薯。轮作作物一定选择非茄科作物，禾本科类作物或者十字花科植物可优先考虑。如果要求每两年轮作一次，1 万hm^2种薯田需要 1 万 hm^2耕地保证轮作正常进行。目前很多马铃薯种植大县，由于马铃薯种植面积的迅速扩大，可能难以安排轮作倒茬计划，对优质马铃薯种薯生产是一个严峻的考验。为了保证 G3 种薯的质量，同样要求种薯周围 800 m 内没有其他商品马铃薯种植，也需要对蚜虫和晚疫病等病虫害进行防治，同时认真地采用去杂、拔除病株等技术措施，确保种薯质量。同 G2 种薯生产一样，在西南山区，根据自然条件和土壤条件选择合适的繁殖地点后，需要通过当地政府部门（乡和村）、农民合作组织或者种薯繁育公司精心组织，在自然隔离较好、土地面积数百亩至数千亩的相对封闭范围内，只生产同一代的种薯，建成种薯乡（镇）或者种薯村（G3 种薯）。

种薯繁基地县必须具备以下条件：一是有适合脱毒种薯繁育的自然气候条件。原种生产选择海拔 1200 m 以上能实现轮作的地区建立基地，生产种生产选择海拔 800 m 以上能实现轮作的地区建立基地，低于上述海拔的区域生产种薯必须在田间安装防蚜网。二是具备种薯生产相应的配套设施。要具备能排能灌、旱涝保收的能力和贮藏、运输条件。三是有完善的服务体系和质量保障措施。四是以村为单位实现规模连片集中种植（或是保证地理隔离条件下的规模连片种植），提倡“一村一品、一乡一代”，杜绝不同品种、不同级别种薯混种。五是必须有 1 家以上具有相应生产资质的企业参与种薯订单生产或流转土地从事种薯生产。六是当地党政领导重视，农民积极性高。

第三节 攀西地区马铃薯三级种薯繁育体系生产的区域布局

攀西地区脱毒马铃薯种薯从 20 世纪 90 年代初产生，到 21 世纪“十五”期间基本处于停滞和徘徊，“十一五”期间攀西地区马铃薯种薯生产终于迎来了大发展，从无到有，从小到大，逐步规范化生产，初具规模。凉山州曾在全省率先开展了马铃薯脱毒技术的研究与应用，但当时主要呈现出以下问题：脱毒种薯快繁不能全部达到生产设计水平，繁种供种能力不足；生产基础设施较差，仪器设施维修更新慢，生产规模小，对自然条件的依赖性较大，种薯质量不稳定；脱毒种薯质量监督体系不健全，没有执行统一的脱毒种薯生产操作规程和质量标准，技术水平能力难以保证，缺乏质量认证机构和监测手段，种薯质量参差不齐，优种率难以界定；原原种生产前瞻性不足，脱毒种薯生产与新品种推广和大田生产需求脱节，制约了良种推广步伐；缺乏完全能监控的原种繁殖基地，低代薯没有完全应用于生产，流失量大，良种串换机制尚未完全形成，生产上所用的低代薯比例低，增产潜力难以正常发挥。

一、建立健全马铃薯专职机构，明确工作

为大力推动马铃薯良种繁育体系建设，四川省农业厅成立以分管厅领导为组长，厅属有关单位主要负责人为成员的马铃薯良种繁育体系建设领导小组，搞好规划、政策、项目、人员和良繁管理的协调落实。有关市、州、县农业局也要成立相应组织机构，搞好本区域马铃薯良繁体系建设规划，加强种薯基地建设和种薯质量监督管理等工作。要结合本地实际，制订出具体的实施方案，明确目标任务，落实措施。进一步创新马铃薯良种繁育体系建设工作机制，扶持企业、协会（专业合作社）参与种薯基地建设，使项目与基地建设相配套，责任与利益相挂钩。

攀西地区的凉山州在州农业局成立了马铃薯办公室、马铃薯良种繁育中心负责全州良繁工作的统筹协调，各县农业局也分别设立马铃薯办公室，抓好原原种、原种、生产种生产。2008 年《凉山州马铃薯原原种繁育建设工作方案》根据省、州人民政府对马铃薯产业发展的要求，要求将昭觉、布拖、喜德、盐源 4 个县的网室建设成标准化原原种生产基地，州马铃薯良繁供给中心（或西昌学院）负责供应试管苗，布拖县、喜德县、盐源县、昭觉县 4 个县级网室生产原原种（后新建成越西县网室）。原原种实行统一繁育、统一贮藏、统一供种、统一管理。每个网室生产 1～2 个品种，以利于加强管理。各网室生产的 5 g 以上原原种直接下大田生产原种，5 g 以下的原原种由其他县级网室繁殖原种。昭觉县、布拖县网室生产的原原种主要供给昭觉县、布拖县、美姑县、金阳县、雷波县、普格县 6 县，盐源县网室生产的原原种主要供给盐源县、会理县、会东县 3 县，喜德县、越西县网室生产的原原种主要供给喜德县、越西县、冕宁县、甘洛县 4 县。由州马铃薯良繁中心保质保量生产试管苗，州政府按 0.3 元/苗补贴；布拖县、喜德县、盐源县、昭觉县、越西县、宁南县 6 个县级网室利用项目资金生产原原种；州马铃薯产业办公室协调原原种生产，下达生产计划、取样送检，并随时督察生产情况。

脱毒种薯的质量是良繁体系建设的核心，要采取一切必要的措施确保种薯质量。原原种生产要严把茎间脱毒和快繁两个关口，防止病毒或其他病源感染，确保种薯质量。凉山州马铃薯良繁中心（或西昌学院）在组培室经茎间脱毒获得的脱毒核心材料，由马铃薯良繁中心（或西昌学院）送四川省植物检疫站检测和确认，确认不带病毒的核心材料方可繁殖试管苗；试管苗也需送检确认合格方可下

发县级网室用于生产原原种。在原原种收获前 30 d 左右，由省植检站、州马铃薯办、州植保站到种薯生产地进行抽样送检，禁止检验不合格的种薯（苗）进入下一个生产程序。严格按照《四川省马铃薯脱毒种薯生产技术规程》《四川省马铃薯种薯质量标准和检验规程》《四川省马铃薯种薯贮藏技术规程》等地方标准搞好原原种生产和贮藏。

昭觉县、布拖县、喜德县、盐源县农业局主管原原种的生产，负责协调种薯生产中的人员、资金、场地等，为原原种生产提供必要的条件。州马铃薯产业办公室具体负责原原种的生产计划和验收，不定期检查各网室生产情况，组织网室生产人员培训，协同省、州植保站抽样检测。4 个县级网室负责合格原原种及其保管、分发。州马铃薯良繁中心（或西昌学院）承担网室生产人员培训，各网室明确行政负责人、技术负责人、单项负责人，明确各负责人职责。各生产单位明确工作人员职责，分工负责，责任到人，实行责任制。全面落实卫生管理制度，生产过程中所有材料和操作符合卫生标准。网室严格按照规定保持安全隔离区，随时保持网袋完好，网室生产要建立档案，做好网室内标牌、标识。种薯收购、仓储、供种等环节，技术人员必须到场监督、检查，把好质量关，防止种薯混杂。

二、攀西地区马铃薯三级种薯繁育体系生产的区域布局

（一）攀西地区马铃薯种薯良种繁育生产情况

2013 年，凉山州马铃薯试管苗生产任务 1500 万苗，力争达到 1600 万苗，原原种生产任务 2400 万粒，力争达到 3000 万粒，建立了以州内盐源县、昭觉县、甘洛县、越西县、喜德县、布拖县网室原原种生产基地布局（见表 2－8）。

表 2－8　2013 年凉山州马铃薯原原种生产、试验任务表

县（市）、单位	试管苗（万苗）		原原种（万粒）	
	考核任务	奋斗目标	考核任务	奋斗目标
盐源县	125	140	150	180
昭觉县	159	172	210	250
甘洛县	6	8	8	10
越西县	80	95	160	200
喜德县	100	140	180	220
布拖县	30	45	60	80
良圆公司	1000	1000	1132	1460

续表2－8

县（市）、单位	试管苗（万苗）		原原种（万粒）	
	考核任务	奋斗目标	考核任务	奋斗目标
育兴公司			500	600
合计	1500	1600	2400	3000

创新基地运作模式。加强农、科、企协作，推动“育、繁、推”一体化进程，企业、科研单位、基地县之间要加强联合协作，推行订单链条式生产模式，通过项目引导，加强基础苗、原原种、原种、生产种各扩繁层级之间的有机对接，形成布局合理、层级协调、功能健全的良种繁育体系网络，改变各代种薯生产脱节的现象。通过引进四川高地种业、九寨沟岷山种薯企业建设马铃薯原种、生产种基地，大力推进了种薯市场化，大幅提高良种覆盖率。

（二）攀西地区脱毒马铃薯种薯良种繁育生产区域布局

根据《四川省马铃薯产业发展规划》，按照“条件适宜、就近供种”的原则，加强规范化、标准化、产业化的种薯生产基地建设，合理布局种薯基地。到2015年，依托脱毒种薯生产企业和符合条件的相关单位，建立10个年产原原种1000万粒以上的原原种生产基地；在盆周山区、川西南山区两个生态区，建立10个100 hm^2 以上的县级原种扩繁基地，其中盆周山区和川西南山区各5个；在盆周山区、川西南山区、川西平原区建立20个2000 hm^2 以上的生产种生产基地。为满足四川省马铃薯春、秋、冬多熟种植的种薯需求，在海拔800～1000 m的低山区建立秋马铃薯种薯繁育基地，在海拔800～1200 m中山区建立冬马铃薯种薯繁育基地，在海拔1200 m以上的高山区建立春马铃薯种薯繁育基地。

为尽快推广普及应用马铃薯脱毒种薯，结合攀西地区情况，在马铃薯生产相对集中的地区，建立由地方大专院校，市、州级以上科研单位或者马铃薯繁育中心承担的脱毒苗和脱毒原原种生产基地。

1. 昭觉县

（1）原原种生产。昭觉县已建成占地面积6240 m^2 的脱毒马铃薯种薯繁育网室，实际使用面积4000 m^2。2012年春秋两季扦插试管苗180万苗（春季120万苗，秋季60万苗），生产原原种2000万粒，重点繁育米拉品种。

（2）原种生产。四川省确定的十个原种基地县之一。为了提高种薯质量，获得较好的种薯生产效益，2012年将原种生产基地规划落实在海拔2400 m以上的马铃薯最适生态区，并实行合理轮作种植。重点布局和种植在高山轮歇地、燕麦地、荞麦地上，做到科学规划、合理布局、集中连片和规模种植。在地处海拔2500 m以上日哈乡日哈、古洛两个村建成马铃薯原种繁育基地33.33 hm^2（其中，四川高地公司 6.67 hm²、县良繁中心 26.67 hm²），其中米拉品种 31.33 hm²、威芋 3 号 1.33 hm²、凉薯 97 品种 0.67 hm²、生产原种 750 t。

（3）生产种生产。为了提高种薯质量，获得较好的种薯生产效益，2012 年将一代种生产基地规划落实在海拔 2400 m 以上的马铃薯最适生态区，并实行合理轮作种植。重点布局和种植在高山轮歇地、燕麦地、荞麦地上，做到科学规划、合理布局、集中连片和规模种植。在洒拉地坡、比尔、补约、博洛、城北、地莫、大坝、龙恩、美甘、久特洛谷、库依等乡建成一代生产种基地 335 hm²。其中会－2 品种 210 hm²、凉薯 14 品种 22.67 hm²、威芋 3 号品种 60 hm²、CD 018 品种 1.38 hm²，年生产优质一代生产种 7500 t。

2. 布拖县

（1）原原种生产。建成 2100 m² 脱毒马铃薯种薯繁育网室，年生产原原种 50 万粒以上。

（2）原种生产。四川省确定的十个原种基地县之一。在特木里镇、九都乡、木尔乡、拖觉镇、补尔乡、洛谷乡建成 66.67 hm² 马铃薯原种生产基地，基地涉及 10 个村 21 个社 760 户 2888 人。经四川省农业厅组织专家组对项目进行了抽查测产验收，验收组听取了项目实施单位的工作介绍，查阅了有关资料，结合田间调查，一致认为布拖县原种扩繁基地选点适宜，管理较为规范，达到了预期目标，平均单产 1200 kg/667m² 以上。基地标准化种植率（双行高箱垄作）、病虫害专业化防治率均达 100%。

（3）生产种生产。马铃薯一代生产种基地 466.67 hm²，二代生产种基地 4533.33 hm²，三代生产种基地 4866.67 hm²。

3. 盐源县

（1）原原种生产。与四川高地种业合作建设，2012 年原原种网室春繁产量达到 120 万粒。

（2）原种生产。四川省确定的十个原种基地县之一。在卫城镇三村（6.67 hm²）、下海乡上海村（20 hm²）、白龙镇长坪子村（6.67 hm²）、棉桠乡木帮云村（13.33 hm²）、大河乡李子村（6.67 hm²）、盐井镇龙口河村（13.33 hm²）建成了原种生产基地 66.67 hm²，原种生产基地统一采购取得合格证的原原种（微型薯）分发到各乡镇用于原种生产，并与四川高地种业合作建设 6.67 hm² 原种生产基地。

（3）生产种生产。确定在海拔 2000 m 以上的棉桠乡、白乌镇等 10 个乡镇具体实施（每个乡镇 66.67 hm²）。

4. 越西县

（1）原原种生产。越西县脱毒马铃薯良种繁育中心，占地面积 7710 m²，建有高标准、多功能网室 4480 m²，2012 年春繁生产合格原原种 95.33 万粒，秋繁生产合格原原种 105 万粒，全年收获原原种 200 万粒，重点繁育凉薯 97。

(2) 原种生产。在书谷乡建成马铃薯原种繁育基地 13.33 hm^2，年生产原种 200 t，品种为凉薯 97。

(3) 生产种生产。在古二乡、依洛乡、保石乡、竹阿觉乡、尔赛乡、瓦里觉乡、南箐乡、大屯乡、乐青地乡、瓦曲觉乡 10 个乡镇建立基地，一代生产种产量达 17500 t。

5. 喜德县

(1) 原原种生产。喜德县马铃薯繁育中心原原种扩繁基地在贺波洛乡跃进村选址规划，占地面积 17942 m^2，2010 年启动马铃薯繁育中心原原种扩繁基地 4040 m^2 网室建设一期工程，2011 年完成建设任务投入生产，繁育原原种 222.75 万粒，原原种年繁育能力达到 200 万粒以上。

喜德县农业畜牧和科学技术局与四川高地种业公司于 2011 年签订了《2012—2015年种薯生产合作协议》，以四川高地种业公司为生产经营主体，2012 年春季公司在凉山州良圆马铃薯种业公司购进米拉、凉薯 97 两个品种试管苗 42 万苗，生产合格原原种 140 万粒。秋季网室原原种生产在凉山州良圆马铃薯种业公司购进 CD 081 试管苗 52 万苗，全年可生产原原种 250 万粒。

(2) 原种生产。2012 年四川高地种业公司购县网室所繁育的米拉、凉薯 97、CD 081 原原种 222.75 万粒，在贺波洛乡尔吉村建立原种基地 20 hm^2，生产原种 410 t。

(3) 生产种生产。在米市镇、两河口镇、红莫镇、贺波洛乡、洛哈镇 5 个乡镇 7 个村 20 个社 945 户农户集中建立脱毒薯一代生产种繁育基地 333.33 hm^2，生产合格一代生产种 8500 t，分别为米拉 4751.5 t、凉薯 14 品种 2468 t、威芋 3 号1204 t、凉薯 17 品种 76.5 t。

6. 美姑县

(1) 原原种生产。网室规模小，占地面积 1050 m^2，2011 年生产 30 万粒，2012 年购买试管苗 11 万苗，生产 35 万粒。

(2) 原种生产。2012 年集中繁育陇薯 3 号原种基地 33.33 hm^2，生产原种 750 t。

(3) 生产种生产。2012 年建设一代生产种基地 146.67 hm^2，分配发放覆盖全县 25 个乡镇，品种是丽薯 7 号、威芋 3 号、凉薯 14、米拉。其中：丽薯 7 号一代生产种 33.33 hm^2，生产一代生产种 750 t；凉薯 14、丽薯 7 号、威芋 3 号一代生产种 1250 t。

7. 宁南县

(1) 原原种生产。该县暂没有进行原原种生产，正积极筹划申报网室。

(2) 原种生产。2012 年该县从希森公司购买了一定数量的原原种，马铃薯原种生产主要品种有费乌瑞它等。

(3) 生产种生产。2010 年、2011 年在杉树、梁子等乡镇建设了马铃薯生产种扩繁基地共计 10075 亩，品种主要为会－2，共计生产脱毒种薯 12090 t。

8. 甘洛县

(1) 原原种生产。根据凉财农〔2010〕201 号文和甘洛良繁网室改扩建项目要求，竣工完成了海棠网室的改扩建工作。2012 年 5 月投入生产运营，目前按规程生产了优质脱毒马铃薯原原种 8.5 万粒。

(2) 原种生产。在海拔 2300 m 的平坝乡，建立了脱毒马铃薯原种基地 10 hm^2，收获原种 200 t。

(3) 生产种生产。在平坝、海棠、蓼坪建立了脱毒马铃薯米拉、抗青 9－1、凉薯 14 一代生产种良繁基地 400 hm^2，在吉米、拉莫等 10 个重点乡镇建立二代生产种良繁基地 200 hm^2，收获一、二代生产种 1.2 万 t。

9. 会东县

(1) 原原种生产。该县没有原原种生产。

(2) 原种生产。该县没有进行原种生产。

(3) 生产种生产。在拉马乡建立 13.33 hm^2 的一代生产种基地，在堵格乡、野租、拉马、柏杉乡建立 133.33 hm^2 的二代生产种基地，在海拔 2300 m 以上的堵格、野租、拉马、柏杉、海坝、小街、雪山等主产乡建立 1000 hm^2 三代生产种基地。

10. 会理县

(1) 原原种生产。该县没有原原种生产。

(2) 原种生产。2013 年与九寨岷山农业公司合作在内东乡崩崩山村建设了 66.67 hm^2 费乌瑞它马铃薯原种生产基地。

(3) 生产种生产。把海拔较高，自然隔离条件和交通条件相对较好的内东乡崩崩山村、六民乡、龙泉乡、马宗乡定为常年繁种基地，在基地内以村和组为单元，采取一年繁种、二年种植地膜玉米的模式进行轮换繁育。合作 88 一级二代脱毒种薯在内东乡崩崩山村进行 13.33 hm^2 三代种扩繁，在六民乡、龙泉乡、马宗乡各进行 133.33 hm^2 共 400 hm^2 的四代种扩繁，繁育出的种薯由农户自行串换使用。

11. 冕宁县

(1) 原原种生产。在 20 世纪 90 年代就建成了 400 余 m^2 的生产网室，但由于建成时间早，质量标准不高，生产能力较低，生产效果很不理想，仅进行原原种种植，无法达到试管苗扦插的基础要求。该县现已不能进行原原种生产。

(2) 原种生产。从云南省会泽县马铃薯良种繁育中心引进了合作 88 脱毒薯原原种在海拔 2000 m 以上地区种植。

(3) 生产种生产。通过调入抗病良种米拉原种 100 余 t，在拖乌乡种植。

12. 普格县

(1) 原原种生产。该县没有原原种生产。

(2) 原种生产。2011—2013 年，该县豪吉公司从州良繁中心购买马铃薯原原种，在该县五道箐乡（海拔 2100 m）建设了 8 hm^2 原种生产基地。

(3) 生产种生产。购买马铃薯原种威芋 3 号 90 t，安排在五道箐乡、文坪乡、大坪乡共 3 个乡 7 个村生产，生产合格的一级脱毒种薯共 6000 t 左右。

13. 雷波县

(1) 原原种生产。该县没有原原种生产。

(2) 原种生产。选择海拔 800 m 以上能实现轮作的地区作种薯生产基地，在重点乡建设原种生产补贴示范片。

(3) 生产种生产。以箐口乡等 10 个乡镇，23 个乡村作为项目实施地点，建设一级种薯基地 666.67 hm^2，生产合格一级脱毒生产种 1.2 万 t。

14. 西昌市

(1) 原原种生产。该市没有原原种生产。

(2) 原种生产。该市没有进行原种生产。

(3) 生产种生产。在西昌市民族乡镇中的民胜、磨盘、响水、四合、巴汝 5 个乡镇 20 个村 1000 户农户中实施，各乡镇实施面积分别为 133.33 hm^2，合计 666.67 hm^2，生产脱毒一、二代生产种共 1.2 万 t 左右。

15. 金阳县

(1) 原原种生产。该县没有原原种生产。

(2) 原种生产。该县没有进行原种生产，2014 年拟建设原种生产基地。

(3) 生产种生产。该县每年通过整合项目资金采购生产用种，并通过县内自行调剂，农户相互串换马铃薯种。

16. 木里县

(1) 原原种生产。该县没有原原种生产。

(2) 原种生产。该县没有进行原种生产。

(3) 生产种生产。该县每年通过整合项目资金采购生产用种，并通过县内自行调剂，农户相互串换马铃薯种。

17. 德昌县

(1) 原原种生产。该县没有原原种生产。

(2) 原种生产。该县没有进行原种生产。

(3) 生产种生产。县内自行调剂，农户相互串换马铃薯种。

18. 攀枝花市两县三区

(1) 原原种生产。该地区没有原原种生产。

（2）原种生产。该地区没有进行原种生产。

（3）生产种生产。该地区没有专业化的成规模马铃薯生产种生产，主要通过农户相互串换、调种。

第四节 攀西地区马铃薯种薯质量控制与检测技术体系

马铃薯种薯是马铃薯生产中最重要的组成部分，马铃薯种薯质量是影响马铃薯产量最重要的因素，是提高生产水平的关键。同时，要进一步通过政策制定、项目实施、技术指导等提高农民使用合格种薯的自觉性，培育壮大种薯市场，提高脱毒良种的覆盖率。选用高质量的脱毒种薯较一般种薯增产显著是广大种植户提高产量及经济效益的根本价值所在，也是种薯市场化的可能条件。应不断加强基层品种试验和种子质量检测等公共服务设施建设工作，健全品种测试、审定、保护和退出制度，杜绝未审先推。强化市场监督管理，通过发放具有条形码身份识别特征的各级种薯合格证，实现种薯质量可追溯。

为实现马铃薯脱毒种薯的全程质量控制，规范抽样程序，保证检测样品的真实性、科学性和代表性，严格执行马铃薯病毒检测申请、采样及送样等各项程序。

一、种薯生产流程及质量监控机构

（一）种薯生产流程

采用三代种薯体系，可简化生产过程，只需要重点对基础苗和试管苗（室内）和G1种薯（人为隔离条件）质量进行严格控制，就能显著提高种薯质量。对G2种薯和G3种薯的质量控制，主要通过田间检测人员的目测进行，简便易行。如果近期内能将种薯的病毒株率控制在5%以下，四川及攀西地区马铃薯种薯的质量会有一个质的飞跃。只要采取严格的质量控制措施，一定能将G2种薯的病毒株率控制在1%以下，G3种薯的病毒株率控制在5%以下，这样马铃薯种薯质量将会有较大的提高。

基础苗质量决定三代种薯体系的成败，如果没有高质量的基础苗就不可能生产出高质量的G1种薯（微型薯）；没有高质量的G1种薯，也就不可能生产出高质量的G2和G3种薯。长期以来，要求各微型薯（G1种薯）生产单位在大量扩繁前进行全面的病毒检测，确认没有病毒后，才能进行大规模的试管苗扩繁。目前一些单位严格按此要求进行，生产出的试管苗和微型薯都不存在质量问题。但很大部分的试管苗扩繁中心和微型薯繁育中心没有进行病毒检测就开始进行扩繁，当基础苗质量有问题时，生产出的微型薯质量会有问题。原因有以下几点：

一是有些单位根本没有技术人员懂病毒检测；二是有些单位需要做病毒检测时却不能及时购买到试剂盒；三是有些单位则认为自己的试管苗来源没有问题，试管苗没有更新，多年一直使用。

为了克服以上问题，提高试管苗的质量，应建立省级脱毒基础苗供应中心，由该中心为全省提供高质量的试管苗，而扩繁中心每年只需要到省脱毒基础苗中心购买一定数量的基础苗，通过扩繁后，用于微型薯生产。建立省级脱毒基础苗供应中心可起到如下重要作用：一是节省成本。一个品种的基础苗可供多个脱毒中心使用，避免了每个扩繁中心对每一个品种都需要进行病毒检测的麻烦。各脱毒中心用购买试剂盒的资金基本上就可以购买到生产所需要的基础苗量。二是弥补技术劣势，从脱毒基础苗供应中心统一购买基础苗，一些扩繁中心即使没有病毒检测人员也不会受影响。三是基础苗质量将进一步提高。专门从事基础苗供应的中心，可以对用于当地生产的主要品种进行多种方法的病毒检测，包括酶联免疫吸附法（ELISA 方法）、指示植物方法和 RT－PCR 方法，确保基础苗不带任何病毒。四是有利于试管苗的更新。当建立了省级脱毒基础苗供应中心后，该中心可以有计划地进行基础苗的更新工作。一个省生产上的主要品种一般不会超过 10 个，更新起来难度不是太大。而经常更新的基础苗其生长势比长期不更换的要强得多，还可避免组培中出现的各种问题，如玻璃化、弱苗问题等。五是便于质量控制。只由一家或几家脱毒基础苗供应中心提高全省的基础苗，可方便质量控制部门的监督和管理，只要这些供应中心的基础苗没有质量问题，微型薯的质量就有保障，质量控制部门也不用到各个扩繁中心进行取样分析，既减少了工作量，又降低了漏检的风险。

四川已建立了基础苗供应中心和四个分中心（分别为四川省农科院、四川农业大学、南充农科院、凉山州分中心），凉山州分中心设在凉山州马铃薯良种繁育中心和西昌学院，建立了马铃薯种薯质量检测及认证权威机构，但客观地讲，种薯市场还较混乱，规范化运作程度还需进一步提高。各级农业部门要切实加强种薯质量监管，由种子管理部门具体负责。省植物检疫站负责种苗、种薯的病毒检验检测及种薯病毒检测合格证核发工作，各级植物检疫机构负责开展种薯产地检疫和调运检疫工作。

（二）监控机构

按照 GB 18133—2000 规定的种薯生产程序，从试管苗到二级合格种薯最少需要五代（或需要五年时间），这期间都有很多环节需要进行质量控制，例如试管苗生产至少需要对基础苗进行质量检测，试管苗移栽前（用于原原种生产）需要进行质量检测，原原种（微型薯）生产过程中需要进行至少两次现场质量抽检，原原种收获后还需要进行抽样检测，其他各级种薯生产过程中需要进行质量跟踪检测。质量监控的工作量相当大，而目前我国从事马铃薯质量监控的部门和人员根本不能满足质量控制的要求，因此种薯质量几乎无法全程监控。

攀西地区是重要的种薯繁育基地，但种薯繁育体系不健全、技术不完善，包括基地建设、蚜虫测报、种薯繁育技术等。由于马铃薯用种量大、运输半径短，应因势利导在各马铃薯生产大县建立种子基地，降低运输成本、贮藏成本。同时应采取强有力的措施来加强种薯质量监控：四川省建立了省监控中心，即省农业厅植检站；各地建设地区或县市区监控分中心，攀西地区马铃薯种薯生产主要在凉山州，凉山州的种薯生产监控由州农业局植保站、种子管理站、马铃薯办公室实施，有关种子企业在凉山州各马铃薯基地县建立种子生产基地也需将种子生产情况报各县农业局的相应植保站、种子管理站、马铃薯办公室。生产单位由省监控中心和地区或县市区监控分中心共同批准的种薯生产单位承担，并按照有关种子法规、条例进行马铃薯种子生产的登记、备案、送检，种薯基地要设立明显标识，有完备的田间档案（见附表1），构建全程可监控的种子生产体系。

二、攀西地区实施马铃薯种薯质量标准有关文件

国家及四川省马铃薯种苗、种薯生产相关技术标准及文件见表2－9。攀西地区按照制定的《四川省脱毒马铃薯种薯病毒病检测实施办法》《四川省马铃薯脱毒种薯病毒检测抽样管理办法（试行）》（川农业〔2013〕）有关标准和方法来进行。

表2－9　国家及四川省马铃薯种苗、种薯生产相关技术标准及文件

代　　号	名　　称
GB 3243—82	马铃薯种薯生产技术操作规程
GB 18133—2000	马铃薯脱毒种薯国家标准
GB 7331—2003	马铃薯种薯产地检疫规程
NY/T 401—2000	马铃薯种薯（种苗）病毒检测规程
NY/T 1212—2006	马铃薯脱毒种薯繁育技术规程
DB 5134/T 26—2003	脱毒马铃薯种薯生产技术操作规程
DB 51/T818—2008	马铃薯脱毒种薯生产技术规程
川农业函〔2009〕571号，2009年9月	四川省马铃薯种薯全程质量监控体系构建工作方案
川农业函〔2011〕264号，2011年5月	四川省“马铃薯脱毒种薯病毒检测合格证”管理使用办法（试行）

续表2－9

代　　号	名　　称
川农业函〔2013〕5号，2013年1月	四川省马铃薯脱毒种薯病毒检测抽样管理办法（试行）

三、各级脱毒种薯病毒检测采样标准

马铃薯脱毒种薯抽样管理的内容包括马铃薯病毒检测申请、采样、封样及送样、复检等。马铃薯脱毒种薯生产单位或个人在规定报检时间内向四川省农业厅指定的病毒检测机构四川省农业厅植物检疫站提出马铃薯脱毒种薯病毒检测申请。基础苗由生产单位根据生产周期，在销售或扩繁前报检；原原种、原种和生产种为种薯收获前4～5周报检。

实地采样由检测机构或委托的县级以上植物检疫机构完成，实地采样需由两名或两名以上（至少一名需经过采样培训并在检测机构备案）植物检疫员参加，种薯生产单位受训人员可协助完成采样。具体采样标准有几种，四川及攀西地区现在均按照表2－10所示地方标准统一执行（表2－11、2－12标准为国家标准及过去四川老标准，列出供参考），可以看出新制定的标准更加简单、实用，同时也较严格。植物检疫员根据申请抽样表中检测机构核定的品种和采样数量进行采样。采集不同样品时，剪刀和手需用75%酒精进行消毒，或直接将保鲜袋（市售）戴在手中进行采样，双手不得接触叶片。每个样品需使用保鲜袋独立包装并注明编号，样品间植株不得有接触。

表2－10　各级脱毒种薯病毒检测采样标准

类别	面积（数量）	采样数量	备注
基础苗		生产总量的10%	1瓶基础苗为1个样品
原原种	0～100 m^2	3个样	多余部分面积不足1个采样面积的按1个样品取样
	100～300 m^2	4个样	
	300～500 m^2	5个样	
	>500 m^2	1个样/100 m^2	
原种及生产种	0～6.67 hm^2	6个样	多余部分面积不足1个采样面积的按1个样品取样
	6.67～13.33 hm^2	7个样	
	13.33～20 hm^2	8个样	
	20～26.67 hm^2	9个样	
	26.67～33.33 hm^2	10个样	
	>33.33 hm^2	1个样/3.33 hm^2	

表 2－11　不同面积田块的检验点数和植株数

面积（hm^2）	检验点数和每点检验植株数
≤0.1	随机抽样检验 2 点，每点 100 株
0.1～1	随机抽样检验 5 点，每点 100 株
1～5	随机抽样检验 10 点，每点 100 株
≥5	随机抽样检验 10 点，每点 100 株，超出 5 hm^2 的田块面积，划出另一检验区，按本标准规定不同面积的检验点、株数执行

表 2－12　脱毒种薯病毒检测取样数量

种薯类别	面积	取样数量	备注
原原种	≤66.67 hm^2	5	每 5 株为 1 个样，不同品种分别计算
	66.67～133.33 hm^2	10	
	＞133.33 hm^2	15	
原种	4 hm^2	10	

基础苗：分品种随机抽取，1 瓶为 1 个样品。

原原种：剪切植株顶部 2 叶取样，10 株为 1 个样品。其中，无症状的植株按五点取样法进行抽样，先确定一个样品取样范围的对角线中点作为中心抽样点，再在对角线上选择四个与中心抽样点距离相等的点作为抽样点。有疑似病毒症状，直接采集疑似症状植株。

原种和生产种：剪截植株顶部 2 叶取样，20 株为 1 个样品。其中，无症状的植株沿走道或厢沟前行间隔随机采样；有疑似病毒症状，直接采疑似症状植株。样品采集后，由植物检疫员在植物检疫样品封识上填写编号、植物名称及采集地后粘贴于保鲜袋封口处。核对样品数量与申请抽样表中数量一致后，植物检疫员在表中填写样品采集地及 GPS 信息并签字确认。封存样品需装入泡沫箱、纸箱或塑料箱内（内装冰袋或冰冻矿泉水以保持样品新鲜）保存并于三日内送至检测机构。样品采集后，如不能按时送至检测机构，应在 4 ℃条件下保存，且不得超过 3 d。样品由采样单位人员或采样单位委托的相关人员送至检测机构，送到时务必保持样品新鲜、封识完整，同时向检测机构提交有申请单位签章、植物检疫员签名的申请抽样表。如样品腐烂变质、封识损毁或未提交申请抽样表，检测机构将认定为无效样品并要求重新采样。

四、脱毒马铃薯种薯质量标准及管理

（一）脱毒马铃薯质量标准

世界上生产马铃薯的国家均有各自的种薯质量检测标准（级别）和严格的检验制度，如荷兰、丹麦、美国、加拿大等。我国目前制定的各级种薯暂定质量标准如表 2－13 所示，病毒病和其他病害的检测是一个复杂而严格的运用高新科技的过程，由专人负责。脱毒苗、脱毒薯的检测按照有关标准和方法来进行，对田间生长的植株做整体观察后，随机抽样检验并记录，将脱毒种薯繁殖田所播种的种薯级别、带病植株比率和混杂植株比率作为定级标准，各级别脱毒种薯带病毒病株比率、带黑胫病和青枯病株比率以及混杂植株比率三项质量指标，任何一项不符合原来级别质量标准但又高于下一级别质量标准者，判定结果均按降低一级定级别。经检验定级合格，由政府委托有关法定机构签发马铃薯脱毒种薯质量检验合格证书。

表 2－13　种薯质量管理及检验参考标准＊　（%）

	项　目	原原种	原种	一级种薯	二级种薯
	种薯来源	试管苗、微型薯	原原种	原种	一级种薯
检验	田间检验	3 次	2 次	1 次	1 次
	病毒鉴定	血清、指示植物	血清	目测、血清	目测
	真细菌病	检验	检验	目测	目测
各种病毒病害最大允许量	种纯度	100	100	100	98
	重花叶 X+Y，Y	0.5	2.0	5.0	7.0
	轻花叶 X	0.1	3.0	5.0	7.0
	卷叶 PLRV	0.5	1.0	2.0	6.0
	其他 PSTV，ASM	0.5	2.0	3.0	10.0
	总病毒含量	1.0～2.0	8.0	15.0	30.0
	环腐病	0	0	0	3.0
	黑胫病	0	0	1	5.0
	青枯病	0	0	1	3.0
	晚疫病	0	0.1	0.5	2.0
	疮痂病	0	0.1	0.5	1.0
	缺苗	0	10.0	不要求	
收获日期		不定	按规定日期收	按规定日期收	按规定日期收

＊各种病害为最大允许量。

攀西地区执行四川省制定的种薯的统一质量标准，不仅可使各级种薯质量规范化，使生产上用的种薯质量有较持久的保证，而且有利于种薯出口，进入国际市场。该质量标准与国际标准接近，容易与国际市场接轨。四川省组建马铃薯脱毒种薯基础苗供应中心，同时组建四个分中心，采取全省马铃薯脱毒基础苗统一供给、各原原种生产单位直接扩繁生产原原种的新型订单生产模式，构建可追溯的脱毒种薯质量控制体系。用于生产种繁殖的原种必须是取得合格证的原种，省农业厅根据生产地所在市、县农业局田间检查结果和相关检验结果出具脱毒生产种合格证，并制定了《四川省马铃薯种薯质量标准》。四川省农业厅植物检疫站2011年发放了第一张生产种种薯合格证，初步形成了马铃薯种薯产业发展的良好格局。

一、二级种薯的块茎质量指标要求、种薯的块茎质量指标见表2－14。

表2－14　一、二级种薯的块茎质量指标要求、种薯的块茎质量指标

块茎病害和缺陷	允许率（%）
环腐病	0
湿腐病和腐烂	≤0.1
干腐病	≤1.0
疮痂病、黑痣病和晚疫病： 轻微症状（1%～5%块茎表面有病斑） 中等症状（5%～10%块茎表面有病斑）	 ≤10.0 ≤5.0
有缺陷薯（冻伤除外）	≤0.1
冻伤	≤4.0

申请单位对检测结果有异议的，可在收到植物检疫检测结果报告单后，在同批次申请检测的种薯收获前向检测机构提出书面复检申请，写明申请复检原因，检测机构将根据申请及实际调查结果决定是否复检。植物检疫样品封识由四川省农业厅植物检疫站统一印制和发放，仅限于各级植物检疫机构使用。一经封样不得撕毁或拆换。

（二）脱毒马铃薯质量管理部门

省级种薯质量控制体系可由省区植物检疫部门、植物保护部门或种子管理部门等单独或共同组成，或者新成立专门的机构，从以上单位抽调技术人员组成。省（区）种薯质量检验检测中心将负责省（区）脱毒种苗供应中心及分中心的种苗质量检验和监督，负责各代种薯标签的设计和管理，负责G1种薯质量监控，负责指导各种薯生产县对G2和G3种薯的质量控制（田间检验），负责解决质量管理过程中出现的纠纷和对质量问题进行仲裁。马铃薯种薯质量检测及认证权威机构四川省农业厅植检站，截至 2013 年 9 月 16 日，共检测样品 2368 个。其中，核心材料 54 个，基础苗 842 个，原原种 1095 个，原种 335 个，生产种42 个。脱毒基础苗抽检样品 842 个，合格率 100%；原原种抽样面积 101565 m^2，抽检样品 1095 个，检出 1 个带病毒，合格率为 99.9%；原种抽样面积 5029180 m^2，共抽检样品 335 个，检出 67 个带病毒，合格率为 99.5%；生产种抽样面积 1133900 m^2，抽检样品 42 个，检出 7 个带病毒。

县级种薯质量控制部门由经过培训的田间检验人员组成，其主要工作是对 G2 和 G3 种薯生产进行全程质量控制，包括种植前对生产者进行登记、核实，生产期间检验、检查，收获时的相关标签发放等。由于生产区域和生产条件的不同，每个田间检验人员可以负责 6.7～333.3 hm^2 的种薯生产。在西南混作区，6.7 hm^2 可能涉及几个村庄，而在北方一作区，2 个喷灌圈就可达到 6.7 hm^2。攀西地区是重要的种薯繁育基地，但种薯繁育体系不健全、技术不完善（包括基地建设、蚜虫测报、种薯繁育技术等方面）。由于马铃薯用种量大，运输半径短，应因势利导在各马铃薯生产大县建立种子基地，降低运输成本、贮藏成本，同时还应采取强有力的措施来加强种薯质量监控。四川省建立了省监控中心，即省农业厅植检站；各地建设地区或县市区监控分中心，攀西地区马铃薯生产监控在凉山州，由州农业局植保站、种子管理站、马铃薯办公室实施，有关种子企业在凉山州各马铃薯基地县建立种子生产基地也需将种子生产情况报各县农业局的相应植保站、种子管理站、马铃薯办公室，并办理种子生产许可证。生产单位由省监控中心和地区或县市区监控分中心共同批准的种薯生产单位承担，并按照有关种子法规、条例进行马铃薯种子生产的登记、备案、送检，构建全程可监控的种子生产体系。

（三）种薯质量控制

攀西地区明确了检测范围包括脱毒核心材料、原原种、原种，重点检测普通花叶病（PVX）、重花叶病毒（PVY）、马铃薯卷叶病毒（PLRV）、马铃薯潜隐花叶病毒（PVS）、轻花叶病毒（PVA）和马铃薯皱缩花叶病毒（PVM）。送检样品为生长健壮的试管苗，每个样品 3 瓶，在种薯收获前 30 d 左右送到种薯生产地（圃）。项目实施单位要主动送检，农业厅植检站在关键时期对原原种、原种进行抽检，取消种薯质量严重不合格单位的项目实施资格。种薯（原原种、原种）调出时供种单位必须出具加盖鲜章的种薯质量检测报告给调入单位，禁止检验不合格的种薯（苗）进入下一个生产程序。

1. 原原种种薯质量控制

原原种种薯的质量控制包括两个方面：室内的试管苗质量控制和温室（网

室）生产过程中的质量控制。

如果已建成了省级脱毒基础苗供应中心，各组培快繁中心只需要从基础苗供应中心获得基础苗，无须检验就可以直接扩繁。有两点需要特别注意：一是由于各快繁中心扩繁品种往往有多个，而在基础苗阶段，多数品种是难以区分的，因此一定要注意防止品种混杂；二是各快繁中心需要计划好试管苗扩繁与试管苗移栽的时间衔接，试管苗太小或者太老都会影响微型薯生产。

若未建立基础苗供应中心，各组培快繁中心在试管苗大量扩繁前一定要对所有的基础苗进行病毒检测，将所有准备扩繁的基础苗分品种按瓶编号，在超净工作台内将每瓶每株的上部1/3～1/2茎段转入新的培养瓶中，编号不变，同时再将剩下的1/3～1/2茎段装入病毒检测的样品袋中（取样时要小心，不能让样品沾有培养基。如样品沾有培养基，病毒检测时易出现假阳性反应，影响检测结果），根据病毒检测结果，淘汰有阳性反应的瓶苗（包括阳性反应不明显，但可疑的瓶苗）。这样才真正做到100％的检测，保证当季扩繁的试管苗不会带所检测过的病毒。扩繁前没有对试管苗进行全面病毒检测的，原原种种薯生产的风险巨大。

由于原原种（微型薯）生产场所都是在温室或网室内进行，而且远离大田生产，病虫害相对较轻。

2. 原种质量控制

用于原种生产的种薯（微型薯原原种）来源必须可靠，经过检测部门严格检测，并带有种薯标签。原种生产是在开放条件下进行，所以对生产场所的环境条件和土壤条件要求较高。原种的质量标准应当达到国家标准。根据2000年颁布的马铃薯种薯标准（GB 18133—2000），二级原种的病毒病病株率必须小于或等于0.1％，黑胫病和青枯病病株率必须小于或等于0.25％，其他病虫害和混杂要求一律为0。这一严格的质量标准，基本上与欧洲国家的水平相当，但几乎没有一个生产单位可以完全达到国标所规定的质量标准，也没有任何权威机构来监督实施种薯质量标准，该标准基本上形同虚设。为此，有关部门组织专家对标准进行了修订，将相关质量标准适当放宽。同时将两个级别的原种合并为同一级别，统称原种（G2种薯）。原种（G2种薯）田间质量标准：混杂株率和总病毒率都应当小于或等于1％，黑胫病或青枯病株率为0。对收获后原种的块茎质量要求：有外部缺陷的块茎重量不超过3％，混杂不超过1％，冻伤不超过1％，土壤和杂质不超过1％。

3. 生产种质量控制

用于生产种种薯（G3种薯）生产的原种（G2种薯）来源必须可靠，即经过检测部门严格检验，并带有种薯标签的合格G2种薯。G3种薯生产场所的环境条件和土壤条件要求可参考G2种薯的要求。根据2000年颁布的马铃薯种薯标准（GB 18133—2000），对一级种（G3种薯）的要求也非常严格，病毒病病株率必须小于或等于0.25%，黑胫病或青枯病病株率必须小于或等于0.5%。该标准对二级种（G4代薯）的要求也非常高，其病毒病病株率必须小于或等于1%，黑胫病或青枯病病株率必须小于或等于0.25%。生产实践中也是很难做到，也没有真正实施过。

新的（G3种薯）质量标准较为宽松，其田间质量标准是：混杂株率和总病毒株率都应当小于或等于5%，黑胫病和青枯病病株率都必须小于或等于0.5%。对收获后G3种薯（一级种）的块茎质量要求：有外部缺陷的块茎重量不超过6%，混杂不超过5%，冻伤不超过2%，土壤和杂质不超过2%。

五、实施“马铃薯脱毒种薯病毒检测合格证”制度

（一）马铃薯脱毒种薯病毒检测合格证发放目的及标签内容

《中华人民共和国种子法》第五章第三十五条规定：销售的种子应当附有标签，标签应当标注种子类别、品种名称、产地、质量指标、检疫证明编号、种子生产及经营许可证编号或者进口审批文号等事项；标签标注的内容应当与销售的种子相符。

根据“关于印发《四川省马铃薯脱毒种薯全程质量监控体系构建工作方案》的通知”（川农业函〔2009〕571号）要求，在加快四川省马铃薯良繁体系建设的同时，为从源头把好种薯质量关，切实实现马铃薯种薯全程质量控制和质量追溯，四川省农业厅决定在全省试行“马铃薯脱毒种薯病毒检测合格证”管理制度（川农业函〔2011〕264号）。

“马铃薯脱毒种薯病毒检测合格证”是指某级马铃薯脱毒种薯通过四川省农业厅指定的病毒检测机构检测，符合相应级别脱毒要求而发给的证明。合格证仅证明通过四川省农业厅指定的病毒检测机构抽样、检测的马铃薯种薯病毒检测合格。合格证的内容包括种薯级别、品种、规格、包装规格、产地、收获日期、生产单位、检测单位，以及包含相关信息的条形码及编号。

（二）合格证发放

马铃薯脱毒种薯生产单位在种薯收获前3～4周向检测机构提出马铃薯脱毒种薯病毒检测申请，填报马铃薯脱毒种薯病毒检测申请表。检测机构根据种薯生产单位申请，按照《四川省马铃薯脱毒种薯病毒检测方案》和《马铃薯脱毒种薯》（GB 18133—2000）的规定，安排实地抽样。检测机构按照相关的国家标准、地方标准检测方法，对样品进行病毒检测。检测机构根据检测结果，按规定出具“植物检疫检验结果报告单”。种薯生产单位在种薯收获后，根据合格种薯的田间检查情况和实际产量，填写马铃薯脱毒种薯病毒检测合格证申领表并加盖

公章，报检测机构备案。其中，基础苗、原原种由所在单位加盖公章，原种、生产种由所在县农业主管部门加盖公章。四川省农业厅将对申请单位填报内容的真实性进行抽查。

检测机构对马铃薯脱毒种薯病毒检测合格证申领表等核实无误后，等额发放合格证。其中，基础苗为 1000 苗/箱/张，原原种为 3000 粒/袋/张，原种为 30 kg/袋/张，生产种为 30 kg/袋/张。合格证由四川省农业厅统一印刷、发放及管理，并由其进行监督，“马铃薯脱毒种薯病毒检测合格证”必须在其对应检测合格的种薯上使用。取得合格证的种薯必须在其对应的检测合格的种薯上使用，必须按照合格证包装规格进行包装。合格证不得私自印刷、转让、涂改、买卖、重复使用，因故未使用的合格证应交回发证机构统一销毁。

2013 年 1 月 1 日至 2013 年 9 月 16 日，四川省农业厅植检站共发放马铃薯脱毒种薯病毒检测合格证共计 225847 张。其中，基础苗合格证 130 张，原原种合格证 20979 张，原种合格证 114740 张，生产种合格证 89998 张，涵盖 6500 瓶脱毒基础苗、6293.7 万粒脱毒原原种、3442 吨脱毒原种和 2700 吨脱毒生产种。截至 2013 年 9 月 16 日，四川省累计发放脱毒种薯病毒检测合格证共计 717595 张。随着四川省马铃薯脱毒种薯质量追溯系统的投入使用，种薯生产单位和种植者可以查询从马铃薯脱毒基础苗、原原种、原种到生产种每个阶段的马铃薯病毒检测、产量、储藏及供应链环节等信息。如果发现质量问题，即可通过条形码进行追溯，查明责任。目前，四川省农业厅植检站正在进一步开发追溯系统二期，扩展网络、电话及短信条形码查询平台。随着四川马铃薯脱毒种薯质量监控体系的持续实施，通过 1～2 年监控数据的积累，四川省马铃薯脱毒种薯质量追溯系统将更加完善、高效，合格证管理使用办法将更加科学、规范。

第五节　其他马铃薯优良种子的获取

种薯是指用来繁殖马铃薯的块茎。发展中国家小规模马铃薯生产农户所面临的最大的问题是缺乏可用的高质量种薯。生产种薯既困难又昂贵。种薯繁殖过程缓慢，一个母薯一般只能繁殖 10 个薯块，要得到大量种薯需要种植很多。在这个再种植的过程中，植株可能会感染病害，运输和贮藏种薯也相当复杂。种薯用量大、容易腐烂并需要在田间出苗良好，鉴于此，高质量种薯价格昂贵。

一、传统常规种子生产

马铃薯通常采用无性繁殖方式来繁衍后代，作为传统常规种子生产，农民可采取自繁、自留、自用，选择典型优株重复繁殖，建立自己的种子生产地、留种地，因此，选留种的技术重点是汰除病、劣、杂株，选择、保留、标记生长健康优株，防止种薯的退化和混杂。同时要根据马铃薯退化的原因，要防止种子生产地的马铃薯退化，保持良种固有的种性，使大田生产上不断地利用纯度高、生命力强、无混杂退化现象的种子。攀西地区通过加强示范和培训来提高农民的优良种薯意识和技术水平，并利用正、负选择方法，提高农民自留种薯质量。

首先要建立留种地，选择土壤肥力中上的土地进行隔离种植，土壤太肥，使感病植株不易表现，反之，植株瘦弱，对病毒的抗性降低；留种地应地势较高、土壤疏松、排水良好，在高垄栽培的马铃薯种子田内选种。

第二可选留秋薯做种。攀西地区金阳县、雷波县，采用秋播留种，用秋薯播种，有明显的增产效果。秋季天气冷凉，可以抑制多数病毒的发展。

第三要掌握好本品种的特征特性，避免选择方向不明造成混杂。选择田间长势好、健壮、无病虫害的优良植株做好标记。在隔离条件和栽培条件较好的种子繁殖田里进行选择，在农作物生长的苗期、花期各进行一次认真的去劣去杂工作。

第四要注意适时收获。凉山地区秋季阴雨较多，及时抢晴天收获，减少烂种，收获时做到轻挖、轻装、单存，防止损伤和机械混杂。

二、杂交种子生产

（一）实生种子利用的意义

追溯马铃薯的发展历史，世界上现有的马铃薯栽培种，都是由野生种、原始栽培种演变驯化而来。生长在南美洲高山上的野生种，在古代印第安人的玉米地里，是一种很难除净的恶性杂草，它借助长达 1 m 多的匍匐枝和块茎多而小的特性进行无性繁殖，同时又能开花结果，浆果落在地里，在适宜条件下种子发芽出土，进行有性繁殖。这种有性繁殖和无性繁殖的交替互补作用，是在漫长的自然选择中形成的重要生物学特性，并形成种的群落，占据一定的地理区域。了解了上述马铃薯的历史发展过程和有性和无性交替繁殖的作用，进而认识到各种病毒（除 PSTV 外）和病害均不能浸染实生种子，实生种子具有摒弃病毒的作用。这就给人们以启迪，即不以人工方式而是利用生物这种固有的特性，将实生种子利用到生产上去，无疑具有深远的重大意义。

马铃薯的退化是由于病毒侵染各个营养器官，包括根、茎、叶块茎等，但是病毒却很少侵染花粉和种子。因此，选用马铃薯开花结实的种子培育成马铃薯苗（实生苗），结的薯块（实生薯）做种苗、种薯，是防止退化的有效途径。据美国、加拿大和国际马铃薯中心研究，目前已发现马铃薯实生种子传带纺锤块茎类病毒（PSTV）、马铃薯 T 病毒（PTV）和安第斯马铃薯潜隐病毒（APLVA）三种病毒，我国目前及攀西地区只发现纺锤块茎类病毒一种。据宋伯符、阎振贵研究，从燕子品种感 PSTV 植株上采集的天然实生种子，其后代的发病率比在健株上采种的后代高 4～6 倍，而且其发病率高达 88.2%。由此可见，采用健康无毒的原种进行采种是非常必要的，可杜绝一般病毒在种子皮上的传带。由这种不带病毒的植株产生的实生种子，其实生苗就不带病毒，因此，可以生产出无病无毒的健康马铃薯原原种。

品种间杂交种、自交系间的单交种的杂交种子中，不仅能生产无毒种薯，还具有杂种优势，其生活力、抗逆性、生产力等方面，显著优于亲本，再通过实生块茎的无性繁殖，很容易将这些特性稳定下来。用实生种子生产马铃薯具有能实现就地留种、节约种薯、便于运输、便于贮藏，脱毒防病效果好，节省劳力、能源和费用，降低生产成本的优点。因此，该项技术对于推动马铃薯种薯生产和改变传统的栽培技术，具有深远的意义。

（二）实生种子的采收和保存方法

马铃薯小花梗在正常受精后一周内即向下弯曲，未受精的小花梗经 4～5 d 即脱落，在受精后 15 d 左右，直径可达 1～1.5 cm。浆果发育 1 个月左右，常自然脱落，因此，在受精后 2～3 d 内即用纱布袋将浆果套于茎枝上，以免落果混杂。如果进行大量天然果采收时，可在制种田利用禾谷类作物将不同亲本进行隔离或分区插牌，植株不用套袋。当浆果变白、变软时，即可按组合或品种采收。

采收的浆果应按亲本或杂交组合分别漂洗。量少的先将浆果置于水盆内，用手指捏碎，然后将汁液、果皮和种子一起倒在孔径小于种子的筛子上，放于水盆内，多次漂洗，直至浆果皮、杂质冲完洗净为止，然后将种子倒在吸水纸上晾干。把晾干的种子装入种子袋内，并注明品种名称、组合名称、种子数量、采收年月日和采收单位，然后放置于阴凉干燥处保存。

（三）实生种子利用的增产效应

马铃薯实生种子（薯）的应用推广，在 20 世纪 70 年代曾达到我国 10 多个省、市（区）的许多地区，面积近 2.67 万 hm^2。无论利用天然实生种子（薯），还是利用品种间杂交种子（薯）；也无论是一季作地区，或中原二季作及西南一、二季混作地区，均较当地已推广的品种有显著的增产效应。不少地区不仅实现了就地留种，而且已成为种薯和商品薯的基地。

近年来，由于诸因素的制约，应用面积稳中有降。但实生薯群体块茎产量稳中有升。长期的生产实践证明，马铃薯实生薯的群体块茎产量的增加，已是毫无疑问的事实。在西南山区，配套栽培技术日趋成熟，培育实生苗技术提高，实生苗当代群体块茎产量与实生薯无性系群体块茎产量差距缩小，甚至前者超过后者。实现就地留种后，已开始利用新型栽培种与普通栽培种自交系间的单交种，其块茎产量一般比当地推广的普通栽培品种增产30%~70%，甚至成倍的增产。

攀西地区在马铃薯实生种子、实生薯的选育及杂种优势利用方面也取得了突破性进展。最初利用天然实生种子，后被新型栽培种等优良亲本配制的杂交种所代替，充分发挥了杂种优势，提高了单产，克服了天然实生块茎性状分离等缺点。如四川省宁南县马六乡二村四小队，1976年种植克疫实生薯无性系3代（群体选）共1334 m^2，平均单产5167.5 kg/667m^2。与此同时，在山区，因海拔高，气候冷凉，雨量充沛（1000 mm以上），无霜期长（200 d以上），比较适宜现有实生薯的生育，单株块茎重量和单薯重量都十分可观，如会理县曹元乡，1976年种植的克疫实生薯无性系2代，单株块茎产量最高达13.75 kg，单块最重为1.625 kg。

马铃薯实生薯的利用，在开放种植的情况下，与无性世代的代数有密切关系，西南山区利用的代数要高达4~5代以上，凉山地区高世代有相当面积。20世纪90年代冕宁县农业局王士琨同原东北农学院合作利用新型栽培种资源筛选出了一些性状稳定、分离少、高产的马铃薯杂交组合，主要有克疫等杂交组合，开展了马铃薯杂交实生种子的利用，取得了一定的成效。实生种子生产目前在攀西地区冕宁有少量面积。实生薯增产的根本原因，除了本身具有对病毒和真菌、细菌病的抗性外，还因为实生种子其亲本具有摒除病毒、真菌、细菌病害的作用，所以有实生苗生产的种薯是健康的种薯，自然比已感病的栽培品种有显著增产效应；然而，实生苗（薯）仍有重染病害的可能，所以，加强防病保种措施，也是非常重要的栽培管理任务。

参考文献

[1] 李佩华，蔡光泽，普晋，等. 四川省马铃薯脱毒种薯生产现状及发展对策浅析［J］. 西昌学院学报（自然科学版），2013（3）.

[2] 李佩华. 四川省马铃薯产业发展对策浅析［G］//四川省马铃薯发展国际研讨会论文集，2005.

[3] 李佩华. 四川省凉山州马铃薯生产现况及发展对策思考［M］. 西昌农业高等专科学校学报，2003（1）.

[4] 孙慧生. 马铃薯育种学. 北京：中国农业出版社，2003.

[5] 马和平. 马铃薯高产栽培技术［M］. 北京：台海出版社，2000.

[6] 四川省新农村编委会. 马铃薯高产栽培技术［M］. 成都：四川教育出版社，2009.

[7] 门福义，刘梦芸. 马铃薯栽培生理［M］. 北京：中国农业出版社，1993.

[8] 陈耀锋. 植物组织与细胞培养［M］. 北京：中国农业出版社，1993.

[9] 郝建平，时侠清. 种子生产与经营管理［M］. 北京：中国农业出版

社，1993.
［10］王建华，张春庆．种子生产学［M］．北京：中国农业出版社，2006.
［11］谢开云，何卫．马铃薯三代种薯体系与种薯质量控制［M］．北京：金盾出版社，2011.
［12］选择最佳的植株（通过正选择改善农民自留种薯）［G］//四川灾后重建种薯体系重建项目资料之二（农民田间指南）．2008，12.
［13］选择最佳的植株（通过正选择改善农民自留种薯）［G］//四川灾后种薯体系重建项目资料之一（技术员手册）．2008，12.

第三章　攀西地区用于脱毒的主要栽培马铃薯品种

第一节　攀西地区马铃薯育种概况

马铃薯的栽培种原产于南美洲安第斯山，约在16世纪70年代传入中国，在中国已有400多年的栽培历史。至20世纪全国已有广泛栽培，但却少有研究，到20世纪40年代，才由美国引入品种，进行引种鉴定。改革开放以来，随着国际交往的频繁，马铃薯种质资源的不断引进，使资源研究和育种工作有了突出进展。2008年以来，西昌学院马铃薯课题先后承担了四川省教育厅青年基金“马铃薯特异优异种质资源的创新与利用”“凉山州马铃薯种质资源遗传多样性研究”，取得了四点主要的研究成效。

一、攀西地区种质资源创新研究

马铃薯共有7个原始栽培种，主要分布在南美洲的安第斯山脉及其附近沿海一带的温带和亚热带地区，最重要的马铃薯栽培种是四倍体种。栽培种马铃薯最初于1570年从南美的哥伦比亚引入欧洲的西班牙，经人工选择，成为长日照类型。四倍体栽培种马铃薯之后向世界各地传播，在明朝万历年间传入中国，据说是华侨从东南亚一带引进的。

（一）马铃薯新型栽培种资源后代的筛选鉴定

国际马铃薯中心（CIP）马铃薯种质资源库中有7个栽培种和142个野生种的近7000个品系的20000余份种质资源。我国利用CIP资源选育了约30个马铃薯新品种，其种植面积约占我国种植面积的10%左右。新型栽培种的基因库小于原始的安第斯亚种（Andigena）的群体，但较普通栽培种的基因库要丰富得多，具有极广泛的遗传变异性，经过多次轮回选择，所筛选出的后代材料的优良基因频率逐渐增加，具有许多优异性状，构成了一个许多具有重要价值的新基因库。

马铃薯新型栽培种是20世纪60年代初仿效历史上的安第斯亚种在欧洲经人

工选择成为马铃薯亚种的选择过程，从秘鲁、玻利维亚及哥伦比亚等地广泛搜集适应短日照的安第斯亚种的许多类型，选育出适应长日照条件、结薯习性近似马铃薯普通栽培种的类型。

新型栽培种与近缘栽培种、野生种、普通栽培种的主要性状表现比较见表3－1。

表 3－1　新型栽培种与近缘栽培种、野生种、普通栽培种的主要性状表现比较

性状	近缘栽培种（原始栽培种）	野生种	普通栽培种（现代栽培种）	新型栽培种后代群体（2011 年）
染色体	$2n=24$，36，48，60	几乎 $2n=24$	$2n=48$	$2n=48$
株型	较矮，易倒伏；植株细小；直立	莲座、半莲座，矮生，高大	半匍匐，直立	直立
茎类型	细等	无主茎	细、粗壮	粗壮
开花繁茂性	弱、中、繁茂	弱、中、繁茂	80%	95%
花色	白、紫等	蓝紫、白、淡蓝、深紫	蓝、白、紫	白、紫
匍匐茎长度（cm）	中	无、长可达 100	中	中
单株块茎数（个）	较少	较少	5～15	5～12
平均块茎重（g）	较轻	较轻	20～1000	55～110
单产（$kg/667m^2$）	较低	较低、不结薯	750～3000	1300～2100
大中薯率（%）	较低	较低	50～90	40～70
芽眼深度	深	中或深等	中或深	浅或中
薯皮颜色	白、黄、黄紫	白、黄、红、紫	白、黄、红、紫	黄
薯肉色泽	黄、花青素（呈红、紫）	黄、白、花青素（呈红、紫）	黄、浅黄、白	黄、浅黄
块茎形状	长形、圆形、形状多变	类型多	类型多	圆或椭圆
生育期（d）	100～180	100～180	60～130	100～115

续表3-1

性状	近缘栽培种（原始栽培种）	野生种	普通栽培种（现代栽培种）	新型栽培种后代群体（2011 年）
优良抗性	抗病性类型较丰富，以及耐寒性强、耐霜冻	抗病性类型最丰富，抗马铃薯甲虫、二十八星瓢虫，耐霜冻	抗癌肿病、疮痂病，抗病资源少	抗病性类型较丰富
优良品质	高淀粉、高蛋白	高淀粉、高蛋白，高龙葵素生物碱；分泌黏液	高淀粉、高蛋白	高淀粉
遗传资源	7 个栽培种	228 个左右	马铃薯亚种，Mira	安第斯种，Saskia
垂直分布（m）	1000～4000	海平面～4000	500～4000	500～4000
水平分布	秘鲁和玻利维亚交界处的 Titicaca 湖	Titicaca 湖 89%，中美洲及墨西哥 19%	世界各地	一些国家，中国开展较好

根据不同纬度、不同生态条件对引进的新型栽培种群体进行改良，多次轮回选择，有效改良了该群体的性状，选出农艺性状优良的无性系，或具有普通栽培种中所缺乏的目标性状（如抗病、优质、抗逆等）的无性系，供马铃薯常规育种或杂交实生种子组合的亲本材料进一步利用。轮回选择的基本方法是使原始群体通过互交，并按其配合力或表现型的测交鉴定结果，将其中优良基因型的个体重新混合在一起，通过相互自由授粉，形成第一轮的改良群体。

2005 年春东北农大陈伊里教授分发了通过轮回选择改良后所获得的 5.3 g 马铃薯新型栽培种实生种子。西昌学院马铃薯课题组 2005—2011 年在试验基地普格县五道箐乡（海拔 2080 m）继续采用轮回选择、半同胞轮回选择杂交的方法或直接采集性状分离 F1 代植株的实生籽方法培育获得实生薯，保留了群体遗传多样性。在定向选择优良个体的前提下，用同样的方法继续互交或相互自由授粉，形成又一轮改良群体。共实施了 7 年的选择，实生苗世代进行了 3 年，无性系世代进行了 6 年。实生苗世代采取混选的方式，在无性系世代性状稳定后，分别进行了 2～4 年一定强度的选种圃、株系圃、品系圃鉴定试验决选或直接做杂交组合利用，对入选株系调查植物学、生物学特性，以期获得有价值的种质资源。

1. 新型栽培种筛选后代材料的植株性状

从表 3-2 可以看出，初步获得了 9 个后代材料，主要植株性状得到了改良。茎色、叶色为绿带紫，花冠大多为白色，开花繁茂，花期较长，花序花朵数多，天然结实性强，浆果内种子多，叶型主要为小叶型，植株生长势强，株型健壮。

表 3－2　新型栽培种筛选后代材料的植株性状

品系代号	茎颜色	叶型	花繁茂性	花冠色	结实性	花序花朵数	株高（cm）	茎粗（cm）
NSr－G－22	绿带紫	小叶型	繁茂	白色	强	5～7	68.4	1.1
NSr－G－182	绿带紫	小叶型	繁茂	紫色	强	3～4	61.6	1.26
NSr－G－183	绿带紫	小叶型	繁茂	白色	中	3～4	47.2	1.05
NSr－G－184	绿带紫	中叶型	繁茂	紫色	中	4～5	65.6	1.12
NSr－G－164	绿带紫	小叶型	繁茂	白色	中	5～6	64.8	1.17
NSr－G－203	绿带紫	小叶型	繁茂	白色	强	3～4	60.8	1.04
NSr－G－21	绿带紫	小叶型	繁茂	白色	强	3～5	63.2	1.27
NSr－G－203	绿带紫	小叶型	繁茂	白色	中	4～6	65.6	1.32
NSr－G－161	绿带紫	小叶型	繁茂	紫色	中	3～4	60.8	1.38

2. 新型栽培种筛选后代材料的考种分析

从表 3－3 可以看出，初步获得了 9 个后代材料，性状接近四倍体普通栽培种 Mira、凉薯 97。新型栽培种的原始群体结薯多且产量低，经多次的轮回选择后产量提高，单株结薯 6～12 个，各材料匍匐茎长度 4～9 cm，结薯集中，薯型以椭圆居多，大多数个体的芽眼都表现为浅，商品薯率较高，还原糖含量较低，皮、肉色为黄色，从中筛选出了 1 个高淀粉的无性系。

表 3－3　新型栽培种筛选后代材料的考种分析

品系代号	单株结薯（个）	结薯集中度	匍匐茎长度（cm）	芽眼深度	薯形	商品薯率（%）	皮色	肉色	淀粉含量（%）	还原糖含量（%）
NSr－G－22	6～12	集中	4.5	浅	椭圆	68	黄	黄	19.30	0.18
NSr－G－182	4～7	集中	6.2	中	椭圆	56	黄	黄	17.62	0.22
NSr－G－183	6～7	集中	7.6	中	椭圆	50	黄	黄	16.86	0.25
NSr－G－184	5～10	集中	6.8	浅	圆	62	黄	黄	17.86	0.17
NSr－G－164	5～9	集中	7.4	浅	椭圆	55	黄	黄	17.40	0.17
NSr－G－203	6～8	集中	8.2	中	椭圆	57	黄	黄	16.32	0.24
NSr－G－21	5～8	集中	8.8	浅	圆	62	黄	黄	17.64	0.25
NSr－G－203	7～12	集中	7.9	浅	椭圆	70	黄	黄	18.30	0.18
NSr－G－161	6～8	集中	8.7	浅	椭圆	46	黄	黄	18.54	0.24

经改良驯化后的新型栽培种抗病资源丰富，最普通的植株都有对晚疫病的田间水平抗性，并从中筛选出了抗青枯病的材料，获得了 2 份抗青枯病及主要病毒病（PLRV、PVX、PVY 等）的无性系。

植株叶绿素含量高，光合作用强，主茎数 3～7 个，生长势强，全生育期在 100～120 d 左右。NSr－G－22 产量较对照增产 7%，表现出高产潜能，与普通栽培种杂交的杂种优势明显。杂交试验结果初步表明 NSr－G－22、NSr－G－164 具有遗传力强、配合力好的特点。

3. 新型栽培种群体改良后的主要性状比较

新型栽培种初始群体安第斯亚种主要表现为植株高大、生长繁茂，茎较细、小叶多、叶较狭窄，叶与茎着生成锐角，地上分枝多、抗病类型丰富，在常规育种中很难直接利用，极易与普通栽培种杂交，在 F1 表现较强的杂种优势和高度的自交孕性，但表现出成熟期迟、地下匍匐茎长、单株块茎数量多而小、薯形不规则、易感晚疫病的缺点。从表 3－4 可以看出，新型栽培种群体经过初步地轮回选择，克服了短日照特性，商品性较好，匍匐茎长度减短，产量逐步提高，为其直接利用创造了良好的条件，多数农艺性状也得到了一定程度的改良。改良后的群体开花习性好，这对实生种子的利用、天然采籽或杂交制种都带来了方便。

表 3－4 新型栽培种筛选后代材料的抗病性、产量等其他农艺性状

品系代号 V	晚疫病级数	病毒性退化	叶绿素含量（mg/g）	主茎（个）	全生育期（d）	单产 kg/667m^2	较 CK 增减产（%）
NSr－G－22	0～1	轻	51.3	4～6	110	1819	+7%
NSr－G－182	0～2	无	53.8	3～6	107	1452	－14.5%
NSr－G－183	1～2	无	54.5	3～5	106	1302	－23.4%
NSr－G－184	0～1	轻	51.8	3～6	111	1456	－14.4%
NSr－G－164	1～2	无	54.3	2～4	112	1310	－22.9%
NSr－G－203	0～2	无	54.2	3～4	114	1478	－22.2%
NSr－G－21	0～1	轻	54.5	3～6	109	1388	－18.4%
NSr－G－203	0～1	无	51.3	4～6	110	1477	－13.1%
NSr－G－161	0～1	无	49.8	3～5	112	1486	－12.6%

新型栽培种的基因库小于原始的安第斯亚种的群体，但较普通栽培种的基因库要丰富得多，具有极广泛的遗传变异性，经过多次轮回选择，所筛选出的后代材料优良基因频率逐渐增加，具有许多优异性状，构成了一个许多具有重要价值的新基因库。试验结果观察表明，实生苗世代性状分离明显，与普通栽培种杂交的杂种优势明显，杂种优势在植株生长势上表现为苗壮、生长势强、块茎产量高。获得了直接应用于常规育种和杂交实生种子组合选育的改良群体，创新了有

重要价值的马铃薯种质资源，创造了有重要价值的马铃薯育种亲本材料，对于开展杂交实生籽利用及新品种选育、品种改良具有重要意义。

我国不是马铃薯的起源地，种质资源十分有限，马铃薯新型栽培种的引进与利用过程中存在着遗传变异逐渐缩小的趋势，扩大新型栽培种的遗传变异将是利用该资源的关键措施。通过改良后的马铃薯新型栽培种后代材料筛选受气候、地理自然条件的影响较大，不同的外界环境条件，获得的结果差异较大。川西南凉山州是重要的马铃薯产地，低纬度、高海拔，气候冷凉、日照充足（长日照）、温差大、雨量充沛，与栽培马铃薯种安第斯类型原生境（短日照）较为相似，与在轮回选择开展地哈尔滨（东北农业大学）又同属长日照类型，为新型栽培种的筛选创造了有利的自然环境条件。

（二）辐射诱变

西昌学院马铃薯课题组“十一五”期间采取用$^{60}Co-\gamma$射线照射鄂马铃薯5号、云薯2号两淀粉加工型品种，选择已通过休眠的薯块各64个，剂量分别为5 GY、10 gY、15 GY、20 gY。选留M1代单株薯块2个，分作两套。

研究结果表明马铃薯人工诱变比自然诱变（芽变）突变率高出上千倍，各种诱变处理对M1代是有害的，发芽生长均较慢，发生叶色、叶形和茎秆粗细等变异，部分植株表现株形变矮、叶较短等形态变异以及生理损伤，苗期生长受抑制，成熟推迟；各剂量的M2代则能正常生长，在生育期、植株形态特征、病害情况群体内表现基本一致，分离较小。鄂马铃薯5号、云薯2号M2代群体分别在照射剂量为15～20 gY、10 gY时筛选出的优株系数最多，表明普通马铃薯栽培种块茎诱变的适宜照射剂量为10～20 gY。

$^{60}Co-\gamma$射线诱变效应在改良一些性状（早熟、抗病、高产、叶绿素含量）上比较有效，同时改良多个性状难度很大，所产生的突变体大部分是不理想的，且很难预见变异类型及变异频率。射线辐射处理引起马铃薯染色体畸变，亦可产生基因突变，通过射线的辐照，不仅可以改良马铃薯质量性状，也可改良其数量性状。

不同的作物和品种对辐射敏感性差异很大，不同辐射剂量对同一马铃薯品种所产生的变化差异不同；同一辐射剂量对不同马铃薯品种所产生的变异不同。普通马铃薯栽培品种（四倍体）多系杂合体，遗传基础复杂，同源多倍体比二倍体诱变频率低，获得优良辐射株系的频率更低，诱变育种难度较大。但其好处是，在适宜的辐射剂量下所引起的有利突变，一旦在表现型上显示出来，无须纯化，即可用无性繁殖方法加以固定和利用。

二倍体较多倍体敏感是由于多倍体染色体重复而抵消了射线的效应，作物的器官、组织以及发育时间和生理状况不同，其敏感性也不同。用马铃薯作诱变材料时，同一薯块上各休眠芽所受到的辐射剂量差异较大，加之不同芽原基的发育程度不同，辐射效应差异较大。

马铃薯辐射育种中在改良个别性状时，处理剂量可稍低些；如果期望产生较多类型的突变体，供作进一步育种工作的需要，应采取较高的剂量，使其产生中等严重损伤；还可采用试管苗、二倍体材料做诱变材料。育种实践表明，对马铃薯进行辐射处理不失为一种行之有效的育种手段，利用有利的显性突变和隐性突变的可能性，在无性繁殖的马铃薯上是存在的。

马铃薯的诱变育种具有杂交育种及其他育种方法难以代替的特点，但也有明显的局限性。期望诱变育种取得成效，首先应利用敏感材料提高诱变频率，加强诱变育种与其他育种方法的结合。其次应提高选择强度，在M1代的同一穴内，变异的和未变异的植株混在一起，不宜以株为单系进行选择；选择工作应到M2代才开始进行；普通马铃薯栽培种为四体遗传，可能产生了许多有利的隐性突变，少量是显性突变，产生的隐性突变可通过自交或近亲繁殖后实现。

（三）马铃薯地方种质资源收集整理

2004年以来，西昌学院马铃薯课题组深入四川省凉山州马铃薯主产县，云南省的昭通地区、曲靖地区，贵州省的毕节地区的乡镇调查走访，收集、征集地方乌洋芋品种资源，对乌洋芋品种资源的生物学性状进行鉴定。

鉴定结果表明生产上乌洋芋品种杂乱，西南山区通常在海拔2500 m以上的高山地区种植。初步明确所征集的18个材料可分为7个品种类型，其余为由于各地称呼混乱的雷同材料。乌洋芋3月下旬至4月初播种，8月下旬至9月初收获，全生育期为110～130 d，晚熟；植株高大，株高100～120 cm，主茎粗壮，为1.1～1.3 cm，长势强壮；叶绿色，茎秆有大面积的蓝紫色、斑驳的绿色，花冠蓝紫色，天然结实（见表3－5）。

一般而言，乌洋芋营养丰富，富含淀粉，一般能达到20%以上；薯块小、芽眼深、皮呈蓝紫色、薯肉内的髓部维管束组织常有一环蓝紫色圈，因而名之“奇彩土豆”“转心乌”；产量低，一般400～800 kg/667m^2，较相邻对照米拉减产47%～73%（见表3－6）。不抗晚疫病，感癌肿病，有些地块甚至因此而绝收，有皱缩病毒型退化，基本无卷叶型退化，耐寒性强。四川凉山州布拖县乌洋芋品种资源分布点较多，据测算种植面积为200 hm^2，年产量120 t，是乌洋芋的主产区。品质、产量、抗病性较好的乌洋芋品种资源主要有布拖县火烈乡的阿奶奶、勒波（乌洋芋）和会泽县的转心乌。

表 3—5 乌洋芋品种资源生物性状表

品种	征集地	海拔高度（m）	株高（cm）	茎粗（cm）	茎色	叶色	花冠色	天然结实性	主茎数（个）	全生育期（d）
阿奶奶	布拖县火烈乡	2700	130	1.2～1.3	绿带紫	绿	蓝紫色	强	5～7	128
勒波	布拖县火烈乡	2700	110	1.1～1.2	绿带紫	绿	蓝紫色	强	4～6	121
阿奶奶	布拖县采哈乡	2900	110	1.1～1.2	绿带紫	绿	蓝紫色	强	4～6	121
洋芋阿联连	布拖县拖觉镇	2500	110	1.1～1.2	绿带紫	绿	蓝紫色	强	4～6	121
乌洋芋	布拖县瓦都乡	2500	110	1.1～1.2	绿带紫	绿	蓝紫色	强	3～5	121
洋芋阿联连	布拖县拉达乡	2500	110	1.05～1.15	绿带紫	绿	蓝紫色	强	3～5	115
乌皮子	雷波县箐口乡	2000	80	1～1.1	绿带紫	绿	蓝紫色	无	3～4	102
乌洋芋	雷波县山棱岗区	2200	100	1.05～1.15	绿带紫	绿	蓝紫色	中	4～6	105
紫乌	雷波县谷堆乡	2600	110	1.25～1.4	绿带紫	绿	蓝紫色	中	4～7	121
老乌洋芋	昭觉县洒拉地坡乡	2500	105	1.1～1.2	绿带紫	绿	蓝紫色	中	3～4	121
新乌洋芋	昭觉县洒拉地坡乡	2500	90	1.1～1.2	绿带紫	绿	蓝紫色	中	4～6	110
乌洋芋	昭觉县打洛乡	2200	95	1.05～1.15	绿带紫	绿	蓝紫色	中	3～5	121
乌洋芋	美姑县黄角楼乡	1900	90	1.1～1.2	绿带紫	绿	蓝紫色	中	2～4	110
乌洋芋	普格县五道箐乡	1900	85	1～1.1	绿带紫	绿	蓝紫色	中	3～4	110
转心乌	会泽县驾车乡	2400	85	1.1～1.2	绿带紫	绿	蓝紫色	强	3～5	121
小乌洋芋	巧家县	2100	95	1.2～1.3	绿带紫	绿	蓝紫色	强	4～6	120
乌洋芋	昭通大山包	3000	100	1.2～1.3	绿带紫	绿	蓝紫色	中	4～6	120
乌洋芋	威宁县	2000	95	1.1～1.2	绿带紫	绿	蓝紫色	中	3～5	110

表 3－6　乌洋芋品种资源考种分析

品种	征集地	薯形	皮色	肉色	芽眼深浅	芽眼多少	薯块大小	淀粉含量	产量（kg/667m²）	较对照减（%）
阿奶奶	布拖县火烈乡	圆	蓝紫	淡黄	深	多	较大	21	800	－47
勒波	布拖县火烈乡	圆	蓝紫	蓝紫色圈	深	多	小	25	550	－61
阿奶奶	布拖县采哈乡	圆	蓝紫	淡黄	深	多	小	24	450	－67
洋芋阿联连	布拖县拖觉镇	圆	蓝紫	蓝紫色圈	深	多	小	23	400	－72
乌洋芋	布拖县瓦都乡	圆	蓝紫	蓝紫色圈	深	多	小	24	500	－66
洋芋阿联连	布拖县拉达乡	圆	蓝紫	蓝紫色圈	深	多	小	22	400	－73
乌皮子	雷波县箐口乡	圆	蓝紫	淡黄	深	多	小	17	700	－54
乌洋芋	雷波县山棱岗区	圆	蓝紫	蓝紫色圈	深	多	小	21	550	－61
紫乌	雷波县谷堆乡	圆	蓝紫	淡黄	深	多	小	17	650	－54
老乌洋芋	昭觉县洒拉地坡乡	圆	蓝紫	蓝紫色圈	深	多	小	24	450	－68
新乌洋芋	昭觉县洒拉地坡乡	圆	蓝紫	淡黄	深	多	较大	17	550	－61
乌洋芋	昭觉县打洛乡	圆	蓝紫	蓝紫色圈	深	多	小	22	450	－69
乌洋芋	美姑县黄角楼乡	圆	蓝紫	淡黄	深	多	小	17	550	－59
乌洋芋	普格县五道箐乡	圆	蓝紫	淡黄	深	多	小	17	550	－59
转心乌	会泽县驾车乡	圆	蓝紫	蓝紫色圈	深	多	小	23	550	－59
小乌洋芋	巧家县	圆	蓝紫	蓝紫色圈	深	多	小	23	500	－67
乌洋芋	昭通大山包	圆	蓝紫	蓝紫色圈	深	多	小	22	500	－67
乌洋芋	威宁县	圆	蓝紫	蓝紫色圈	深	多	小	21	450	－69

二、攀西地区马铃薯种质资源遗传多样性研究

西昌学院马铃薯课题组 2012 年利用 SSR 分子标记技术对凉山州地方品种、自育品种和国内外的部分育成品种进行遗传多样性对比分析，以期为深入开发利用凉山州地方品种的育种实践提供参考。凉山州种植马铃薯已有 100 余年历史。凉山州因其得天独厚的自然环境，被誉为全国最佳马铃薯种植区域之一，并孕育出了许多凉山州特有的马铃薯品种资源，对这些资源的深入挖掘利用，不仅能扩大马铃薯育种的遗传背景，起到保护物种遗传多样性的作用，同时也是发展凉山州特色马铃薯产业的基础。

遗传多样性研究是作物种质资源保护和开发利用的基础，同时对作物育种具有重要的指导作用。物种遗传多样性的研究通常基于遗传标记的多态性。遗传标记包括形态学标记、细胞学标记、生物化学标记、免疫学标记和分子标记五种类型。SSR 分子标记技术因其多态性好、结果稳定、操作简单、经济可靠等优点被广泛用于物种遗传多样性的研究。近几年，国内学者利用 SSR 分子标记技术对马铃薯育成品种和地方品种的遗传多样性研究和指纹图谱的建立开展了大量的工作，但利用该技术对凉山州地方马铃薯品种的遗传多样性研究还未见报道。

该试验材料为凉山州地方品种、自育品种和国内外育成品种共计 60 份，详见表 3-7。

表 3-7　供试材料及来源

编号	材料名称	来源	编号	材料名称	来源
1	B2-2-1	云薯 2 号辐射诱变	31	AS135	云南
2	B4-4-2	云薯 2 号辐射诱变	32	HB0389-18	云南
3	D18	CIP	33	PH-19	云南
4	F-5-6	CIP	34	YS03-1263	云南
5	合作 23	CIP、云南会泽	35	YS03-2685	云南
6	KX-5	成都市农林科学院	36	丽薯 7 号	云南
7	Mira 米拉	德国	37	S033349	云南
8	Z85	凉山州地方种	38	丽薯 6 号	云南
9	L85	凉山州地方种	39	L18-04-2	自育
10	地方种	凉山州地方种	40	L18-2	自育
11	牛角洋芋	凉山州地方种	41	L18-3	自育
12	乌洋芋	凉山州地方种	42	Lx2-2	自育
13	内蒙古洋芋	凉山州地方种	43	29-1	自育

续表3－7

编号	材料名称	来源	编号	材料名称	来源
14	越西	凉山州地方种	44	LX10－11	自育
15	川 LS06－56	凉山州地方种	45	266	自育
16	凉薯 97	凉山州地方种	46	278	自育
17	陇薯 3 号	甘肃省	47	307	自育
18	新大坪	甘肃省	48	804	自育
19	威芋 3 号	贵州	49	05－1－2	自育
20	Serrena	国外	50	05－06－1	自育
21	坝薯 10 号	河北	51	0905N36－1	自育
22	克新 1 号	黑龙江	52	21－2	自育
23	紫花白	黑龙江	53	N74	自育
24	鄂薯 5 号	湖北	54	S24－08－1	自育
25	青薯 9 号	青海省农科院	55	S24－08－3	自育
26	康 0102－2	陕西	56	国西－1	自育
27	康 0102－5	陕西	57	南无 08－1	自育
28	川芋 56	四川省农科院	58	云会 10－08	自育
29	4－1	西昌所	59	08HB	自育
30	320	自育	60	09－07P10－5	自育

（一）供试材料及实验结果

对初步选用的 24 对引物筛选后发现，16 对引物能在所有材料中扩增出清晰的条带（图 3－1，其余引物扩增结果略），并具有多态性。利用上述 16 对 SSR 引物对 60 份材料进行 PCR 扩增后，共检测到 68 个位点（表 3－8），其中多态性位点 42 个，占总扩增位点的 61.76％。每对引物检测到 3～7 个位点，平均 4 个，片段大小介于 100～300 bp 之间。Bostsein 等首先提出了衡量基因变异程度高低的多态性信息含量（PIC）：PIC≥0.5，为高度多态性位点；0.25≤PIC≤0.5，为中度多态性位点；PIC≤0.25，为低度多态性位点。PIC 可以反映某个引物的多态性水平和该引物区分群体的能力。本试验中 16 对 SSR 引物的平均 PIC 值为 0.4717，最小为 0.2791。其中 9 对引物的 PIC 值超过 0.5，属于高度多态性位点，其余 7 对引物属于中度多态性位点。说明所选用的 16 对 SSR 引物标记具有较高的多态性，检测效率高，能够较真实地反映出整个供试材料的遗传多样性。

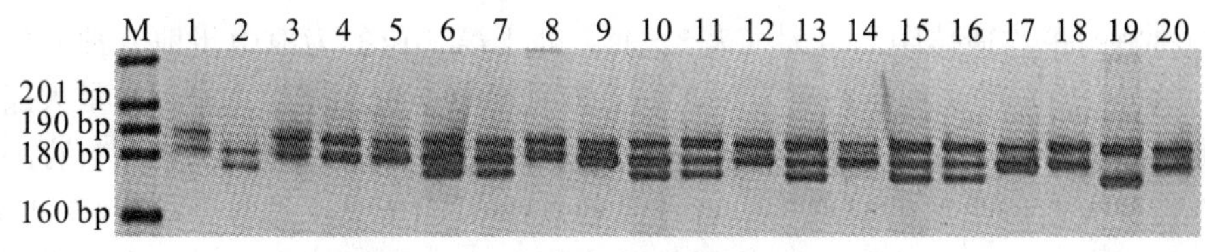

图 3－1　引物 StI018 扩增部分材料结果

M：DNA marker pBR322；1：F－5－6；2：Z85；3：DF；4：L85；5：乌洋芋；6：陇薯 3 号；7：新大坪；8：威芋 3 号；9：Serrena；10：坝薯 10 号；11：紫花白；12：g 新 1 号；13：鄂薯 5 号；14：内蒙古洋芋；15：越西；16：凉薯 97；17：川 LS06－56；18：青薯 9 号；19：康 0102－2；20：康 0102－5

表 3－8　16 对 SSR 引物 PCR 扩增结果与 PIC 统计

引物名	总位点数	多态性位点数	片段大小（bp）	PIC
StI009	4	3	250～280	0.5837
StI052	3	3	162～180	0.5917
StI056	7	2	180～240	0.3285
StI060	3	2	170～190	0.5451
StI055	7	3	225～310	0.5700
StI001	6	3	190～308	0.5534
StI041	2	2	130～147	0.3748
STM2013	4	3	147～170	0.5803
StI040	2	2	190～200	0.2791
STM1016	4	4	242～260	0.6366
StI003	6	2	100～180	0.3615
StI014	3	3	125～130	0.5115
StI023	4	2	155～200	0.3047
StI028	3	2	190～190	0.3148
StI018	3	3	178～200	0.5459
StI051	4	3	160～195	0.4654

（二）实验结果分析

1. 遗传距离和聚类分析

通过 NTSYSpc2.0 对所有材料两两间的遗传距离计算后，发现所有材料间的平均遗传距离在 2.43～3.96 之间，凉山州地方种乌洋芋（编号 12）与试验中其他材料的平均遗传距离最大（表 3−9），处于第二位的为凉山州地方种牛角洋芋（编号 11），平均遗传距离为 3.87。在其他品种与凉山州地方种存在最大遗传距离的材料中，凉山州地方种牛角洋芋出现了 7 次；同时在所有品种与自育品种间存在最大遗传距离的材料中，自育品种 09−07P10−5（编号 60）出现 9 次，频率最高，L18−3（编号 41）出现的频率居于第二位。以上说明，凉山州地方种乌洋芋、牛角洋芋和自育品种 09−07P10−5、L18−3，与供试材料的遗传距离较远、遗传基础差异较大，并且牛角洋芋薯块呈现牛角形、薯肉维管束组织呈红心，乌洋芋薯肉维管束组织呈现紫环，自育品种 09−07P10−5 和 L18−3 均抗晚疫病。这些都是马铃薯育种中的优质资源，值得在今后的育种中着重运用。

表 3−9　供试材料间遗传距离统计

材料编号	与其存在最大遗传距离的材料	最大遗传距离	平均遗传距离	材料编号	与其存在最大遗传距离的材料	最大遗传距离	平均遗传距离
1	18	5.85	3.79	31	30	6.13	3.41
2	5	9.51	2.96	32	34	6.87	3.40
3	53	9.16	3.09	33	52	9.51	2.88
4	11	5.38	3.41	34	32	6.87	3.52
5	2	9.51	3.02	35	58	4.84	2.90
6	41	4.66	2.99	36	12	5.38	2.71
7	19	5.39	2.97	37	11	4.61	3.07
8	2	5.59	2.64	38	1	5.06	2.66
9	55	4.41	2.84	39	46	4.43	2.73
10	50	4.79	2.92	40	60	5.10	2.83
11	60	6.31	3.87	41	11	6.28	3.78
12	34	5.90	3.96	42	60	4.04	2.66
13	12	5.03	2.85	43	30	4.45	2.87
14	41	4.20	2.72	44	31	5.47	3.19
15	11	4.18	2.60	45	58	4.41	2.63
16	28	9.04	2.62	46	52	5.59	3.27
17	60	5.68	3.20	47	41	5.21	2.83
18	1	5.85	3.21	48	11	5.17	2.82
19	7	5.39	2.71	49	1	5.04	2.95

续表3－9

材料编号	与其存在最大遗传距离的材料	最大遗传距离	平均遗传距离	材料编号	与其存在最大遗传距离的材料	最大遗传距离	平均遗传距离
20	30	4.82	2.88	50	48	5.04	3.37
21	60	5.99	3.40	51	30	5.91	3.57
22	31	5.10	3.27	52	33	9.51	3.00
23	41	4.56	2.61	53	3	9.16	2.73
24	30	4.45	2.89	54	11	4.43	3.00
25	60	4.22	2.97	55	11	5.76	3.62
26	41	4.39	2.55	56	60	5.68	2.90
27	51	4.35	2.46	57	60	4.04	2.43
28	16	9.04	3.04	58	41	5.54	3.56
29	60	5.10	2.89	59	34	4.56	2.75
30	31	6.13	3.85	60	11	6.31	3.84

使用 MEGA4 分析软件中的非加权组平均法（unweighted pair-group method with arithmetic means，UPGMA）进行聚类分析和聚类图的绘制。从图中可知（图 3－2），供试材料被整体分成了 3 个分支，分别命名为 A、B 和 C。A 分支在聚类图中首先被分离出来，说明这些材料与试验中其他品种的遗传差异最大，包含 B2－2－1（编号 1）、凉山州地方种牛角洋芋和乌洋芋 3 个材料，这与用 NTSYS 软件计算遗传距离后得出的结果一致。在聚类图中的 B 分支中只含自育品种和其他各地育成的品种，并且自育品种占大部分，说明这部分自育品种与其他各地育成品种的遗传差异较大。在聚类图中与米拉（编号 7）邻近的材料基本上来源于云、贵、川等地区的育成品种和凉山州地方种，这是由于米拉引进我国后，特别是在上述地区，与地方品种做过很多杂交，所以现在的育成品种中仍有米拉的血缘，因此遗传关系较近。而凉山州位于四川，在地理位置上与上述等地毗邻，资源收集方便，因此在上述地方育成的品种中很可能含有图中 4 个凉山州地方种的血缘。

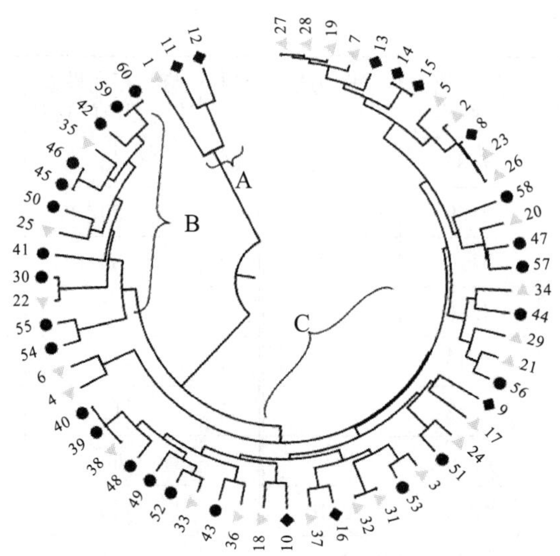

图 3-2　基于 UPGMA 的供试材料聚类图

●：自育品种；◆：凉山州地方种；▼：各地地方育成品种

图中阿拉伯数字表示材料编号并与表 3-9 中编号一致。

2. 遗传多样性分析

利用 POPGEN 计算后，从表 3-10 中可知，其他地方育成品种的有效等位位点数、Nei 基因多样性和 Shannon 多样性指数均最高（*Ne*=1.6142，*H*=0.3578，*I*=0.5840），凉山州地方种上述 3 个方面的数据均处于最低状态。说明供试材料的 3 个群体间的遗传多样性较丰富，其他地方育成的品种涉及全国各地甚至国外，其遗传多样性必然最丰富，然而凉山州地方品种由于地域限制没有外来种的杂交多样性，必然较其他两个类群低。利用 POPGEN 得到 3 个类群的聚类图（图 3-3），可知凉山州地方种与其他两个类群存在较大的遗传差异。

表 3-10　供试材料遗传多样性

分类群	*Ne*	*H*	*I*
凉山州地方种	1.5416	0.3118	0.4594
其他各地育成品种	1.6142	0.3571	0.5840
自育品种	1.5803	0.3402	0.5061

Ne：有效等位位点数；*H*：Nei 基因多样性；*I*：Shannon 多样性指数。

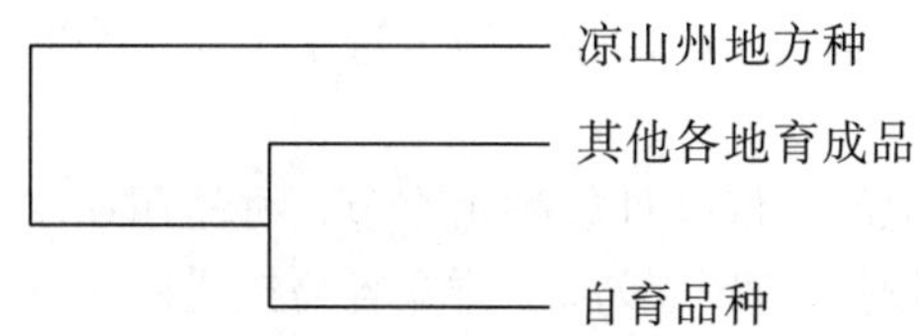

图 3－3　供试材料 3 大分类群体的聚类图

3. SSR 标记分析马铃薯遗传多样性的有效性

SSR 分子标记技术作为一种分子生物学的常规实验方法，已经被广泛运用于小麦、玉米、水稻、高粱等农作物的基础育种研究中，使得传统育种在资源选择和品种鉴定中的劣势得以弥补，让现在的育种过程变得更加有效、可靠和经济。本研究利用 SSR 分子标记技术对凉山州地方马铃薯品种、自育品种和各地的育成品种的遗传多样性进行了初步分析，所选用的 SSR 分子标记对马铃薯的扩增具有较高的效率，PIC 指数较高，多态性较好，能如实反映出试验材料的基本信息，这为后续的数据分析打下了坚实的基础。从后面的遗传距离和聚类图的分析结果来看，也证明了本研究中利用 SSR 技术获得的试验数据在进行遗传多样性分析中是真实、可靠和有效的。再次说明 SSR 分子标记技术是马铃薯品种鉴定和分子标记辅助育种中的有力工具。

通过 NTSYSY、MEGA 和 POPGEN 软件对试验获得的数据进行统计分析后发现存在多方面的共性。材料来源、遗传距离和遗传背景差异较大的首先在聚类图中被分离出来，如材料 1、11 和 12。来源相同或相同育种单位的育成材料，往往遗传差异较小、距离较近，在聚类图中也常常聚类在一起，如：聚类图的 B 分支中，大部分为自育品种；C 分支中的 31、32、33、36、37、38 这些材料都来自云南也被聚类在一个小分支中。当然也有不同来源的材料被聚类在一起，如材料 21、29、34、44、56 等，这很可能是不同育种单位间相互引种，使得在这些品种中存在共同的血缘。

我国不是马铃薯的起源地，种质资源十分有限。凉山州地方种与试验中其他品种的遗传差异较大，自育品种与其他地方育成品种也存在较大差异，相同育种单位或相同来源的材料间的遗传差异较小。因此凉山州地方马铃薯品种是较好的资源材料，应该加大其在今后的育种中的应用，自育品种也应该加快育种进程，早日投入生产。

三、攀西地区育种规模有较大进展

中国的育种始于 1944 年，由被认为是中国马铃薯事业的奠基人之一原四川农科院杨鸿祖先生从美国引入了 62 个杂交组合的种子，在四川成都播种培育杂种实生苗，入选了 292、374、375、376 等优良组合的 F1 实生苗，经 3 年无性系观察比较，最后选出了 292－20 优良品系，取名多子白。以后杨鸿祖先生又从美国农业部引入近 100 个品系，在四川鉴定入选了巫峡、小叶子两个品种，后在生产上广泛推广使用。

攀西地区根据各地的气候条件、种植季节、种植用途（如菜用、深加工和饲用等）来选择适应性较强、产量较高、群众容易接受的品种作为下一步繁殖原种的品种。从省到地区都进一步加强了自育品种、种质资源的创新利用，加强对引进品种的审定和认证工作，促进引进品种的合法应用，强化优质专用马铃薯品种和秋冬作马铃薯品种的引育，提高了自育品种的生产利用率。

近半个世纪以来，攀西地区的马铃薯育种工作从无到有，规模由小到大，经过了从引种鉴定到各个阶段杂交育种的漫长历程，针对不同时期生产上存在的主要问题，开展了育种研究。攀西地区至今已育成了 20 个品种，进行了 2～3 次品种的更新换代，减轻了晚疫病、病毒病和细菌病的危害，特别是通过引进鉴定米拉品种，对 20 世纪 80 年代初肆虐凉山州的马铃薯癌肿病起到了根本防控作用，使马铃薯单产不断提高。现在在生产上有一定推广面积的品种有十余个左右，这些品种目前约占攀西地区马铃薯种植面积的 95%，一般增产 15%左右。已选育出适合攀西地区及四川省不同生态气候类型的优良新品种 16 个，引育品种 2 个。同时，品种结构得到优化，品种布局进一步合理化。特别是近年来，新选育出了西薯 1 号、西薯 2 号（已通过区试、生试、抗性鉴定、品质鉴定、田间技术鉴定）、凉薯系列、川凉薯系列新品种，这些新品种的育成为攀西地区马铃薯产业的发展奠定了基础。

攀西地区马铃薯实生种子、实生薯的选育及杂种优势利用取得了较大的进展，从最初利用天然实生种子，至被新型栽培种等优良亲本配制的杂交种所代替，充分发挥了杂种优势，提高了单产，降低了天然实生块茎性状分离等缺点，该项成果 20 世纪 90 年代初在攀西地区冕宁县推广取得了较好的成效。

攀西地区近年马铃薯育种规模有较大的进展：标志之一是杂交实生苗（F1）的数量不断增加，每年配制杂交组合 100 余个，培育杂交实生苗（F1）2～3 万株，为选育新品种提供了丰富的基础材料；标志之二是在育种途径上由单纯常规育种转向多途径育种，种质资源引进、创新、利用取得了较大的突破，如通过轮回选择、种间杂交、双单倍体和 $2n$ 配子利用研究、辐射诱变、芽变等创造了许多有价值的材料，丰富了育种资源。在开展育种的同时，进行了育种理论和方法的研究，提高了育种效果。

第二节　攀西地区适宜推广中早熟品种

一、西薯2号

2005年春选用AKK－69.1×Ⅸ－38－6杂交组合，经有性杂交获得实生籽；并于当年下半年9月选用赤霉素（九二〇）处理种子，在西昌学院作物所温室大棚种植，次年3月获得混选的实生薯块；2006年春选种圃中单株选择编号为29－1。2008年参加品比预试，鲜薯平均单产1880 kg/667m^2，比对照种米拉增产12%；2009年品试，鲜薯平均单产1860 kg/667m^2，比对照米拉增产10.5%，增产达到显著水平。2010年区试预试较米拉增产32%，2011年鲜薯平均单产1582 kg/667m^2，比米拉（CK_1）和川芋56（CK_2）均增产13%，增产极显著，居参试组第一位；5点增产，2点减产。出苗率92%，大中薯率72.2%，单株薯块重475 g。2012年鲜薯平均单产1262.9 kg/667m^2，比川芋56（CK_2）增产17.3%，增产极显著，6点增产，1点减产。两年14点次平均单产1422.5 kg/667m^2，比川芋56（CK_2）增产15.0%，11点增产，3点减产。出苗率94%，大、中薯率72.6%，单株薯块重480 g。

该品系早熟，生育期70 d左右，植株生长势较强，株型直立、紧凑，平均株高50 cm左右；茎绿色；叶绿色；花冠白色，花序总梗绿色，无重瓣花，雄蕊黄色，天然结实性弱，浆果绿色；块茎圆形，薯皮浅黄色，薯肉浅黄色，芽眼较浅、数量中等，结薯集中。抗晚疫病，高抗病毒病。

二、川芋56号

川芋56号以马铃薯36－150作母本，“燕子”作父本杂交选育而成。该品种为早熟，全生育期75 d左右。休眠期短，丰产性好。植株矮，株高约50 cm，半扩散形。复叶较大，有侧小叶4对，排列较紧密，叶耳较少。花冠白色，内有黄绿色星形色轮、花序复式二分枝，每花序4～6朵，最多可达13朵。开花量少，花粉量多，茎秆粗壮，宜于间套作。薯形大，椭圆形，黄皮黄肉，芽眼较浅，薯块含淀粉13.5%、还原糖0.19%。由于该品种休眠期长，耐贮藏。

秋薯春播时，需进行催芽处理。在青枯病区种植，应采用轮作栽培，精选种薯，整薯栽培。切块栽培，切刀须严格消毒。春作洋芋2月上中旬至3月上旬播种，秋作洋芋8月中下旬至9月上旬播种。净作植6500株/667m^{2}左右为宜，套作植2500株/667m^{2}左右为宜，施农家肥1500 kg/667m^2、过磷酸钙25 kg/667m^{2}作底肥，苗期适当施猪粪水。注意除草、防病。植株抗癌肿病，感晚疫病，不抗青枯病，一般产量为1500 kg/667m^2。

三、费乌瑞它

费乌瑞它又名鲁引 1 号、荷兰 7 号、荷兰 15 号、奥引 85－38、津引 8 号等。该品种早熟，全生育期 65 d 左右，休眠期短，丰产性好。植株矮，株高约 50 cm，半扩散形。茎秆粗壮，叶缘波状，花浅紫色。复叶较大，有侧小叶 4 对，排列较紧密，叶耳较少。宜于间套作，对日照反应不敏感，一般单产可达 2500 kg/667m^2，高者可达 3500 kg/667m^2。块茎长椭圆形，大而整齐，芽眼浅，薯皮、薯肉淡黄色，食用品质好。抗 PVY，对 PVA 免疫，较抗疮痂病，对癌肿病免疫，感环腐病、青枯病和晚疫病。

四、川芋 10 号

川芋 10 号以马铃薯材料 44－4 作母本，凉薯 3 号作父本创制杂交组合，经实生薯苗培育，后代筛选培育而成的中早熟品种。早熟菜用型品种，生育期 82 d，株型直立，株高 60 cm 左右。复叶小，有侧小叶 3～4 对，排列紧密度适中。花冠白色，开花量中等。块茎椭圆形，薯皮浅红杂色，薯肉黄色，表皮光滑，芽眼浅、少，呈红色，块茎商品性好。结薯集中，单株结薯 6 个左右，大中薯率 80%。休眠期中等，贮藏性好。鲜薯块茎淀粉含量高达 19.80%，维生素 C 10.8 mg/100 g，还原糖含量 0.019%。田间晚疫病 0.5 级，高抗病毒 PVY、PLRV。该品种抗病、高产、优质，适应性广。

2003—2004 年经四川省不同生态区域两年 12 点次区试及生产试验，平均鲜薯 1629.4 kg/667m^2，较对照川芋 56 增产 423.0 kg/667m^2，增幅 35.06%，达极显著水平。

第三节　攀西地区适宜推广中晚熟品种

一、西薯 1 号

西薯 1 号为中晚熟品种，生育期 100 d 左右，株型直立，株高 65 cm，主茎 3～5 个，茎较粗、绿色，叶片浓绿，花白色。单株结薯 6～10 个，大中薯率 70%；薯块椭圆形，较光滑，芽眼较浅，数量中等。薯皮淡黄色，薯块休眠期长，耐贮藏。各试点粗测平均值含淀粉 14%左右、还原糖 0.2%。田间晚疫病 2 级，早疫病轻，无青枯病，无环腐病，抗重花叶病毒（PVY）、马铃薯卷叶病毒（PLRV）、马铃薯潜隐花叶病毒（PVS）、轻花叶病毒（PVA）和马铃薯皱缩花叶病毒（PVM），轻感普通花叶病（PVX）。综合农艺性状较好，产量一般为 1600 kg/667m^2，高产可达 3000 kg/667m^2。

2004 年春选用凉薯 97/S033349 号，经有性杂交获得实生籽；并于当年下半年 9 月选用赤霉素（九二〇）处理种子，在西昌学院作物所温室大棚种植，次年 3 月获得混选的实生薯块；2005 年春选种圃中单株选择编号为 LX2－2，并于下半年秋繁一季；2006 年春株系圃鉴定较相邻对照 Mira（脱毒二代）增产 42%，并于下半年大量扩繁。2007 年参加品比预试，平均鲜薯产量 1882.81 kg/667m^2，比对照种米拉增产 9%；2008 年续试，平均鲜薯产量 1937.95 kg/667m^2，比对照米拉增产 11.27%，增产显著。

2009 年参加省区试预试，鲜薯平均单产 1537 kg/667m^2，比对照米拉增产 40%，增产达显著水平，居中晚熟组第一位；2010 年参加省区试，鲜薯平均单产 1429 kg/667m^2，比对照米拉增产 23%，增产达显著水平，居中晚熟组第三位；2011 年参加省区试，鲜薯平均单产 1494 kg/667m^2，比对照米拉增产 6.3%，增产达极显著水平，居中晚熟组第二位。

适宜四川省大部分山地、丘陵区种植，最宜在海拔较高山区、川西南山地种植推广。播种期在低山地区以 1 月下旬为宜；二半山区以 2 月中旬为宜，高寒山区以 3 月中旬为宜；种植密度以 5000～5500 株/667m^{2}为宜；播种采用整薯播种，选用 50～120 g 的种薯栽培为宜。

二、凉薯 3 号

凉薯 3 号原系谱号“119－3”，四川省凉山彝族自治州昭觉农科所于 1971 年选用“米拉（Mira）/9－49（Pontiac/永丰）”杂交组合，1976 年育成，1983 年开始推广，1986 年经该所审定命名。

株型直立，株高 65～80 cm，茎绿色，生长势强；叶绿色，茸毛中等多，侧小叶 3～4 对，排列稀疏；花序总梗绿色微带淡紫色，花柄节有色，花冠浅紫色，瓣尖有色，花冠大，无重瓣，雄蕊橙黄色，柱头 2 裂，花粉量多，天然结实性强；浆果绿色、较大，有种子；块茎长筒形，皮黄，肉浅黄，表皮光滑，薯块较大而整齐，结薯集中；半光生幼芽基部椭圆形、紫红色，顶部钝形、浅紫色，茸毛中等多；块茎休眠期长，耐贮藏。

中晚熟，生育期 95～110 d，蒸食品质中等；干物质 21.5%，淀粉 14.02%～16.9%，还原糖 0.04%，粗蛋白质 1.27%，维生素 C 15.5 mg/100 g；植株高抗晚疫病，抗环腐病、黑胫病，较抗青枯病，对癌肿病免疫，轻感花叶及卷叶病毒病，耐寒性强；一般产量为 1500～2000 kg/667m^2，高产可达3000 kg/667m^{2}以上。该品种喜冷凉，耐瘠、耐湿，宜于高寒山区种植。

三、米拉

米拉又名德友 1 号，原四川省农科所和原东北农科所等单位从东欧国家引入了200多份资源，经鉴定和多点试验，20世纪80年代初在凉山地区推广。株型直立，株高65～80 cm，健康无病毒的植株茎绿带浅紫色，生长势强；叶绿色，茸毛中等多，侧小叶2～3对，排列稀疏；花序总梗绿色微带淡紫色，花柄节有色，花冠白色，瓣尖有色，花冠大，无重瓣，雄蕊橙黄色，柱头2裂，花粉量多，天然结实性中；浆果绿色、较大，有种子；块茎椭圆形，大而整齐，薯皮黄色有细网纹，芽眼较深，薯肉黄色，淀粉含量17%左右，食用品质极佳。轻感皱缩花叶病毒和卷叶病毒，抗癌肿病，对晚疫病有较强的水平抗性，耐寒性强；一般产量为1500～2000 kg/667m^2，高产可达2500 kg/667m^{2}以上。曾为云、贵、川等晚疫病流行地区的主栽品种，目前在攀西地区凉山州仍有较大面积种植。

四、凉薯14

凉薯14属中晚熟淀粉加工型品种，凉山州农业局农技站1977年从内蒙古乌蒙农科所引进“克疫”自交实生籽，从实生苗的无性系后代中选育而成。生育期105～127 d，属中晚熟一季作品种。株高85～90 cm，株型直立，茎粗1.6 cm左右，茎锋明显，茎叶绿色；叶片肥厚有绒毛；花冠小，白色；天然结实性强，薯块椭圆，皮、肉淡黄色，芽眼深度密度中等，匍匐茎短。结薯集中，大中薯率85%～90%。含干物质28.9%、淀粉20.0%、蛋白质0.89%。轻感皱缩花叶病毒和卷叶病毒，抗癌肿病，对晚疫病有较强的水平抗性，耐寒性强。一般产量为1500～2000 kg/667m^2，高产可达2500 kg/667m^{2}以上。

五、凉薯97

凉薯97属中熟菜用和淀粉加工兼用型品种，选用6－36/燕子（Schwanble）杂交组合选育而成。株型直立，株高60～80 cm，茎绿色，花冠紫色，花冠大，无重瓣，雄蕊橙黄色，柱头2裂，花粉量多，天然结实性中；浆果绿色、较大，有种子。结薯集中，单株结薯8～10个，薯块椭圆，黄皮、黄肉，表皮光滑，芽眼少而浅，休眠期长，耐贮藏。生育期95～110 d。高抗晚疫病、青枯病、病毒病，对癌肿病免疫。含干物质22.9%、淀粉15.6%、粗蛋白1.33%。一般产量2000 kg/667m^2。

六、凉薯30

凉薯30属中熟菜用和淀粉加工兼用型品种，选用阿普它（Apta）/燕子（Schwanble）杂交组合选育而成。株型直立，株高45～60 cm，株丛较小，分枝少、茎绿色、花冠紫红色、天然结实性弱，单株结薯6～8个，结薯集中，块茎大而整齐，椭圆形，块茎皮、肉淡黄色，芽眼紫色，数量较多，深度中等。块茎休眠期长，耐贮藏。生育期95 d左右。该品种植株矮健，耐寒、耐霜冻能力较强，高抗癌肿病，略感青枯病，田间晚疫病 1～2 级、花叶病 1 级。蒸食品质好，含干物质 20.44%、淀粉 15.0%、粗蛋白 1.55%、还原糖 0.25%、维生素 C 24 mg/100g。一般产量 2000～2500 kg/667m^2。

七、凉薯 17

凉薯 17 属中熟菜用和淀粉加工兼用型品种，选用 105－16/燕子（Schwanble）杂交组合选育而成。株型直立、紧凑，茎秆较粗，株高 60～95 cm，茎绿色。花冠紫红色，天然结实性弱。块茎椭圆形，黄皮、黄肉，芽眼数量中等，芽眼浅，单株结薯 7～8 个，大中薯比例 60%以上，休眠期长，耐贮藏，生育期 95 d左右。蒸食品质佳，含干物质 24.6%、淀粉 18.5%、粗蛋白 1.18%、还原糖 0.41%、维生素 C 14.8 mg/100 g。高抗癌肿病、晚疫病，略感青枯病、花叶病、卷叶病。一般产量为 1500～2000 kg/667m^2。

八、凉薯 8 号

凉薯 8 号属中熟菜用和淀粉加工兼用型品种，生育期 78～100 d（平坝及盆周 80 d 左右，高寒山区 95 d 左右），株型松散，株高一般 50～80 cm。茎绿色，叶绿色。花序总梗绿色，花柄节有色，花冠白色，花冠大小中等，无重瓣，雄蕊黄色，花粉量中等，柱头长度中等，天然结实性弱，浆果绿色。块茎椭圆形，黄皮、黄肉，表皮光滑，芽眼较浅，结薯集中，单株结薯数较多，大中薯率较高。块茎休眠期中等，较耐贮藏。该品种高抗晚疫病，抗 PVY、PVX 病毒病，抗癌肿病。块茎干物质 23.51%、淀粉 17.8%、还原糖 0.19%、维生素C 11.91 mg/100 g。一般产量为 1800～2000 kg/667m^2。

九、会－2

会－2 属中晚熟淀粉加工型品种，由云南省会泽县农业技术推广中心用印西克/渭会 2 号杂交选育而成。株高 60～90 cm，花冠浅紫红色，花冠大，无重瓣，雄蕊橙黄色，柱头 2 裂，花粉量多，天然结实性中；浆果绿色、较大，有种子；薯芽微红色，薯块椭圆至长椭圆形，芽眼浅，结薯集中，薯块大小整齐，白皮白肉。特大薯易畸形，耐旱力较强，薯块含干物质 18.68%、淀粉 12.928%、还原糖 0.254%。中晚熟，生育期 120 d 左右，块茎休眠期长，耐贮藏。一般产量为 2500 kg/667m^2。

十、合作 88

合作 88 由云南省会泽县农业技术推广中心和云南师范大学薯类作物研究所利用国际马铃薯中心提供的 42 个杂交组合，于 1990 年在会泽进行单株选育而成。1994 年通过省区试，命名滇马铃薯 4 号。晚熟，生育期 140 d 左右。株型直立，叶色浓绿，茎色绿紫，复叶大，侧小叶 3～4 对，排列紧密，紫花，天然结实性较弱，高 93 cm 左右，茎粗约 3 cm，生育期为 130 d 左右，属中晚熟类型。结薯集中，薯块商品率高，薯形为长椭圆，块茎红皮、黄肉，表皮光滑，芽眼浅少，蒸煮品味微香，适口性较好。干物质含量 25.8%，淀粉含量 19.9%，还原糖含量为 0.296%。该品种高抗 PLRV，中抗晚疫病，高抗癌肿病。该品种晚熟，只适宜在一季春播马铃薯种植区大春种植，需肥量较大，为充分发挥其增产潜力，种植宜选中上等肥力地，肥料以农家肥为主，重施基肥，封行前辅以少量的磷钾复合肥。整薯播种，播种密度以 3500～4000 株/667m^2 为宜。休眠期长，耐贮存。一般产量为 2000～2500 kg/667m^2。

十一、坝薯 10 号

坝薯 10 号来源于虎头/燕子杂交组合，中晚熟淀粉加工型品种，植株直立，株高 80 cm 左右。茎、叶绿色，叶片较大，花白色，花冠大，无重瓣，雄蕊橙黄色，柱头 2 裂，花粉量多，天然结实性中；浆果绿色、较大，有种子。块茎扁圆，皮、肉淡黄色，表皮光滑，芽眼较浅，结薯集中。薯块休眠期长，耐贮藏。含淀粉 17%、还原糖 0.2%。植株抗晚疫病，较抗环腐病，感疮痂病，退化轻，抗旱性强。一般产量为 1500～2000 kg/667m^2。

十二、威芋 3 号

威芋 3 号为克疫实生籽后代系统选育而成。全生育期 100 d 左右，株高 60 cm 左右，株型半直立，茎粗 11 mm 左右，分枝 6 个左右，叶色淡绿，花冠白色，天然结实性弱。结薯集中，薯块长筒形，黄皮白肉，芽眼浅，表皮较粗。大中薯率 80%以上，淀粉含量 16.24%，还原糖 0.33%，食味中上等，抗癌肿病，轻感花叶病毒，耐贮藏。

1993—1994 年参加国家级西南区试，平均 1670 kg/667m^2，比对照米拉增产 0.68%，在海拔 1200 m 以上的参试点中，两年平均增产 13.88%。1995 年贵州省及云南省生产试验结果平均 2015.2 kg/667m^2，较对照米拉品种增产 35.1%。

十三、抗青 9-1

抗青 9-1 由中国农科院植物保护所从国际马铃薯中心（CIP）引进的马铃薯资源材料 BP88096 中第 1 号的株系中选育而成，生育期 104 d 左右，株型半直立，株高 68.5 cm 左右，茎粗 1～4 cm，茎秆浅紫色，花冠紫色，有天然结实性。结薯集中，薯形近圆形，表皮光滑，芽眼较浅，紫红芽眼，白皮白肉，商品薯率 81.4%，蒸食品质中上。水比重法测定鲜薯比重 1.081，含干物质 23.0%、淀粉

14.3%、蛋白质3.14%、还原糖0.07%、维生素C 21.59 mg/100g。高抗或中抗青枯病，中抗至中感晚疫病，田间无卷叶病，轻感轻花叶病、粉痂病，无疮痂病和环腐病发生。一般产量为2000～3000 kg/667m^2。

十四、鄂薯5号

鄂薯5号选用393143－12×NS51－5杂交组合后代系统选育而成，属中晚熟鲜食品种，生育期94 d，株型半扩散，生长势较强，株高62 cm，植株整齐，茎叶绿色，叶片较小，花冠白色，开花繁茂；匍匐茎短，结薯集中，块茎长扁形，表皮光滑，黄皮、白肉，芽眼浅，单株结薯10个，商品薯率74.5%。人工接种鉴定，植株高抗马铃薯普通花叶病毒病，抗马铃薯重花叶病毒病，抗晚疫病；块茎干物质含量22.7%，淀粉含量14.5%，还原糖含量0.22%，粗蛋白含量1.88%，维生素C含量16.6 mg/100 g。

2006—2007年参加国家中晚熟西南组区域试验，块茎单产2178 kg/667m^2，比对照米拉增产38.5%。2007年生产试验，块茎单产1568 kg/667m^2，比对照米拉增产31.8%。

十五、川凉薯1号

1999年用Serrena作母本，Apat作父本，获杂交实生籽，2000年实生苗培育获实生薯，2001年选种圃鉴定建立株系，2002年株系圃鉴定选育而成。中晚熟品种，全生育期119 d，较对照米拉多3 d。株高60～70 cm，株型扩展、分枝数中等，茎绿色，主茎4～5个，茎粗1.1～1.2 cm。叶绿色，复叶中等，侧小叶3～4对，排列中等。花柄节有色，花冠星形、花白色、无重瓣、雄蕊橙黄色、柱头无裂，天然结实性中等，浆果绿色。薯形椭圆，黄皮白肉，芽眼浅，数量中等，表皮光滑，结薯集中，平均单株结薯10.3个，大中薯比例74.60%。休眠期中等，耐贮藏。该品种抗卷叶病毒和晚疫病，感轻花叶病毒。薯块干物质含量23.2%、粗蛋白2.01%，淀粉含量17.67%，还原糖含量0.1%，维生素C含量14.9 mg/100g。

2005年凉山州区试，4点平均2308.3 kg/667cm^2，比对照米拉增产23.2%；2006年区试，5点平均2386.0 kg/667m^2，比对照米拉增产9.7%，增产点率80%。两年平均2347.2 kg/667m^2，比对照增产15.9%。2007年生产试验平均1857.2 kg/667m^2，比对照米拉增产8.5%。

十六、川凉薯2号

1997年用川芋8号作母本，Apat作父本，进行有性杂交获杂种实生籽，1998年实生苗培育获实生薯，1999—2004年进行无性系选择鉴定，经多年评价、鉴定（系统编号为 011－47），于 2005—2007 年参加四川省马铃薯区域预备试验、区域试验、生产试验，2008 年完成育种程序。

中晚熟，生育期 88 d 左右。株型直立，生长势较强，株高 55～65 cm。茎绿色，主茎数 3～4 个。叶深绿色，茸毛较多，有侧小叶 4 对。花冠白色，繁茂。薯块长圆形，整齐，表皮光滑，淡黄皮白肉，芽眼浅而少，大中薯率 78%，休眠期较长，耐贮藏。结薯集中，单株结薯 8 个左右，单株重 418.5 g。鲜薯干物质含量 21.900%，淀粉 16.050%，还原糖 0.079%，维生素 C 19.6 mg/100g，粗蛋白 1.97%。高抗轻花叶病毒病和卷叶病毒病，抗晚疫病，感青枯病。

2006 年省区试，鲜薯平均 1713 kg/667m^2，比对照米拉增产 22%，增产达极显著水平；2007 年鲜薯平均 1608 kg/667m^2，比对照米拉增产 24%，增产达极显著水平。两年 14 点次全部增产，平均 1661 kg/667m^2，比对照增产 23%。2007 年生产试验，3 点均增产，鲜薯平均 1785 kg/667m^2，比对照增产 33%，生产试验与区试结果一致。

十七、川凉薯 3 号

用从四川省农科院引进的 Schwalbe 作母本，凉薯 97 作父本，进行有性杂交，系统选育而成。淀粉加工型，晚熟，生育期 118 d 左右。株型直立，株高 75 cm，茎绿带褐色，主茎 4～5 个。叶绿色，茸毛少，复叶小，侧小叶 3～4 对。花浅紫色，花粉量少，天然结实性弱。薯块椭圆形，表皮光滑，黄色带红斑，肉黄色，芽眼少，深度中等，休眠期较长，耐贮藏。结薯集中，单株结薯 9～10 个，平均单株重 680 g，大中薯率 81%。鲜薯干物质含量 24.1%，淀粉 18.06%，还原糖 0.092%，维生素 C 14.30 mg/100 g，粗蛋白 1.83%。抗晚疫病和卷叶病，感轻花叶病。

2005 年凉山州区试，5 点次鲜薯平均 2323 kg/667m^2，较对照米拉增产 24%；2006 年州区试，5 点平均 2421 kg/667m^2，较对照米拉增产 11%。两年平均 2372 kg/667m^2，比对照增产 17%，9 点次增产，大中薯率 81%。2007 年生产试验，平均 1684 kg/667m^2，比对照增产 3%。

十八、川凉薯 4 号

1997 年用从四川省农科院引进的 Schwalbe 作母本，56－2 作父本，通过有性杂交，经系统选育而成。中晚熟，生育期 89 d 左右。株型直立，生长整齐，生长势较强，株高 51 cm，茎绿色，主茎数 3 个；叶绿色，茸毛中等，有侧小叶 3～4 对；花冠白色，花粉量多，天然结实性强；薯块扁椭圆形，表皮光滑，黄皮黄肉，芽眼少，深度中等，耐贮藏；结薯集中，单株结薯 7 个左右，平均单株重 395 g，商品薯率较高；休眠期中等，出苗率高，幼苗生长健壮；干物质

21.100%，淀粉 15.11%，还原糖 0.097%，维生素 C 27.5 mg/100g，粗蛋白 2.02%；抗晚疫病、高抗轻花叶病毒病和卷叶病毒病，感青枯病。

2006 年省区试平均鲜薯 1525 kg/667m^2，较对照米拉增产 9%；2007 年省区试平均鲜薯 1504 kg/667m^2，较米拉增产 12%。两年平均鲜薯1514 kg/667m^2，较米拉增产 10%，两年增产均达极显著水平，10 点增产，4 点减产，增产点率 71%，大中薯率达 73%。2008 年生产试验，平均鲜薯 1732 kg/667 m^2，较米拉增产 17%，生产试验与区试结果一致。

十九、川凉薯 5 号

2000 年用 20 世纪 80 年代从四川省农科院引进的 CIP 材料 36−5（377967.5×7X−1）作母本，Schwalbe 作父本，通过有性杂交经系统选育而成。2010 年 4 月通过四川省农作物品种审定委员会审定。株型直立，分枝数少，株高 45～50 cm；茎绿色，茎粗 0.8～1.15 cm，主茎数 4～5 个，生长势强；叶绿色，茸毛中等，叶缘平展，侧小叶 4～5 对，排列疏密疏，顶小叶宽形；花序总梗绿色，花柄节紫色，花冠形状近五边形，花白色，花冠大小中等、无重瓣；雄蕊 5 枚，黄色，柱头圆形、二裂、长度中等，花粉量多，天然结实性强；生育期 83 d 左右；薯块椭圆形，黄皮黄肉，芽眼数量中等、深度浅，耐贮藏；结薯集中，平均单株结薯 13 个左右，平均单株重 0.371 kg，大中薯比例 75.4%；贮藏性与对照米拉相当。出苗率 95%以上，幼苗生长健壮，植株生长整齐；干物质 19.7%、淀粉 14.21%、还原糖 0.085%、维生素 C 28.2 mg/100g、粗蛋白 2.01%；高抗卷叶病毒病，抗晚疫病、癌肿病、轻花叶病毒病。

2007—2008 年在北川、石棉、昭觉、甘洛、宣汉、喜德、通江、汶川、达州 9 点进行省区域试验，2007 年（达州点未进行）平均 1528.40 kg/667m^2，较米拉增产 17.91%，达极显著水平，8 点均增产，大中薯率 74.19%；2008 年平均 1676.30 kg/667m^2，较米拉增产 11.56%，达极显著水平，大中薯率 76.55%，8 点增产，1 点减产。两年平均 1602.4 kg/667m^2，较米拉增产 14.7%，两年增产均达极显著水平，16 点次增产，1 点减产，大中薯率 75.4%。2009 年在北川、石棉、昭觉、宣汉、通江 5 点生产试验，鲜薯平均 1619.5 kg/667m^2，较米拉增产 37.1%。

二十、川凉薯 6 号

2000 年用 Apat 作母本，Schwalbe 作父本，进行有性杂交获实生籽，2001 年实生苗培育获实生薯，并经多年的培育、筛选、鉴定，2008—2009 年参加四川省马铃薯区域试验，2010 年参加四川省马铃薯生产试验。中晚熟鲜食型，生育期 79 d 左右。株型半直立，长势较强，分枝数中等。株高 50～65 cm，茎绿色，茎粗 1.05～1.20 cm，主茎数 3～4 个。叶绿色，花白色，花冠大小中等，无重瓣，雄蕊 5 枚，黄色，天然结实性弱。薯块扁圆形，黄皮淡黄肉，芽眼数量少，深度浅。结薯集中，单株平均结薯 10 个左右，单株平均重 430 g，大中薯比例 68%；粗淀粉 16.5%、还原糖 0.18%、粗蛋白 1.79%、维生素 C 14.8 mg/100g;耐贮藏，抗晚疫病、癌肿病，高抗轻花叶病毒病和卷叶病毒病。

2008—2009 年两年省区试，平均 1572 kg/667m²，比对照米拉增产 19%，13 点次增产，3 点减产，大中薯率 68%。2010 年生产试验 4 点平均鲜薯 1895 kg/667m²，比米拉增产 32%。

二十一、川凉薯 7 号

1999 年用从中国南方马铃薯中心引进的 IX－55－6 作母本，390344－8 作父本，通过有性杂交经系统选育而成。中晚熟鲜食品种，生育期 81 d 左右。株型半直立，分枝数多，株高 57 cm 左右，茎、叶绿色，花冠近圆形、白色，天然结实性中等。薯块椭圆形，黄皮白肉，芽眼数量中、深度浅。贮藏性优于米拉，结薯集中。抗晚疫病，中抗轻花叶病毒病和卷叶病毒病。干物质 22.80%，淀粉 16.50%，还原糖 0.31%，蛋白质 1.57%，维生素 C 25.7 mg/100g。

2008—2009 年参加四川省马铃薯区试，两年平均 1596 kg/667m²，较对照米拉增产 21%；2010 年生产试验鲜薯平均 1834 kg/667m²，比对照米拉增产 28%。

二十二、川凉薯 8 号

2000 年用从四川省农科院引进的 Apat 作母本，自育品系 822－17（105－16×Schwalbe）作父本，配制杂交组合，经系统选育而成。中晚熟鲜食品种，生育期 77 d 左右。株型半直立，株高 53 cm 左右，生长势中等，分枝数多，主茎数 3～4 个。茎绿色，茎粗 0.90～1.30 cm，叶深绿色，花柄节浅褐色，花冠白色、无重瓣。薯块椭圆形，淡黄皮白肉，芽眼少、深度浅。结薯集中，平均单株结薯 8 个，大中薯比例 66%，耐贮藏；抗晚疫病、癌肿病，中抗轻花叶病毒病和卷叶病毒病。淀粉 17.30%，还原糖 0.17%，粗蛋白 2.14%，维生素 C 16.8 mg/100g。

2008—2009 年参加四川省马铃薯区试，两年平均 1605 kg/667m²；较对照米拉增产 21%；2010 年生产试验，平均鲜薯 1671 kg/667m²，比对照米拉增产 17%。

二十三、川凉薯 9 号

2000 年用凉薯 97 作母本，Serrena 作父本，配制杂交组合，经系统选育而成。中晚熟鲜食品种，生育期 76 d。株型半直立，株高 50～60 cm，分枝数中等，主茎数3～4个，生长势强。茎叶绿色，花冠浅紫色，天然结实性强。薯块椭圆形，黄皮淡黄肉，芽眼（带红色）少、深度浅，休眠期中等，耐贮藏。结薯集中，单株结薯8个左右，单株重396 g，大中薯比例64%。抗晚疫病，中抗轻花叶病毒病和卷叶病毒病。粗淀粉14.1%，还原糖0.17%，粗蛋白2.37%，维生素C 14.7 mg/100g。

2009—2010年参加四川省区域试验，平均鲜薯1426 kg/667m^2，较对照米拉增产25%；2010年生产试验，平均鲜薯1968 kg/667m^2，比对照米拉增产21%。

二十四、川芋117

用国际马铃薯中心（CIP）的材料65－ZA－5作母本和DTO－28作父本杂交组合实生出种子，1990年进行实生苗培育并经多年的筛选、鉴定、比较试验。2006—2008年参加并通过省区试，2009年通过大区生产试验并进行示范，同时进行田间技术鉴定。

中晚熟型。块茎圆形，黄皮白肉，表皮光滑，芽眼中等，平均单株薯块重379.4 g。生育期83 d，植株生长势强，出苗率97%。单株主茎数3个；大中薯率达73.6%，经省区试指定测试单位测定淀粉含量15.6%。平均株高54.3 cm，茎绿色，叶绿色，花白色。经省区试室内外鉴定，抗晚疫病，高抗轻花叶和卷叶病毒病。

2007—2008年区试鲜薯平均单产1538 kg/667m^2，比川芋56增产26.1%；2009年生产试验，5点鲜薯平均1409.8 kg/667m^2，比川芋56增产31.3%。大多数试点在不同年份表现出高产稳产。

二十五、青薯9号

青海省农林科学院生物技术研究所从国际马铃薯中心（CIP）引进杂交组合材料C92.140—05中选出优良单株ZT，后经系统选育而成。株高97±10.4 cm。幼芽顶部尖形、呈紫色，中部绿色，基部圆形，紫蓝色，稀生茸毛。茎紫色，横断面三棱形。叶深绿色，较大，茸毛较多，叶缘平展，复叶大，椭圆形，排列较紧密，互生或对生，有5对侧小叶，顶小叶椭圆形；次生小叶6对互生或对生，托叶呈圆形。聚伞花序，花蕾绿色，长圆形；萼片披针形，浅绿色；花柄节浅紫色；花冠浅红色，有黄绿色五星轮纹；花瓣尖白色，雌蕊花柱长，柱头圆形，二分裂，绿色；雄蕊黄色，圆锥形整齐聚合在子房周围，无天然结实性。薯块椭圆形，表皮红色，有网纹，薯肉黄色；芽眼较浅，芽眼数9.3±1.57个，红色；芽眉弧形，脐部凸起。结薯集中，较整齐，耐贮性中等，休眠期45±5 d。单株结薯数8.6±2.8个，单株产量945 g±0.61 g，单薯平均重117.39±4.53 g。中晚熟，生育期125±5 d，全生育期165±5 d。植株耐旱、耐寒。抗晚疫病，抗环腐病。块茎淀粉含量 19.76%，还原糖 0.253%，干物质 25.72%，维生素 C 23.03 mg/100g。一般水肥条件下产量 2250～3000 kg/667m²；高水肥条件下产量 3000～4200 kg/667m²。

参考文献

[1] 李佩华，刘绍文．“凉薯 17”的选育及配套栽培技术［J］．中国马铃薯，2003（2）．

[2] 李佩华．四川省马铃薯产业发展对策浅析［G］//四川省马铃薯发展国际研讨会论文集，2005．

[3] 李佩华．四川省凉山州马铃薯生产现况及发展对策思考［J］．西昌农业高等专科学校学报，2003（1）．

[4] 孙慧生．马铃薯育种学［M］．北京：中国农业出版社，2003．

[5] 李佩华，蔡光泽，陈从顺，等．马铃薯新品系 LX－22 的选育经过［J］．现代农业科技，2012（19）．

[6] 李佩华，蔡光泽，王安虎，等．高山乌洋芋特色种质资源生产性能研究及运用［J］．种子，2009（8）．

[7] 门福义，刘梦芸．马铃薯栽培生理［M］．北京：中国农业出版社，1993．

[8] 李佩华．国家马铃薯西南组区试［G］//凉山马铃薯产业发展大会论文集，2010．

[9] 李佩华，李世林，潘韬，等．^{60}Co－γ 射线辐射马铃薯块茎 M2 代群体的诱变效应［J］．安徽农业科学，2009（27）．

[10] 李佩华，余水洋，蔡光泽，等．凉山州栽培马铃薯品种的遗传多样性分析［J］．植物遗传资源学报．2013（11）．

[11] 李佩华．马铃薯新型栽培种后代材料的改良鉴定［J］．西南农业学报，2013，2（262），460－463．

[12] 新型农民科技培训教材委员会．马铃薯高效栽培技术［M］．成都：四川教育出版社，2009．

第四章　攀西地区马铃薯良种繁育技术研究

目前攀西地区马铃薯整体生产水平还有较大的提升空间，其中最重要的制约因素之一就是各地方马铃薯品种常年不换种，导致种薯种性退化，生产力明显下降，减产达到30%以上，严重影响了马铃薯产业的发展。解决这一问题的关键技术就是推广使用脱毒良种，可以大幅度的增加产量，为此投入了大量人力和物力用在建立马铃薯良种繁育生产体系上，通过茎尖剥离脱毒，生产脱除病毒的马铃薯组培苗，进而生产没有病毒的马铃薯原原种。攀西地区依托一百亿斤粮食生产能力建设、国家马铃薯原种扩繁补贴试点、扶贫项目和国家农业综合开发等项目，支持具备马铃薯种薯生产条件的单位加强种薯基地建设。加大马铃薯良种繁育技术的研究和集成，大力推广脱毒种薯扩繁高产栽培技术，千方百计提高马铃薯种薯生产能力和效率，降低种薯繁育成本和市场价格，促进脱毒种薯的推广应用。

由于原原种母体营养小，抗逆能力弱，休眠期长等特点，因此不能像马铃薯大田生产那样对待，需要研究其自身的生产繁殖规律。但由于一直以来重视脱毒原原种在室内的生产和控制，而原原种扩繁没有引起足够的重视，所以原原种和原种的扩繁技术落后，产量低（400～500 kg/667m^2），生产成本很高。当成本转嫁到农户的时候，农户应用脱毒种薯的积极性受到抑制，一定程度上限制了脱毒良种的推广。因此在重视室内脱毒原原种生产的同时，加强由原原种到原种，原种到生产种薯的扩繁技术研究，提高扩繁产量，增加原原种繁殖系数，降低生产成本，缩短原原种的推广周期，具有重要的经济和社会价值。为此，西昌学院与四川农业大学马铃薯课题组开展了这方面的有关研究，现将介绍部分研究内容。

第一节　氮肥运筹与高产栽培

氮营养是作物需求量最大的矿质元素，同时是植物个体和农业系统生长最常见的限制因子。适量施用氮肥对大多数作物来说具有显著的增产效果，但是氮素施用过多时，则叶色深绿，枝叶徒长，成熟期延迟，植株抵抗不良环境能力差，易遭病虫害，同时茎部机械组织不发达易倒伏。马铃薯块茎干物质有90%来自于光合产物，因此马铃薯产量的高低主要取决于光合产物积累的多少，即干物质生产的多少和分配的比例。刘克礼等研究表明，马铃薯出苗后，各器官建成及生长发育对氮的需求量不断增加，氮的吸收速率逐渐加快，转入淀粉积累期，对氮的需求量逐渐减少。氮素在马铃薯各器官内的分配，随着生长中心的转移而发生变化，^{15}N 标记研究发现，随着马铃薯块茎的形成，最终有 80%的 ^{15}N 进入块茎。

氮素是马铃薯生长发育所必需的大量营养元素之一。它可以促进茎叶生长，提高叶面积指数和光合势，并使生长中心和营养中心适当推后，延缓叶片衰老，增加后期光合势，显著提高块茎的膨大速率，增加结薯率和大薯比率，从而达到增产，因此氮肥的使用历来是作为提高马铃薯产量的最重要措施之一。原原种由于母体营养小，其抗逆性和生物量生长均较弱，为了获得较高的原种产量，除了适当扩大种植密度和增加种薯的大小外，通过合理使用氮肥，促进地上营养部分的生长，建立强大的营养体系，是获得原种高产的基础和前提。但是氮肥的过量施用，又会造成水土和大气的严重污染、土壤板结、土地生产力下降等生态问题，而且生产成本也随之提高，生产效益下降。因此合理氮肥运筹，建立原原种强大的营养体，是提高原种产量的关键。

一、氮肥运筹与高产栽培

（一）施氮水平对马铃薯原原种根系生理活性的影响

适量施用氮肥可显著提高马铃薯根系的活力（表 4－1），特别是苗期。马铃薯苗期的根系活力随氮肥水平的提高而升高，以 N2 处理最高，而块茎膨大期和成熟期的根系活力则随氮肥水平的提高先升后降，以 N1 处理最高，过多的氮肥反而会降低根活力，特别是氮高效品种。

表 4－1　不同氮效率马铃薯品种根系活力的差异　（$\mu gTPF \cdot g^{-1} FW \cdot h^{-1}$）

品种	苗期			块茎膨大期			成熟期		
	N0	N1	N2	N0	N1	N2	N0	N1	N2
凉薯 97	4.85 d	5.30 d	5.35 d	15.29b	19.59b	14.95 d	14.32b	25.93a	12.22c
川芋 56	6.80c	10.90c	15.22c	14.29b	20.17b	18.98c	9.89c	30.54a	17.84ab
费乌瑞它	10.98a	17.85a	28.56a	24.32a	32.86a	25.85a	18.74a	30.72a	13.22bc
云薯 301	9.65b	15.68b	21.36b	23.28a	29.98a	22.12b	19.86a	26.03b	21.77a

注：N0、N1、N2 纯氮含量分别是 0 $mgN \cdot L^{-1}$、0.42 $mgN \cdot L^{-1}$、0.84 $mgN \cdot L^{-1}$。

不同氮利用效率品种（以下简称氮效率品种）的根系活力存在显著差异，氮高效品种费乌瑞它和云薯 301 的根系活力在三个生育时期均高于氮低效品种凉薯 97 和川芋 56 的根系活力。平均值比较，苗期、块茎膨大期和成熟期，氮高效品种的根系活力比氮低效品种分别高 115.0%、53.4%和 17.7%，其中苗期的差异最大。

各品种的根系活力均在一定程度上受氮肥水平的影响，在苗期，各品种的根系活力均随氮肥水平的提高而提高，以 N2 最高；在块茎膨大期和成熟期，各品种的根系活力均随氮肥水平的提高而先增后降，以 N1 最高，表明在中后期氮肥的用量要适宜。不同氮效率品种的根系活力受氮肥水平的影响程度不同，在苗期，两个氮高效品种的根系活力随氮肥水平提高而提高的幅度较两个氮低效品种更大，即前者受氮肥水平影响的程度较后者大；而在块茎膨大期和成熟期，氮高效品种根系活力受氮肥水平影响的程度较氮低效品种小，表明氮高效品种与氮低效品种相比，在低氮条件下的根系活力优势更明显，说明其适应低氮条件（耐瘠）的能力可能更强。

（二）施氮水平对马铃薯原原种根际土壤微生物数量的影响

不同氮水平处理下，在马铃薯块茎膨大期和成熟期，氮高效品种坝薯 10 号土壤中的细菌、真菌、放线菌数量均高于氮低效品种凉薯 97，放线菌数量在苗期差异不明显。可以推测在同等施氮条件下，氮高效品种坝薯10 号根系与根际土壤的相互作用更有利于促进微生物的生长，从而使根际土壤微生物具有较高的活性。有研究表明，植被生长的好坏和土壤微生物的生长活动密切相关，而微生物生长是多维环境因子综合作用的结果。

土壤中细菌数量最多，放线菌次之，真菌数量最低。细菌代谢能力强，繁殖速度快，是土壤微生物中数量最多的一个类群。细菌之间参与土壤中含氮有机质的氨化作用，把植物不能同化的复杂的有机物转化为可给态，对于养分元素的转化蓄存和土壤有机质的分解起着巨大的作用。同时土壤放线菌与多种植物具有共生结瘤固氮的能力，在植物体氮素循环中起着重要作用。氮高效品种坝薯 10 号根际土壤细菌、放线菌在各个时期的数量均高于氮低效品种凉薯 97，说明坝薯 10 号通过影响根际土壤中固氮微生物的数量从而比凉薯 97 具有更强的固氮作用。

不同氮利用效率的马铃薯品种的根际土壤细菌数量均在块茎膨大期达到最高，各测定时期细菌数量块茎膨大期>苗期>成熟期，此时不同氮水平处理对根际土壤细菌数量变化也存在差异，在块茎膨大期之前根际土壤细菌数量 N0（不施氮）>N1（全氮）>N2（1/2 施氮），在成熟期根际土壤细菌数量 N2（1/2 施氮）>N1（全氮）>N0（不施氮）。可见，不同的施氮水平对马铃薯根系生长有影响，进而影响了根际土壤细菌的数量（见图 4－1），随着施氮量的增加，根际土壤细菌数量明显提高，以氮高效品种坝薯 10 号 N1 处理最为明显。

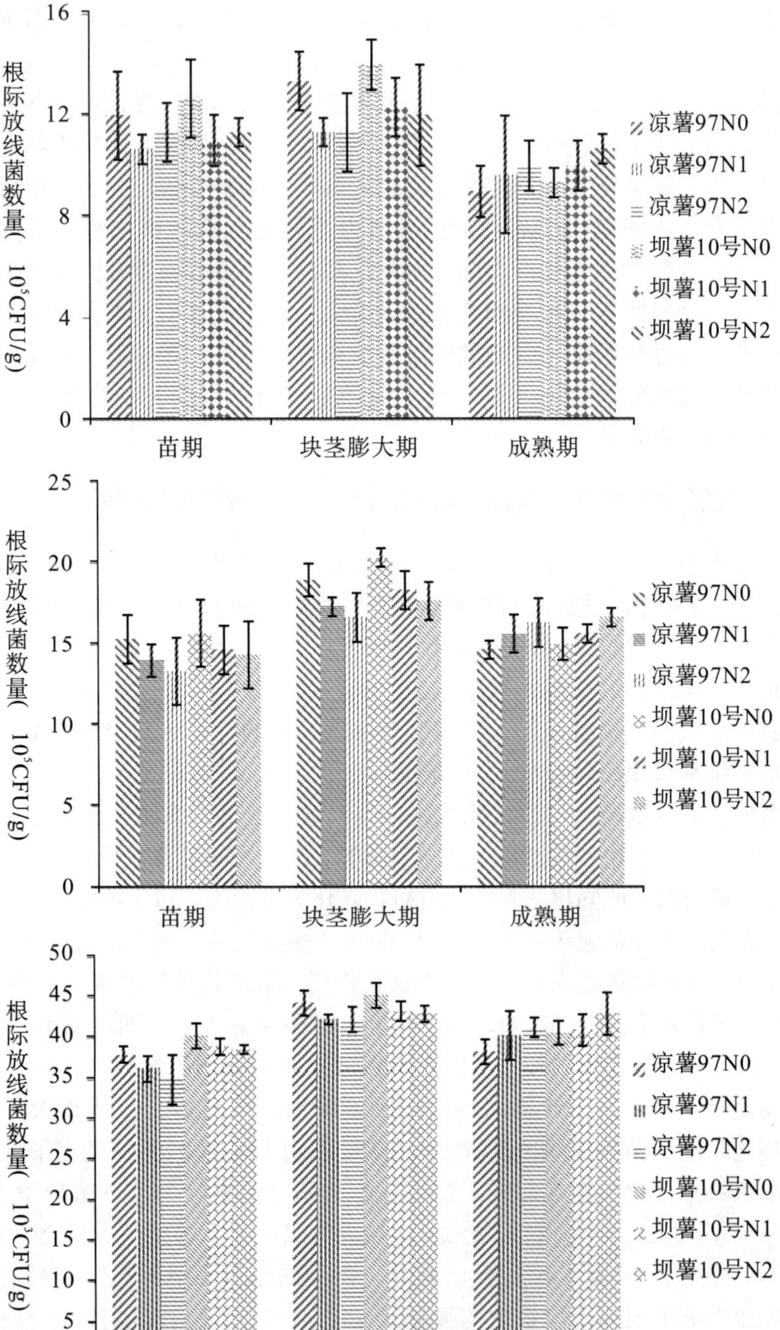

图 4－1　施氮水平对马铃薯原原种根际土壤微生物数量的影响

（三）马铃薯原种对不同氮素形态的吸收差异及吸收动力学特性

1. 氨态氮吸收差异及 NH_4^+ 吸收动力学特性

随着 NH_4^+ 浓度的增加，各马铃薯品种根系吸收氨态氮的数量和速率也逐渐提高，但提高的幅度逐渐变小，吸收速度与 NH_4^+ 浓度之间呈渐近线关系，但不同基因型马铃薯品种的氨态氮的吸收速率存在显著的基因型差异，氮低效品种凉薯 97 和川芋 56 的吸收速率明显低于氮高效品种云薯 301 和费乌瑞它的吸收速率，且低效型品种各施氮水平下的吸收差异小于高效型品种的差异。在低浓度下，不同类型品种间吸收速率的差异较高浓度下的明显，两个氮高效品种的 3 种氮肥水平处理在 0.05 和 2.00 mmol・L^{-1}浓度下的平均吸收速率分别比两个氮低效品种的高 87.1%和 37.6%，随着 NH_4^+ 浓度的增加，不同品种间 NH_4^+ 吸收速率的差异逐渐缩小，表明氮高效品种在缺（低）氮条件表现出较氮低效品种更明显的吸收优势。

基础营养水平对根系吸收 NH_4^+ 的速度也有一定影响，基础氮营养水平较好的（N1 和 N2 处理）较缺氮营养的（N0）吸收速率高，4 个品种的 6 种 NH_4^+ 浓度平均，N2 和 N1 处理对 NH_4^+ 的吸收速度分别较 N0 处理的高 10.6%和 10.2%，这与其根系活力较高有关。

进一步分析表明，各品种根系对 NH_4^+ 的吸收速率符合 Michaelis-Menten 方程，各品种的方程参数见表 4－2，从中可看出，不同类型品种的 K_m 和 V_{max} 有较大差异，氮高效品种较氮低效品种有较小的 K_m 和较大的 V_{max}，两个品种的3 种氮肥水平平均，氮高效品种的 K_m 较氮低效品种的低 26.4%，V_{max} 较氮低效品种高 29.1%，说明氮高效品种的根系对 NH4$^+$ 的亲和力较氮低效品种的高，对 NH_4^+ 的最大吸收潜力较氮低效品种的大。

表 4－2　不同基因型马铃薯根系吸收 NH_4^+ 的动力学参数

品种	氮肥水平	V_{max}（mmol・g^{-1}・h^{-1}）	K_m（mmol・L^{-1}）	品种	氮肥水平	V_{max}（mmol・g^{-1}・h^{-1}）	K_m（mmol・L^{-1}）
凉薯 97	N0	0.1217 de	0.3232bcd	川芋 56	N0	0.1031f	0.3324bc
	N1	0.1248 d	0.2554 def		N1	0.1092ef	0.3852ab
	N2	0.1464bc	0.4321a		N2	0.1072ef	0.3859ab
云薯 301	N0	0.1352cd	0.2269efg	费乌瑞它	N0	0.1316 d	0.2184fg
	N1	0.1546b	0.3138bcd		N1	0.1511b	0.1708 g
	N3	0.1747a	0.2897cde		N2	0.1722a	0.3365bc

各品种的 K_m 和 V_{max} 在不同氮营养水平下也有一定差异，K_m 和 V_{max} 有随基

础营养水平提高而提高的趋势，表明基础氮营养水平的提高，会降低根系对 NH_4^+ 的亲和力，但可以提高其对 NH_4^+ 的最大吸收潜力。值得注意的是氮高效品种的 K_m 和 V_{max} 随基础营养水平提高而提高的幅度较氮低效品种的高，氮高效品种在 N1 和 N2 水平下的平均 K_m 分别较 N0 水平的提高 8.8%和 29.2%，而氮低效品种相应的提高幅度为−2.3%和 27.7%，即氮高效品种在低氮（N0）条件下的 K_m 较低效品种低的幅度更大，对 NH_4^+ 的亲和力更高。

2. 硝态氮吸收差异及其 NO_3^- 吸收动力学

和对 NH_4^+ 的吸收一样，马铃薯根系对 NO_3^- 的吸收数量和速率也随 NO_3^- 浓度的增加而提高，不同品种的吸速率有差异，两个氮高效品种的吸收速率明显高于两个氮低效品种，特别是 NO_3^- 浓度较低时。不同的是基础氮肥营养水平对根系吸收 NO_3^- 的影响趋势，N0 处理吸收 NO_3^- 的速率大于 N1 处理，N1 处理又大于 N2 处理，即基础营养水平越高，根系吸收 NO_3^- 的速率越低，特别是在 NO_3^- 浓度较低时，4 个品种的 6 种 NO_3^- 浓度平均，N0 和 N1 处理对 NO_3^- 的吸收速率分别比 N2 处理的高 7.9%和 7.4%，这可能与其对 NO_3^- 的吸收、同化机制与 NH_4^+ 的不同有关。

不同类型马铃薯品种吸收 NO_3^- 的动力学参数也有较大差异（表 4−3），两个氮高效品种的 K_m 大大低于两个氮低效品种，V_{max} 则大大高于两个氮低效品种，各品种在 3 种基础氮营养条件下吸收 NO_3^- 的动力学参数与吸收 NH_4^+ 的动力学参数的变化趋势基本一致，吸收 NO_3^- 的 K_m 和 V_{max} 与吸收 NH_4^+ 的 K_m 和 V_{max} 显著正相关，相关系数分别为 0.5740* 和 0.5812*（$n=12$）。但不同的是：①吸收 NO_3^- 的 K_m 较吸收 NH_4^+ 的高，表明马铃薯根系对 NH_4^+ 的亲和力较 NO_3^- 高，特别是氮低效品种，氮高效品种和氮低效品种吸收 NO_3^- 的平均 K_m 较吸收 NH_4^+ 的平均 K_m 分别高 257.5%和 348.2%；②氮低效品种吸收 NO_3^- 的 V_{max} 较吸收 NH_4^+ 的低，氮高效品种吸收 NO_3^- 的 V_{max} 在中低氮营养（N0、N1）下较吸收 NH_4^+ 的高，在高氮营养（N2）下则较吸收 NH_4^+ 的低；③在试验的浓度范围内（0～2.00 mmol·L^{-1}），各品种吸收 NO_3^- 的速率随 NO_3^- 的浓度增加而提高的速率较 NH_4^+ 的慢，离子浓度达 2.00 mmol·L^{-1} 时，对 NH_4^+ 的吸收速率已接近其 V_{max}（达 V_{max} 的 95.6%），而对 NO_3^- 的吸收速率只达到 V_{max} 的 60.8%（4 个品种的 3 种氮肥水平平均），两个氮高效品种 3 种氮肥水平的平均吸收速率达到 80%V_{max} 时的 NH_4^+ 和 NO_3^- 浓度分别为 1.07mmol·L^{-1} 和 3.41 mmol·L^{-1}，而两个氮低效品种相应的 NH_4^+ 和 NO_3^- 浓度分别为 1.38mmol·L^{-1} 和 8.96mmol·L^{-1}，4 品种平均，吸收速率达 V_{max} 80%时的 NO_3^- 浓度是相应 NH_4^+ 浓度的 5.05 倍；④各品种在高氮营养（N2）下的 V_{max} 均较低氮营养（N0）下的低。

表 4-3 不同基因型马铃薯品种根系吸收 NO_3^- 的动力学参数

品种	氮肥水平	V_{max} (mmol·g^{-1}·h^{-1})	K_m (mmol·L^{-1})	品种	氮肥水平	V_{max} (mmol·g^{-1}·h^{-1})	K_m (mmol·L^{-1})
凉薯 97	N0	0.0619c	1.1921cd	川芋 56	N0	0.0830c	1.8678abc
	N1	0.0553c	1.0354 d		N1	0.0815c	2.0372ab
	N2	0.0589c	1.2729bcd		N2	0.0776c	2.0697a
云薯 301	N0	0.1528ab	0.8798 d	费乌瑞它	N0	0.1741ab	0.9279 d
	N1	0.1520ab	0.9402 d		N1	0.1983a	1.1133cd
	N2	0.1328b	0.7851 d		N2	0.1628ab	0.9171 d

研究结果表明，不同类型马铃薯品种间的根系活力存在显著的基因型差异，氮高效品种的根系活力显著高于氮低效品种，尤其是生育前期。在苗期，随着氮肥水平的提高，马铃薯的根系活力增加明显，而在块茎膨大期和成熟期，各品种的根系活力均随氮肥水平的提高而先增后降，要求氮肥水平要适宜，同时也表明苗期适宜的氮水平较中后期高，生产上应在施足底肥的基础上适量追肥。

作物根系吸收养分的速率符合 Michaelis-Menten 方程，不同的作物和不同类型品种吸收主要养分的 Michaelis-Menten 方程参数不尽相同。马铃薯不同品种对 NH_4^+ 和 NO_3^- 的吸收动力学特性有显著差异，氮高效品种的 K_m 值显著低于氮低效品种，而氮高效品种的 V_{max} 值则显著高于氮低效品种，这可能与其具有较高的根系活力有关。根系活力与 V_{max} 显著正相关系，苗期根系活力与 NH_4^+ 和 NO_3^- 的 V_{max} 的相关系数分别为 0.6869 和 0.6448（$n=12$）。根系高活力、低 K_m 和大 V_{max} 可能是马铃薯品种氮高效利用的重要生理基础。与 NO_3^- 相比，NH_4^+ 有降低马铃薯生长的趋势。马铃薯各品种根系对 NH_4^+ 的吸收速率较 NO_3^- 的快，尤其是初期，吸收 NH_4^+ 的 K_m 较吸收的 NO_3^- 低，这可能与根系对这两种氮肥的吸收同化机制不同有关。NO_3^- 的吸收是一个主动耗能过程，而且硝酸盐必须先还原为 NH_4^+ 才能被同化，而硝酸还原酶是一种诱导酶。同时，作物对 NH_4^+ 和 NO_3^- 吸收在一定程度上受 pH 的影响，马铃薯在 pH 为 7.0 时 NH_4^+ 吸收较多，在 pH 为 5.0 时 NO_3^- 吸收较多，pH 为 6.5，有利于 NH_4^+ 的吸收。

二、氮营养配施烯效唑

烯效唑作为一种新型植物生长调节剂，其特点是抑制内源 GA_3 的内源合成，并可降低内源 IAA 的水平，破坏顶端优势，可以抑制顶端生长，控制旺长。氮肥主要是促进地上部分的营养生长，因此在合理施氮构建良好群体的基础上，通过烯效唑的运用，促进地上部分生长向地下部分生长转换，对于提高马铃薯产量和品质至关重要，正好弥补了氮肥使用过多导致营养生长过旺而产量低的不足。烯效唑使用在甘薯上能有效地控制地上部分过量徒长，促使地上与地下部分能协调生长。在生产上氮肥与多效唑混用可提高氮肥的肥效，特别是多效唑对氮肥肥效的发挥起促进作用。烯效唑具有多效唑同样的功效，因此烯效唑代替多效唑能起到同样的效果。生产上很多农民因为只了解氮肥可以促进茎叶生长、显著提高块茎的膨大速率、增加结薯率和大薯比率，但是大量的氮肥施用并没有带来产量的相应增加，过量施氮引起马铃薯旺长，结薯推迟，导致这种只长叶、不结果（块茎）的现象。为了提高氮肥的利用率，同时通过促控措施，建立良好的群体，试验研究在氮肥配施烯效唑条件下，马铃薯干物质生产和养分分配规律。

（一）对马铃薯叶绿素含量的影响

随着施氮水平的提高，各取样时期的总叶绿素含量均有增加，各处理之间的差异达到显著或者极显著水平（表 4－4）。施氮与不施氮处理比较，4 月 7 日、4 月23 日和 4 月 28 日，叶片总叶绿素含量平均分别增加了 44.5%、48.3%和 34.7%。三取样时期均以 A3 施肥处理的叶绿素含量最高，比不施氮分别增加了 55.30%、61.98%、55.93%。随着施氮水平的提高，各取样时期的叶绿素 a 和叶绿素 b 含量也均有增加，但施氮对叶绿素 a 和叶绿素 b 的影响程度不一致。施氮与不施氮相比，三时期叶绿素 a 分别增长 45.50%、29.92%、21.38%，叶绿素 b 分别增长 41.56%、112.71%、107.05%，随着取样时期变晚，叶绿素 a 后差异呈缩小趋势，而叶绿素 b 呈增大趋势。

表 4－4　氮肥及烯效唑配施对叶绿素含量的影响　（$mg \cdot g^{-1} \cdot FW$）

处理	叶绿素 a			叶绿素 b			总叶绿素		
	4 月 17 日	4 月 23 日	4 月 28 日	4 月 17 日	4 月 23 日	4 月 28 日	4 月 17 日	4 月 23 日	4 月 28 日
A0	0.644	0.713 d	0.714	0.214a	0.148C	0.148D	0.856b	0.860 dC	0.860D
A1	0.881	0.891c	0.807	0.278ab	0.299B	0.263C	1.157ab	1.187cB	0.985C
A2	0.934	0.944b	0.851	0.293ab	0.305B	0.308B	1.224ab	1.246bB	1.150B
A3	0.996	0.944a	0.940	0.337b	0.343A	0.351A	1.329a	1.393aA	1.341A
B0		0.944	0.933		0.306	0.261		1.250	1.194
B1		0.956	0.878		0.319	0.331		1.275	1.209
B2		0.987	0.880		0.321	0.310		1.308	1.190
B3		0.964	0.774		0.316	0.326		1.280	1.10

注：小写字母代表 5%显著水平，大写字母代表 1%显著水平，下同。

叶面喷施烯效唑对总叶绿素含量有一定影响，但未达显著水平。总的来看，喷施烯效唑后，叶绿素含量均有所增长，平均增加了 3.01%，但增加幅度不同。随着喷施浓度的增加，叶绿素含量相应增加，在 B2 浓度时达到最大，为 1.308，比不喷施增加了 4.64%，到 B3 浓度时，叶绿素含量又开始下降。叶绿素 a 和叶绿素 b 的变化趋势和总叶绿素变化趋势一致，在 B2 浓度时达到最大，表明合理的烯效唑对叶绿素含量增长最有效。

（二）对马铃薯干物质积累的影响

氮肥配施烯效唑对干物质积累总量有一定程度的影响，对各器官干物质分配影响也较大（表 4－5）。施氮肥与不施氮肥相比，其干物质积累总量有较大的增长，三种施氮水平平均比不施氮处理干物质增长了 28.44%，但施氮处理之间有一定差异。与不施氮相比，块茎、叶片、叶柄、茎、匍匐茎、根器官的干物质分别增长了 25.92%、5.10%、9.92%、8.21%、3.79%、－6.77%，块茎的增量最大，根系为负增长，其他器官的增长不显著。

表 4－5　氮肥及烯效唑配施对马铃薯干物质积累的影响　(g/株)

处理	块茎	叶	叶柄	茎	匍匐茎	根	总干重
A0	40.244	3.369	0.589	0.892	0.197	1.877	47.168
A1	50.812	4.870	1.101	1.517	0.269	1.835	60.404
A2	51.111	5.069	1.127	1.629	0.297	1.785	61.018
A3	50.097	5.325	1.292	1.728	0.249	1.630	60.321
B0	46.985	4.812	1.150	1.606	0.261	1.932	56.746
B1	51.319	5.220	1.206	1.657	0.272	1.954	61.628
B2	52.199	5.127	1.179	1.677	0.284	1.636	62.102
B3	52.190	5.192	1.158	1.559	0.269	1.479	61.847

叶片喷施烯效唑增加了马铃薯干物质积累总量，比不施处理增加了 9.01%，小于施氮处理的增量。同样增加了对块茎、叶片的干物质积累量，与不施烯效唑相比，施烯效唑处理平均增加 10.47%和 7.64%，叶柄、茎、匍匐茎的增加不大，分别为 2.70%、1.56%和 5.36%，根的增长为－12.54%，与氮肥对根的影响一致。

从各器官的分配来讲，施氮降低了干物质向块茎和根系的积累，而增加了向叶片、叶柄、主茎等营养器官的分配（表 4－6）。块茎分配从不施氮肥的 85.3206%降低到 A3 水平的 83.0507%，降低了 2.2699%，根系分配降低了 1.2772%；而叶片的干物质积累却从 A0 到 A3 增加了 2.5784%，茎增加了 0.9736%；匍匐茎增加不大。随着施氮量的增加，地下部分的块茎和根系干物质积累呈现逐渐下降的趋势，地上部分是营养器官叶片、叶柄和主茎干物质分配呈现不断增加的趋势。

表 4-6　氮肥及烯效唑配施对马铃薯各器官干物质分配比例　（%）

处理	块茎	叶	叶柄	茎	匍匐茎	根
A0	85.3206	7.1426	1.2487	1.8911	0.4177	3.9794
A1	84.1203	8.0624	1.8227	2.5114	0.4453	3.0379
A2	83.7638	8.3074	1.847	2.6697	0.4867	2.9254
A3	83.0507	8.8278	2.1419	2.8647	0.4128	2.7022
B0	82.7988	8.4799	2.0266	2.8302	0.4599	3.4046
B1	83.2722	8.4702	1.9569	2.6887	0.4414	3.1706
B2	84.0537	8.2558	1.8985	2.7004	0.4573	2.6344
B3	84.3857	8.3949	1.8724	2.5207	0.4349	2.3914

喷施烯效唑后，增加了干物质向块茎的积累，而降低了向叶片、叶柄、主茎和根系的分配（表 4-6）。块茎干物质分配从不喷施烯效唑的 82.7988%增加到 B3 水平的 84.3857%，增加了 1.5869%；而叶片和叶柄的干物质积累却从 A0 到 A3 降低了 0.2392%；茎降低了 0.3095%。随着喷施浓度的增加，块茎干物质积累呈现逐渐上升的趋势，而叶片、叶柄和主茎和根系干物质分配呈现不断降低的趋势。从对各器官分配的影响程度看，施氮的影响大于喷施烯效唑的影响，叶片喷施烯效唑可作为一种增产的辅助措施。

（三）对马铃薯养分分配的影响

总的来看，氮、磷、钾三要素中，以钾的分配最多，氮的分配其次，磷的分配最少，这与马铃薯对氮磷钾三营养要素的需求是一致的，但是各处理之间也存在差异（表 4-7）。施氮降低了块茎和叶片对磷的吸收，但是增加了对氮和钾的吸收。与不施氮相比，块茎和叶片中磷的含量分别降低了 21.62%和 20.69%，氮分别增加了 31.03%和 68.91%，钾分别增加了 7.20%和 81.05%。在施氮处理中，随着施氮量的增加，块茎磷、氮含量逐渐增加，而钾的含量有所下降，叶片中氮、磷、钾含量逐渐增加。在对主茎和根的影响中，施氮对氮、磷、钾吸收均有增加作用。与不施氮相比，主茎氮、磷、钾分别增加 108.31%、15.63%和 217.71%，根系氮、磷、钾分别增长了 63.41%、39.08%和 41.13%。随着施氮量的增加，主茎和根系氮、磷、钾含量均呈现逐渐增加的趋势。

表 4-7　氮肥及烯效唑配施对马铃薯养分分配的影响

处理	块茎磷含量（%）	块茎钾含量（%）	块茎氮含量（%）	叶片磷含量（%）	叶片钾含量（%）	叶片氮含量（%）
A0	0.353	1.616B	1.028c	0.232	0.432D	1.294C
A1	0.266	1.865A	1.217b	0.171	3.562C	1.926B
A2	0.279	1.644B	1.353ab	0.188	4.010B	2.152AB
A3	0.285	1.688B	1.471a	0.193	4.300A	2.479A
B0	0.255	1.664B	1.223b	0.161b	3.536C	2.168
B1	0.280	1.714AB	1.318ab	0.198a	4.055B	2.234
B2	0.283	1.730AB	1.358ab	0.197a	4.182A	2.370
B3	0.289	1.821A	1.4899a	0.181ab	4.057B	1.970
A0	1.031C	0.145	0.973	1.558	0.284a	0.564
A1	1.914B	0.169	2.910	2.333	0.290b	0.767
A2	2.091B	0.179	3.231	2.414	0.385a	0.773
A3	2.438A	0.155	3.133	2.546	0.395a	0.796
B0	2.108	0.151	3.265	2.360	0.380	0.743
B1	2.177	0.170	3.080	2.441	0.342	0.791
B2	2.179	0.195	3.091	2.479	0.351	0.832
B3	2.127	0.155	2.929	2.446	0.353	0.750

叶面喷施烯效唑降低了根系中磷的含量和主茎中钾的含量，与不喷施烯效唑相比磷含量降低了 8.25%，钾含量降低了 7.10%。但是喷施烯效唑后，块茎、叶片中氮、磷、钾含量以及根系中的氮、钾含量，主茎中的氮、磷含量均出现增加。与不喷施相比，块茎、叶片、主茎、根系氮含量平均分别增加了 13.54%、1.08%、2.51%和 4.04%，块茎、叶片、根系钾含量平均分别增加了 5.47%、15.89%和 6.46%，块茎、叶片、主茎磷含量平均分别增加了 11.37%、19.25%和 14.79%。随着烯效唑喷施浓度的增加，块茎氮、磷、钾含量，根系氮含量呈逐渐增加趋势，而叶片氮、磷、钾含量，主茎氮、磷含量以及根系的氮、钾含量均呈现随着喷施浓度的增加先增加，到 B2 浓度时达到最高，后开始下降的变化趋势。

马铃薯块茎干物质有 90%来自光合产物，因此马铃薯产量的高低主要取决于光合产物积累的多少，干物质积累和分配是产量形成的前提，而养分的分配是决定马铃薯协调生长和获得高产的基础。西昌学院与四川农业大学的马铃薯课题研究表明，马铃薯对氮肥敏感，氮肥水平对各时期各器官干物质积累的影响均达显著或极显著水平。从研究结果中可以看出，氮肥配施烯效唑对干物质积累总量有一定程度影响，对各器官干物质分配影响也较大。施氮肥与不施氮肥，喷施与不喷施烯效唑相比，其干物质积累总量有较大的增长，但是对不同的器官，干物质积累影响程度不同，块茎、叶片、叶柄、茎、匍匐茎为正增长，以块茎增长最多，而根系为负增长。从各器官的分配来讲，施氮降低了干物质向块茎和根系的积累，而增加了向叶片、叶柄、主茎等营养器官的分配。随着施氮量的增加，地下部分的块茎和根系干物质积累呈现逐渐下降的趋势，地上部分的营养器官叶片、叶柄、主茎干物质分配呈现不断增加的趋势。而喷施烯效唑后，增加了干物质向块茎的积累，而降低了向叶片、叶柄、主茎和根系的分配。随着喷施浓度的增加，块茎干物质积累呈现逐渐上升的趋势，而叶片、叶柄、主茎和根系干物质分配呈现不断降低的趋势。从对各器官分配的影响程度看，施氮的影响大于喷施烯效唑的影响，这与对产量的影响一致，说明叶片喷施烯效唑作为一种增产的辅助措施是有效的。

刘克礼等研究表明，马铃薯对氮素的吸收速率在整个生育期间呈单峰曲线变化，峰值出现在块茎快速增长期。马铃薯出苗后，各器官建成及生长发育对氮的需求量不断增加，氮的吸收速率逐渐加快。张宝林等研究表明，在马铃薯全生育期内，高氮肥处理，叶片叶绿素含量始终高于其他处理，在块茎增长初期，高氮量>中氮量>未施氮。该研究结果认为施氮降低了块茎和叶片对磷的吸收，增加了对氮和钾的吸收。随着施氮量的增加，块茎磷、氮含量逐渐增加，而钾的含量有所下降，叶片中氮、磷、钾含量逐渐增加。对主茎和根的影响中，施氮对氮、磷、钾吸收均有增加作用，随着施氮量的增加，主茎和根系氮、磷、钾含量均呈现逐渐增加的趋势。叶面喷施烯效唑降低了根系中磷的含量和主茎中钾的含量，但是喷施烯效唑后，块茎、叶片中氮、磷、钾含量以及根系中的氮、钾含量，主茎中的氮、磷含量均出现增加。随着烯效唑喷施浓度的增加，块茎氮、磷、钾含量，根系氮含量呈逐渐增加趋势，而叶片氮、磷、钾含量，主茎氮、磷含量以及根系的氮、钾含量均呈现随着喷施浓度的增加先增加、后开始下降的变化趋势。

提高马铃薯前期地上部分干物质的积累量是增加后期块茎产量的关键，是马铃薯高产群体质量的重要特征。从干物质积累和养分吸收看，施氮和喷施烯效唑增加了总养分吸收能力、总干物质积累能力，而从各器官的分配情况看，氮在各器官中的分配顺序为根系>叶片>主茎>块茎，磷在各器官中的分配顺序为根系>块茎>叶片>主茎，钾在各器官中的分配顺序为叶片>主茎>块茎>根系。可见各营养成分在各器官中的分配有重点，这可能是与各器官在整个生育期承担的生理功能相关，氮肥配施烯效唑可能通过协调，满足了各时期、各器官对氮、磷、钾的需要，但这需要进一步的试验进行验证。

第二节　种薯大小、密度与高产栽培

马铃薯的种薯生产，不是单独的个体，而是密集在一起的群体。群体虽然由个体组成，但不是简单的个体总和，它已产生了新的性质；它是一个有机整体，有它自己的结构和性质，有自动调节的能力，它既受环境的影响，同时又能改变结构内部的环境（如光照强度和田间小气候等）；它由个体组成，但又影响每个个体的生理活动。群体利用光能的效率要比个体高得多。

马铃薯的群体结构，应该包括单位土地面积上的株丛数和茎数、株行距的配置方式以及茎叶在空间的分布状况等。在不同的自然和生产条件下，采用适宜的株行距配置方式，在单位土地面积上栽植足够数量的株丛数（茎数），以形成一个强大的光合面积，在有效的生育期内，最充分和有效地利用光能及地力，获取高额的块茎产量，这种高产的群体结构，称为合理的群体结构。种薯的大小和将来长成植株的健康没有太大关系。尽管一个非常小的块茎会长成一个脆弱的植株，往往茎更少，而大的块茎更适合出售和消费，种植或大或小的块茎也要比种带病的块茎好。大小在 25 mm 到 90 mm 之间的块茎都可以用作种薯。四川农业大学与西昌学院马铃薯课题开展了有关研究。

一、密度和种薯大小对生物产量及块茎干物质分配率的影响

由于繁殖的地点和季节不同，扩繁的生物产量（烘干重）和块茎的干物质分配百分率也不尽相同（表 4-8），在中高海拔进行的春繁，由于光照充足，昼夜温差大，生长期长，其一生积累的干物质数量较秋繁高，而且分配到块茎中的比例也较秋繁高。春繁的平均扩繁产量较秋繁的高 70.2%，块茎的分配率较秋繁的高 8.4%。

表 4-8　种薯大小与种植密度对生物产量（干重，t/hm²）和块茎分配率的影响

		种薯大小（g）			种植密度（株/m²）			
		1～3	5～6	9～10	9	12	15	18
秋繁	生物产量	2.59c	3.79b	4.37a	2.44c	3.50b	3.76b	4.64a
	块茎分配	75.3b	78.6a	76.4b	77.6	77.1	76.7	75.7
春繁	生物产量	4.81c	5.41b	8.09a	4.76c	6.13b	6.64b	6.88a
	块茎分配	83.5b	80.5c	85.7a	86.1a	85.8a	82.2b	78.9c

两试点的生物产量（干重）和块茎分配率均在一定程度上受原原种种薯大小和种植密度的影响（表 4-8）。随着种薯的增大，生物产量提高，随着种植密度

的增加，虽然单株干重呈下降趋势，但生物产量则呈上升趋势，不过块茎的分配率也呈降低趋势，两试点各处理间的变化趋势基本一致。大种薯的生物产量较小种薯的平均高 68.4%；高密度（B4）与低密度（B1）比，生物产量平均高 60.0%，但块茎的分配率平均低 4.6 个百分点。

二、密度和种薯大小对扩繁效率的影响

（一）对扩繁产量的影响

由于繁殖地点和季节不同，繁殖的产量也有较大差异，春繁的产量较秋繁的产量更高，但不管是春繁还是秋繁，其产量均受种薯大小和种植密度的影响（表 4—9）。随着种薯的增大，扩繁产量提高，两试点（季节）平均，大种薯分别较中种薯（A2）和小种薯增产 76.2%和 50.8%；随着种植密度增大，扩繁产量也不断提高，但增幅逐渐减小，特别是春繁。在 3 种种薯、大小 4 种种植密度组成的 12 个处理组合中，春繁以大种薯中密度（B3）最高，而秋繁以大种薯高密度（B4）最高，可见春繁因生育期较长，个体生长较好，用大种薯做种时种植密度要适当降低，而秋繁因生长期较短，个体发育受限，用大种薯做种时需要较高的种植密度，才能获得原种的高产。

表 4—9　原原种种薯大小与种植密度对扩繁产量（t/hm^2）的影响

繁殖季节	处理		种植密度（株/m^2）				
			9	12	15	18	av.
秋繁	种薯大小	1~3	6.86f	7.53f	7.84ef	7.86ef	7.52c
		5~6	10.99 de	11.79cd	12.36bcd	13.12bcd	12.07b
		9~10	14.53abc	15.49ab	15.38ab	17.85a	15.81a
		av.	10.80b	11.60ab	11.86ab	12.94a	
春繁		1~3	14.83e	22.41cd	22.49cd	21.71cd	20.36b
		5~6	15.33e	17.79 de	23.93bcd	25.02bc	20.52b
		9~10	29.81ab	34.96a	34.54a	34.02a	33.33a
		av.	19.99b	25.05a	26.99a	26.92a	

（二）对扩繁系数的影响

种薯大小和种植密度不仅影响田间扩繁的产量，对扩繁形成的种薯数（块茎数）也有显著影响，单位土地面积上扩繁的种薯数随种薯的增大和种植密度的增加而增多，两试点（季节）平均，大种薯分别较中种薯和小种薯多 56.3%和

34.4%，高密度分别比低密度（9 株/m^2）和较低密度（12 株/m^2）多 31.1%和 11.9%。据何卫等（1997）研究，在播种密度一定时，种薯越大产量越高。

每粒原原种繁殖形成的原种粒数（粒数繁殖系数）也随种薯的增大而增多，但随种植密度的增加而减少（表 4−10），处理间差异达显著水平。两试点平均，大种薯的粒数繁殖系数较小种薯的高 53.3%，低密度的粒数繁殖系数分别较高密度和中高密度高 50.2%和 27.3%。

表 4−10 原原种种薯大小与种植密度对扩繁系数（粒/粒）的影响

处理		秋繁			春繁		
		粒数系数 NNI	粒重系数 NWI	重量系数 WWI	粒数系数 NNI	粒重系数 NWI	重量系数 WWI
种薯大小（g）	1～3	2.11c	58.7c	29.37a	3.11b	155.5b	77.76a
	5～6	2.76b	93.9b	17.08b	3.25b	154.3b	28.04b
	9～10	3.47a	123.1a	12.95c	4.53a	260.1a	27.42b
种植密度（株/m^2）	9	3.37a	119.9a	25.77a	4.32a	222.1a	49.41a
	12	2.81b	96.7b	20.95b	3.98b	208.8a	50.33a
	15	2.71b	79.1c	17.30c	3.33c	179.9b	42.74ab
	18	2.23c	71.9c	15.17c	2.89 d	149.5c	35.16b

与粒数繁殖系数一样，原原种的粒重繁殖系数即每粒原原种繁殖形成的原种重量也随种薯的增大而增多，随种植密度的增加而减少。两试点平均，大种薯的粒重繁殖系数分别较小种薯和中种薯的高 78.9%和 54.4%，低密度种植的粒重繁殖系数分别较高密度和中高密度的高 54.5%和 32.0%。

与粒数和粒重繁殖系数不同的是，重量繁殖系数即每 1 kg 原原种繁殖的原种重量随原原种种薯的增大和种植密度的增加而变小，两试点平均，小种薯的重量繁殖系数分别较大种薯和中种薯的高 165.4%和 137.4%，低密度的重量繁殖系数分别较高密度和中高密度的高 49.4%和 25.2%。

三、密度和种薯大小对产量构成及其相关、回归分析

（一）对产量构成的影响

马铃薯种薯的扩繁产量由收获株（窝）数、每窝结薯数和平均单薯重所构成，不同繁殖地点和季节、种薯大小和种植密度对各产量构成因素有显著影响（表 4−11）。就繁殖地点和季节而言，春繁较秋繁产量高的主要原因：一是出苗率较高，平均出苗率较秋繁（66.0%）的高 28.8 个百分点，导致实际收获株数增加 43.7%；

二是单株（窝）结薯数多，平均多 1.3 个/株（秋繁平均结薯数为 2.55 个/株），增幅达 51.2%。单薯重两试点差异不大，秋繁的平均值还略高于春繁。

表 4－11　脱毒原原种种薯大小与种植密度对产量构成因素的影响

处理		秋繁			春繁		
		收获株数（株/m^2）	窝薯数	单薯重（g）	收获株数（株/m^2）	窝薯数	单薯重（g）
种薯大小（g）	1～3	8.44b	2.04c	46.85b	11.88b	3.64b	51.31ab
	5～6	8.34b	2.64b	56.05a	12.31b	3.56b	47.74b
	9～10	9.79a	2.98a	59.15a	14.03a	4.38a	57.94a
种植密度（株/m^2）	9	6.09c	2.85a	62.34a	9.22 d	4.23a	50.63a
	12	8.24b	2.55ab	55.25ab	11.11c	4.29a	52.70a
	15	9.32b	2.53ab	50.16b	12.57b	4.04a	53.97a
	18	11.79a	2.27b	48.32b	18.00a	2.88b	52.0a

繁殖种薯增大，由于贮藏养分多，不仅田间出苗率高，收获株数多，而且单株结薯数也多，单薯重也高，这是其高产的原因。两试点平均，大种薯与小种薯相比，收获株数提高 17.2%，单株结薯数增加 29.6%，单薯重提高 19.3%；在种薯大小一致时，随着种植密度的增加，收获株数增多，但单株结薯数减少，秋繁的单薯重也降低，而春繁的单薯重则先增后减，以中等密度最高。两试点平均，收获株数高密度（18 株/m^2）的较低密度（9 株/m^2）的多 94.8%，而单株结薯数则低 27.3%。

（二）产量构成因素的相关、回归分析

回归分析表明（表 4－12），原种的扩繁产量与其收获株数、单株结薯数和单薯重均正相关，扩繁产量随着收获株数、单株结薯数和单薯重的提高而提高，收获株数每增加 1 株，单株结薯数每增加 1 个，单株重每增加 1 g，扩繁产量分别提高 1.26～1.71 t/hm^2、3.82～5.98 t/hm^2、0.22～0.69 t/hm^2，春繁的增产效应更大。

表 4－12　产量与其构成因素的相关、回归和通径系数

项目	秋繁			春繁		
	收获株数 NP	窝薯数 NT	单薯重 WT	收获株数 NP	窝薯数 NT	单薯重 WT
回归系数	1.2587	3.8186	0.2169	1.7077	5.9778	0.4397
相关系数	0.3635	0.5815	0.4915	0.4145	0.2177	0.6912
直接通径	0.9047	0.5928	0.5685	0.8102	0.7257	0.6519

续表4－12

项目	秋繁			春繁		
	收获株数 NP	窝薯数 NT	单薯重 WT	收获株数 NP	窝薯数 NT	单薯重 WT
贡献率（%）	34.5	36.2	29.3	35.6	16.7	47.7

进一步的相关和通径分析表明，扩繁产量与收获株数、单株结薯数、单薯重的直接通径系数和单薯重的相关系数均达到了极显著水平，与收获株数的相关系数达到了显著水平，与单株结薯数的相关系数在秋繁时达极显著水平，而在春繁时则不显著；秋繁时以单株结薯数对产量的贡献最大，以单薯重最小，而春繁时则相反，表明在不同地点扩繁时高产的主攻方向不尽一致，在秋繁时应在保证足够收获株数的基础上主攻单株结薯数，而在春繁时则应在保证足够收获株数的基础上主攻单薯重。

在 1～10 g 范围内，随着原原种种薯的增大，不仅扩繁的原种产量提高，而且粒数和粒重繁殖系数也提高，只是重量繁殖系数降低，但生产中原原种一般以粒数作为计量和计价单位，少有用重量计算的，因此在原种扩繁时应尽可能选用大的原原种做种。大种薯与小种薯相比，不仅因芽眼多导致单株茎数多，还因种薯贮藏水分和养分多，抗旱耐寒（春播）耐涝（秋播）性强，出苗率高，收获株数多，同时幼苗健壮，单株干重的始增期缩短，快增期延长，结薯快而多，块茎体积膨大和干重增长的快增期长，因而窝（株）薯数和单株重均较高。

随着种植密度的增加，扩繁产量提高，但粒数、粒重和重量繁殖系数均降低。稀植与密植相比，单株干重增长快，结薯较多，表现出一定的个体优势，因而繁殖系数高，但因收获株数少，产量较低。研究表明：①原种高产和高效扩繁的适宜种植密度不一致，在秋繁的高产方案为大种薯（9～10 g）高密度（18 株/m^2），高效方案为大种薯低密度（9 株/m^2），而在春繁的高产方案为大种薯中密度（12～15 株/m^2），高效方案也是大种薯低密度，因此原种扩繁的适宜密度要因生产目标、栽培地区和季节以及种薯的大小而定。②从总体看，原种扩繁的适宜密度应大于商品薯生产。

不同地区和季节的生态条件有差异，扩繁原种时高产的主攻方向也不尽相同。在进行春繁时，其生育期较长，扩繁的产量和繁殖系数均较秋繁的高，生产上应尽可能进行春繁。相关和通径分析表明，在保证足够收获株数的基础上，攀西地区春繁应主攻单薯重，秋繁应主攻单株结薯数。

用原原种繁殖原种时，大种薯做种和中、低密度栽培的单株干重、块茎体积和干重增长快，快增期长；随着种薯的增大，繁殖的产量、粒数和粒重繁殖系数均增大，但重量繁殖系数降低，生产上宜选用大种薯做种；随着种植密度的增大，繁殖产量上升，但繁殖系数降低，适宜的种植密度因生产目标、种薯大小和栽培季节而异。

第三节　生理质量控制

马铃薯块茎既是繁殖器官，又是贮藏器官。收获后的块茎，体积大、含水量高，薯皮易受损伤，在贮藏过程中极易遭受病菌的侵染而腐烂。加之贮藏期间马铃薯块茎在外界环境的综合影响下，仍然进行着一系列的生理变化，诸如呼吸作用不断进行。淀粉逐渐转化为糖等，从而使块茎的商品品质、加工品质、种用品质降低。因此马铃薯块茎贮藏过程中对温度、湿度等环境条件的要求较为严格。温度高时，容易发芽，消耗营养物质；温度低时，容易受到冻害。湿度大时，有利于病菌的繁殖和传播侵染，容易烂薯；湿度小时，则易使块茎失水萎蔫等造成薯块的品质质量下降。

生理年龄是种薯生理状况的具体反映，一般是种薯到播种时生理上所经历的变化程度或老熟程度，通常用其生态生理方面的综合表现来表达。生理年龄是外界因素与种薯内部因素综合作用下所形成的生态生理的综合表现，种薯时间年龄的变化可导致生理年龄的差异。但生理年龄除受时间因素影响外，更受环境因素、栽培技术、种薯处理等因素的影响。一般把时间年龄看作种薯的绝对年龄，把生理年龄看作相对年龄，绝对的事物包含在相对的事物之中，绝对年龄相同的种薯，其相对年龄可能极不相同。生理年龄受时间年龄的影响，更受环境条件、栽培技术、种薯处理等因素的影响。块茎的生理年龄对田间出苗早晚、茎叶长势、根系强弱、块茎发生早晚、产量形成过程和最终产量都有影响。

块茎生理年龄一般用芽条数及其发育程度来表示，可划分为四个年龄状态，即没有萌芽的休眠块茎、只具一个顶芽发育的块茎、具 5～6 个短壮芽的块茎和具多数衰老细芽的皱缩块茎，分别代表生理幼龄、少龄、壮龄和老龄块茎。生理壮龄块茎做种，出苗早而齐、茎数多、根系强，叶面积发展快而大。生理老龄的块茎做种，虽然出苗早、苗数多，但茎叶衰败迅速、产量低。贮藏温度越高，达到生理适龄的时间越短。赤霉素处理块茎可促进生理年龄的进程，结合提高温度可加快进程。环境条件（气候条件、土壤条件和生物条件）不同、栽培措施不同也会给作物的生长发育带来不同的影响。

马铃薯块茎的后熟阶段完成后，便转入休眠，当经过一段时间贮藏后进入发芽阶段，使块茎脱水萎缩，甚至病变腐烂，并且在芽周围的块茎组织中产生一种对人畜有毒害的物质——龙葵素。马铃薯在生产中不适当的发芽和休眠都会造成很大损失，如发芽块茎会影响加工原料等商品薯的质量，或者不能作为加工原料。作为种薯的块茎，如果发芽过早、过长，或者不整齐、播种期不发芽，都会影响马铃薯的产量。因此研究马铃薯的休眠特性以及调控技术，对其产业发展有重要作用。

目前我国马铃薯贮藏保鲜技术落后，收获后马铃薯主要依靠农民自家窖贮藏。由于没有温湿度与通气调控设备，无法控制温度、湿度和进行通风换气，以致在春季开窖时出现冻窖、烂窖、伤热、发芽和黑心等现象，严重影响其品质和商品性。而另一方面马铃薯块茎收获一般要经过一段时间的休眠期才能萌芽生长，未过休眠期的种薯在播种后出苗迟、出苗率低，难以实现全苗、匀苗和齐薯，严重影响马铃薯的产量。影响马铃薯休眠的因素很多，包括品种特性、种薯质量和环境条件等。深入研究不同级别种薯（原原种、原种和生产种）的休眠特性及其破除技术，可为马铃薯的高产栽培提供技术指导和理论依据。因此马铃薯的生理质量分为两个方面：一是在贮藏过程中，尽量延迟发芽，减少营养消耗；二是在播种之前，要打破休眠，促使播种后正常发芽。

一、马铃薯原原种贮藏的抑芽效应

马铃薯种植主要采用带芽的块茎进行栽植。马铃薯有一定的休眠期，在休眠期通常都要有一个贮藏过程。通过贮藏，可以调节鲜薯的供应期或商品薯的上市季节，延长加工原料薯的加工利用时间，实现马铃薯的持续供应和增值。通过贮藏，还可以调整马铃薯种薯的生理特性，使其通过休眠，提高马铃薯种薯的播种质量。种薯在贮藏期间对外界环境要求十分严格，如果贮藏不当，非常容易造成水分损失过大、发芽过长、烂薯率过高等情况，影响种用价值，造成巨大的损失。目前，种薯的贮藏效果较好的是采用冷藏库进行贮藏，但冷藏库造价极高，在推广应用上有一定难度。为此，四川农业大学与西昌学院马铃薯课题组开展了这方面的研究，在常温条件下，使用烯效唑（S3307）、多效唑（PP_{333}）、紫茎泽兰在不同浓度、不同时间和不同处理方式下对中薯2号、费乌瑞它和米拉3个品种的马铃薯脱毒原原种进行浸种和混种处理。

（一）对发芽的作用

S3307和PP_{333}对延缓马铃薯发芽有一定的作用，贮藏期的长短与两种延缓剂浓度与时间的变化呈现正相关关系。随着处理浓度的增高和处理时间的延长，不同品种的马铃薯贮藏期也相应延长，以S3307浓度8 mg/L、处理时间40 min较为适宜。紫茎泽兰混种、浸种处理都对马铃薯的发芽具有良好的抑制作用，并且随着紫茎泽兰用量的增加，抑制作用增强。其中以紫茎泽兰1∶50（混）处理的对马铃薯的发芽抑制作用最大。CIPC与马铃薯直接混种可以完全抑制马铃薯发芽，浸种处理可以推迟马铃薯发芽21 d。

（二）对顶芽的抑制作用

S3307 对马铃薯品种的顶芽生长抑制作用显著，随着 S3307 浓度的增加，抑制作用增强，但是发现 S3307 对马铃薯原原种顶芽生长的抑制效果较 CK3（对照 3）差。使用 S3307 处理对马铃薯原原种发芽的数量没有影响。PP_{333}对马铃薯原原种顶芽生长与 S3307 类似，随着 PP_{333}浓度的增加，抑制作用增强。增加 PP_{333}浸种的时间也会增大其对马铃薯原原种顶芽生长的抑制效果，PP_{333}对马铃薯原原种顶芽生长的抑制效果较 CK3 差，使用 PP_{333}处理对马铃薯原原种发芽的数量同样没有影响。紫茎泽兰混种对马铃薯的顶芽生长具有抑制作用，并且随着紫茎泽兰用量的增加其抑制作用增强，各品种在 1∶50 紫茎泽兰混种处理时与 CK1（对照 1）比较对顶芽生长的抑制作用都达到显著。

（三）对块茎重量的影响

各品种马铃薯的重量损失随着 S3307 与 PP_{333}的浓度增大而减小。同浓度在不同浸种时间里差异不显著。随着处理浓度的增高和浸种时间的延长，烂薯率也随之增加，CK3 马铃薯的重量损失虽然最小，但是烂薯率却最高。紫茎泽兰混种处理对 3 个品种的马铃薯原原种重量损失和烂薯率也有一定的影响，重量损失呈下降趋势，并且随着紫茎泽兰用量的增加，重量损失减小，表明紫茎泽兰在减少烂薯率方面作用明显。

（四）对可溶性糖含量的影响

在同一时期，可溶性糖的含量随着使用 S3307 与 PP_{333}的浓度和浸种的时间的延长而升高，同一浓度处理在不同浸种时间里对马铃薯可溶性糖含量变化之间的差异不显著。马铃薯从发芽到播种前这一段时间，可溶性糖含量的变化逐渐降低，不同浓度的处理对于可溶性糖减少的影响不同。使用紫茎泽兰混种在 1∶50 的处理时，各浓度各品种马铃薯的可溶性糖含量极显著高于 CK1，但低于 CK2（对照 2）。各浓度处理之间差异不显著。马铃薯从发芽到播种前可溶性糖含量逐渐减少，用紫茎泽兰混种的处理随着用量的增加其可溶性糖减少。

（五）对 POD 活性的影响

同一时期马铃薯 POD 活性随着 S3307、PP_{333}浸种浓度和时间的增加而降低。以 S3307 8 mg/L 浸种处理，40 min 对 POD 活性影响最大；以 PP_{333} 25 mg/L 浸种处理，40 min 对 POD 活性影响最大，PP_{333}浸种处理在时间上差异不显著。用紫茎泽兰混种处理的 POD 活性平均值均低于 CK1，并且随着紫茎泽兰用量的增加，POD 活性越低。马铃薯发芽初期到播种前期这段时间，POD 的活性会逐渐增高，不同处理浓度及处理方式对 POD 活性的影响不同，不同品种间存在一定差异。

二、外源赤霉素对马铃薯原原种解除休眠效应

人为利用物理化学方法进行种薯处理，是调节种薯生理年龄进度的最有效也是最常用的方法。对于刚收获未出芽的微型薯，临近播种时需要进行催芽处理，以打破其休眠。经过催芽的各处理的单株结薯数都比对照高，尽管没有达到显著差异水平，但至少可以说明能提高结薯数的事实；且各处理间块茎数量变化顺序基本上与每穴主茎数多少的变化顺序相一致，以光催、赤霉素，暗催各处理为最多，高温处理和对照的为最少。催芽处理常用两种方法：一种是化学药剂催芽处理，另一种是物理方法催芽处理。化学药剂一般采用 30 mg/L 赤霉素水溶液浸泡微型薯 15～20 min 后捞出，也有采用 10 mg/L 赤霉素水溶液加多菌灵等杀菌剂进行喷雾后，放置于阴凉、通风、干燥处 1～3 d，除去多余水分，然后用半干河砂或半干珍珠岩粉覆盖，保持一定温、湿度。一周左右，微型薯开始出芽，10～15 d 芽基本出齐。待芽出齐后，把微型薯从覆盖的砂或珍珠岩粉中清理出来，放在通风、干燥、有散射光照射的地方壮芽，待芽变绿后即可播种。物理催芽方法是将微型薯与略湿润的砂子混合后装入塑料袋中，塑料袋适当穿几个孔，放在气温较高（25～30 ℃）并有散射光照射的地方，经过 20 d 左右即可发芽。

（一）外源赤霉素对原原种休眠解除中内源激素的影响

马铃薯块茎休眠受多种因素的调控，其中激素水平的影响明显。已有的研究表明，GA（赤霉素）、ABA（脱落酸）、ZT（激动类）和 IAA（吲哚乙酸）在马铃薯休眠的调控中都起着重要的作用。生产中常有用外源赤霉素来打破马铃薯休眠的习惯。研究认为，外源赤霉素对几种内源激素具有较明显的影响，但不同浓度的影响又表现出差异。

高浓度（40 ppm）的外源赤霉素处理使原原种内源赤霉素表现出一直增长的趋势，特别是休眠解除后期内源赤霉素的含量迅速升高。而低浓度（20 ppm）处理和 0 处理对内源激素的影响较一致，呈现出先不断升高、后又逐渐降低的变化趋势。说明外源赤霉素对原原种内源赤霉素的影响具有一定的浓度阈值，低于阈值浓度的处理对内源赤霉素的影响效果不明显。随着外源 GA 浓度的增大，对内源 IAA 的影响也随之增强。40 ppm 处理显著增加了原原种休眠中期的 IAA 含量，而后期又开始下降。20 ppm 和 0 ppm 处理的在休眠中期的 IAA 含量较低，而后逐渐增加。表明高浓度处理的作用强度大，且作用时间早，而低浓度处理的作用时间延后，影响强度也变小，外源 GA 对 ABA 的影响不如对 IAA 的影响大。在处理早期，外源 GA 处理降低了 ABA 的含量，但后期反而比 0 ppm 处

理含量高。说明外源 GA 打破原原种休眠不是通过降低 ABA 含量来实现的，而是通过影响激素平衡来实现的。

现有的研究认为，GA 和 ABA 是马铃薯块茎休眠的主要调控物质，ABA 对休眠起抑制作用，而 GA 对休眠起促进作用，两者的平衡关系反映了马铃薯休眠解除的程度。研究表明（表 4－13），40 ppm 处理使 GA/ABA 处于不断上升趋势，而 20 ppm 和 0 ppm 处理的 GA/ABA 在上升后，后期又下降到很低水平，说明高浓度的 GA 处理对 GA/ABA 平衡影响时间更持久。

表 4－13　外源赤霉素对 GA/ABA 及激素总量的影响

浓度 时间	GA/ABA			GA+IAA+JA+ABA+ZT (μg/g · FW)		
	40 ppm	20 ppm	0 ppm	40 ppm	20 ppm	0 ppm
8 d	0.0435	1.5614	0.0095	11.151	40.861	44.685
16 d	2.0997	2.6821	2.6517	6.496	20.474	7.429
24 d	4.6587	4.1401	7.6602	11.479	24.277	10.562
32 d	5.9983	4.5577	12.6883	17.776	22.898	7.111
40 d	7.7553	0.1859	0.1761	27.559	23.132	6.865

不同浓度 GA 处理对原原种休眠中的几种激素总量的影响在各时期的变化均有起伏，但在处理前期，激素总量由 40 ppm 处理的 11.151 μg/g · FW 增加到 0 ppm处理的 44.685 μg/g · FW，而处理后期由 40 ppm 处理的 27.559 μg/g · FW 减少到 0 ppm 处理的 6.865 μg/g · FW，表现出随着 GA 处理浓度的加大，增加处理前期激素总量，而降低后期激素总量的趋势。

可见不同浓度外源 GA 处理对内源激素的作用强度和作用时间存在差异。就影响强度而言，高浓度（40 ppm）处理对内源 GA、IAA 和 ZT 的影响作用强度大于低浓度（20 ppm）处理。对 ABA 和 JA 的影响强度，两种处理的差异不明显，而 ABA 和 JA 的主要作用是促进块茎发育，抑制休眠，表明外源 GA 对内源激素的影响主要是通过影响生长促进激素来影响各激素的平衡，最后达到影响块茎休眠的目的。就作用时间看，高浓度发生作用的时间均比低浓度的作用时间提前，且作用持续时间更长。说明高浓度的外源 GA 对内源激素的影响不仅表现在影响强度上，还表现在影响作用时间的持续上，具有双重影响作用。生产中根据实际需要选择合理的处理浓度，从解除休眠的角度讲，取合理浓度的上限有利于块茎休眠的解除。

（二）外源赤霉素对原原种物质转化的影响

马铃薯休眠解除过程中存在着复杂的生化反应和变化，而生化反应必然影响块茎内的物质转化。研究表明，对原原种喷施GA后，影响了淀粉的分解和可溶性糖的消耗。外源GA处理的原原种的可溶性糖变化趋势一致，有一个先升高、后降低又升高的变化趋势，而不施用的处理在最后期又有一个小的下降趋势，但高浓度处理（40 ppm）的变化幅度小于低浓度处理（20 ppm和0 ppm）。外源GA处理使淀粉降低速度加快，而未使用的淀粉转化慢。表现出随着外源GA浓度的增大淀粉转化速度增加的趋势，表明外源GA加快了淀粉的分解和转化。

马铃薯块茎在休眠解除过程中除了发生一系列复杂的生理生化变化外，自身的物质代谢也继续在进行，通过物质间的转化，为休眠解除和建立新的物质系统提供能量和新的结构物质。研究结果表明，外源GA促进了原原种淀粉的分解，降低了可溶性糖的含量，并表现出随外源GA浓度的增加淀粉分解加快的趋势，可能的原因是外源GA促进了原原种休眠的解除，增强了体内的生理生化反应，需要消耗更多的能量和供给更多的结构物质，以便建立一个休眠解除后新的生理生化系统。因此采取合理的措施，以促进原原种内部的物质转化，是解除原原种休眠可以考虑的方向。

第四节　原原种、原种、生产种高产栽培技术

通过组培实验室、网室生产的马铃薯原原种到农户手中可用的生产种还需要经过多代繁殖，因此仅靠实验室、网室或者保护地生产，其生产的规模及能力十分有限。由于原原种母体具有营养小、抗逆能力弱、休眠期长等特点，因此不能像马铃薯大田生产那样对待，有其自身的生产繁殖规律，生产上业已形成了一套相对成熟的栽培管理技术。

一、马铃薯原原种高产栽培技术

（一）马铃薯原原种生产的意义

规范的原原种生产可以有效保证品种质量，有效增加繁殖系数，有效防止病毒的再次侵染。

（二）马铃薯原原种不同生产方式的技术要点

马铃薯原原种生产一般可采用两种方式：第一种是通过脱毒苗扦插繁殖，第二种是利用脱毒小薯（试管薯）直接再繁殖。

1. 脱毒苗扦插快繁

由于试管苗或试管薯的快速繁殖需要较好的设备条件，技术较为复杂，生产成本较高，因此需要在防虫温网室中大量繁殖脱毒微型薯，其生产方式分有机质

栽培法和无基质栽培法。

(1) 有机质栽培法。

有机质栽培法有土壤扦插繁殖和无土栽培繁殖两种：前者以土壤作为扦插基质，施以底肥扦插马铃薯试管苗，该法繁殖系数低，大小不均匀，效率低；后者用砂、珍珠岩、蛭石等代替土壤作基质，高密度扦插脱毒试管苗，人工控制马铃薯生长的各种营养成分，使其在短期内结薯，以加快脱毒种薯的生产，该法因具有用工少、省水、省肥、成本低、可实现微型薯的工厂化生产的特点，成为生产马铃薯微型薯的主要技术。

①可防虫的温室及附属设备设施。

原则是以防止微型薯在生产过程中再感染病毒为前提，温室应具有隔离虫源、夏季可降温、冬季可升温的特点；网室也具有隔离虫源，可在春、夏、秋季工厂化生产微型薯的特点。多用珍珠岩，但在进行扦插前，珍珠岩必须用1%～2%的甲醛水溶液进行消毒处理才可使用。

②试管苗移栽。

取无菌培养1个月左右、有7～8片叶的马铃薯脱毒试管苗，在扦插前4～5 d开盖炼苗，然后取出，洗净根部培养基，移栽时用镊子将基质压割成1～2 cm深的槽沟，将试管苗根部及茎基部1～2个节置于槽沟内，覆上基质，用水缓慢浇湿，以便根部与基质密接，易于成活。覆上遮阳网。扦插密度200～400株/m^2。

③剪茎段扦插。

定植的脱毒苗长至8～12 cm时，用75%乙醇消毒，剪去顶端2～3节，在生根剂（30 ml/LNAA）中浸泡15～20 min，按450～550株/m^{2}扦插，腋芽埋在基质中，叶片露出，浇透清水，盖上遮阳网，剪去顶端的腋芽，再剪侧枝顶端2～3节，按上述方法再行扦插。根据需要反复剪苗，短期内可达到所需苗数。

④日常管理。

试管苗或扦插初期，一般不浇营养液，只需保温（15～27 ℃）、保湿（70%）、遮阳通风，待生根成活时开始浇营养液，每5～7 d浇一次。每隔一定时间应喷洒1次防治蚜虫的药剂，如抗蚜威等。

⑤微型薯的收获。

当种苗变黄即可收获微型薯，新收获的微型薯含有较高水分，可放在盘子里晾干，不能在阳光下直晒，晾干的微型薯装入布袋、尼龙袋及其他容器中。

(2) 无基质栽培法（雾培法）。

无基质栽培法主要是气雾法，即将马铃薯脱毒苗直接固定在空气中，定时、定量向其根部喷雾供给养分，人为调节和控制马铃薯生长发育，达到结薯目的。马铃薯无基质喷雾栽培不受土壤、气候等条件的限制，可人为地控制和调节马铃薯生产条件，实现工厂化生产、自动化管理，扩大了种薯的繁殖倍数。

雾化快繁技术是采用将脱毒苗直接定植到结薯箱上，通过动力吸取营养液，并利用喷雾设备雾化，在微电脑的控制下定时供给脱毒苗，保证了脱毒苗生长健壮，从而改善了脱毒原原种的生产技术。优化了营养液并通过设施的自动调控使植株结薯习性从有限生长发展到相对的无限生长，比传统的网棚基质脱毒原原种繁育方法的单株结薯数提高了 15～30 倍。目前，雾化快繁技术已成为马铃薯脱毒种薯繁育体系中重要的技术组成部分，凉山州马铃薯良种繁育中心引进了雾化快繁技术并成功进行了技术改造。

首先将培养室中培养得到的脱毒苗放在温度 25 ℃、有较强的光照条件的温室内炼苗 5～7 d，使其变粗变壮。然后将炼好的脱毒苗定植于已打好孔的盖板上，盖板下要留有腋芽，将露出部分的叶片剪掉，以防腐烂引发病害的发生。盖板上留有 2～3 片叶。脱毒苗的定植最好选择在阴天或每天下午 3 时以后进行，定植前温室用福尔马林 100 倍液喷雾或按 2.25 kg/m^2 进行熏蒸灭菌。脱毒苗定植后 5～7 d 为过渡期，前两天用清水喷雾，3 天后改用 50%浓度营养液喷雾。营养生长时期用营养液进行喷雾，喷雾时间一般控制为每 5 分钟喷雾 30 秒。脱毒苗生长期间要求一定的生长条件，每周需用硝酸或氢氧化钠溶液对营养液的 pH 值进行一次调节，使营养液的 pH 值保持在 5.8 左右，营养液温度要求在 18～20 ℃，日照时数保持 13～15 h/d，光照强度为 3 万～4 万勒克斯，空气湿度 70%～80%。微型薯在生长过程中连续膨大，应 4～5 d 采收一次，由于此时处于高湿环境，因此采收后应立即用 750 倍克露或 800 倍达科宁浸泡并立即捞出晾晒 1 d 后冷藏。

①炼苗。

试管中马铃薯脱毒苗培养到 5～6 cm 大小时，用薄海绵把脱毒苗固定在 5 cm 厚的固定板上，其下置一个水槽，水槽里放营养液和空气发生器便于供氧；或把马铃薯脱毒苗固定在固定板上，然后直接在定时喷雾装置下炼苗，两种装置都在 16 h 的长日照下进行。

②定植。

脱毒苗长到 6～7 cm 时，在距离腋芽很近的部位用刀切下，定植到 5 cm 后的固定板上，用定植培养基进行培养，定植距离为 40 cm×25 cm。根部裸露在槽里，利用自吸泵把营养液定时喷在马铃薯脱毒苗的根系部位，由于氧气充足，有利于根系发育。

③结薯。

等地上部长到一定大小时，更换结薯培养基，诱导匍匐茎及块茎膨大。

2. 温室扦插剪切繁殖苗

（1）建基础苗床。

基础床的基质是蛭石、珍珠岩、草炭土。试验表明，草炭土与珍珠岩混合基质疏松透气，保水性能好，富含有机质，有利于试管苗根系延伸和匍匐茎形成分枝，是假植苗扦插的最好基质。将已过筛消毒的草炭土与珍珠岩（新的珍珠岩不必消毒）混合基质铺 10～15 cm 厚，整平、浇透水；封闭温室提温备用。

移栽基质用珍珠岩与森林土 1∶1 的混合基质。移植前先对网室基质消毒、除草、去杂、整平。采用双垄栽培，大行 40 cm，小行 20 cm。开沟施肥，由于基质富含有机质，应施 20～30 g/m^2 三元复合肥并拌匀。

（2）炼苗与扦插。

目前原原种生产一般是以脱毒试管苗为扦插基础苗，由于刚出瓶的试管苗比较弱小，抵抗能力差，必须先将自然光照下培养 20 d 以上的试管苗揭膜炼苗 3～5 d 后，方能假植。取苗前在试管瓶内加入少量水，轻轻晃动，取出苗，洗去培养基，按要求扦插。基础苗一般栽植密度为 600 株/m^2，即株行距 5.5 cm×2 cm。浇足定根水，加盖遮阳网并保持一定湿度。7 d 后查缺补漏，以利苗齐苗全；试管苗定植深度为 1.5～2.0 cm，扦插结束后，浇上已在温室内放置 1 d 以上的水，将苗畦浇透，然后喷洒青霉素溶液（80 万单位兑水 2.5 kg/每瓶）防止细菌性病害，同时抑制森林土发酵引起土温升高烧苗。

（3）基础苗剪切与剪切苗的移植管理。

试管苗扦插 10 d 后幼苗长出新根，逐渐开窗和去掉遮阳网，保持湿度，并施 0.1%～0.3%的营养液，20 d 后基础苗长出 5～8 叶时可剪切第一次，剪切前须对剪刀、器皿、手等消毒。剪下茎段放入生根剂中浸泡 5～10 min（以利生根），每隔 15～20 d 可剪切一次，剪切后对基础苗加强肥、水管理。

4. 病虫害的防治与管理

苗成活后及时中耕除草并结合第一次培土，幼苗期不干不浇水，以利苗壮；苗长至 20 cm 时视苗情追肥，第二次除草培土；植株封垄前第三次培土。网室内马铃薯的病害主要是晚疫病，雨季湿度大，应在叶片无水珠时及时喷药。防晚疫病可用雷多米尔 500 倍液喷雾，7～10 d 喷一次，一般喷 2～3 次。虫害主要是蚜虫、潜叶蝇等，由于蚜虫可传播病毒，因此要严格防止蚜虫的发生。潜叶蝇可用 20%的斑潜净微乳剂 3000 倍喷雾或黄牌诱杀。

5. 收获

基础苗茎尖空心不宜再剪茎尖，应及时将小薯摘出后栽入网室或让其在苗床上生长，待种苗变黄、微型薯大约长至 2～5 g 时即时收获（一般移植 60～70 d 后下部叶片枯黄便可收获）。收获前一周割秧，以利于种薯老化，避免病害侵入薯块。收获时尽量不要弄破种皮和薯块，种薯浅层堆放 5～10 d 后分级考种，种薯置于盘子里晾干后装入布袋、尼龙袋或其他透气的容器中，装入网袋置于通风透气、有散射光的室内贮藏。

（三）马铃薯原原种生产的质量要求

第一，不带检疫性病毒和类病毒；第二，不允许品种混杂；第三，严格控制真菌和细菌性病害；第四，在温室或网棚内进行，严格控制虫害；第五，薯块大小在 2～30 g。

（四）马铃薯原原种生产的质量控制

原原种种薯（微型薯）生产的环境条件控制主要包括如下几个方面。

1. 温室（网室）所处环境要求

拟进行原原种种薯（微型薯）生产的温室或网室，一定要远离马铃薯大田；温室（网室）周边不应当有其他茄科植物或易受蚜虫浸染的作物，如向日葵等开黄花的作物；温室（网室）所处的地势有利于灌溉和排水，不受其他建筑物的遮挡。

2. 温室（网室）建设要求

可以用各种材质制作温室（网室），但一定要做到既方便操作又能保证完全密封，不留任何缝隙。特别是建设温室时，一般都配有水帘和风机等降温设施。这些都是容易出现缝隙的地方，一定要注意妥善封闭。水帘外（进风方向）一定要加网纱；风机处一定要做一个推拉的保温窗，开启风机时，将窗户推开，风机停后关上，冬天可以起到保温的作用。网纱选用网眼为 60 目大小的为宜。网眼太大，起不到防虫作用；网眼太小，会影响网室内的光照。

3. 缓冲间要求

所有的温室（网室）都应当修建一个缓冲间。缓冲间需要设置一个消毒池，可放入熟石灰或其他消毒剂。温室中修建缓冲间非常方便。网室修建稍复杂，尤其是与网室连接处容易出现缝隙。网室缓冲间的顶部一定要加一层透明塑料膜，防止下雨时雨水影响到消毒池。

4. 温室（网室）的日常管理和维护

进行原原种种薯生产时，一定要有专人定期对温室（网室）进行检查和维护。当网纱或塑料（塑料温室）出现漏洞时，一定要及时修补。目前市场上有一些专门用于快速修补塑料和网纱的产品，使用非常方便。温室（网室）外 2m 或者温室（网室）之间的空地，最好用碎石覆盖，不能种植其他作物，而且需要控制杂草，不让其成为害虫栖息场所，特别忌讳种植马铃薯植株。

5. 温室（网室）生产的病虫害控制

虽然温室（网室）内生产微型薯病虫害较少，但仍需要对晚疫病、早疫病等真菌性病害进行防治，即使没有发生晚疫病症状，也需要定期喷洒杀菌剂。需要在温室（网室）放置一定数量的诱蚜黄板，监测室内的害虫数量和种类，达到一定程度时，需要喷洒杀虫剂。原原种种薯最常见的土传性病害是疮痂病，需要及时更换培养基质或对基质和营养池进行消毒处理。特别需要注意的是，疮痂病一旦在温室（网室）中发生，很难彻底清理干净，所以一定要注意防止出现此病害。

6. 严格控制外来人员进入生产区域

原原种种薯生产区域（温室和网室）尽可能禁止外来人员进入，防止将病虫害带入温室和网室内。特别是晚疫病孢子很容易被外来人员带入，尤其是刚从发生晚疫病的薯田回来的人员，其衣服上很可能就携带一定数量的孢子。其他土传性病害，如青枯病、疮痂病等很容易通过参观者的鞋子带入到温室和网室中。一定要进入温室或网室参观时（重要的领导和专家），参观者必须穿好鞋套，脱掉外套，换上干净的工作服，经过消毒池后，才能进入。参观时不用身体任何部分接触温室和网室内的植株。

相关的质量控制部门的检验人员应当定期到所管辖的扩繁中心检查温室和网室的质量控制情况，督促各扩繁中心严把质量关。在生产季节需要对温室和网室内进行采样分析，看有无病毒浸染，特别是当对某些温室或网室的植株有疑问时，需要加大采样量。收获前，检验人员应当对所收获的微型薯数量（重量）进行估算，以便发放相应的原原种种薯标签。

为了更好地计数和方便原原种种薯生产播种，有必要将原原种种薯（微型薯）进行分级处理以避免因不同大小种薯混播而造成的出苗不齐、生产管理不便等问题。目前国内有多种方法分级，包括人工分级和机械分级，但缺乏统一的分级标准。根据我们的经验，用分选机器将微型薯按直径可分为 10 mm 以下级、10～12.5mm 级、12.5～15mm 级、15～17.5mm 级、17.5～20 mm 级、20～25mm 级和 25mm 以上级等 7 级，基本上能够有效地解决原原种种薯分级问题。

（五）原原种种薯标签设计

根据《中华人民共和国种子法》第五章第三十五条规定，销售的种子应当附有标签，标签应当标注种子类别、品种名称、产地、质量指标、检疫证明编号、种子生产及经营许可证编号或者进口审批文号等事项。标签标注的内容应当与销售的种子相符。

根据马铃薯的特点，建议原原种种薯的标签设计包括以下内容：在显著位置上标明 G1 种薯（原原种）、品种名、产地、分级规格（直径 mm）、包装重量（kg）、生产单位、包装日期、质量检验单位等。

附有四川省农业厅设计的带有条码的 G1 种薯标签，可对 G1 种薯质量监督和追踪。

（六）生产模式推荐

1. 2+2+2 之 3 G 模式

（1）组培苗繁育 2 个高峰期。

第一高峰期：3 月份为生产秋季小薯供苗；

第二高峰期：10 月份为次年生产春季小薯供苗。

（2）网室原原种繁育的 2 个高峰期（G1）。

第一高峰期：1～3 月份生产秋用原原种；

第二高峰期：10～12 月份为次年生产春用原原种。

（3）简易网室或隔离条件好的大田原种繁育的 2 个高峰期（G2）。

第一高峰期：高山春繁，为生产提供秋用原种；

第二高峰期：平坝秋繁，为生产提供春用原种。

（4）简易网室或隔离条件好的大田合格种繁育的 2 个高峰期（G3）。

第一高峰期：高山春繁，为生产提供秋用合格种；

第二高峰期：平坝秋繁，为生产提供春用合格种。

2. 凉山州高山及安宁河谷 4+4+2+2 之 3 G 模式

（1）组培苗繁育的 4 个高峰期。

第一高峰期：1～2 月份为 2～4 月生产原原种供苗；

第二高峰期：4～5 月份为 5～7 月生产原原种供苗；

第三高峰期：7～8 月份为 8～10 月生产原原种供苗；

第四高峰期：10～11 月份为 11 月至次年 1 月生产原原种供苗。

（2）网室原原种繁育的 4 个高峰期（G1）。

第一高峰期：2～4 月生产原原种（用于生产秋用原种）；

第二高峰期：5～7 月生产原原种（用于生产秋用原种）；

第三高峰期：8～10 月生产原原种（用于生产春用原种）；

第四高峰期：11 月至次年 1 月生产原原种（用于生产春用原种）。

（3）简易网室或隔离条件好的大田原种繁育的 2 个高峰期（G2）。

第一高峰期：高山春繁，为生产提供秋用原种；

第二高峰期：平坝秋繁，为生产提供春用原种。

（4）简易网室或隔离条件好的大田繁育合格种的 2 个高峰期（G3）。

第一高峰期：高山春繁，为生产提供秋用合格种；

第二高峰期：平坝秋繁，为生产提供春用合格种。

二、马铃薯原种高产栽培技术

（一）马铃薯原种生产的意义

可以有效保证种薯品种质量，可以有效增加繁殖系数，可以有效防止病毒的再次侵染。

（二）马铃薯原种不同生产方式的技术要点

根据各地的气候条件、种植季节、种植用途（如粮用、菜用、深加工和饲用等）来选择适应性较强、产量较高、群众容易接受的品种作为下一步繁殖原种的品种。

1. 用脱毒苗扦插繁殖

选用适宜的基质，如蛭石、珍珠岩、无菌细沙、泥炭、草炭等作为苗床，提前5～7 d进行消毒和灭虫处理，苗床厚度一般为10～15 cm，pH值为6～7。用镊子将苗龄20～25 d、苗高8～10 cm、茎粗0.6～0.8 mm、叶片数5～8片的脱毒苗从培养瓶中取出，在清水中洗去根部的培养基，按一定密度移栽到苗床上，压实基部基质。移栽后，苗床可加盖薄膜以保温保湿提高成活率，7 d以后揭开薄膜，并使用营养液进行合理的肥水管理，待幼苗长至15～20 cm后，采集长10 cm左右的茎段，剪成3 cm左右的茎段，每茎段保留一个腋芽和一小片叶，用浓度15 ppm的萘乙酸浸泡扦插部位15 min促进生根，然后按一定密度扦入苗床上，加盖薄膜保温保湿，10 d后揭开薄膜。成活后进行合理的肥水管理，并严格去杂、去劣和去除病株。植株达到生理成熟前7 d清除地上部茎叶，成熟后采用人工收获并按马铃薯脱毒种薯贮藏条件进行窖藏管理。

2. 用脱毒微型（试管）薯繁殖

(1) 微型薯的催芽处理。

对于刚收获或未出芽的微型薯，临近播种时需要进行催芽处理，以打破其休眠。催芽处理常用两种方法：一种是化学药剂催芽处理，另一种是物理方法催芽处理。化学药剂一般采用30 ppm赤霉素水溶液浸泡微型薯15～20 min后捞出，也有采用10 ppm赤霉素水溶液加多菌灵、农用链霉素等杀菌剂进行喷雾后，放置于阴凉、通风、干燥处1～3 d，除去多余水分，然后用干河沙或半干珍珠岩粉覆盖，保持一定温度、湿度。一周左右，微型薯开始出芽，10～15 d芽基本出齐。待芽出齐后，把微型薯从覆盖的沙或珍珠岩粉中清理出来，放在通风、干燥、有散射光照射的地方壮芽，待变绿后即可播种。物理催芽的方法是将微型薯与略湿润的沙子混合后装入塑料袋中，塑料袋适当穿几个孔，放在气温较高(25～30 ℃）并有散射光照射的地方，经过20 d左右即可发芽。

（2）微型薯的播种。

微型薯由于个体小，保存和种植不当易腐烂或干瘪，一般须出芽后方可种植。微型薯的种植规格为：行距 30～50 cm，株距 15～20 cm，具体密度依品种和微型薯大小确定。最后盖一层 3～5 cm 的细土，并适当浇水，保持一定温湿度。为方便管理，最好实行宽窄行种植。

（3）微型薯播种后的管理。

微型薯播种出苗后的管理，主要是苗期、蕾期、盛花期的除草、松土、追肥、培土、拔除病杂株、病虫害防治等措施。苗期追肥以氮、磷肥为主，一般用 0.1%磷肥水溶液浇施或叶面喷雾；蕾期追肥主要以钾肥为主，一般用 150～225 kg/hm^2 硫酸钾追施；盛花期要适当进行高培土，并适当打顶尖、摘花蕾、去除脚部黄叶等，有利于结薯。各生长期均要用抗蚜威、0.1%的乐果防治蚜虫。若发现有地老虎、黄蚂蚁等地下害虫时，应及时用呋喃丹、功夫、甲胺磷、蚂蚁净等喷雾土壤杀灭害虫。

（4）露地茎段扦插扩繁原种。

为了加快原种的繁殖速度，在种薯播种后的旺盛生长期，可切取上层茎段扦插育苗，待茎段生根成活后带土移栽到大田，一般能提高繁殖系数 10 倍以上。

3. 用脱毒小薯繁殖

原种生产不可能只在温、网室内进行，这样种薯的繁殖数量少、成本高，解决不了大面积生产的急需问题，可用原原种繁殖。在自然条件好（高海拔、蚜虫少、气候冷凉）、天然隔离条件较好、周边 800 m 内无其他级别种薯或商品薯等条件下，利用原原种生产出来的种薯，大小控制在每块 75 g 以下，不带各种真、细菌病毒，田间病毒株率不超过 1%。

（三）马铃薯原种生产的条件

我国的种子工作发展到今天，已进入现代化商品种子的生产阶段，建立种子生产基地是商品种子生产的重要保证，种子生产基地应当向专业化、规范化、产业化方向发展。必须选择适当的生产基地繁殖原种。种子生产的生态条件主要是指自然条件，包括气候、土壤、生物群落等，影响种子生产的气候条件主要有无霜期、日照、温度、年降雨量和雨季分布等。马铃薯原种生产条件的选定有以下几个。

1. 区域确定

应该选择高海拔、高纬度、气候凉爽、风速大的地区（这些地区对蚜虫繁殖、迁飞、取食和传播都造成困难）以及昼夜温差大、生长期内日照时间长、交通便利的地区。

2. 地块选择

应该选择基础及隔离条件好的种植地、蚜虫等害虫少的冷凉地或有天然屏障的区域。原种田四周 5~10 km 内不能种植异品种马铃薯、茄科植物等，使蚜虫丧失可以生存的寄主；选择土层深厚、土质疏松、富含有机质、不易积水的沙壤土。

3. 茬口安排

种薯田必须是 3 年以上没有茄科作物种植的轮作地块，脱毒马铃薯繁育的前茬以禾本科和豆科作物为好。

（四）马铃薯原种生产的规范要求

马铃薯原种要求 100%的纯度，不能感染危险的癌肿病、线虫病、病毒及类病毒等。利用天然屏障和隔离条件种植原种，真菌和细菌病害不能超过 0.1%。在原种生产阶段应严格控制病毒侵染，轻花叶病不应超过 0.1%，重花叶病不允许出现。

（五）马铃薯原种生产的关键技术要点

马铃薯作为种薯生产，除一般的栽培技术之外，尚有一些特殊的要求。马铃薯脱毒原种生产就是将脱毒苗生产的微型种薯（即原原种）在大田土壤中生产、收获的农业栽培技术实施过程。

1. 原种生产中的关键技术要点

（1）防止病毒的感染具体措施：在病毒病害多发区采用网室种植，在病害少的地区采用自然隔离种植——高海拔（适宜种马铃薯的海拔范围）无马铃薯和茄科等同病源作物种植的地区。

（2）马铃薯施含氯的肥料要适量。

（3）微型薯的休眠期较长，切忌种植未通过休眠期的原原种。

（4）原种生产要求种植在水肥条件较好的地块。

2. 栽培技术规程

（1）播前准备。

①选茬。

前作以禾本科（冬春麦、青稞）及豆类作物茬为好，忌连作。轮作年限应在三年以上，不宜与茄科（烟草）等作物轮作。

②整地。

马铃薯是地下块茎作物，对土壤孔隙度要求较高，前作收获后，及时深耕 20~25 cm，犁土晒垡，秋后浅耕打糖保墒，达到墒饱地平、土细疏松。地下害虫和鼠害严重地块，结合耕地施 0.3~0.5 kg/667m^2 辛硫磷配成毒土防治。

③种薯（原原种）的选择和处理。

选择已通过休眠期（开始露芽）、粒重 1.5 g 以上的无病毒及其他病害的原原种，注意未通过休眠期的原原种一定不能种植，因为原原种的休眠期比较长，当年收的原原种要采用人工打破休眠的方法，一是热冷交替处理，二是药物处理。

(2) 科学施肥。

以含钾较多的农肥为主，增施一定量化肥，重施底肥。

①施肥量。

施以厩肥、炕土、草木灰、羊粪等为主的农家肥 3000～4000 kg/667m^2，施化肥纯氮 10 kg/667m^2、纯磷（P_2O_5）10 kg/667m^2、纯钾 10 kg/667m^2。

②施肥方法。

施农家肥与氮肥 7.5 kg/667m^2、磷肥 10 kg/667m^2、钾肥 7 kg/667m^2 混合作基肥，集中条施或穴施（不能施含氯元素的化肥），马铃薯现蕾期追氮肥 2.5 kg/667m^2、钾肥 3 kg/667m^2。

(3) 精细播种。

①适期播种。

播种期以 10 cm 深地温稳定在 8～10 ℃为宜，一般在 4 月下旬～6 月上旬。

②合理密植。

原种生产的原则是增加繁殖系数，因此对密度要求大，一般生产密度 10000 株/667m^2。

③播种方式。

实行垄沟种植，每垄种两行，垄幅为 80 cm，沟深为 10 cm 左右。垄上行距为 30 cm，以垄中线为界等距种植，株距为 24 cm。播种深度为 10～12 cm，一般采用开穴点播方式。

垄沟种植的目的有两个：一是易排水、易灌溉和减轻土壤板结；二是薯块形成均在垄中，保证种薯不出现畸形。

④地膜覆盖栽培。

地膜覆盖栽培是解决高海拔地区前期地温低的一项有效措施，其栽培要点是将垄土上覆膜，其他栽培同上。

(4) 田间管理。

①查苗补苗。

出苗后及时查苗补苗，保证全苗。

②中耕除草。

现蕾前（苗高 16～20 cm）中耕 10～13 cm，现蕾期浅锄 6～10 cm，起到松土、除草、保墒作用。

③培土。

现蕾期从垄的两侧各取 5~6 cm 的土和垄沟取 6~8 cm 培放在垄面，使之形成 18 ~ 20 cm 高的垄，结合培土追施速效氮肥 2.5 kg/667m^2、速效钾3 kg/667m^2。

④病虫害防治。

马铃薯病害防治是重中之重，原则是预防为主、治病为辅，一旦发生了真菌性病害（早晚疫病），要治愈得难度很大。这里提供几种常用农药：代森锰锌、甲霜灵锰锌、霜霉疫净、杀毒矾、克锰、安泰生、雷多米尔等。一般要求干燥、雨水少的季节 7~15 d 喷施用药一次；如果雨水多，湿度大的时候，要求一周喷一次；一旦发现病害，每天喷一次农药直到安全控制为止。用法依据使用说明，一般用几种农药交替喷施，不能单用一种农药，细菌性病害用农用链霉素按说明结合真菌性病防治进行。

⑤防冻。

在高海拔地区没有绝对无霜期，种植马铃薯在苗期注意防霜冻，特别是地膜覆盖种植更为重要，方法为烟雾法。

⑥灌水。

苗出全后，灌水一次，现蕾期培土后灌水一次，注意灌水不能积水，要求灌过水。

(6) 收获与贮藏。

①适时收获。

茎叶呈现黄色，中基部叶片枯萎、薯皮老化，薯块易从脐部脱落时收获。

②贮藏。

入窖前清除病、烂薯和有伤口的薯块，入窖时轻倒轻放，防止碰伤，窖内薯堆不宜过厚，堆放数量不能超过窖容的 2/3。贮藏期间两头防热，中间防冻，窖温保持 1~3 ℃，并注意通气。

（六）马铃薯原种生产质量控制

原种生产是在开放条件下进行的，所以对生产场所的环境条件和土壤条件要求较高。

1. 地理气候条件

准备生产原种种薯的场所，应当选择海拔高、气候冷凉、隔离条件好的地方，由于 G2 种薯的生产成本较高（购买 G1 种薯投入较大），尽可能选择有灌溉条件的土地进行种薯生产，以提高种薯生产的经济效益。一般尽可能远离其他 G3 种薯或商品薯生产田块，至少相距 800 m 以上。800 m 范围内需要避免有其他茄科作物，如番茄、辣椒和烟草等；也需要避免种植开黄花的作物，如向日葵等。桃蚜是马铃薯病毒的主要传毒媒介，G2 种薯尽可能远离果园或其他易成为蚜虫栖息地的场所。

2. 土壤条件

最近 3～5 年内发生过土传病害癌肿病、青枯病、环腐病和疮痂病的土壤，不能作为 G2 种薯生产田地。G2 种薯地的前茬作物不能是马铃薯和其他茄科作物，因此要求建立 G2 种薯生产农场（乡镇或村庄），需要很好地进行作物轮作规划，保证马铃薯和其他轮作作物都能取得最好的经济效益。

3. 病毒病控制

在生产季节，一般至少检验调查 2 次以上。新国家标准要求进行 3 次田间检验：第一次田间检验应当在现蕾期进行，第二次田间检验在盛花期进行，第三次田间调查在收获前 4～5 周进行（马铃薯植株开始衰老时）。鉴于四川省及攀西地区的条件，检验应当以目测为主，对可疑的植株可采样进行 ELISA 分析。在第一次田间调查时，当病毒株率较小时（不超过 1%），可通过人工去除病株的方法，将有病毒症状的植株连同块茎一起清理出 G2 种薯田。如果病毒株率超过 1%而低于 5%时，除了拔除病毒株外，还要考虑将其降级。如果病毒株率超过 5%时，可以考虑让其作为商品薯。如果出现降级或转为商品薯的情况，生产者需要确认是 G1 种薯质量问题还是生产管理中的问题，并进行善后处理。

4. 真菌性病害控制

由于一般种薯质量标准对种薯块茎带真菌性病害有一定的要求，因此在田间管理时，一定要防止这些病害的发生。危害马铃薯的真菌性病害有 20 余种，但其中重点的真菌病害有晚疫病、早疫病、黑痣病、湿腐病和干腐病。这些病害都会在叶片或植株上表现出一定的病症，容易识别。进行 G2 种薯生产的控制目标是在 G2 种薯生产的田间看不到任何真菌性病害的症状。一旦出现某种真菌性病害，很难达到种薯块茎的质量标准。根据当地气候条件，或参考历年发病规律，或通过预测预报工具，在关键时期喷洒相应的杀菌剂，是真菌性病害的防治关键。

5. 细菌性病害控制

在 G2 种薯生产时，要求选择近几年没有发生过癌肿病、青枯病、环腐病和疮痂病等土传细菌性病害的土壤。因此，对细菌性病害的防治主要是防止外来病源的进入，特别是注意工具消毒，防止外来人员和参观者带入病源。在 G2 种薯生产农场，应当设有消毒池，让外来车辆进入时经过消毒池，外来人员（包括田间检验人员）到田间参观或调查时，一定要穿一次性防护用品（过膝的塑料靴套和一次性手套等），并做好消毒处理。田间检验人员，每进入一个 G2 种薯繁育农场必须更换一次工作服，更换一次性防护用品。

6. 虫害控制

虽然 G2 种薯生产的场所一般气候冷凉，各种虫害较少，但在生产季节的某些阶段可能某种群数量会达到较高的水平，需要及时喷洒杀虫剂进行防治。

7. 种薯贮藏条件

准备贮藏 G2 种薯的贮藏库使用前应当消毒，特别是年年用来贮藏马铃薯种薯的库需要进行严格的消毒处理。常用的消毒剂有生石灰、高锰酸钾、甲醛和硫黄等。如果贮藏库有可移动的木箱、支架、通风管道、木板等可拆卸和搬动的物品，最好放在室外干净的空地喷洒消毒剂，然后利用阳光暴晒消毒。与此同时，库体可用熏蒸的方法进行全面消毒。

8. 种薯分级处理

为了方便 G3 种薯生产，减少病虫害的传播，希望尽可能用整薯播种生产 G3 种薯。G2 种薯生产时，可采用控制密度和提早杀秧等措施，将块茎大小控制在可用于整薯播种的范围内。如果生产中不能很好地控制块茎大小，或者为了追求 G2 种薯的产量，有时块茎可能会较大，作为 G3 种薯的种薯时，播种时需要切块。为了提高 G3 种薯的播种质量，方便生产管理，建议将 G2 种薯进行分级处理。分级可以在入库前进行，也可以在出库前进行。可用机器将 G2 种薯分为 28 mm 以下级、28～35 mm 级、35～45 mm 级、45～55 mm 级和 55 mm 以上级，这种分级与欧洲现行的分级一致，便于中国种薯走向世界。其中最佳的级别应是 28～35 mm 和 35～45 mm 两个级别，它们不需要再进行切块处理；28 mm 以下级的块茎太小；45 mm 以上的种薯太大。

9. 切忌使用任何类型的抑芽剂

任何品种、任何代数、任何级别的种薯都不能使用任何抑芽剂。尽管生产上还没有人将抑芽剂用于种薯，但某些贮藏指南或贮藏标准错误地建议用抑芽来调控种薯的发芽时间。但几乎所有的抑芽剂使用说明上都会重点强调：抑芽剂不能用于种薯，使用过多的抑芽剂的块茎需要与种薯隔离贮藏等。

无论哪代种薯在搬运和贮藏过程中，都应当轻拿轻放，防止产生机械损伤，导致种薯腐烂或增加种薯的外部缺陷。

三、马铃薯生产种高产栽培技术

（一）马铃薯生产种生产的意义

可以有效保证种薯品种质量，可以有效增加繁殖系数，可以有效防止病毒的再次侵染。

（二）马铃薯生产种生产方式的技术要点

1. 选择地区建设农场

（1）选地。

种薯生产基地在不同地区差异明显，带病毒的种薯在气候凉爽、昼夜温差大的高纬度、高海拔地区种植，减产缓慢，可以较长期种植。同样带病毒的种薯，调种到温暖的地区，在种植过程中，随着温度的升高，病毒增殖快，当年即表现出明显病毒症状，导致减产。试验研究脱毒种薯接种了 PVX+PVY 后，分别种植在 16 ℃和 26 ℃的条件下，26 ℃条件下生产的块茎中病毒比 16 ℃的高 4 倍。

种薯生产基地应建在高海拔、冷凉山区，具备贮藏、运输条件，能排能灌，集中连片。选择蚜虫少的冷凉地点或高山上种植，利用天然屏障和隔离条件种植生产种。检疫性有害生物包括马铃薯癌肿病、马铃薯甲虫，限定非检疫性有害生物包括马铃薯青枯病菌、马铃薯黑胫病菌、马铃薯环腐病菌。在严格选择了产地的基础上一经发现有检疫性病虫害，就要立即报告并进行有关疫情处理和药剂保护。种薯繁育地必须实行 1～2 年以上与其他非茄科作物的轮作。

作为种薯生产的农场，尽量远离其他单位或个人的商品薯田块，选择 3 年以上未种过马铃薯的地块，要求土层深厚、土质疏松、排灌良好。地块要相对平坦，没有自然和人为的障碍物妨碍喷灌运转。

（2）设备购置、安装。

根据地块大小选择喷灌系统，于翻地之前完成安装和调试，购置翻地犁、旋耕机、四行播种机、四行中耕机、宽幅 21 m 的打药机、四行杀秧机、两行收获机。

2. 播前准备工作

（1）取样测土。

测定土壤的 pH 值、有机质和有效 N、P、K 及微量元素的含量。如果 pH 值大于 7.8，用石膏粉改造土壤，用量为 50～200 kg/667m^2 或施用酸性肥料如硫酸铵等。

（2）田间设计。

由于喷灌系统覆盖的面积是一个圆圈，必须把马铃薯种植在“雨水”范围内，所以垄的长短是不一样的，通过测量，做好标记，有利于机械作业。

（3）翻地。

根据田间设计进行，翻地深度 30～35 cm，如果土壤过干，先轻灌，再翻地。

（4）施肥。

氮肥施用过多，易使花叶型病毒隐蔽，不利于拔除病株，并影响对种薯质量优劣的评价；氮肥过多，延迟植株成年龄抗性的形成，利于病毒的传播和在植株内的增殖、积累，并延迟成熟。

根据土壤检测结果，一般施纯氮 20～25 kg/667m^2、纯磷 15～20 kg/667m^2（马铃薯需要磷肥数量不大，但实际利用率往往偏低）、纯钾 30～35 kg/667m^2。选用优质的含硫复合肥，有条件的可以增施部分有机肥和微肥。通过施肥机撒施在地表面，预留 1/3 的氮肥和钾肥用于追肥，施肥时避开大风天气并保证抛洒均匀。

（5）耕地。

施肥后立即耕地，保持机器匀速、慢速，注意两幅之间应稍微重叠，提高耕地效果。

（6）灌溉。

田间旋耕会造成水分损失，所以旋耕结束后如果土壤较干，要进行轻灌，准备播种。

3. 种薯处理

（1）种薯选择。

作为农场化种薯标准化生产，种薯选择是非常重要的。没有好的种源，就很难生产出优质种薯，推荐应用微型薯的生产后代生产商品薯种薯。

（2）出库、运输。

出库前应该把种薯温度升至 10～12 ℃，有利于减少伤害，打破休眠。运输时注意保温并使用草帘防止和减少碰撞造成的破皮和伤口，小心卸车减少种薯受伤。

（3）切芽。

采用人工的方法切芽。推荐芽块大小 40 g，过小茎数减少，生产的种薯薯块不均匀；过大增加成本。注意尽量减少盲芽（没有芽眼）。

（4）种薯处理。

切芽时剔除杂薯、病薯、烂薯和内部变色的薯块，用 75％的酒精消毒切刀，每切一个薯块消毒切刀 1 次。切得芽块立即用 70％的甲基托布津拌种 30 kg。

4. 播种

（1）播期。

为了防止芽块低温感染丝核菌造成群体不良或严重的烂芽块，种薯生产应适当晚播。土壤 10 cm 地温达到 10 ℃时播种，避免因堆放或通风不良造成切面感染。

（2）播量。

用种量 200 kg/667m^2。

（3）播深。

地面以下 6～8 cm，沙壤深些，黏土浅些。

（4）密度。

行距 90 cm、株距 15 cm 左右，植 4900～5000 株/667m^2。种薯生产基地都在高纬度或高海拔地区，这些地区气候凉爽、昼夜温差大，非常适合马铃薯的生长，如不增加密度，块茎大的可达 500 g 以上，后期结的块茎又很小，仅 25 g 左右，大大小小的块茎混在一起不适宜做种薯出售。生产商品薯时，其主茎数控制在 20 个/m^2；生产种薯时，其主茎数增加至 30～35 个/m^2，大块茎比例显著下降，28～40mm 小块茎增加，通过分级，使每个包装内的种薯大小一致。

（5）种植方法。

调整播种机，达到要求的深度和株距。调整好在它上面的药罐压力，把药液均匀喷洒到垄内（为了防止地下害虫，应用锐胜 20 g/667m^2；防止块茎或幼苗受病原菌侵染，可用阿米西达 50 mL/667m^2）。为防止芽块腐烂，播种时芽块与土壤温度差别要小于 0.5 ℃，过热、过湿和过冷的天气停止播种。

5. 田间管理

（1）中耕。

播后 2～3 周左右，芽尚未出土，为了保墒、提温、消灭杂草，开始中耕起垄。这时应注意没有苗作参照物，容易偏垄，深度也难掌握，所以要及时检查，指导机手纠正。垄台尽可能大，为将来块茎膨大提供良好的条件，深度控制在 12～15 cm（芽块上方距垄台顶部的距离）。

（2）灌溉。

整个生长季节，马铃薯共需要水约 400～450 mm，依据土壤墒情、天气、施肥量、品种、植株生长阶段来进行浇水。从出苗到始花期、盛花期，灌溉水量逐渐增加，盛花期达到最大值，块茎膨大期开始逐渐减少，收获前 15 d 停水。

（3）追肥。

苗高 5～10 cm 时，把预留的氮肥、钾肥取出 2/3 用施肥机抛洒到田里，另 1/3 从盛花期开始，结合灌溉随灌溉水喷施，收获前 20 d 停止喷施氮肥。

6. 病虫害防治

农场化生产时由于喷灌系统的作用使田间建立了湿润的小气候，为病原菌的发展和传播创造了条件，所以要打破传统的用药观念，整个生产过程进行全程病虫害的防治。推荐整个生长季节至少喷施 10 次杀菌剂、杀虫剂，间隔为 7～10 d，原则是开始间隔长，生长中期间隔短，生长后期间隔再长。遇有晚疫病时要及时缩短间隔至 3～4 d，并根据病害情况增加用药量或选择新药。为了降低成本提高防治效果，原则上要做到保护剂、杀菌剂交替使用，病情较重时，施用银发利（也以施用银发利效果最为理想）。这 10 次杀菌所用杀菌剂的名称和用量推荐如下：

第一次：苗高 5～10 cm 时，应用保护剂，例如大生，用量为 150 g/667m^2。

第二次：苗高 10～15 cm 时，杀菌剂和品种用量如上。

第三次：苗高 15～20 cm 时，应用克露，用量 120～200 g/667m^2。

第四次：始花期，应用阿米西达，用量 30～50 mL/667m^2。

第五次：盛花期，再应用保护剂大生全面落实“脱毒良种、适时早播，增施磷钾、平衡施肥，深松整地、双行垄作，密度四千、垄土三次，综防病虫、科学管理”四十字技术要领，用量 200 g/667m^2。

第六次：块茎形成期，应用金雷多米尔（银发利），用量 120 g/667m^2。

第七次：块茎膨大初期，应用福帅得，用量 35 mL/667m^2。

第八次：块茎膨大期，再应用保护剂大生，用量 200 g/667m^2。

第九次：块茎成熟期，应用可杀得，用量为 150 g/667m^2。

第十次：块茎后熟期，应用可杀得，用量为 150 g/667m^2。

每次喷施杀菌剂的同时配合喷施杀虫剂，防止蚜虫侵染，减少病毒传播。生长前期可以应用功夫等胃毒性杀虫剂触杀；到了生长的中后期，田间郁蔽，下部叶片极易感染蚜虫，这时要用强内吸的杀虫剂，如艾美乐、阿克太。

7. 去杂、除劣和杀秧收获

去杂除劣可消灭病原，减少病毒或细菌病害的扩散。现蕾至开花期是去杂除劣的关键时期。病株上有蚜虫，要喷药，繁种基地可设置黄皿诱蚜。

（1）前期。

农场生产种薯最重要的一环：在团棵期、始花期、块茎膨大期各进行一次拔除杂株、病株、有疑问的植株，把拔掉的植株集中销毁或深埋。不推荐在商品种薯生产中做病毒检测，因为我们只要把眼观的病毒株去除干净就已经很好了。第三次去杂除劣时，植株已经结薯，在拔除植株的同时也要把块茎挖出销毁。

（2）中期。

马铃薯种薯进入生长后期，田间郁蔽，植株抗病能力下降，许多病原菌依附于绿色的植株上伺机扩大侵染或者侵染块茎，这个时期就要把全田的秧子杀死，绿色植株消失，病原菌也就失去了寄主，块茎受感染的机会大大减少。同时还可以使块茎表皮加速木栓化，减少收获、运输过程中的破皮和伤害，进而减少腐烂损失。生长后期杀秧越早，效果越好。推荐应用克无踪或者立收谷，用量为 150 ml/667m^2，第一次喷施后 5～7 d 再喷施 1 次，使整个田块秧子完全死亡。

（3）后期。

秧子完全枯死后两周再开始收获，收获前保养调整好收获机，在操作过程中尽量减少破皮、受伤，收获的种薯及时分选、包装、入库或销售。优质种薯生理年龄幼嫩，前期入库要适当晾晒风干，重点降低湿度；中期贮藏要翻检，低温贮藏，控制在 3～5 ℃，可喷施青鲜素抑芽处理；也可采用窖藏、扎堆等方式。

（三）马铃薯生产种生产的规范要求

2000年颁布的马铃薯种薯标准（GB 18133—2000），对一级种（G3种薯）的要求也非常严格，病毒病病株率小于或等于0.25%，黑胫病和/或青枯病病株率必须小于或等于0.5%。即使二级种（G4代种薯）的要求也非常高，其病毒病病株率必须小于或等于1%，黑胫病和/或青枯病病株率必须小于或等于0.25%。但生产实践中也是很难做到，所以没有真正实施过。

新的国际标准对G3种薯（一级种）质量标准较为宽松，其田间检测质量标准是：混杂株率和总病毒株率都应当小于或等于5%，黑胫病和青枯病病株率都必须小于或等于0.5%。对收获后G3种薯（一级种）的块茎质量要求是有外部缺陷的块茎重量不超过6%，混杂不超过5%，冻伤不超过2%，土壤和杂质不超过2%。

新的质量标准较为宽松，建议G3种薯的质量标准应当达到以下标准：混杂株率不超过1%，总病毒株率不超过5%，黑胫病病株率不超过0.5%，没有青枯病和环腐病病株。对收获后的G3种薯（一级种）的块茎质量要求是有外部缺陷的块茎重量不超过5%，混杂不超过1%，冻伤不超过1%，土壤和杂质不超过1%。纯度应保持在99%左右，卷叶和轻花叶病毒病不宜超过3%，环腐病、青枯病，癌肿病、线虫病和粉痂病均为检疫对象应全部杜绝，轻微的晚疫病、黑胫病和疮痂病应控制在0.1%～0.5%范围。

（四）马铃薯生产种的质量监控

生产种种薯生产场所的环境条件和土壤条件要求可参考G2种薯的要求。

1. 病毒病控制

在生产季节，G3种薯一般要求进行2次田间检验。第一次田间检验应当在现蕾期进行，第二次田间检验应当在收获前4～5周进行（马铃薯植株开始衰老时）。检验应当以目测为主，必要时，对可疑的植株可采样进行ELISA分析。在第一次田间调查时，当病毒株率较小（不超过5%）时，可通过人工去除病株的方法，将有病毒症状的植株连同块茎一起清理出G3种薯田。如果病毒株率超过5%，而低于10%时，除了拔除病株外，还要考虑将其转为商品薯出售。如果病毒株率超过10%时，应当考虑让其作为商品薯。如果第二次田间检验病毒株率仍高于10%，就不应该发给生产者G3种薯标签，让其作为商品薯出售。

2. 真菌性病害控制

可参考G2种薯生产的要求进行G3种薯的真菌性病害控制。

3. 细菌性病害控制

可参考G2种薯生产的要求进行G3种薯的细菌性病害控制。

4. 虫害控制

可参考 G2 种薯生产的要求进行 G3 种薯的虫害控制。

5. 生产种收获后质量控制

一般情况下，G3 种薯（生产用种）将由生产单位在收获期间或收获后很快出售给其他单位或个人，由 G3 使用者进行贮藏。G3 种薯的贮藏要求和 G2 的相同。建议 G3 种薯进行分级处理后再销售。进行商品薯生产时，也尽可能用整薯播种，当种薯直径大于 45 mm 时，需要进行切块来生产 G3 种薯，分级标准与 G2 相同。禁止在 G3 种薯生产期间或收获后使用任何类型的抑芽剂。搬运和贮藏过程中，需要小心谨慎，防止产生机械损伤。

（五）G3 种薯标签设计

根据马铃薯的特点，我们建议 G3 种薯的标签设计包括以下内容：在显著位置上标明 G3 种薯（生产用种）、品种名、产地、分级规格（直径 mm）、包装重量（kg）、生产单位、包装日期、质量检验单位等。可参考四川省农业厅设计的带有条码的 G3 种薯标签制作相应的 G3 种薯标签。

四、种薯生产、经营的关键要素

在种薯的商业化生产中，农民必须用健康种薯开始，并从田里除去病株，以保持种薯的低感染率。商业化种薯扩繁是有如下要求的专门活动：

（1）从事种薯生产的生产者是诚实正直的农民，想要专门从事种薯生产的农民应该从国家科研机构或通过推广单位寻求建议，获得种薯扩繁的培训。

（2）种薯生产经营者——种薯公司能投入资金。从有信誉的商家（通常是研究所）购买基础种薯。

（3）种薯生产经营者——种薯公司能搭建散射光贮藏种薯仓库。

（4）种薯生产经营者——种薯公司能投入资金，购进推荐使用率的化肥、杀真菌剂和杀虫剂。

（5）种薯生产基地有足够的土地，每季至少生产 0.5 公顷马铃薯种薯。由于种薯最少 4 季轮作，农民至少需要 2 公顷的耕地。

（6）种薯要有销路、有市场需求，种薯生产经营者必须熟悉市场。

毫无疑问，马铃薯是重要的农作物，马铃薯良种繁育对于马铃薯生产也是最为重要的关键因素。但马铃薯是无性繁殖作物（不存在制种的技术壁垒）、运输半径短，市场需求不稳定、不确定以及优质种薯的年年需求不可或缺作用不十分明显。传统的三杂种子生产经营可完全市场化推动发展，但马铃薯种薯发展阶段主要是政府的推动，因而相较于它们马铃薯种薯能够真正完全商品化、市场化有一定难度，从事这一行业存在更大的风险与挑战，但马铃薯种薯市场化也是一种必然。

（7）种薯生产经营者——种薯公司要有耐心。优质种薯要在生产上具有良好的效果，让消费者信任，建立起良好的声誉，需要一段时间。

参考文献

［1］李佩华，蔡光泽，普晋，等．四川省马铃薯脱毒种薯生产现状及发展对策浅析［J］．西昌学院学报（自然科学版），2013，3.

［2］李佩华．四川省马铃薯产业发展对策浅析［G］//四川省马铃薯发展国际研讨会论文集，2005.

［3］李佩华．四川省凉山州马铃薯生产现况及发展对策思考［J］．西昌农业高等专科学校学报，2003（1）.

［4］孙慧生．马铃薯育种学［M］．北京：中国农业出版社，2003.

［5］马和平．马铃薯高产栽培技术［M］．北京：台海出版社，2000.

［6］陈耀锋．植物组织培养［M］．成都：四川教育出版社，2009.

［7］门福义，刘梦芸．马铃薯栽培生理［M］．北京：中国农业出版社，1993.

［8］杨力，张民，万连步．马铃薯优质高效栽培［J］．济南：山东科学技术出版社，2006.

［9］康勇，马铃薯优质高产栽培技术［M］．兰州：甘肃科学技术出版社，2006.

［10］全国农业技术推广服务中心组织．马铃薯测土配方施肥技术［M］．北京：中国农业出版社，2011.

［11］谭宗九，丁明亚，李济宸．马铃薯高效栽培技术［M］．北京：金盾出版社，2001.

［12］马和平．马铃薯高产栽培技术［M］．北京：台海出版社，2000.

［13］卢学兰．马铃薯［M］．成都：四川教育出版社，2009.

［14］何天祥．攀西地区小春马铃薯高产高效优质配套栽培技术［J］．现代农业科技，2007（9）：116－118.

［15］夏江文，刘绍文，董红萍，等．攀西地区冬马铃薯品种筛选试验研究［J］．农业科技通讯，2012（9）：54－56.

［16］郑顺林，李国培，袁继超．施氮水平对马铃薯块茎形成期光合特性的影响［J］．西北农业学报，2010（3）：98－103.

［17］郑顺林，袁继超，李德林，郝客伟，杨重云．马铃薯、玉米套作模式下田间配置及群体优化［J］．中国马铃薯，2010（2）：81－83.

［18］梁南山，郑顺林，卢学兰．四川省马铃薯种植模式的创新与应用［J］．农业科技通讯，2011（3）：120－121.

［19］袁继超，郑顺林．马铃薯肥促化控平衡栽培技术．四川农业科技［J］．

2009（5）：29－29.

[20] 郑顺林，袁继超，马均，等．春、秋马铃薯氮肥运筹的对比研究［J］．西南农业学报，2009，22（3）：702－706.

[21] 李国培，郑顺林，袁继超．雅安地区春马铃薯高产优质高效氮肥运筹优化方案研究［J］．西南农业学报，2009，22（3）：707－711.

[22] 郑顺林，李国培，杨世民，袁继超．施氮量及追肥比例对冬马铃薯生育期及干物质积累的影响［J］．四川农业大学学报，2009，27（3）：270－274.

[23] 郑顺林，袁继超，马均，李首成，王西瑶．外源赤霉素对小整薯休眠解除中的激素变化及物质转化的影响［J］．西南农业学报，2008，21（2）：323－327.

[24] 董茜，郑顺林，李国培，袁继超．施氮量及追肥比例对冬马铃薯块茎品质形成的影响［J］．西南农业学报，2010，23（5）：1571－1574.

[25] 程红．马铃薯氮营养高效利用品种的筛选及其生理机制的研究［D］．四川农业大学硕士学位论文，2010.

[26] 阳世莹．不同氮利用类型马铃薯的根系特性及对土壤环境的影响研究［D］．四川农业大学，硕士学位论文，2011.

[27] 刘帆．生长调节剂对马铃薯贮藏效应的影响［D］．四川农业大学农业推广硕士学位论文，2011.

[28] 谢开云，何卫．马铃薯三代种薯体系与种薯质量控制［M］．北京：金盾出版社，2011.

第五章　马铃薯高产栽培的生理基础

第一节　马铃薯的形态学特征

一、马铃薯形态特征

马铃薯是茄科（Solanaceae）茄属（*Solanum*）的草本植物。马铃薯的植株由根、茎（地上茎、地下茎、匍匐茎、块茎）、叶、花、果实和种子组成，可分为地上和地下两部分，薯块是马铃薯地下茎膨大形成的结果，在商品薯生产上主要用块茎进行无性繁殖。

（一）根

1. 功能

根系是土壤系统最重要的生物学成分（图 5－1），它是土壤中最大的活的生物量组成部分。马铃薯的根是吸收营养和水分的器官，同时还有固定的作用，并对诸如土壤形成、土壤有机质、营养物质和水的运动等过程起到主要的控制作用。根系从植物的地上部分汲取能量和碳，从土壤中吸收营养和水分。

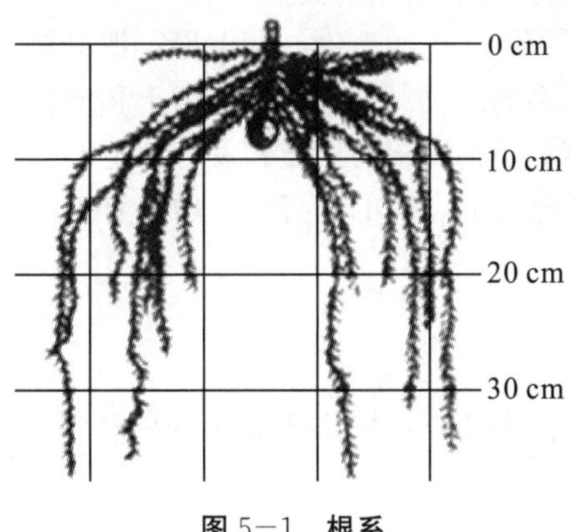

图 5－1　根系

2. 根系的分类

马铃薯的根系依据不同的繁殖方式分为两种：由块茎繁殖生长的根为不定根，没有主、侧之分，称为须根系；而用种子进行有性繁殖时，生长的根有主根和侧根之分，称为直根系。须根系分为两类：一类是芽眼根——在初生芽的基部开始发育的根系，并且发育速度大于幼芽的生长速度，分枝能力强，在出苗之前就能形成较强大的根系；一类是匍匐根——在地下茎的中上部各节上陆续长出的不定根，分布在表土层。

3. 分布

马铃薯的根系主要分布在土壤表层的 40 cm 以内，深度一般不超过 70 cm，砂质土壤中根深也可达 100 cm 以上。Yamagushi 和 Tanaka（1990）定量比较了田间不同作物在根系完全伸展后的根系特征，表明单位土地面积整个根系的根长介于 21（马铃薯）～86（小麦）km/m^2之间，每平方米耕层的根系表面积马铃薯为 22 m^2，而水稻、小麦和玉米则为 90 m^2，总体积则介于 1.8（马铃薯）～1399（玉米）L/m^2之间，平均直径则为 0.56（玉米）和 0.33～0.39 mm（其他作物）。水稻的根系较浅，玉米则比其他作物的根系深，90％的根系分布的耕层深度为：水稻（23 cm）、马铃薯（35～38 cm）、小麦（48～51 cm）、玉米（59 cm）。水稻和小麦根层上部的根密度比马铃薯高；整个根系的根长、表面积和单位重量的体积分别介于 140～460 m/g、0.28～0.56 m^2/g 和 30～57 cm^3/g。各种根性状的密度和平均直径随耕层深度的加深而降低，土壤剖面根系减少的速率以水稻和马铃薯最大，玉米相对较小。

4. 根系分布与品种的关系

一般早熟品种的根系较弱，入土较浅，而晚熟品种的根系发育较强，入土也比较深。所以，根系的数量、分枝的多少、入土的深度等都因品种而异，同时受栽培条件的影响。

5. 根系分布与栽培条件、措施的关系

土壤条件好、土层深厚、土质疏松、翻得深、耙得细、通气透气好、墒情及地温适宜，都有利于根系的发育。适时的中耕培土和增施磷肥等措施，也可以促进根系的发育，特别有利于匍匐根的形成和发育。生产上可以根据根系的发育规律来采取适当的技术措施，如合理的株行距、增施有机肥、增施磷肥和确定适宜的中耕培土时间等。

（二）茎

马铃薯的茎，按不同部位、不同形态和不同的作用，分为地上茎、地下茎、匍匐茎和块茎。

1. 地上茎

块茎芽眼萌发的幼芽发育形成种子的胚轴伸长形成的地上枝条称地上茎。地上茎是马铃薯植株在地面上着生枝叶的茎。茎横切面的形状通常为圆形或三角形，茎基部常常是圆形的。茎的颜色因品种而异，茎的颜色多为绿色，也有的品种在绿色中带有紫色和褐色，可作为区分品种的特征。节处为圆形，节间部分为三棱、四棱或多棱。在茎上由于组织增生而形成突起的翼。茎上节间明显，但节间长短与品种、种植密度、氮肥用量及光照有关。节处着生复叶，复叶基部有小型托叶。从种薯上直接伸长的茎为主茎，有直立、半直立和匍匐型半直立型，茎的粗细、有无茸毛等均因品种而异。

地上茎的作用：一是支撑植株上的分枝和叶片；二是把根系吸收的无机营养物质和水分运送到叶片，再把叶片光合作用制造的有机营养物质向下运输到块茎中。

在栽培品种中，一般地上茎都是直立型或半直立型，很少见到匍匐型，只是在生长后期，因茎秆长高而会出现蔓状倾倒。一般直立茎高 40～100 cm，并根据品种的特点，产生数目不等的分枝。

主茎可以产生分枝，中晚熟品种分枝较多且大都在下部或靠近茎基部。早熟品种一般在 7～8 片叶时出现分枝，分枝数目较少，并多为中上部分枝。中晚熟品种在 4～5 片叶的时候出现分枝，多为在下部或基部分枝，数量多而粗壮。

2. 地下茎

地下茎为主茎埋在地下的结薯部位，表层为木栓化的皮所代替，皮孔大而稀，无色素层。长短因播种深度和生长期培土厚度不同而不同，一般 10 cm 左右，有 6～8 节，地下茎的节间较短，在节的部位伸出匍匐茎（枝），地下茎的腋芽可发育成匍匐茎 1～3 个，匍匐茎顶端膨大进而形成块茎。

3. 匍匐茎

匍匐茎是由地下茎节上的腋芽发育而成的，是形成块茎的器官。顶端膨大形成块茎，一般在出苗后开始发育，匍匐茎生长到一定程度后，顶端开始膨大，形成块茎（图 5－2）。

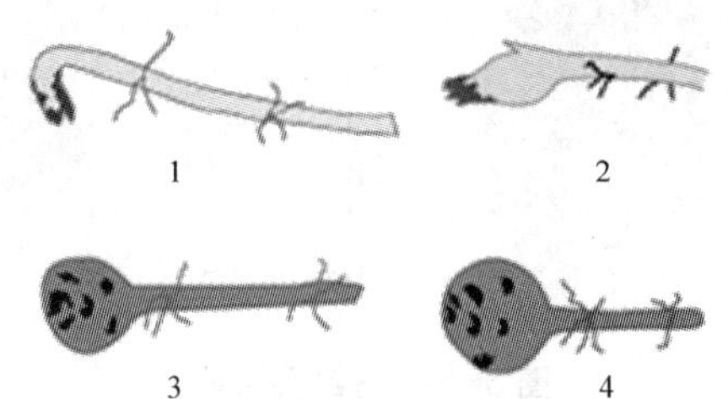

图 5－2　马铃薯匍匐茎形成及膨大过程

1. 葡匐茎伸长　2. 匍匐茎项形成开始膨大

3. 块茎形成　4. 块茎开始增长

特性：一般一个主茎上能长出 4～8 条匍匐茎，每株可形成 20～30 条，正常情况下有 50%～70%的匍匐茎形成。匍匐茎的长短和数目与品种特性和栽培条件密切相关，匍匐茎具有向地性和背光性，略呈水平方向生长，一般分布在地表下 5～20 cm 的土层内，长的可达 30 cm 以上。大多数推广品种的匍匐茎都不长，在 3～10 cm 之间，一般早熟品种的匍匐茎短于晚熟品种，早熟品种一般为 3～10 cm，晚熟品种有的达 10 cm 以上。早熟品种在出苗后 7～10 d 即开始匍匐茎伸长，15 d 后顶端膨大，形成块茎。短的匍匐茎可以保证结薯集中，便于田间管理和收获。

匍匐茎的异常生长：如果播种时薯块覆土太浅或生长期间遇到土壤温度过高等不良条件，匍匐茎会长出地面变成普通的分枝而影响产量。

如果种得浅，坑太小，培土薄，或在高温多湿的条件下，匍匐茎可能长出地面，长出叶片，变成为普通分枝。出现这种情况会减少结薯个数，影响产量。因此，在马铃薯栽培过程中应及时中耕培土，防止匍匐茎的不正常生长。

4. 块茎

马铃薯块茎是由地下匍匐茎顶端逐渐膨大而形成的，因为是茎的变态，所以叫作块茎。它既是营养器官，又是繁殖器官，种植马铃薯的最终目标就是收获高产量的块茎。

块茎以无性繁殖的方式繁衍后代，把用作播种的块茎叫作种薯。

（1）块茎的形成：最初的块茎在最深的匍匐茎顶端形成。匍匐茎顶端停止极性生长后，由于皮层、髓部及韧皮部的薄壁细胞的分生和扩大，并积累大量淀粉，从而使匍匐茎顶端膨大形成块茎。在植株生长旺盛时期，向下输送营养的茎组织因受到机械损伤或因感染病菌引起生理紊乱，使营养物质不能向地下块茎输送，养分无处积累，则在地上茎的叶腋间形成无食用或利用价值的气生块茎。

（2）块茎的外部结构：块茎既然是变态的茎，必然保留了茎的基本特征，具有地上茎的一切结构特征（图 5-3）。

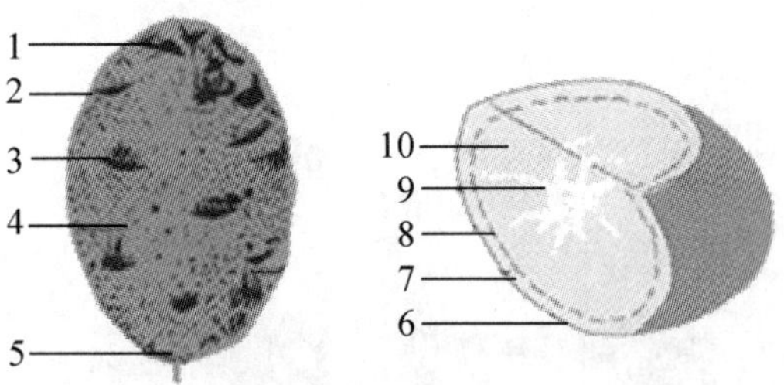

图 5-3　马铃薯块茎

1. 顶部　2. 芽眉　3. 芽眼　4. 成孔　5. 脐部
6. 周皮　7. 皮层　8. 维管束环　9. 内髓　10. 外髓

芽眉、芽眼：在块茎上也有变态的叶痕和腋芽，分别称之为芽眉和芽眼。块茎表面每节上的鳞片状退化小叶脱落，残留的叶痕呈新月状，称为芽眉，芽眉内侧表面向内凹陷成为芽眼。芽眼的颜色、深浅、凹凸与品种特性和栽培条件有关，块茎上芽眼的颜色有的和表皮相同，有的不同，可以作为辨别品种的重要特征。

主芽与副芽：每个芽眼里有 3 个或 3 个以上的芽，其中一个是主芽，其余的为副芽。块茎萌发时，主芽先萌发，如果主芽受伤死亡后，副芽才萌发生长。

脐部与项部：块茎有顶部和基部，俗称头尾之分，与匍匐茎连接的一头是尾部，也叫脐部，另一头是头部又叫顶部。块茎的顶部即为匍匐茎的生长点。

芽眼在块茎上成螺旋状排列，其排列顺序与叶子在茎上的排列相同。块茎的顶部芽眼分布密集，最顶端的一个芽眼较大，所含的芽也多，称之为顶芽，块茎萌动时，顶芽最先萌发，而且幼芽生得壮，长势旺盛，这种现象叫顶端优势。在生产上，利用小整薯做种的目的，就是要充分发挥块茎的这种顶端优势，获得壮苗和壮秧，提高块茎的产量。

（3）块茎的内部结构：在块茎的横切面上自外向里可以看见周皮、皮层、维管束环、外髓和内髓等。周皮即通常所说的薯皮，薯皮的厚度因品种和环境条件而异，新收获薯块的薯皮非常薄和易碎。一旦薯皮受损，细胞就会迅速愈合以形成新薯皮。周皮与维管束之间是皮层，这是一层较薄的贮藏组织。块茎的中央部分为髓部，由含水较多呈半透明星芒状的内髓部和接近维管束环不甚明显的外髓部组成。外髓部占块茎的大部分，是营养物质的主要贮藏之处。

（4）块茎性状：块茎的形状、芽眼的深浅、皮肉的颜色及薯皮的光滑度都由品种特性决定，是鉴别品种的主要特征。

块茎的形状有圆形、卵形、长卵形、椭圆形、长椭圆形、扁圆形、长扁圆形和长筒形等。芽眼的深浅可分为突出、浅、中等、深和很深。皮色是块茎外表直接可见的每个品种较稳定的性状，块茎的颜色一般有浅黄色（也经常被认作白色）、黄色、粉红色、红色、紫色等，有些品种的薯皮颜色由两种组成，并在薯皮上有不同的分布。当块茎暴露于光下，一定时间后变成绿色并产生有毒的生物碱。薯肉颜色有白、黄、淡黄、浅红、紫色及浅紫等。薯皮的光滑度描述为光滑、粗糙、部分网纹、全部网纹和严重网纹等，薯皮的光滑度因品种而异，同时易受外界栽培环境的影响。

消费市场对块茎的要求：块茎大小均匀一致、表皮光滑、芽眼浅。

（三）叶

1. 作用

马铃薯的叶是进行光合作用、制造营养的主要器官，是形成产量的活跃部位。

2. 叶的类型

马铃薯的叶片为奇数羽状复叶。块茎繁殖时，出生叶为单叶或不完全叶，叶片肥厚，叶面密生茸毛；第 2～5 片叶为不完全复叶；一般从第 5、6 片叶开始长出品种固有特征的奇数羽状复叶（图 5－4）。

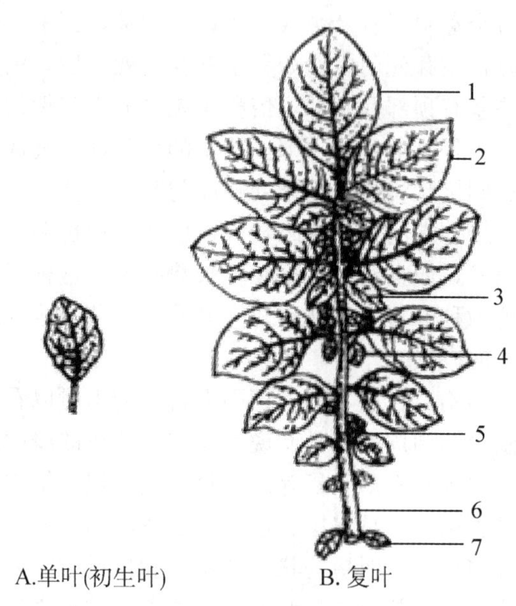

图 5－4　马铃薯叶片

1. 顶小叶　2. 侧小叶　3. 小裂叶　4. 小细叶

5. 中肋　6. 叶柄　7. 托叶

3. 复叶结构

正常的复叶由顶小叶、侧小叶、次生裂片、叶轴和托叶组成。复叶顶端的叶片叫作顶小叶，两侧成对着生的叫侧小叶，顶小叶一般均大于侧小叶。根据品种的不同，复叶的侧小叶对数也不同，一般在 3～7 对之间。顶小叶的形状和侧小叶的对数是品种比较稳定的特征，往往可作为鉴别品种的依据之一。马铃薯复叶的侧小叶之间的中肋上，还着生着大小不等的裂片，在复叶叶柄基部与主茎连接处，有一对托叶，托叶的形状和大小在不同的品种间是不同的，所以也是鉴别品种的依据之一。

复叶沿着马铃薯茎交互轮生，复叶一般较平展，复叶的大小、形状、茸毛的多少、侧小叶的排列疏密、次生裂片的多少、与茎的夹角大小等因品种而异。正常生长的马铃薯植株，应该是小叶片平展、色泽光润，表现出品种特有的浓绿色。如果发生病害、虫害或其他生理性危害，首先在小叶上出现症状，患病毒病的复叶小叶褪绿、皱缩、卷曲、叶片不平、变小和有色斑点等；被螨侵害的叶子小叶边缘向内卷曲，叶背光亮失常。

（四）花

马铃薯为自花授粉作物。马铃薯的花，既是马铃薯进行有性繁殖的器官，又是鉴别马铃薯品种的一个明显的依据。

1. 花序

马铃薯的花序是分枝型的聚伞花序（图 5－5）。花梗的长短、分枝的多少、开花的繁茂性因品种而异。一般由茎的叶腋或叶枝上长出花序的主干，每个主干有 2～5 个分枝，每个分枝上有 4～8 朵花。

图 5－5　马铃薯的花序与花的构造

1. 柱头　2. 花柱　3. 花药　4. 花丝
5. 花瓣　6. 花萼　7. 花柄　8. 花柄节

2. 花的构造

马铃薯花为两性花，每朵花由花萼、花冠、雄蕊和雌蕊 4 部分组成。花冠轮状，大多数品种的花是由 5 瓣相连的单层花瓣组成的五星形，也有的品种在花瓣里边或外边能形成附加的花瓣，这种现象叫作“内重瓣”花冠或“外重瓣”花冠。花冠中心有 5 个雄蕊围着 1 个雌蕊。雌蕊的花柱长短与品种有关，马铃薯花冠与雄蕊的颜色、雌蕊花柱的长短及直立或弯曲状态、柱头的形状等，都是区别马铃薯品种的主要标志。

3. 颜色

花药为黄色至橙黄色，不同品种的马铃薯花冠颜色不同，一般常见的有白、粉红、紫、紫红、蓝和蓝紫等多种鲜艳色彩。

4. 开花习性

马铃薯花的开放有明显的昼夜周期性——白天开放，晚间闭合。一般是早晨 8 时左右开放，下午 5 时左右闭合。每朵花开放 3～5 d，一个花序可持续 15～20 d，一个植株开花时间可持续 2 个月以上。

5. 开花条件

马铃薯开花受环境影响较大，通常在日照较长的地区开花较好，在气温18~28 ℃、空气相对湿度为80%~90%的条件下，开花繁茂，结实率较高。

6. 开花与产量

马铃薯不开花，并不影响地下块茎的生长，对生产来讲，这并不是坏事，因为它减少了营养的消耗。有的品种花多果实多，会大量水泵营养，在生产上还要采取摘蕾、摘花的措施，以确保增产。

（五）果实与种子

1. 果实

马铃薯异花授粉率为0.5%左右，天然结实基本上都是自交结实。果实为浆果，圆形，少数为椭圆形，看上去像小番茄（图5-6）。开花授粉后5~7 d子房开始膨大，发育30~40 d，浆果果皮前期为绿色，成熟时顶部变白，逐渐变成黄绿色、褐色或紫绿色，由硬变软，并散发出香味，这时果实就成熟了。不同品种浆果的大小差异很大，有的浆果为伪果，没有种子。浆果内的种子数量差异很大。

A.浆果外形

B.浆果纵剖面

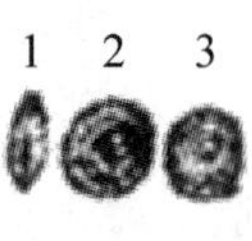

C.种子

图5-6 马铃薯的果实与种子

1. 纵面 2. 侧剖面 3. 外形

2. 种子

每个浆果中一般有100~300粒种子，多者可达500粒。马铃薯的种子体积小，一般为扁平近圆形或卵圆形，由种皮、胚乳、胚根、胚轴和子叶组成。种皮颜色因品种而异，一般为浅褐色或淡黄色。种子很小，多数品种千粒重只有0.3~0.6 g。种皮外覆盖一层胶膜，阻碍种子的萌发，给直接播种实生种子带来不便。用实生种子种出的细苗叫实生苗，结的块茎叫实生薯。

绝大多数的马铃薯品种都是杂合体，它们在自然条件下所获得的浆果又都是自交果实，其种子的分离幅度是很大的，基本不能在生产上应用。

刚收获的种子，一般有6个月左右的休眠期。贮藏一年的种子发芽率较高，一般可达85%~90%。通常在干燥低温下贮藏7~8年仍具有发芽能力。

马铃薯的所有地上部分都含有一种有毒的植物碱，叫作龙葵素或茄素。

第二节　马铃薯生长发育及对环境条件的要求

一、马铃薯的生长发育

马铃薯具有有性和无性两种繁殖方式。当前生产上应用的主要是无性繁殖方式。这种无性繁殖作物，其生育时期的划分，不能像禾谷类那样按照营养生长和生殖生长相互关系来划分，应根据其无性繁殖的生育特点来划分。马铃薯从播种出苗开始，其地上与地下部形态、结构和生理发生了一系列显著变化但又相互重叠，且成熟的特征不明显，这给生育过程的划分带来了困难。一般将马铃薯全生育过程划分为六个生育时期。

（一）芽条生长期（块茎的萌发和出苗）

种薯解除休眠，播种后芽眼开始萌芽、抽出芽条，直至幼苗出土，为芽条生长期。块茎萌发时，首先幼芽发生，其顶端着生一些鳞片状小叶，即胚叶，幼芽是靠节间的连续发生并伸长扩展而生长的，随后在幼芽基部的 6～8 节处节上发生根和匍匐茎的原基，其中近芽眼幼茎最基部的 3～4 节处形成的根系，是马铃薯的主体根系，称为芽眼根或初生根。幼根出现后，便以比幼芽生长较快的速度在土壤中伸展；最初沿水平方向伸展，长到 30 cm 左右，再垂直向下分布，深度可达 60 cm 或更深，但大量的根系集中在 30 cm 土层中。该时期是以根系形成和芽条生长为中心，同时伴随着叶、侧枝和花原基等的分化。所以，这一时期是马铃薯发苗、扎根、结薯和壮株的基础，也是获得高产稳产的基础。

影响根系形成和芽条生长的内因是种薯本身，即种薯休眠解除的程度、种薯生理年龄、种薯营养成分及其含量和是否携带病毒。外界因素主要是空气状况、土壤温度和墒情。在温度不低于 4 ℃时，已通过休眠的马铃薯块茎，其内部各种酶开始活动，可吸收态养分开始沿输导系统向芽眼部位移动。当温度达到 5～7 ℃时，芽眼开始萌发，但非常缓慢；当温度上升到 10～12 ℃时，幼芽和根系生长迅速而健壮，但以 18 ℃为最适宜。萌发期长短因品种、贮藏条件、栽培季节和栽培技术水平等而差异较大，短者 20～30 d，长者可达数月之久。关键措施是把种薯中的养分、水分及内源激素调动起来，促进早发芽、多发根、快出苗、出壮苗。土壤极端干旱时，种薯虽能萌发，幼芽和幼根却不能伸长，也不易顶土出苗。

（二）幼苗期（幼苗生长和匍匐茎的伸长）

幼苗出土到现蕾为幼苗期。出苗至现蕾，整个芽条生长期，芽条和根系生长都依靠种薯提供全部的营养物质。马铃薯幼苗出土后，主茎叶片的展开和生长以及主茎的伸长都很快。一般出苗 3～5 d，便有 4～5 片叶展开，至出苗后 20～30 d，早熟品种就已出叶 7~8 片，晚熟品种出叶 10～13 片，并伴随分枝发生和分枝叶的扩展。此期末植株主茎叶片展开完毕，顶端开始出现蕾。通常在叶面积达到 200～400 cm^2时，便转入自养方式，但种薯内的贮藏物质仍然继续向外转移。种薯内的干物质、淀粉和氮、磷的含量，大部分在出苗后的半个月转移出去。如果用整薯作种，可一直延续到出苗后 40～50 d（开花盛期），还有少量营养物质向外转移。可见，马铃薯种薯的营养供给从幼苗期直到块茎形成期都在起作用。马铃薯幼苗转为自养的同时，还从种薯内源源不断地得到营养的补给，主茎叶片生长速度很快，平均每两天就发生一片。在该期内，茎叶分化已全部完成，根系继续向深广发展，侧枝开始发生。匍匐茎在出苗的同时或不久开始发生，并向水平方向生长，是因为受赤霉素与吲哚乙酸两种激素平衡关系的控制所致。多数品种在出苗后 7～10 d 匍匐茎伸长，再经 10～15 d 顶端开始膨大。地面部分主茎则出现 7～13 张叶，主茎生长点开始孕育花蕾，同时匍匐茎顶端停止极性生长，开始膨大形成块茎，即标志着幼苗期的结束和块茎形成期的开始。植株顶端第一花序开始孕育花蕾，侧枝开始发生，标志着幼苗期的结束，一般经历 15～20 d。

马铃薯成苗速度与粮棉和蔬菜作物相比要快得多（粮、棉作物要 60～70 d），这种速熟特性，是块茎繁殖作物生物学上的重要特点，它有利于争天时、夺地利、充分有效地利用光能，以便在单位时间内在单位土地面积上能制造比其他粮食作物多的有机物质。马铃薯幼苗生育期以茎叶生长和根系发育为主，同时伴随着匍匐茎的伸长以及花芽和侧枝茎叶的分化，也是决定匍匐茎数量和根系发达程度的关键时期。

（三）块茎形成期（孕蕾至开花初）

现蕾至花序开始开花为块茎形成期。主茎开始急剧拔高，使株高达到最大高度的 1/2 左右，主茎及茎叶已全部建成，并有分枝和分枝叶的扩展，叶面积达到最大叶面积的比例：早熟品种为 80%以上，晚熟品种为 50%以上。主茎顶部开始孕育花蕾，匍匐茎停止伸长，顶端开始膨大。由于髓部薄壁细胞的迅速分裂增殖和细胞的相继增大，迫使维管束环向外弯曲，与此同时，地上茎顶端封顶叶展开，第一花序开始开花，皮层维管束部分的薄壁细胞也加速分裂和增大。当匍匐茎尖端膨大到绿豆粒大小时，表皮破裂形成周皮，表明块茎已具备雏形。

该期的生长特点是由地上部茎叶生长为中心，转向地上部茎叶生长与地下部块茎形成并进阶段，是决定单株结薯数的关键时期，同一植株匍匐茎大都在该期内形成块茎。一般地下茎中部偏下或下部结尾的匍匐茎膨大略早，中部节位匍匐茎形成的块茎生长最迅速，形成较大块茎；其他部位的块茎生长缓慢，尤其最上部节位的块茎，始终停留在早期阶段，形成较小块茎。虽然块茎增长的速度还不快，但由于块茎大量的形成，营养物质的需要骤然增多，出现植株地上部茎叶生长暂时缓慢的时期，一般为 7～10 d 左右，暂缓期时间的长短取决于植株营养状况，暂缓期的延长将会对生长有影响。

当最大块茎直径达 3～4 cm 时，地上部茎叶干物重和块茎干物重达到平衡，植株干重已达到总干重的 50%左右，攀西地区早熟品种大致在现蕾到初花期间，晚熟品种在始花到盛花期间。初植株茎叶干物重和块茎干物重达到平衡，即标志着块茎形成期的结束，开始进入了块茎增长期。块茎增长期的转变阶段，存在着养分制造（合成）、消耗（茎叶生长）、积累（块茎增长）三者相互关系、相互促进和相互矛盾的过程。

（四）块茎增长期（盛花至茎叶衰老）

从马铃薯茎叶和块茎干重平衡期到茎叶和块茎鲜重平衡期止，为块茎增长期。该期茎叶和块茎生长都非常迅速，是一生中增长最快、生长量最大的时期。不同地区的增长期有一定差异，攀西地区大春马铃薯的情况是块茎增长期与开花期（早熟品种）、盛花期（中晚熟品种）相一致，即以每株最大地下块茎直径达到 3 cm 以上、植株进入开花期或盛花为标志。这个生长阶段马铃薯植株地上部制造的养分不断向地下块茎输送，块茎体积和重量不断增长，是以块茎体积和重量增长为中心的时期，是决定块茎大小的关键时期，是干物质分配用以建造地上部有机体为主转向建造块茎为主的阶段。茎叶和块茎的生长都非常迅速，在适宜条件下，攀西地区马铃薯块茎每天可增长 10～50 g 鲜重，大约是块茎形成期的 5～9 倍，如早熟品种西薯 2 号，每天每穴可增重 10～20 g，中晚熟品种西薯 1 号、西薯 3 号每天每穴可分别增重 12～35、18～50 g 以上。叶面积和茎叶鲜重都在该期内达到一生中的最大值，也是一生中需水、肥最多的时期。攀西地区通常经历 15～25 d。终花期后，地上部茎叶开始逐渐枯黄，重量下降，直至收获。

马铃薯地上部生长旺盛而健壮，有较大的茎叶面积，才能制造积累更多的养分供块茎生长，地上部生长不良或徒长，均直接影响块茎生长，导致产量下降。地上部、地下部比值（T/R 比值）等于 1 的这一时期，称为干、鲜重平衡期，此时期一般都出现在苗后 50～60 d，正值盛花期和叶面积指数最大值前后，是地上、地下部生长和有机物分配的转折时期。在此期前，地上、地下部的增长呈正相关关系，是根系、匍匐茎生长和地上部茎叶生长同时并进的阶段，有机养分也相应分配到这些器官供其生长所需；平衡期前后，既是地上部茎叶生长最旺盛时期，同时也是地下部块茎增重最迅速的时期；平衡期后，地上部重量渐次下降，植株的生长中心逐渐转移为块茎的增长。由此可见，转折阶段是生长期中需要养分、水分最多的时期，也是制造养分、消耗养分和积累养分三者相互促进而又矛盾的时期。

马铃薯在块茎增长期，植株和块茎都迅速增长，形成大量干物质，马铃薯全生育期所形成的干物质总量中，有40%～75%左右是在该期内形成的。所以，该期是马铃薯一生中需肥、需水最多的时期，约占全生育期的50%以上。块茎的增长与许多外界条件有密切关系，温度的高低强弱，直接影响到光合作用的进行及光合产物的积累，光照强度提高，光合作用温度也随之提高；此外，光合产物向块茎中输送的量随着夜温的增高而减少，对块茎的种性影响很大。

（五）淀粉积累期（茎叶衰老）

开花结束后（攀西地区早熟品种一般在盛花末期，中晚熟品种在终花期），从茎叶开始衰老到植株基部2/3左右的茎叶枯黄为淀粉积累期，茎叶与块茎的鲜重达到平衡，经历20～30 d。该期茎叶停止生长，但同化产物不断向块茎中运转，块茎体积不再增大，但重量仍在增加，是淀粉积累的主要时期。块茎中有30%～40%的干物质是在这一时期积累形成的，是决定块茎品质好坏的重要时期。随着块茎中淀粉的不断积累，其周皮细胞壁的木栓组织愈益加厚，薯皮愈加牢固，内外气体交换受阻，当茎叶全部枯萎时，块茎便达到了充分成熟，并逐渐进入休眠状态。

该期的生育特点是以淀粉运转积累为中心，块茎内淀粉含量迅速增加，淀粉积累速度达到一生中最高值。刘梦芸研究，淀粉日增量最高达1.25 g/d·100 g干重。蛋白质、灰分元素同样也在增加，糖分和纤维素则逐渐减少。块茎中淀粉的积累一直进行到茎叶全部枯死以前，甚至在收获前3～4 d割去未枯死的茎叶，也会影响块茎淀粉含量。

（六）成熟收获期

在生产实践中，马铃薯无绝对的成熟期。常根据栽培马铃薯的生产目的和生产安排的需要决定收获期。只要达到商品成熟期（或达到种用标准）后，随时可以收获。一般当植株地上部茎叶枯黄，块茎内淀粉积累达到最高值，块茎周皮加厚，木栓化程度较高，薯皮容易与薯块剥离，并开始进入休眠状态，这时即达生理成熟，即为成熟收获期。

二、马铃薯生长发育的适宜环境条件

（一）温度

温度对马铃薯生长发育有很大影响，关系到安排播种期、决定种植密度和田间管理措施安排等。马铃薯生长发育需要较冷凉的气候条件，但经长期选育成各种类型的品种后，其耐寒、耐热性不同，对温度的反应也有差异。掌握温度与马铃薯发育的关系，可以更好地调控其生长发育过程。

1. 打破休眠

解除休眠的块茎在 5 ℃时便可以发芽，但生长极为缓慢。随着温度上升至 22 ℃时生长也随之加快，幼芽发育的最适温度为 13～18 ℃，此时幼芽发育的表现为芽条粗壮、根量较多。新收获的种薯要求在较高温度（25～27 ℃）下催芽才能发芽。因此，在催芽时应根据种薯生理年龄的不同，在不同温度下打破休眠，使芽健壮，适合于播种。

2. 播种

当地下 10 cm 的温度为 7～8 ℃时，幼芽即可生长，达 10～12 ℃时可顺利出苗。当夜间最低气温稳定地高于－2 ℃时即可播种。利用地膜覆盖，可适时早播，但应防止形成闷生薯，即播种后块茎上的幼芽变成了块茎。这是因为播种前种薯窖温过高，发生芽长，播种后遇低温，无生长条件引起种薯养分转移，形成新的薯块。在生产实践中，大芽种薯不宜过早播种。

3. 茎叶生长

茎叶的生长在 18～21 ℃时最好，－0.8 ℃时幼苗受冷害，－1.5 ℃时幼苗受冻害，－3 ℃时植株全部冻死。低于 10 ℃就会阻碍茎的生长发育，而过高的温度势必引起茎叶的徒长。当温度低于 7 ℃或超过 42 ℃时，茎叶则停止生长。当日平均气温达到 25～27 ℃时，茎叶生长受一定影响。

4. 块茎对温度的要求

块茎形成的适宜温度是 20 ℃。在较低温度条件下，块茎的形成比较早，如在 15 ℃的条件下，出苗后 7 d 即可形成块茎；而在 25 ℃时，要在出苗后 21 d 才形成块茎。块茎生长发育的适宜土壤温度为 15～18 ℃。夜间较低的土壤温度和气温对块茎的形成更为重要，如果植株处在土温 20～30 ℃的情况下，夜间气温 12 ℃能形成块茎；夜间气温 23 ℃则无块茎。由此可见，较低的夜温有利于茎叶的同化产物向块茎的运输。27～32 ℃的高温能引起块茎的次生生长，也就是在块茎上又生长出小块茎，导致畸形薯块的出现。有些品种在高温条件下，不仅仅进行次生生长，而且有时能将地下茎长出地面，形成地上枝条，严重影响马铃薯的正常生产。日夜温差的大小影响块茎和植株地上部的比值，温差大，则块茎产量高。此外，块茎形成期的温度还影响下一代的种性，即低温条件下形成的块茎作为种薯，可增加下一代的块茎产量。

5. 开花结实

马铃薯开花所要求的最适温度为 15～18 ℃，低于 5 ℃或高于 38 ℃均不能开花，花在－0.1 ℃时受冻害，在－0.5 ℃时致死。夜温在 16 ℃以上开花良好，

12 ℃以下形成花芽但不开花。16～18 h 的长日照和高温有利于花芽分化，促进开花和结实。

（二）光照

马铃薯是喜光作物，需强光照，栽培的马铃薯品种，基本上都是长日照类型的，在生长期间日照时间长，光照强度大，有利于光合作用。马铃薯的生长、形态建成和产量对光照强度及光周期有强烈反应。光照不仅影响马铃薯植株的生产量，而且影响同化产物的分配。因此在栽种马铃薯时，应合理密植，避免植株间相互遮光，影响光合作用。

1. 茎叶生长

马铃薯的生长发育对光照强度和每天日照时数有很明显的反应。茎秆在弱光下伸长强烈，表现细弱。如树荫下或与玉米等作物间套作时，如果间隔距离小，共生时间长，玉米遮光，而植株较矮的马铃薯光照不足，养分积累少，茎叶嫩弱，茎长而细弱，叶片很薄，不开花。

日照影响花芽分化，花芽在短日照下形成较早，开花结实则需要长日照、强光和适当高温。强光不仅影响马铃薯植株的生产量，而且影响同化产物的分配和植株的发育。强光下茎秆矮壮。强光使叶面积增加，光合作用增强，植株和块茎的干重均有明显增加。

短日照条件能使茎叶生长停止，继而转到块茎的生长，导致植株提早衰亡。但不同品种对光周期的反应不同，有的比较敏感，有的比较迟钝。但日照长短不影响匍匐茎的发生，在短日照条件下，花芽的分化比较早，但要继续发育成花则只能在长日照条件下进行。与长日照条件下生长的植株相比，短日照条件下生长的植株相对矮小，有时可相差一倍。

2. 对块茎形成和生长发育的影响

日照与光强和温度有互作的影响，高温一般促进茎的伸长，而不利于叶和块茎的发育，特别是在弱光下更是如此。但短日照条件可以抵消高温带来的不利影响，使茎矮壮、叶肥大，块茎形成较早。因此，高温短日照条件下的块茎产量往往高于高温长日照条件。高温弱光和长日照使茎叶徒长，块茎几乎不形成，匍匐茎变成枝条。开花则需强光、长日照和适当的高温。

综上所述，马铃薯各个生长时期对产量形成最有利的条件是：幼苗期短日照、强光和适当的高温，有利于促进根系的发育、形成壮苗和提早结薯；发棵期长日照、强光和适当高温，有利于植株的健康发育，奠定了产量的基础；结薯期短日照、强光和较大的日夜温差，有利于同化产物向块茎转移，促使块茎高产。

（三）水分

水是一切作物生长发育所必要的基本条件之一，但是，在不同的生长发育阶段之间是有差异的。在马铃薯的生长发育过程中，对水的需要量是很大的。有研究结果表明，马铃薯植株每制造 1 kg 干物质约消耗水 708 L。一般30000 kg/hm^2 块茎，按地上部和地下部重量 1∶1 和干物重 20％计算，需水量为 4200 t/hm^2 左右。马铃薯的幼苗期，由于有种薯贮藏的水分，即使土壤中缺水也能正常萌动、发芽和出苗。此时的土壤含水量一般以最大持水量的 50％～60％为宜，轻微的干旱还可以刺激根系的充分发育，为后期生长创造有利条件。从孕蕾期开始到块茎膨大期（即开花至茎叶停止生长），马铃薯对水分的供应就变得极为敏感。这一时期也是产量形成的关键时期，土壤的含水量应保持在田间最大持水量的 70％～80％，一旦缺水，块茎的产量将大幅度下降，并难以用其他技术措施来弥补。对早熟品种来说，出苗后的 15～20 d 就应该满足水分的供应，而对晚熟品种还可以拖后几天。在生育后期，应适当控制田间的水分供应，防止块茎的二次生长，同时也避免其他块茎病害的流行，利于提高块茎的收获质量。

（四）土壤

1. 沙壤土

马铃薯对土壤的适应范围比较广，除过粘、过酸、过碱的土壤外，都可栽培。但还是以耕作层较深、土质疏松、排水通气良好、富含有机质的肥沃轻质沙壤土最为适宜。疏松轻质的土壤肥沃、透气性好，有利于根茎生长，春季回暖快，可以使马铃薯早发芽、早出苗，以后发棵快，结薯也早，薯形正常、外表光洁；具有排水性，可通过减少水分的供给来促使马铃薯早熟，缩短生长期，生产具有更好品质的马铃薯；易于耕作，易收获，节省劳力。因此高产优质马铃薯的生产最好选取这类土壤。

2. 黏土

过于黏重的土壤，因通气排水不良，如果平栽或小垄栽培会影响根系的发育与块茎的膨大，产量低，淀粉含量少，而且薯形不整齐。因此马铃薯栽种在黏重的土壤中，应避免土壤板结变硬而引起田间管理不方便，尤其是培土困难使块茎外露而影响品质，在黏重土壤上生产的马铃薯淀粉含量一般偏低。不过，这类土壤因其保水、保肥能力强，如果采用适宜的排水措施和合理的耕作方式，这种黏重的土壤也可能获得高产。

3. 沙土

沙性大的土壤保水、保肥力最差，种植马铃薯时应注意保水、保肥，特别注意增施肥料，适当深播，采取平作培土而不宜浅播垄栽。若垄作，当雨水稍大时，易把垄上的沙土冲走，易使匍匐茎和块茎暴露，不利于马铃薯生长，反而增加管理上的困难和影响块茎的商品性。但在沙土中生长的马铃薯，块茎特别整洁，表皮光滑，薯形正常，淀粉含量高，品质好，并易于收获。

4. 土壤的酸碱性

马铃薯是比较喜欢酸性土壤的作物，在土壤 pH 值为 5.0～6.5 时，马铃薯生长良好。但土壤酸性过大（pH 值小于 4.8）时，植株叶色变淡、茎叶早衰、产量下降；如果土壤的 pH 值大于 7，即土壤呈碱性时，绝大多数不耐碱的品种产量下降更明显。石灰质含量高的土壤种植马铃薯，因放线菌特别活跃，常使马铃薯块茎表皮受到严重损容而发生疮痂病。多数品种在 pH 值 7.8 以上时，不适于种植马铃薯，不仅产量低，有的品种甚至不能正常出苗。

（五）空气

光合作用是以空气中的 CO_2 为原料在叶绿体内进行加工的，糖和淀粉就是光合作用的产物。田间空气中 CO_2 愈多，对马铃薯生长就愈有利。空气中 CO_2 含量达到 1%时，对马铃薯植株生长非常有利；空气中 CO_2 含量达到 1.22%时，同化作用的速度可提高 1.5 倍。马铃薯每昼夜需要吸收 20 kg/667m^2 CO_2。补充空气中 CO_2 的来源主要靠施用有机肥，一般施用有机肥的土壤每天可释放 8 kgCO_2/667m^2。块茎生长在土壤中，需要有足够的空气，空气不足会导致块茎呼吸作用受阻，甚至会造成块茎腐烂。因此，保持土壤通透性是马铃薯丰产丰收的必要保证条件。

第三节　马铃薯的生育时期及管理要点

一、芽条生长期（块茎的萌发和出苗）

播种时要求土壤应保持适量的水分和具良好的通气状态，以利芽条生长和根系发育。芽条生长期，促使种薯中的养分迅速转化并供给幼芽和幼根的生长，以养成壮苗，是十分重要的；矿质营养及其相互配合，对这一转化过程有不同的促进作用，施用速效磷肥做种肥，有促进发芽出苗的作用。

此外，种薯质量、品种和栽培措施，对发芽出苗也有很大影响。适合当地栽培的优良品种及优质无病（毒）的健康小整薯，由于组织幼嫩、生理年龄小、含病毒少、生命力强，而且具顶端优势，所以出苗齐、全、壮，一般可提高出苗率20%左右。经过催芽的种薯出苗快而整齐，深播浅覆土的低温高、通气好、出苗快。

马铃薯芽条生长期的长短及幼苗的健壮与否，可因播种时期的温度和湿度条件、种薯质量、矿质营养及栽培措施等而不同。一般攀西地区大春播种从播种到出苗约需 45 d 左右，小春（冬）播或秋播覆膜栽培从播种到出苗约需 30 d。在马铃薯芽条生长期，关键在于把种薯中的养分、水分和内源激素等充分调动起来，供发根、长叶和原基分化需要。该期的农艺措施，应在选用优质种薯的基础上，以提高地温和保墒为中心，部分地区可采用起垄栽培，以提高地温；同时针对部分地区地下水位较高，则应降低土壤水分，保持水分适宜，防止种薯腐烂。部分地区需采用平作保墒和苗前耙地或锄地。出苗后要及时进行松土、灭草、保墒等一系列农业技术措施，以促进早出苗、出壮苗和多发根。

二、幼苗期（幼苗生长和匍匐茎的伸长）

幼苗生长的适宜温度为 15～21 ℃，一般短期出现－1 ℃的低温也会受冻，−4 ℃会全株冻死。因此，在决定播种期时，要考虑到早、晚霜的危害，并做好防霜工作。

茎叶生长总量不大，仅占全生育期的 1/5～1/4，该期积累的干物质，约占一生总干物重的 3%～4%，所以其对水肥要求的量亦不大，仅占全生育期需肥水总量的 15%左右。但该期是承上启下的时期，一生的同化系统和产品器官都在该期内分化建立，是进一步繁殖生长、促进产量形成的基础，因此对水肥十分敏感，要求有充足的氮肥、适当的土壤湿度和良好的通气状况。氮肥不足会严重影响茎叶生长，缺磷和干旱会直接影响根系的发育和匍匐茎的形成。因此，该期农业措施要以壮苗促棵为中心，早浇苗水和追肥，并加强中耕除草，以提温保墒、改善土壤通透状况，从而促进幼苗快速生长，达到促根、壮苗，保证根系、茎叶和块茎的协调分化与生长的效果。

三、块茎形成期（孕蕾至开花初）

块茎形成期会出现马铃薯的暂缓生长，通常经历 20～30 d 左右，应充分满足水肥的需要，使植株尽快渡过暂缓生长期，迅速进入旺盛生长和达到最大叶面积时期。关键措施以水肥促进茎叶生长，迅速建成同化体系，同时进行中耕培土，促进生长中心由茎叶迅速转向块茎。

鲜重平衡期转折阶段来临前若氮肥供应过多，以及高温多雨、长日照、密度过大等，都会促进养分大量消耗在茎叶的生长上，甚至造成茎叶徒长，推迟干、鲜重平衡期的出现，降低块茎的产量。因此，应根据苗情，采取促控相结合的农业技术措施，以促进养分制造、消耗、积累过程协调进行，既要促进茎叶具有强盛的同化机能，又要控制其徒长，以减少非生产性的养分消耗，促进养分向块茎运转积累，由块茎形成期迅速向块茎增长期转移。针对上述生长进程，西昌学院及四川农业大学马铃薯联合课题提出在攀西地区应积极采取“肥促化控、平衡生长”的马铃薯栽培理论。

温度对块茎形成有很大影响，以温度16～18 ℃对块茎形成和增长最为有利。当土温超过25 ℃时，块茎几乎停止生长；土温达到29 ℃以上时，茎叶生长也严重受阻，光合强度降低，叶片皱缩，甚至灼烧死亡，造成大幅度减产。因此不同地区马铃薯栽培季节的选择是十分重要的，攀西地区大春栽培在高寒山一季作区（海拔高度2500～2700 m）一般在3月中下旬至4月初前栽种，高二半山一季作区一般在2月中下旬至3月中旬前栽种，低二半山次适宜区在1月中下旬至2月初栽培。随着块茎的形成和茎叶的生长，对水肥的需要量不断增加，并要求土壤经常保持疏松通气良好状态，才有利于块茎形成、根系扩展和壮苗发棵。该期一般应维持田间最大持水量的70%～80%为宜，至该期结束时，土壤水分应适当降低，以利转入块茎增长期。该期氮肥对加速根、茎、叶的生长起着十分重要的作用，同时还能使叶子的蒸腾率降低40%～50%；比磷、钾配合施用的作用可提高1～2倍，而稍低于氮、磷、钾配合施用的作用。

总的来讲，块茎形成期的主要农业技术措施是多次中耕除草，及时追肥灌水，以满足植株迅速生长对水、肥、气、热的需要，为高产打下良好基础。

四、块茎增长期（盛花至茎叶衰老）

在茎叶生长高峰以前，块茎鲜重的增长与茎叶鲜重的增长呈正相关关系；生长高峰之后，茎叶停止生长并逐渐衰老，但块茎鲜重仍继续增加，茎叶与块茎消长呈负相关关系。鲜重平衡期出现的早晚，与品种和栽培技术有密切的关系，一般早熟品种比中晚熟品种出现得早。同一品种鲜重平衡期出现的早晚，是衡量农业技术措施优劣的重要标志之一。在优良的农业技术前提下，植株生长健壮正常，鲜重平衡期适期出现，有利结薯和产量形成；相反，植株生长势弱，鲜重平衡期提早出现，或植株长势过旺，鲜重平衡期推迟，甚至到了霜期还达不到鲜重平衡期，都说明农业技术措施不合理，造成地上部和地下部生长失调，使产量和品质降低。

这个生育时期吸收的钾肥比块茎形成期多1.5倍，吸收的氮肥多1倍。充分满足该期对肥水的需要，是高产的重要保证。块茎增长要求土壤有丰富的有机质，并具微酸性和良好的通气状况，特别是土壤通气状况尤为重要。攀西地区通过黏土加沙土壤的改良措施，使通气性改善，根数、根长、根重与地上重比值分别比不加沙的增加100%、60%和40%左右，块茎产量提高88%。在以细胞分裂为主的块茎形成期，要求土壤有充足的氧气和适当的水分；在以细胞体积增大为主的块茎增长期，除要求土壤疏松透气以减少块茎生长过程中挤压土壤所消耗的能量外，还要经常保持土壤有充足的水分供应（对土壤缺水最敏感的时期是块茎增长初期），应使土壤始终保持田间最大持水量的80%～85%是最适宜的。土壤水分供应不匀及温度剧烈变化都会使块茎形态正常建成受到影响，形成畸形块茎，从而造成产量和品质降低。因此，在栽培上必须根据品种特性、植株长相及栽培条件，适时地进行各种促控措施，防止茎叶发展不足或徒长，才能使地上、地下部生长协调，有利于养分的积累运转，加速块茎膨大。

五、淀粉积累期（茎叶衰老）

该期栽培上的中心任务是防止茎叶早衰，尽量延长茎叶绿色体的寿命，增加光合作用时间和强度，使块茎积累更多的有机物质。为此，应保持土壤含水量为田间最大持水量的 50%～60%，防止土壤板结和过高的湿度，否则易造成块茎皮孔细胞增生，皮孔开裂，使薯皮粗糙，病菌容易侵入，从而不耐贮藏。在土壤过湿、严重缺氧的情况下，甚至会使块茎窒息，引起田间烂薯，以致大幅度减产，造成丰产不丰收。在氮肥施用过量的情况下，也会造成植株贪青晚熟，推迟鲜重平衡期的出现，影响有机物质向块茎中的积累，影响块茎周皮的木栓化过程。采取的农艺技术措施的任务是尽量延长根、茎、叶的寿命，减缓其衰亡，加速同化物向块茎转移和积累，使块茎充分成熟。

六、成熟收获期

成熟的块茎要及时收获，以免因呼吸消耗而造成块茎淀粉含量的降低，收获时要选择晴天进行，以免晚疫病等病害传染块茎。留种田在收获前可提前割除地上部茎叶，并应提早收获，以减少病毒侵染块茎的机会。

参考文献

[1] 李佩华，蔡光泽，普晋，等. 四川省马铃薯脱毒种薯生产现状及发展对策浅析 [J]. 西昌学院学报（自然科学版），2013 (3).

[2] 李佩华. 四川省马铃薯产业发展对策浅析 [G] //四川省马铃薯发展国际研讨会论文集，2005.

[3] 李佩华. 四川省凉山州马铃薯生产现况及发展对策思考 [J]. 西昌农业高等专科学校学报，2003 (1).

[4] 李佩华，彭徐. 马铃薯遮光处理的效应研究 [J]. 中国农学通报，2007 (4).

[5] 孙慧生. 马铃薯育种学 [M]. 北京：中国农业出版社，2003.

[6] 新型农民科技培训教材委员会. 马铃薯高效栽培技术 [M]. 成都：四川教育出版社，2009.

[7] 门福义，刘梦芸. 马铃薯栽培生理 [M]. 北京：中国农业出版社，1993.

[8] 全国农技推广中心. 2013 年国家马铃薯品种试验技术培训教材汇编 [M]. 2013.

第六章 攀西地区马铃薯高产优质栽培技术的肥料运筹

第一节 马铃薯需肥特点

马铃薯是高产作物，对肥料的要求很高，肥料是形成产量的基础，没有足够的营养，马铃薯就不能获得高产。马铃薯吸收最多的矿物质养分为氮、磷、钾，其次是钙、镁、硫和微量元素铁、硼、锌、锰、铜、钼、钠等。氮、磷、钾是促进根系、茎叶和块茎生长的主要元素，其中氮对茎叶的生长起主导作用，磷促进根系发育，同时还促进合成淀粉和提早成熟，钾有促进茎叶生长的作用，并可维持叶的寿命。如果不合理使用氮、磷、钾，会对马铃薯的产量起副作用。根据试验，每生产 500 kg 块茎，须从土壤中吸收氮 2.5～3 kg、磷 0.5～1.5 kg、钾 5.5～6.5 kg。在马铃薯栽培过程中的肥料施用原则：适施氮肥，宜少不宜多，早施磷、钾肥，提高产量，增进品质；施足基肥，尽量不施追肥；以农家肥为主，适施化肥。

农家肥在马铃薯栽培中是最好的肥源，不但能提供多种供生长需要的养分，还可以改善土壤的理化性状，对马铃薯生长发育十分有利。农家肥的种类很多，如人畜粪尿、秸秆堆肥、草炭堆肥、塘泥、垃圾、各种饼肥、草木灰以及各种农家杂肥等。有机肥料的肥源广、数量多，可以因地制宜、广阔肥源，以增加施肥量。有机农肥是完全肥，含有马铃薯生育所必需的大量元素与微量元素，还含有一些具有刺激性物质的有益微生物，这是化学肥料无法相比的。有机肥可以调节土壤肥分，有机肥中的大量有机质在微生物的作用下进行矿化作用，释放养分供马铃薯植株吸收；还能通过腐殖化作用产生腐殖质，使土壤疏松肥沃、透气排水，改善土壤水肥气热条件，适于块茎膨大。有机肥分解时产生的胡敏酸和腐殖酸使土壤呈微酸性，非常有利于马铃薯的发育，促进淀粉形成。有机肥含氮、钾较多，恰好满足马铃薯对这两种元素的需要，另外，有机肥分解时能释放出大量的 CO_2，可以有效地弥补光照的不足，提高植株的光合强度。

第二节　马铃薯氮肥运筹

氮肥对马铃薯光合生产率的提高、叶绿素含量的增加，具有非常重要的作用。合理的施用氮肥，可以促使马铃薯植株早生快发，尽快构建成丰产的株型，为获得高产奠定基础。但是，也切记不能过量施用氮肥，如果施用氮肥超过马铃薯的适宜需要，则要引起植株的徒长，使生长中心一直以地上发育为主，阻碍了块茎的形成和发育，严重影响块茎的产量。如果氮肥不足，则表现为生长缓慢、全株呈现淡绿至黄绿色、老叶的周围变成淡黄色甚至干枯脱落。

氮素是作物需求最多、对产量影响最大的矿质元素之一，施用氮肥是提高作物产量和品质的重要措施。目前中国在氮肥应用上存在的主要问题是利用效率低，不仅造成大量的资源浪费，还带来一定的环境污染。据报道，我国主要粮食作物氮肥利用率平均只有 35%，远低于其他国家或地区的 40%～60%。因此，如何提高氮肥的利用效率已成为农业科技工作者关注的热点问题之一。

刘克礼等在不同施肥与密度处理下的研究表明，马铃薯对氮素的吸收速率在整个生育期间呈单峰曲线变化，峰值出现在块茎快速增长期。马铃薯出苗后，各器官建成及生长发育对氮的需求量不断增加，氮的吸收速率逐渐加快，特别是块茎形成和块茎增长期间，由于旺盛的细胞分裂和块茎的迅速建成，氮的吸收速率增加，并达到峰值，此后由于块茎增长趋慢，转入淀粉积累期，对氮的需求量逐渐减少，氮的吸收速率随之逐渐下降。按总吸氮量的百分比计，从发芽到出苗占 6%，发棵期占 38%，结薯期占 56%。

氮素积累量表现为苗期至块茎形成期缓慢增长，进入块茎增长期呈直线增长，到淀粉积累期达到峰值，此后随着叶片的衰老、脱落，发生氮素的转移和流失，氮的积累量下降。氮素在马铃薯各器官内的分配，随着生长中心的转移而发生变化。叶片中的分配率以苗期最高，70%以上的氮分配到叶片，用于光合系统的迅速建成，此后随着生育过程的推移，氮素在叶片中的分配不断地下降。成熟期，由于叶片的衰老和脱落，氮素在叶片中的分配率降低到 30%左右。氮素在地上茎中的分配率在整个生育期间则呈单峰曲线变化，块茎形成期，也正值地上茎的旺盛生长、伸长期，此时地上茎对氮有较大的需求量。块茎形成进入增长期后，氮素在块茎中的分配率一直呈上升趋势，大量的氮素转移到块茎中，用于块茎的建成和营养物质的贮存，到成熟期，大约有 50%～60%的氮素最终贮存在块茎中；^{15}N 标记研究发现，随着马铃薯块茎的形成，最终有 80%的 ^{15}N 进入块茎。

马铃薯各器官氮肥浓度在全生育期始终表现为：叶片>地上茎>块茎，叶片和地上茎随生长发育进程呈递减变化，块茎在增长始期由低向高达到一峰值后逐渐降低。而日本学者太崎满对不同氮素水平的试验表明，在 300 kg/h 的高氮处理下，叶片含氮率的降低比其他处理缓慢，块茎含氮率在生育初期降低，开始迅速膨大(约在播种后 65 d) 后几乎不降低，生育末期反而提高，收获期块茎含氮率比茎高。

马铃薯出苗后对氮素的吸收量直线增加，到出苗 45 d 前后吸收量达到最大值，每天的吸收量约 80 mg/株。这时是植株和块茎生长最迅速的时期。出苗 60 d后吸收量急速下降。氮肥随施用量的增加吸收量也增加，但过量施用易使茎叶生长过于繁茂，甚至倒伏，不利于淀粉的形成和积累。氮肥吸收量与茎叶生长成正比，与淀粉含量成反比，株高与淀粉含量也成反比。

马铃薯植株对氮素的需要量相对较少，施氮肥后最明显的效果就是促进光合能力和马铃薯叶片叶绿素合成，提高气孔开闭变化幅度、光合光响应灵敏度及光能转化效率。在植株生长初期有充足的氮素，能促进根系的发育，增强植株的抗旱性。如果氮肥施用过量，则会导致茎叶生长过于繁茂，即引起徒长。

施氮水平的增产作用还与土壤肥力状况有关。当土壤全氮含量达到 0.136%～0.161%、碱解氮含量为 0.0111%～0.0112%时，增施氮肥会显著地降低产量。在全氮含量<0.1%、碱解氮含量 0.0068%～0.0097%的一般肥力的田块，增施氮肥可显著增产。高氮水平或追施氮肥偏晚，则结薯延迟，块茎膨大时间缩短，植株贪青晚熟，造成减产。因此氮化肥应在施足底肥的基础上早施追肥，以满足马铃薯茎叶生长和块茎膨大的需求，一般 2/3 做基肥，1/3 做追肥。但是追肥宜在植株生长至现蕾前后施用，方可发挥最大效用，不宜在封垄后追施，以免影响块茎膨大速度。

第三节　马铃薯钾肥运筹

在肥料三要素中，马铃薯对钾肥的需要量最大。充足的钾肥有加强植株体内代谢过程的作用，并能增强光合强度，延缓叶片衰老进程。施用钾肥可以促进植株体内蛋白质、淀粉、纤维素及糖类的合成，可使茎秆增粗以减轻倒伏的危害，能使叶片增厚提高抗病能力，并能增强植株的抗寒性。

一、钾肥作用

植株缺钾时，表现为生长缓慢，甚至生长停顿，节间变短，植株弯曲下垂，叶片卷缩，叶面缩小，叶脉下陷，叶尖及叶缘由绿色变为暗绿，继而由暗绿变为黄色，最后呈古铜色。颜色的变化由叶尖到叶缘，逐渐扩展到全叶，有时叶面出现紫纹，植株基部的几个叶片同时枯干，而心叶则仍然呈正常状态。最后，植株很容易受寄生病菌的侵害，地下块茎的表现是块茎变小，品质变劣，块茎内部呈灰色状。

钾过多，会影响根系对镁的吸收，使叶绿素合成遭到破坏，从而影响光合生产。马铃薯对钾素的吸收有两个高峰期，分别是块茎增长初期和淀粉积累初期。淀粉积累初期钾的吸收量最大。在各种矿质元素中，马铃薯对钾的吸收量最多，比氮多2/3到1倍以上。在植株灰分总量中，钾占50%～70%。由于钾在植株体内的流动性很大，所以各器官中钾的含量随不同生长时期而变化。茎和块茎中钾的含量随着生育期的进展有增加的趋势，而叶片中钾的含量则逐渐降低。在氮肥充足的情况下，增施钾肥可显著地提高产量，还能改善块茎的质量，提高淀粉含量，减轻薯肉变黑。据报道，施用硫酸钾肥能够促进钾离子的正常吸收，一般情况下施用硫酸钾的效果较氯化钾的效果好，氯肥施用过多，会影响对磷的吸收，降低品质和产量。但是马铃薯对钾肥需要量最大，而硫酸钾的价格是氯化钾的2倍，所以为了降低生产成本，可以适量施用氯化钾。研究结果揭示，只要施用的含氯化肥中的氯元素浓度在633 ppm以下，就不会对马铃薯造成任何坏的影响。钾肥一般全部做基肥施用效果较好，增施有机肥可以减少钾肥的用量，同时可以改善结薯条件，对增加品质和产量有积极作用。

二、攀西地区钾肥适宜施用量

凉山州的土壤缺钾，但是，由于多种因素凉山州薯农无施用钾肥的习惯。为了进一步探索钾肥对马铃薯产量和品质的影响，为大面积生产增施钾肥提供指导依据，2007年凉山州农业局马铃薯产业办公室组织实施了马铃薯钾肥肥效试验，共计六个参试点，海拔在1957～2500 m左右。这六个点分别是：会东县堵格乡堵格村民主社，土壤为冲积潮土，前作为玉米；昭觉县比尔乡，土壤为沙积土，前作玉米；美姑县俄普片区农作乡衣色村，土层深厚、肥力中上，前作玉米；冕宁县彝海乡大盐井村二组；喜德县冕山镇洛发村，肥力中等，土壤为山洪冲积土，前作秋荞；西昌市开元乡，土壤为黄红砂土壤，前作玉米。

（一）产量及方差分析

除冕宁县试点外，各实验处理产量较对照均有增长，施硫酸钾7.5～15.0 kg/667m^2，增产24.5～28.26%。除冕宁县试点外，经方差分析，各处理较对照差异达到显著水平，施5 kg/667m^{2}以上达到极显著水平（表6-1）。

表 6－1　钾肥试验产量统计表

（单位：kg，kg/667m²）

钾肥施用量	西昌（米拉）		会东（合作 88）		昭觉（合作 88）		美姑（凉薯 97）		喜德（红眼）		冕宁（会－2）		平均	
	单产	增减	单产	增减	单产	增减	单产	增减	单产	增减	单产	增减	单产	增减
0	1589.7		766.14		1229.7		2220		1285		2787.9		1646.41	
2.5	1831.1	15.19	999.2	30.42	1284	4.42	2286.7	3.0	1373	6.85	2737.9	－1.79	1751.98	6.41
5	2030.9	27.75	982.46	28.24	1284	4.42	2437.5	9.8	1498	16.58	2761.3	－0.95	1832.36	11.29
7.5	2318.1	45.82	978.47	27.71	1587.7	29.11	2450.8	10.4	1573	22.41	2846.2	2.09	1959.05	18.99
10	2380.5	49.75	849.32	10.86	1437.1	16.87	2717.2	22.4	1710	33.07	2994.4	7.41	2014.75	22.37
12.5	2180.7	37.18	1003.45	30.97	1316.1	7.03	2617.3	17.9	1710	33.07	2655.5	－4.75	1913.84	16.24
15	2047.5	28.80	1036.67	35.31	1370.4	11.44	2597.4	17.0	1810	40.86			1772.39	7.65

（二）品质分析

通过品质测试，钾素对马铃薯品质有一定影响，从测试数据看施用硫酸钾各处理较对照在干物质、蛋白质、淀粉、还原糖、维生素5个主要指标上，降多升少（表6－2）。对干物质影响，只有12.5 kg/667m^{2}处理较对照略升0.09%，2.5 kg/667m^2、5 kg/667m^2、7.5 kg/667m^2、10 kg/667m^2、15 kg/667m^{2}处理分别比对照降0.99%、1.25%、0.56%、1.69%、1.58%；对蛋白质的影响，5 kg/667m^2、10 kg/667m^{2}处理与对照接近并略升0.02%～0.03%，2.5 kg/667m^2、15.0 kg/667m^2、7.5 kg/667m^2、12.5 kg/667m^{2}处理较对照分别降0.69%、0.39%、0.18%、0.17%；对淀粉的影响，只有12.5 kg/667m^{2}处理较对照略升0.03%，10 kg/667m^2、15 kg/667m^2、5 kg/667m^2、2.5 kg/667m^2、7.5 kg/667m^{2}分别降1.14%、0.93%、0.85%、0.54%、0.39%；对还原糖的影响，12.5 kg/667m^2、15.0 kg/667m^2、10.0 kg/667m^{2}分别升0.1%、0.08%、0.05%，2.5 kg/667m^2、5.0 kg/667m^2、7.5 kg/667m^{2}分别降0.11%、0.06%、0.06%；对维生素的影响，5.0 kg/667m^{2}时与对照几乎相同，15.0 kg/667m^2、7.5 kg/667m^2、12.5 kg/667m^2、2.5 kg/667m^2、10.0 kg/667m^{2}分别降0.15%、0.12%、0.12%、0.09%、0.07%。

表6－2　品质测试结果统计表

钾肥施用量	干物质（%）	蛋白质（%）	淀粉（%）	还原糖（%）	维生素（mg/100g）
0	24.5	5.15	14.53	0.81	0.98
2.5	23.51	4.46	13.99	0.70	0.89
5	23.25	5.18	13.68	0.75	0.90
7.5	23.94	4.97	14.14	0.75	0.86
10	22.81	5.17	13.39	0.86	0.91
12.5	24.59	4.98	14.56	0.91	0.86
15	22.92	4.76	13.6	0.89	0.83

综上所述，钾肥施用量在5 kg/667m^2～15 kg/667m^{2}之间产量较高，所有施用量均能正常成熟，并能获得收成；对品质有一定影响，但并不太大。综合考虑产量、品质、经济效益等因素，硫酸钾在凉山州马铃薯生产上施用量以7.5～10.0 kg/667m^{2}为好。

第四节　马铃薯磷肥运筹

马铃薯对磷的吸收趋势与氮相似，不同的是磷的吸收高峰期来得比氮晚，出现在出苗后的 60 d 前后，第 80 d 后吸收量急剧下降。马铃薯植株的磷和氯的含量比较固定，它们约占无机元素总量的 15%。若氯的含量增加，磷的含量必定减少。因此，如果施用含氯过多的肥料，会使块茎中淀粉含量减少。马铃薯植株含磷量一般为干物重的 0.4%～0.8%。由于磷在植株体内极易流动，所以植株体内的磷是随生长中心的转移而变化的，一般在幼嫩器官中磷的含量增加可提高植株的抗寒能力，还能提高块茎的耐贮性。试验结果表明，磷肥作基肥效果优于作追肥。作基肥的利用率较高，约为 14%；而作追肥时，利用率仅有 4%。磷肥的施用方法很重要。表面撒施可增产 27%（与不施肥比较），利用率为 7%；而集中穴施可增产 57%，利用率达 14%。对于穴施来说，将磷均匀地分布于 5～15 cm 土层的，又比集中施于 5 cm 土层的效果好，前者可使肥效提高到 20.5%。因此磷肥也宜全部作基肥施用，后期可通过叶面喷施磷酸二氢钾补充对磷肥的需要。

与氮肥和钾肥相比，马铃薯对磷肥的需求量相对少些，但确是植株健康发育不可缺少的重要肥料。由于施用了磷肥，可以大大增强氮肥的增产效应，磷肥能加强块茎中干物质和淀粉的积累，从而提高了块茎的淀粉含量。磷是植物体内重要的生命物质，细胞的分裂和植株体内各种物质的转化没有磷就不可能进行。磷肥可以促进根系生长，提高植株的抗寒、抗旱能力，还有促早熟的作用。

如果植株缺磷，则植株的叶片、叶柄和叶片边缘均向上竖立，叶片皱缩变小，叶色暗绿，植株矮小，或细长僵立，生长缓慢，尤其在发棵期更显著，老叶边缘显现焦斑，早期脱落。缺磷的块茎，内部可能出现褐色的创痕或斑点，并随缺磷的程度加大，褐斑也相应扩大。在蒸煮时，褐斑处脆而不软，严重影响块茎的食用品质。

第五节　其他肥料运筹（硼肥、稀土）

除了氮、磷、钾三要素之外，在马铃薯的生长发育中还需要硼、钙、镁、硫、锌、铜、钼、铁、锰等微量元素，这些都是马铃薯植株生育期间所必不可少的。植株缺钙时，幼叶变小，颜色淡绿、叶缘卷起，逐渐枯死，侧芽死亡，块茎则短缩、变形、失去经济价值、内部呈现褐色分散的斑点即坏死斑。植株缺镁时，基部老叶的叶尖及叶缘发生失绿现象，逐渐沿叶脉间扩展，最后叶脉间的组织填满褐色坏死斑、向上卷起，叶脉间部分突出、厚而脆，病叶最后死亡脱落。病症以基部叶片最重，逐渐向上部发展。植株缺硼时，生长点或顶芽枯死，侧芽则迅速生长，节间缩短，从而使植株呈矮丛状，叶片增厚、叶缘上卷，叶子中积累大量淀粉。如果长期缺硼，则根部短粗呈褐色，根尖死亡，块茎变小，表皮有裂痕。

一、钙肥

马铃薯根、茎、叶中钙的含量较高，占干重的1%～2%；块茎中含钙量较低，占干重的0.1%～0.2%，是茎叶中的1/10。块茎最易受缺钙的影响，缺钙时会导致髓部细胞坏死，块茎发生空心和变黑。由于钙离子的流动性小，所以种薯在发芽时，常因缺少钙离子而造成芽尖坏死。一般情况下，土壤中不缺钙。

二、镁肥

与钙的情况相似，植株根、茎、叶中镁的含量也比块茎高，前者为干重的0.4%～0.5%，后者为干重的0.2%～0.3%。镁和钙在马铃薯植株中的含量非常稳定，约占无机元素总量的6%。土壤中镁的含量，沙质土为0.05%，黏土为0.5%，但有效镁（植株能直接吸收利用的）较少，主要是以缓慢有效态存在的。每年土壤镁的流失量为1.95～3.0 kg/667m^2。只要坚持增施有机肥，一般不会出现缺镁现象。

三、硫肥

硫是植株生长所必需的微量元素，如果不能满足马铃薯生长发育的需要，则会出现缺素症。在这种情况下，进行土壤施肥或叶面喷施微量元素，会收到很好的增产效果。在肥力不高的土壤中，即使植株未出现缺素症，适当施用微量元素肥料也能够起到增加产量的作用。如果随基肥分别施用0.25 kg/667m^2、0.5 kg/667m^2、1 kg/667m^{2}的硼酸，块茎产量则分别增加37.3%、26.6%、1.4%。

四、稀土

稀土是化学元素周期表中的镧系元素及与其化学性质极为相似的17种元素的总称，又名农乐益植素。实践证明稀土对多种作物具有明显的增产效果。20世纪70年代以来，我国学者开展了稀土元素在农业上的应用效应的研究，对稀土作用机理的研究也取得了较大的进展。马铃薯及蔬菜中施用适量稀土对人安全无毒，也不致引起农田、水域污染，农用稀土的放射性远低于国家标准，可视为非放射性物质，食用安全。

西南山区是马铃薯的重要产区，川西南山地（凉山州）富含稀土矿资源，稀土矿废物侵入安宁河等，造成了水体富营养化，为了进一步探索提高马铃薯单产的途径及稀土矿废物的综合利用，西昌学院马铃薯课题开展了马铃薯根外喷施稀土的试验研究。试验包括两个内容，即不同生育期、不同剂量稀土施用对马铃薯增产效果的研究和马铃薯小面积喷施稀土控制性生产试验。

（一）稀土对马铃薯生长发育的影响

试验研究表明稀土拌种马铃薯有加速生长发育、促进营养生长的作用。一般结薯提前 3 d 左右，花期提早 1~7 d，生理成熟期提前 3~4 d，早结薯。施用稀土后，马铃薯植株性状与对照无明显差异。

（二）稀土对马铃薯产量、品质的影响

从试验来看，6 个喷施稀土的处理中 5 个增产 1 个减产。各处理平均增产 7.5%（增产 122.6 kg/667m^2），但是不同施用量、不同施用时期之间产量不存在规律性差异（表 6−3）；不同处理间薯块性状也不存在规律差异（表 6−4）。田间小区试验和多点生产试验表明，稀土对马铃薯均表现较稳定的增产效果，尤以现蕾期 30 g 较低剂量、开花期 50 g 较高剂量叶面喷施增产、增收效果最为显著。

表 6−3　稀土试验产量分析表

处理	小区产量（kg）			平均（kg）	较对照增产（%）	折合产量（kg/667m^2）
	Ⅰ	Ⅱ	Ⅲ			
Ⅰ	58.95	73.25	69.50	67.23	14.43	3361.5
Ⅱ	56.50	61.75	62.25	60.17	2.4	3008.5
Ⅲ	56.40	69.25	66.25	63.97	8.9	3198.5
Ⅳ	52.80	75.00	71.00	66.27	12.8	3313.5
Ⅴ	58.25	59.20	66.50	61.32	4.3	3066
Ⅵ	65.5	58.25	55.25	59.67	1.6	2983.5
CK	53.25	57.50	65.50	58.75	0	2937.5

表 6−4　稀土试验性状统计表

处理	株高（cm）	主茎粗（cm）	单株结薯（个）	单株产量（kg）	各型薯块比例（100%）					次生薯率（%）	田间烂薯（%）
					特大	大	中	小	屑		
Ⅰ	45.35	1.1	11	0.62	0.45	17.73	17.73	47.27	16.36	0.45	0
Ⅱ	44.2	1.03	13.5	0.575	0	11.48	11.48	55.19	21.85	2.22	1.48
Ⅲ	45.1	1.09	12.5	0.695	0.8	14.8	17.2	53.2	13.6	0.4	1.2
Ⅳ	47.1	1.03	12.8	0.68	0	14.84	14.84	56.64	14.06	0.39	1.56
Ⅴ	48.4	1	12.8	0.6	0	12.5	15.23	55.86	16.02	0.78	2.34
Ⅵ	49.1	1.07	11.45	0.6	0	14.41	23.14	51.53	14.41	0	0.44
CK	46.8	1.04	11.45	0.6	0.29	15.40	16.05	50.33	17.65	0.59	2.5

从各控制点的情况来看，喷施稀土具有普遍的增产效果，但增产幅度不大。

越西净作增产 4.35%、套作增产 9.7%，普格增产 10.34%，布拖增产 8.3%。以上的三个控制点平均增产 8.17%。

马铃薯现蕾期喷施 30 g 稀土，较 CK 干物质含量、淀粉含量、维生素 C 分别增加 0.9%、0.9%、0.6 mg，蛋白质含量减少 0.1 mg，还原糖含量不变（见表 6-5）。

表 6-5 稀土试验品质分析表

处理	干物质含量（%）	淀粉含量（%）	维生素 C 含量（mg/100 g）	还原糖含量（g/100 g）	蛋白质含量（mg/100 g）
Ⅰ	22.3	16.5	15.7	0.3	2.1
Ⅱ	22.1	16.3	15.5	0.3	2.0
Ⅲ	21.5	15.7	15.4	0.3	2.0
Ⅳ	21.9	16.1	15.3	0.3	2.1
Ⅴ	21.6	15.9	15.3	0.3	2.0
Ⅵ	21.1	15.4	15.0	0.4	1.9
CK	21.4	15.6	15.1	0.3	2.2

（三）稀土对马铃薯生理的影响

盛花期测定不同浓度稀土元素施用的马铃薯较未施对照地下部根长和根数、平均累积冠层覆盖度指标普遍有增加，不同浓度稀土元素施用的马铃薯较未施对照可增加叶片叶绿素含量，提高光合速率，提高细胞间隙 CO_2 浓度、叶面积指数，降低蒸腾速率、气孔导度、植物截获光强（表 6-6）。

表 6-6 稀土试验生理指标

处理	净光合速率［μmol/(m² · s)］	蒸腾速率［μmol/(m² · s)］	气孔导度［μmol/(m² · s)］	细胞间隙 CO_2 浓度［μmol/(m² · s)］	叶绿素含量(mg/g)	光照强度（冠层外光强/植物截获光强）	叶面积指数	根长（mm）	根数
Ⅰ	20.2	13.6	0.05	386	52	1988/862	1.6	58	138
Ⅱ	17	14.2	0.06	379	49	1286/547	1.17	49	117
Ⅲ	18.8	14.5	0.05	378	49	1227/502	1.015	52	123
Ⅳ	18.9	14.6	0.08	365	50	1727/665	1.353	44	114
Ⅴ	16.8	14.5	0.06	380	44	2211/1123	1.35	46	96
Ⅵ	16.8	15.2	0.06	358	42	1875/1299	0.853	46	105
CK	16.7	15.1	0.08	358	43	1695/1211	0.688	43	99

试验表明不同生育期对马铃薯喷施不同剂量的稀土溶液有增产效果，并同时在凉山州马铃薯主产县进行了控制性生产试验，其结果一致，马铃薯叶面喷施稀土可增

产5%~10%。稀土元素能改善马铃薯的商品品质、营养品质和加工品质，稀土元素在低浓度时对马铃薯产量及品质有促进作用，高浓度时可产生抑制或毒害作用。

马铃薯生产要获得高产，宜采取肥促化控、平衡施肥的技术措施。土壤和植物体内普遍含有稀土元素，稀土并不能代替有机、无机或微量元素肥料，只有在其他各种营养元素供应充分、配比合理的条件下才能更好地发挥其作用。叶面喷施要掌握适宜的剂量或浓度，两次喷施与一次喷施差异不明显。稀土元素并不是植物生长必需的营养元素，但它可以促使植物体对营养元素的吸收与运转，提高有效营养元素的效果。

植物体干物质的积累来源于光合作用，而叶绿素在光合作用中对光能吸收、传递和转化起着重要作用，稀土生物效应的生理基础是增加叶片叶绿素含量，提高光合能力。马铃薯叶片喷施稀土后，氮代谢旺盛，地上部分生长较繁茂。

第六节　营养元素失调症及矫治

营养平衡是获得马铃薯优质高产并减轻病虫害危害的关键。马铃薯植株生长发育需要适量的营养元素，土壤中营养元素过多或过少，都会导致植株生长发育不良，表现出明显的缺素症状（见图6—1）。

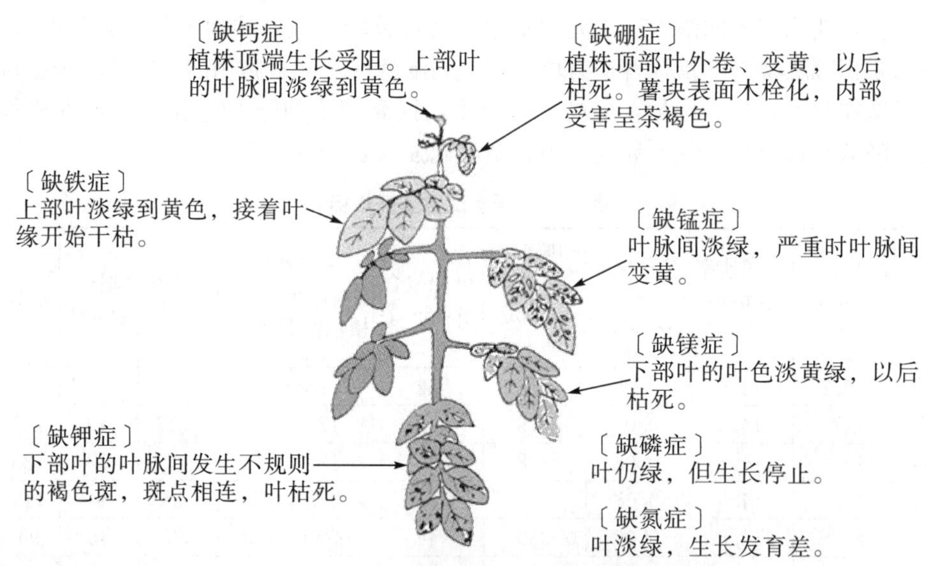

图6—1　马铃薯缺素症状（东北农业大学网络课程）

一、缺氮

氮是植株需要量最多的元素之一。氮肥的多少直接影响到植株茎叶的生长和蛋白质的合成。氮肥不足时，植株茎秆细弱、矮小，基部叶片首先变黄，并逐渐向顶部叶片扩展，同时叶片变小、色淡、薄，略呈直立状。每片小叶先沿叶缘褪绿变黄，然后逐渐向中心部位发展（见图 6－2）。如果土壤氮肥过量，则会引起植株徒长，叶片大且颜色浓绿，结薯推迟。生产中氮肥应早施，一般宜作基肥、种肥，需要追肥时应在苗期施用。

图 6－2　马铃薯缺氮症状（东北农业大学网络课程）

二、缺磷

磷是马铃薯生长发育所需要的三大元素之一，它在苗期和块茎形成中需要量最大。苗期缺磷，植株顶端生长受阻，导致植株矮小、纤细，叶片卷曲呈杯状，叶片和叶柄均向上直立，叶色暗绿无光泽。缺磷严重时，基部小叶的叶尖首先褪绿变褐，并逐渐向全叶扩展，最后整个叶片枯萎脱落。这一症状逐渐向顶部叶片发展。缺磷植株根系和匍匐茎数量减少，根系变短，块茎组织内出现锈点，类似轻花叶病毒症状（见图 6－3）。植株生长缓慢，节间变短，呈丛生状，叶尖萎缩，叶片向下卷曲，叶脉下陷。

图 6－3　马铃薯缺磷症状（中国农业网）

三、缺钾

马铃薯缺钾严重时，生长点受到影响，出现顶枯现象，叶缘先绿（见图 6-4）。根系发育受阻，匍匐茎变短。块茎脐部出现褐色凹陷斑。目前许多地区的土壤含钾量不足，马铃薯生长期间出现缺钾现象，必须适当增施钾肥。马铃薯是喜钾作物，钾肥施用量要多于其他肥料。植株出现缺钾症状时，要进行叶面追肥，连追几次。

图 6-4 马铃薯缺钾症状（东北农业大学网络课程）

四、缺钙

钙是马铃薯整个生育期都需要的营养元素，特别是块茎形成阶段，对钙的需要量更多。钙是构成细胞壁的重要元素之一，对细胞膜的形成起重要作用。钙除作为营养物质供植株吸收利用以外，还能中和土壤酸性，促进土壤有效养分的形成，抑制其他元素的毒害作用。缺钙时株分生组织首先受害，细胞壁的形成受阻，从而影响细胞分裂。表现为幼叶变小，小叶边缘呈淡绿色（见图 6-5），节间缩短，植株顶部呈丛生状。缺钙严重时，需用钙溶液每隔 5 d 喷一次，连喷 2～3 次。

图 6-5 马铃薯缺钙症状（东北农业大学网络课程）

五、缺镁

镁是叶绿素的构成元素，与植株的光合作用密切相关。马铃薯缺镁时首先影响到叶绿素的合成。缺镁症状先是从基部叶片的小叶边缘开始由绿变黄（见图 6-6），进而叶肉变黄，叶脉仍呈绿色。缺镁严重时，叶色由黄变褐，叶片增厚变脆，并向上卷曲，最后病叶枯萎脱落。增施镁肥对马铃薯增产效果明显。缺镁土壤应多施有机肥或含镁肥料。植株出现缺镁症状时，应及时向叶面喷施0.5%～1%的硫酸镁溶液。

图 6-6　马铃薯缺镁症状（东北农业大学网络课程）

六、缺硼

植株缺硼时生长点坏死，侧枝发生多，呈丛生状，同时节间缩短，叶片变厚、上卷（见图 6-7）。茎秆基部有褐色斑点。叶片淀粉积累明显，类似于卷叶病毒病症状。根尖顶端萎缩，侧根增多，影响根系向土壤深层伸展。块茎变小，脐部呈褐色。沙质土壤容易出现缺硼现象。土壤缺硼时可随基肥施入一定量的硼砂，一般用量为 500 g/667m^2。

图 6-7　马铃薯缺硼症状（东北农业大学网络课程）

七、缺锰

缺锰症状通常出现在植株的上部，下部叶片几乎不受影响。缺锰时叶脉间失绿，逐渐变黄变白（见图 6−8）。有时顶部叶片向上卷曲。缺锰严重时，幼叶叶脉出现褐色坏死斑点。马铃薯对土壤锰元素过剩产生的毒害作用非常敏感。当土壤锰含量在 0.04％时，植株就开始出现毒害症状。不同品种对锰元素毒害的抗性不同。在生长早期，锰害发展较慢，首先在茎的基部和叶柄的基部出现坏死斑点，然后逐渐向上发展。如果是因为土壤 pH 值过高而引起缺锰，则应多施用一些酸性肥料（如硫酸铵、硫酸钾等）来降低 pH 值。如果是土壤自身缺锰，则应补充含锰肥料如硫酸锰，用量为 2～2.5 kg/667m^2。植株出现缺锰症状时，土壤施锰已为时过晚，应向叶面喷施硫酸锰，浓度为 0.5％～1％，硫酸锰用量 150～200 kg/667m^2，一般情况下喷施 4～5 d 后植株就可恢复正常。

图 6−8　马铃薯缺锰症状（东北农业大学网络课程）

八、缺锌

缺锌时植株生长受阻，嫩叶褪绿并变小、发黄、上卷（见图 6−9）。

图 6－9　马铃薯缺锌症状（东北农业大学网络课程）

马铃薯缺营养元素会导致营养失衡，造成一系列生理病害，但是营养元素过多，特别是一些微量元素过多，也会造成马铃薯毒害作用而出现一些症状，最终影响产量。如图 6－10 所示是部分微量元素过多引起的症状。因此在施用微量元素的时候应该特别注意使用浓度，不能超量使用。

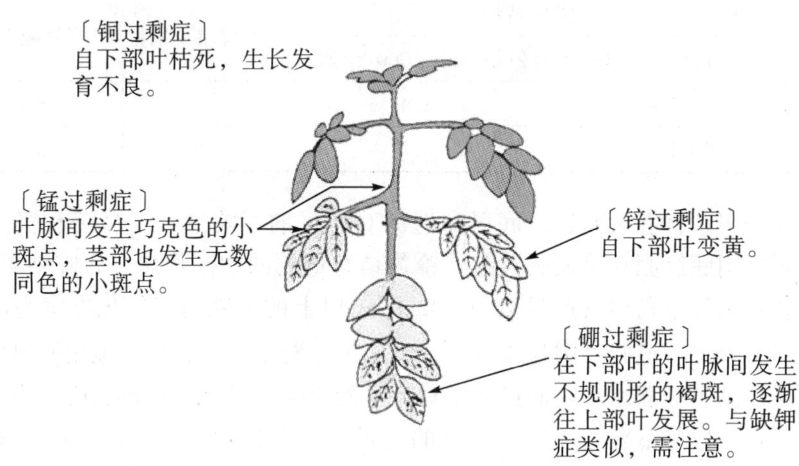

图 6－10　马铃薯营养过剩症状（东北农业大学网络课程）

第七节　不同季节马铃薯对肥料的需求差异

攀西地区立体气候明显，春马铃薯和秋马铃薯生产面积大，但由于生产季节气候的差异，其对氮肥的需求存在一定差异。春马铃薯的生长是在一个温度逐渐升高、光照逐渐增强的季节，因此前期生长慢，需氮量较少，而中、后期生长量大，需要大量的氮营养供给，肥料的利用率也较高。追肥正好满足了中、后期这一需求，增产效果明显。但秋马铃薯与春马铃薯相反，其生长处于温度逐渐降低、光照逐渐减弱的季节，后期温度低、植株生长速度减缓，对营养的需求减少，同时由于温度降低、光照减弱，氮肥的分解也慢，能被植株吸收利用的也减少。据研究，秋薯生育前期温度高，生长快，始增期和全生育期均短，单株干物质和块茎干重最大增长速率低，虽植株更高，但各器官生长量低，加之后期温度低，物质转化慢，块茎干物质分配率和收获指数低，产量不及春薯高。春秋薯在种植密度、肥料运筹等多方面有重要差别。光合物质和营养元素向块茎转化分配比例春薯为 85.7%，秋薯为 67.2%；每生产 1000 kg 鲜薯所需纯氮量春薯为 4.4 kg，秋薯为 5.5 kg；氮磷钾需求比例春薯为 3∶1∶3，秋薯为 2∶1∶3（表 6−7）。因此我们提出了春马铃薯“适施基肥，二期追肥”、秋马铃薯“基肥一道清”、冬马铃薯“重施基肥，一次追肥”的平衡高效施肥模式（表 6−7）。

表 6−7　春、秋马铃薯主要生育特点与营养特性比较

季节	需肥特性		干物质积累量	块茎分配率（%）
	$N:P_2O_5:K_2O$	吸氮量（kg/1000 kg 鲜薯）		
春薯	3∶1∶3	4.4	高	85.7
秋薯	2∶1∶3	5.5	低	67.2

研究表明，就春薯而言，底氮和追氮对产量的影响达到了显著和极显著差异，表明施用底氮肥和追氮肥对春马铃薯具有重要的增产作用。研究结果表明，在薯玉套作条件下马铃薯产量 22500 kg/hm^2 以上的氮肥运筹优化方案为施氮量 69～171 kg/hm^2，追肥比例为 33.2%～62.0%。对于秋马铃薯，施用底氮肥对产量的影响达到了显著水平，而追氮肥对产量的影响不显著。通过底肥一道清的施肥方式，在一次施底纯氮 90 kg/hm^2 的用量下，产量达到最大，而随着追纯 N（氮）水平的提高，产量呈下降的趋势。因此，对于春马铃薯，在重视底肥的前提下，要十分重视追肥的应用，而对于秋马铃薯，要特别重视底肥的使用，追肥要慎重，不但追肥的量宜少，而且追肥的时间也应提前，通过改偏施氮肥为全程平衡配方施肥，保障全生育期营养供给。在施用 1500～2500 $kg/667m^2$ 农家肥基

础上，春薯亩纯 N 4～7 kg/667m²，出苗后亩追施纯 N 2～4 kg/667m²；氮磷钾比例为 1∶1∶（1.5～2），秋马铃薯亩基施纯 N 4～7 kg/667m²，氮磷钾比例为 1∶1.5∶1.5；冬马铃薯亩基施纯 N 2.5～7 kg/667m²，氮磷钾比例为 1∶2∶2。新施肥技术平均增产 15.35%～16.05%。

第八节　马铃薯测土配方施肥技术

配方施肥是根据作物需肥规律、土壤养分状况和供肥性能与肥料效应，在施用农家肥料的条件下，提出氮、磷、钾和微量元素的适宜用量和配比，以及相应的施肥技术。配方施肥已成为当今世界科学施肥的潮流，它的科学性、合理性、针对性以及高产、高效、优质等特点是 21 世纪发展“精准农业”的首要技术。我国马铃薯主产区，农民还不富裕，施肥还处于粗放型和经验性阶段，忽视养分的均衡供应和科学施用。配方施肥的优点：一是配方施肥能合理、均衡地供给作物生长发育所需要的各种营养元素，促进作物健康生长，增加产量。配方施肥一般可使农作物增加产量 10%～30%，高者可达 50%以上。二是配方施肥不但可以改善农产品的外在品质，而且使内在品质也大大提高，从而提高农产品的商品性能和市场竞争力。三是配方施肥可以使各种养分合理施用，大大提高了肥料的吸收利用率，减少肥料的浪费，避免土质恶化和土壤养分失去平衡等恶果。四是通过均衡的营养供应，有效防治作物的缺素病，培育健壮植株，提高作物抗病能力，从而减少病害的感染和发生。五是配方施肥能有效降低化肥、农药用量，减少环境污染和农产品污染，有利于生产安全、健康的绿色食品，有利于我国可持续农业的健康发展。

一、马铃薯测土配方施肥的基本流程

测土配方施肥的实施主要包括 8 个步骤：采集土样→土壤化验→确定配方→组织配方肥→按方购肥→科学用肥→田间监测→修订配方。概括起来包括测、配、产、供、施 5 个主要环节，即：由专业技术部门进行取土，测定土壤养分含量；经过对土壤的养分化验和诊断，按照庄稼需要的营养，由技术部门“开出药方，按方配药”；根据配方，招标确定有实力的企业进行专用肥生产；由技术部门统一筛选确定信誉好、实力强的经营商进行肥料供应，或由农业技术部门组织直接供应到农户，减少流通环节，让利于农民；在农业科技人员指导下科学施用配方肥。其技术关键流程包括：①建立适宜的测土配方施肥分区；②有代表性土壤样品采集；③选择适宜的土壤测试方法；④确定切合实际的土壤测试指标；⑤确定合理的施肥量与施肥配方。

（一）测土配方施肥区的划分

建立适宜的施肥分区，才能根据分区采集有代表性的土壤样品，选择不同类型合适的施肥模型，实现区域内的分区配肥，从而将点的结果推广到区域。就一个县范围，可以利用现有土壤普查和化肥区划资料，根据地形地貌、土壤类型等自然条件首先划分成测土配方施肥大区，然后在大区内，按土壤类型一致、自然条件相近、作物种植结构相似和土壤肥力相近等进一步划分测土施肥亚区，并以此作为测土配方施肥的单元。施肥单元的划分中，单元内土壤性质不能跨越太大，但也不必分得过细。

（二）土样采集

采集土样是测土配方施肥的基础，土壤样品采集前应事先调查与选点，地点选择以及采集的土壤都要有代表性。结合施肥单元采集样品，应注意 1 个分析样所代表的面积不应过大，一般以 3.33～6.67 hm^2面积为一个单位，当然这也要根据实际情况而定。如地块面积大、肥力相近的，取样代表面积可以放大一些；如果是坡耕地或地块零星、肥力变化大的，取样代表面积也可小一些。采样的同时进行相关调查，包括作物种植结构、土壤类型、常年产量水平、耕作措施、施肥情况以及生产中常遇的问题等。

（三）确定土壤测试指标

安排相应的校验研究，根据其相对产量，把已确定的土壤测定方法的测定值按作物相对产量划分等级。根据相对产量划分土壤测试等级，我国农田土壤大量元素养分提取测定位的级别划分所依据的相对产量多采用＞95％为高，75％～95％为中，50％～75％为低，＜50％为极低。具体操作步骤：①安排多点田间试验，试验要拉开肥力档次，试验点数要求 20～30 点；②采用相对产量划分参比标准；③根据选定测定方法测土，作土壤测试值与相对产量的回归曲线图；④制定多级分级指标。对于微量元素，为了操作方便和实用，可采用临界值法代替多级指标法。需要注意的是，指标等级的划分必须针对具体土壤与具体作物。

（四）确定合理施肥量

选择不同肥力水平的点，进行多点的田间试验，应用肥料效应函数法得到不同肥力水平下的推荐施肥量，建立土壤测试值与推荐施肥量的数学关系，从而确定土壤有效养分某一测定方法不同等级时的推荐施肥量。对于磷、钾等元素，还可以基于恒量监控的原理，考虑土壤的基础肥力和养分平衡来确定不同指标值的推荐施肥量。对于微量元素，其施肥量可以直接参考有关文献资料。

二、马铃薯测土配方施肥的方法

配方施肥的方法：①确定目标产量。②按目标产量估算作物吸取氮、磷、钾的量。③根据田块土壤养分的测定值计算土壤供给作物养分量。④确定氮、磷、钾肥的适宜施用量。若土壤缺少某一种微量元素或根据作物对某种微量元素的需求，有针对性地适量施用这种微量元素。⑤根据配方确定肥料品种和用量，根据土壤、作物特性，合理安排施肥和追肥比例、追肥次数、用量、时间，确定施用技术。

（一）计划产量

计划产量即目标产量，是决定肥料需要数量的原始依据，一般是根据土壤肥力来确定，较实际的方法是用当地前3年平均产量为基础，再增加10%～15%作为计划产量。

（二）肥料利用率

肥料利用率是指当季作物从所施用的肥料中吸收的养分占肥料中该养分总量的百分数。影响肥料利用率的因素很多，如作物类别、品种、土壤条件、气候条件、施用方法等，各地差别较大。从目前农村栽培管理水平看，化肥的利用率一般为：氮肥为20%～46%，磷肥为10%～25%，钾肥为40%～70%；有机肥的利用率（以氮素为标准）：一般腐熟较好的圈肥、堆肥、绿肥约为30%，质量较差的土粪肥不足10%。

有机肥分级与供给当季作物养分含量见表6－8。

表6－8　有机肥分级与供给当季作物养分含量

等级	有机肥养分含量（%）			每1 kg有机肥供给当季作物养分含量（kg）		
	全N	全P_2O_5	全K_2O	N	P_2O_5	K_2O
优质有机肥	0.30	0.20	0.80	0.90	0.60	2.40
中等有机肥	0.20	0.15	0.60	0.60	0.45	1.80
劣质有机肥	0.10	0.10	0.40	0.30	0.30	1.20

注：有机肥利用率按照30%计算。引自《科学施肥》。

常用有机肥的养分含量与利用率及供给当季作物养分量见表6－9。

表 6-9　常用有机肥的养分含量与利用率及供给当季作物养分量　（%）

肥料名称	全 N	全 P_2O_5	全 K_2O	利用率
猪圈粪	0.45	0.19	0.60	20～30
牛圈粪	0.34	0.16	0.40	20～30
羊圈粪	0.83	0.23	0.67	20～30
麦糠堆肥	0.24	1.24	0.51	20～30
麦秸堆肥	0.18	0.29	0.52	20～30
玉米秸堆肥	0.12	0.19	0.84	20～30
草木樨	0.52	0.04	0.19	40
紫云英	0.40	0.11	0.35	40

注：引自《科学施肥》。

常用化肥的养分含量及当季利用率见表 6-10。

表 6-10　常用化肥的养分含量及当季利用率

肥料名称	养分含量（%）	利用率（%）
碳酸氢铵	N　17	20～40（30）
氯化铵	N　25	23～46（35）
尿素	N　46	22～45（34）
硫酸铵	N　20	22～45（34）
硝酸铵	N 33	22～45（34）
过磷酸钙	P_2O_5 14	10～25（18）
钙镁磷肥	P_2O_5 18	8～20（14）
氯化钾	K_2O　60	50
硫酸钾	K_2O　50	50

注：为计算方便，表中化肥利用率取数据平均值，如括号内数据。引自《科学施肥》。

（三）土壤供肥量

土壤供肥量是指当季作物在生长期内从土壤中吸收携出的养分数量。土壤供肥量的求得一般用两种方法：一种是由不施肥（空白区）的产量求得，另一种是在不施肥情况下采土样化验测定。土壤肥力分级与土壤供给当季作物养分和土壤养分含量以及利用率见表 6-11。

表 6－11　土壤肥力分级与供给当季作物养分量及土壤养分含量与利用率

肥力等级	空白产量（kg/667m²）	土壤供给当季作物养分量（kg）			土壤速效养分含量（mg/kg）			利用率
		N	P_2O_5	K_2O	N	P_2O_5	K_2O	667m² 土重按15万 kg 计算。速效养分含量的利用率按 40%～60%计算，全量养分利用率按 2%～4%计算。
缺	＜100	＜2.8	＜1.25	＜2.92	＜50	＜6	＜140	
低	100～200	2.8～5.6	1.3～2.5	2.9～5.8	50～100	6～12	140～180	
中	200～300	5.6～8.4	2.5～3.8	5.8～8.8	100～130	12～18	180～220	
高	＞300	＞8.4	＞3.75	＞8.76	＞130	＞18	220	

注：不施肥产量以小麦为例。引自《科学施肥》。

（四）作物需肥量

作物需肥量是指作物每生产一单位（如 1000 kg）经济产量吸收了多少养分。一般是通过作物成熟后收获物的养分分析，可得到不同作物吸收氮、磷、钾养分的大致数量。马铃薯每生产 1000 kg 块茎大约需从土壤中吸收全钾 11 kg、氮素 5 kg、磷素 1.5～2 kg。

三、马铃薯配方施肥量的计算方法——养分平衡法

养分平衡法也叫作物平衡施肥法，是按照计划产量所需养分，减去土壤当季可供给作物养分量，所剩余的总数则由肥料进行补充，以满足作物生长发育的需要，这样不至于造成肥料的浪费，并强调综合平衡施用肥料，做到施肥合理、适量。

1. 计算公式

$$计划施肥量=\frac{计划产量的需养分总量（kg/667m^2）-土壤供肥量（kg/667m^2）}{肥料中养分含量（\%）\times 肥料利用率（\%）}$$

2. 计算步骤

第一步，查表计算出马铃薯计划产量所需氮、磷、钾总量。

第二步，参考表 6－10，查出相近土壤供给作物氮、磷、钾养分，或根据土壤养分测定值计算出土壤供给作物氮、磷、钾的总量。

第三步，查表 6－11，计算出施用有机肥料供给当季作物的氮、磷、钾量。

第四步，计算出所补充氮、磷、钾化肥养分量，然后查表将养分含量换算成化肥施用量。计算公式为：

补充化肥养分量＝计划产量所需养分量－土壤供给当季作物养分量－有机肥料可供给当季作物养分量

$$所需化学肥料施用量=\frac{所需化肥养分数量}{该肥料养分含量\times 当季肥料利用率}$$

第五步，按当地施肥水平和经验，对计算施肥量加以适当调整，提出每亩施用化肥配方。

四、马铃薯专用肥

随着无公害农业和标准农业在我国的兴起，配方施肥越来越受到人们的重视，但由于农村的经济基础比较薄弱，农民测土配方的意识不强，加之土境养分化验设备的不普及，普遍采用测土配方施肥有一定的困难，因此根据“地力分区配方法”的原理，在比较大的范围内，地力非常相近的行政区或自然区域内，按多点取样的土壤化验资料及当地的施肥水平，参照某种作物的需肥特点，用计算和估算相结合的方法，提出适应面较大的区域性配方，然后用集中统一成批的配比，采用机械混合或化学合成的方法，制成某种作物的专用肥，分别供应区域内农户和农业单位应用，从而简化了施肥程序，提高了作物的产量和化肥的利用率。农作物施用专用肥，一般可增产10％～15％，化肥利用率提高5％～10％，因而深受广大农民群众的欢迎。专用肥实际上解决了目前农户测土配方不普及和范围大、用户多和土壤化验搞不过来的实际问题，还起到了配方施肥、降低成本和减少肥料浪费的作用。所以，用这种方法配制的专用肥，已取得了显著的经济和社会效益，显示出较强的生命力和广阔的发展前景。

但是，这种专用肥也具有一定的局限性和区域性。由于农村各地诸多因素导致的地力差别，很难使同一配方的专用肥对某一县或几个县均具有很强的适用性。所以，这种专用肥应当朝小区域配方发展，使得专用肥更具有专用性，更能显示出其肥料的增产价值和巨大的市场潜力。

五、马铃薯配方施肥原则及技术

（一）施肥原则

1. 均衡施肥

各种元素在植株的吸收与同化过程中，既相互促进，又相互竞争。有时只施用某种元素，而另外一种或几种元素缺乏，则施用这种元素的效果依然不大。只有在所缺元素得以补充后，施肥效果才明显。如氮、磷配合施用时，块茎产量提高65％，每1 kg尿素增产22.5 kg，比单施氮肥增产5.75 kg；每1 kg磷肥增产5.4 kg，比单施磷肥增产2.9 kg。氮、磷配合施用可提高磷肥利用率18％。氮、磷、钾配合施用增产效果更为明显。

2. 施足基肥

两季作地区以及进行早熟栽培时，由于出苗后植株生长时间较短，肥料的吸收利用比较集中，要求土壤中有充足的速效养分，所以需要施足基肥。基肥中既要有速效肥料，又要有养分释放缓慢的有机肥，这样才能满足植株各生长发育时期的养分需求。施用基肥或种肥时，应切忌化学肥料直接和种薯接触，特别是切块的种薯，否则容易引起烂薯而导致严重缺苗。一般化学肥料做种肥施于种薯之间比较合理，也可以先施用有机肥盖住种薯后，再在上面撒施化学肥料，可以缓解直接接触引起的烂薯。

3. 追肥要早施

除了幼苗阶段，马铃薯的茎叶生长和块茎生长基本上同时进行，土壤养分和光合产物的协调分配，是取得高产优质的关键。肥水管理的目的之一，就是协调二者的关系。肥水过大或施用时期不合理，就会促进茎叶生长而抑制块茎的生长，从而造成减产。在追肥上，如果施用时期偏晚，就会加速茎叶生长。因此，在需要追肥时，必须早施，以 5～6 叶期追肥较好。

（二）施肥方法

马铃薯的施肥因栽培地区而不同。两季作地区，肥料（包括土杂肥和化肥）一般作基肥一次施足。对那些保水保肥差的土壤，则可将一部分化肥留作追肥施用，而且追施时间要早。一季作地区（高山区），除施用基肥外，还要进行追肥。基肥的施用方法包括撒施、集中施和作种肥施三种。如果施肥量大，则一部分于整地时撒施，一部分播种时集中作种肥施。如果肥料不充足，一般都要集中施肥。

马铃薯施肥方法见图 6－11。

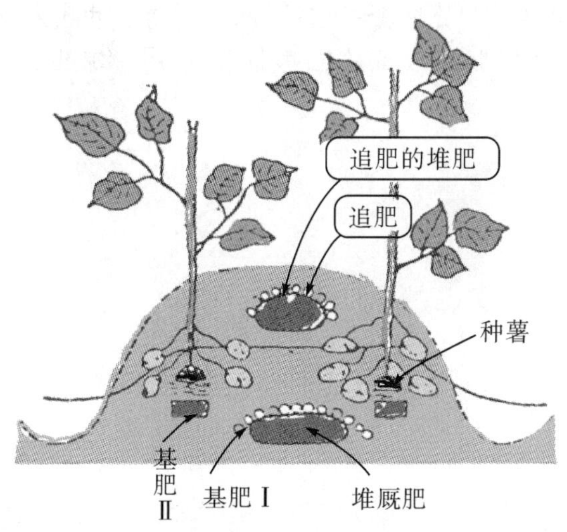

图 6－11　马铃薯施肥方法（东北农业大学网络课程）

参考文献

[1] 杨华，郑顺林，李佩华，等. 氮营养水平对秋马铃薯块茎发育中淀粉合成关键酶的影响 [J]. 四川农业大学学报，2013：31 (1).

[2] 李佩华，彭徐. 马铃薯叶面喷施稀土肥料效应研究 [J]. 黑龙江农业科学，2012 (11).

[3] 李佩华. 马铃薯高产高效实用栽培技术概要 [J]. 农技服务，2012 (10).

[4] 李佩华，等. 四川省马铃薯产业发展对策浅析 [G] //四川省马铃薯发展国际研讨会论文集，2005.

[5] 李佩华. 四川省凉山州马铃薯生产现况及发展对策思考 [J]. 西昌农业高等专科学校学报，2003 (1).

[6] 杨力，张民. 万连步马铃薯优质高效栽培 [M]. 济南：山东科学技术出版社，2006.

[7] 康勇. 马铃薯优质高产栽培技术 [M]. 兰州：甘肃科学技术出版社，2006.

[8] 全国农业技术推广服务中心组织. 马铃薯测土配方施肥技术 [M]. 北京：中国农业出版社，2011.

[9] 谭宗九，丁明亚，李济宸. 马铃薯高效栽培技术 [M]. 北京：金盾出版社，2001.

[10] 马和平. 马铃薯高产栽培技术 [M]. 北京：台海出版社，2000.

[11] 卢学兰. 马铃薯 [M]. 成都：四川教育出版社，2009.

[12] 门福义，刘梦芸. 马铃薯栽培生理 [M]. 北京：中国农业出版社，1993.

[13] 凉山州马铃薯钾肥肥效试验汇总报告 [G] //凉山州马铃薯大会论文集，2009.

第七章 攀西地区不同季节马铃薯高产栽培技术

作物栽培制度是一个地区或生产单位的作物构成、配置、熟制和种植方式的总称。其内容包括作物布局、轮作、间作、套作、复种等。马铃薯为茄科植物，不宜连作，否则会引起严重的病虫害。同时也不能把茄科作物中的茄子、海椒、烟草、番茄等作为前后作。马铃薯适宜与禾谷类作物、豆类作物、纤维作物轮作，与这些作物既无共同病害，营养类型也不相同，而且种马铃薯后土壤疏松，有机物质残留多，可以恢复地力，也是这些作物的良好前作。马铃薯轮作年限至少要求在 3 年以上才能有效地防止病虫害发生。凉山地区轮作方式有以下几种：

二半山地区：

玉米—马铃薯—秋荞；

玉米—马铃薯—元根；

黄豆—荞麦—马铃薯。

高山地区：

荞麦—燕麦—马铃薯；

荞麦—马铃薯—燕麦；

马铃薯—元根—荞麦。

攀西地区冬闲田地面积大，即使农业生产条件最好的安宁河流域，仍有10%～17%的冬闲田和 35%～92%的冬闲地。而且生产中缺乏适应多熟高效种植的专用品种和栽培技术，种植粗放，产量低而不稳。攀西地区虽然在部分平原河谷坝区，农民在水稻收获后自发种植一季秋马铃薯，但单产偏低，面积很小。其开发治理途径主要是通过增种秋、冬作。在不与大宗粮食作物争地前提下，从春、秋、冬马铃薯的生育特性，从高原山区和平原丘陵两类地区，从稻田和旱地两种农业生态类型，从作物组合与时空配置两个层面，从填闲复种和间套增种两个角度，从社会、经济、生态效益三方面，积极发展马铃薯生产。

为此，西昌学院与四川农业大学马铃薯课题组“十一五”期间以抗旱保墒、增温防冻为目标，开展覆盖方式与稻草覆盖厚度试验研究。2004 年开始，西昌学院与四川农业大学马铃薯课题组在西昌通过对抗寒高产良种的筛选、不同覆盖物免耕栽培春秋马铃薯的效果研究，探寻解决当地马铃薯低温霜冻这一技术瓶颈的途径，为凉山州安宁河流域水稻主产区推广应用“春马铃薯—水稻—秋马铃薯”新型高效种植模式提供理论依据。西昌学院与四川农业大学马铃薯课题组于2004年9月25日至2004年12月31日进行秋马铃薯稻草覆盖品种筛选栽培试验，2005年1月1日至2005年5月13日进行春马铃薯稻草覆盖品种筛选栽培试验，2006年1月13日至2006年5月10日进行不同覆盖物免耕栽培试验，设稻草、地膜、地膜+稻草3种处理方式。

第一节　大春马铃薯高产栽培技术

攀西地区大春马铃薯栽培是指每年1月下旬至3月下旬播种、6月下旬至8月下旬收获的这一季马铃薯生产。大春马铃薯是攀西地区最主要的栽种方式，占马铃薯栽培面积的2/3以上。攀西地区实施小春马铃薯综合配套高产栽培技术项目以来，平均产值达到18445.5元/hm^2，总产值达到1979.8万元，比种小麦增收9895.5元/hm^2，累计新增产值1083.55万元，每公顷新增纯收入9895.5元，新增总收入1062.1万元，投入产出比达到1∶5.12，增产效益十分显著。

一、马铃薯生产的特点

马铃薯是活的有机体，有其自身的器官建成和产量形成等一系列生长发育规律，先要研究和掌握它的生育规律，才能为栽培诊断和栽培措施的合理运用提供可靠依据。每一作物生长发育的各个过程，对土、肥、水、温、光、气外界环境条件都有一定要求，任何一种条件的变化，都会影响作物的产量和品质。若能更完善地供给作物生长发育所需要的一切条件，有效地调节控制生长进程，其产量也就越高。马铃薯栽培的对象是群体，而群体是由各个个体所组成。在作物生长发育过程中，群体与个体间存在着一定的矛盾，主要表现在争夺外界环境条件的矛盾。通过不断分析这些矛盾，创造一个群体和个体能协调发展的生态体系，就可以发挥作物的最大增产潜力。作物栽培的目的，不仅只着眼于一种作物、一季作物的高产，还必须考虑到季季高产和全年高产。

马铃薯生产是遗传特性（生理质量）、环境和技术措施三者共同作用的结果。马铃薯是有生命的有机体，而且各自又有其不同的特征特性。

马铃薯高产栽培原理见图7-1。

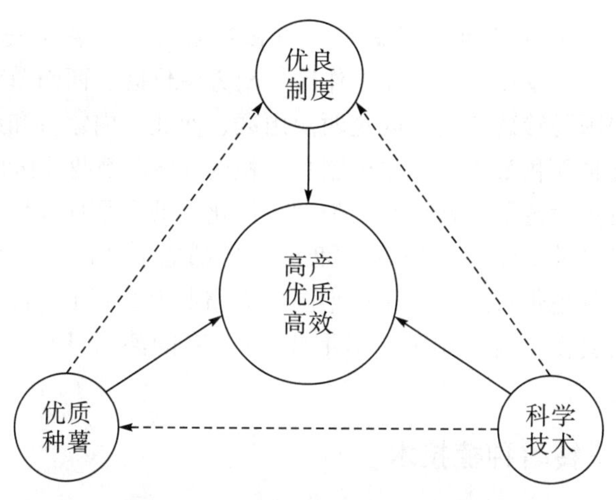

图 7-1　马铃薯高产栽培原理

（一）块茎的生理年龄

块茎的生理年龄不同于时间年龄（指块茎形成至萌芽生长长成新的植株）。一般说来，生理年龄是指块茎作为种薯栽培时的生理状况，以及栽培后植株在田间生长过程中的年龄状态。生理年龄受时间年龄的影响，更受环境条件、栽培技术、种薯处理等因素的影响。块茎的生理年龄对田间出苗早晚、茎叶长势、根系强弱、块茎发生早晚、产量形成过程和最终产量都有影响。

块茎生理年龄一般用芽条数及其发育程度来表示，可划分为四个年龄状态：即没有萌芽的休眠块茎、只具一个顶芽发育的块茎、具 5~6 个短壮芽的块茎和具多数衰老细芽的皱缩块茎，分别代表生理幼龄、少龄、壮龄和老龄块茎。生理壮龄块茎做种，出苗早而齐，茎数多，根系强，叶面积发展快而大。生理老龄的块茎做种，虽然出苗早、苗数多，但茎叶衰败迅速，产量低。贮藏温度越高，达到生理适龄的时间越短。且赤霉素处理块茎可促进生理年龄的进程，结合提高温度可加快进程。环境条件（气候条件、土壤条件和生物条件）不同、栽培措施不同也会给作物的生长发育带来不同的影响。由此可见，马铃薯生产是一个极其综合复杂和变化多端的过程。

（二）栽培区划及播种时间

季节不同，其温、光、水、气条件不同，因此马铃薯生产具有严格的季节性。自然条件下，天时和农时不可违背，违背了天时和农时，就是违背了自然规律，就会使农作物的产量和质量下降；马铃薯生产又有区域性，地区不同，土壤和气候条件不同，所要达到高产优质的栽培措施也不尽相同。

世界各地马铃薯的栽培技术因地理气候条件不同而异。马铃薯的栽培约有

8000年的历史，根据无霜期的长短及其气候特点，把结薯期安排在适宜季节，全国可以分为北方一季作区、中原二作区、南方冬作区、西南单双季混作区四个类型的区域。中国马铃薯的主产区是西南山区、西北、内蒙古和东北地区。其中以西南山区的播种面积最大，约占全国总面积的1/3。攀西地区山区不同海拔及其复杂的气候特点确定了马铃薯栽培类型多样化。低山平坝和峡谷地区，无霜期达260～300 d，以及1000～2000 m的低山地带都适于马铃薯二季栽培；1000 m以下的江边、河谷地带可进行冬作；半高山无霜期为230 d左右，马铃薯主要与玉米、大白芸豆套作；高山无霜期不足210 d，有的甚至只有170 d左右，马铃薯以一年一熟为主。

二、大春马铃薯种植技术

（一）选地与整地

1. 选地

马铃薯为茄科植物，病害较多，忌连作，也不宜与烟草、茄子、辣椒等茄科作物互为前后作物，否则会加重病害，导致产量降低、品质下降，因此应进行合理轮作。马铃薯适宜与禾谷类作物、豆类作物、纤维作物轮换种植。

马铃薯为块茎类作物，地下结薯，而且肥水需要量大，因此要求深厚、疏松、肥沃的土壤环境。进行无公害栽培，还应选择生产条件良好、远离污染源、运输较方便、具有可持续发展能力的生产区域，产地环境条件达到四川地方标准DB 51/336—2001《无公害农产品（种植类）环境条件》规定。

2. 整地

在播种前应对土壤进行深耕细整，以加厚活土层，提高土壤的通气性和保水保肥能力，促进微生物的繁殖活动，加速土壤有机质和肥料的分解，增加土壤速效养分含量，并提高抗旱抗涝能力，以保证马铃薯植株良好的生长发育，为优质高产奠定基础。

深翻土地24～25 cm，再整平。若播前墒情不足，应提前10 d灌水补墒。肥料配制提前20 d左右按300～500 kg/667m^{2}厩肥均匀加入25～50 kg碳酸氢铵在向阳处密封堆好，充分腐熟后混匀，深翻土地时施入并翻入土壤。马铃薯一般在1330～1650 kg/667m^{2}的情况下约吸收氮6.65～11.65 kg、磷酸2.8～3.3 kg和氧化钾9.3～15.3 kg。马铃薯虽能适应多种土壤，但以疏松而富含有机质的（pH 5.5～6.0）黑土最为理想。

（二）种薯播前处理

优质种薯是马铃薯高产的前提，优质种薯的标准有：一是基因优良，即为优质、高产、抗病、广适良种；二是不带病毒，即脱毒种薯；三是生理成熟，即已破除休眠；四是大小适宜。

1. 选用优良品种

大部分栽培品种是通过杂交育种选育成的。通过马铃薯遗传育种家们的努力，四川省近年育成了一批优质、高产、抗病良种。与此同时，马铃薯栽培和推广专家们通过多年的试验示范，从国内外引进和筛选出了一批适应性强、品质优、丰产性高、抗病性强的优良品种。各地应根据当地生态条件、耕作制度和生产水平以及用途选用适宜的品种。中高海拔一季作区马铃薯的生长季节较长，适宜选择抗病高产、适应性强的中、晚熟品种，如米拉、西薯 1 号、川凉薯 1 号及凉薯系列品种；低海拔的平坝丘陵地区马铃薯的生长期较短，温度较高，晚疫病严重，应选用休眠期短、生育期适中、抗晚疫病、抗退化的稳产高产品种，如米拉、坝薯 10 号、西薯 1 号、川芋10 号等川芋系列及中薯系列品种；间套作栽培地区，适宜选用早熟、耐荫、植株矮而紧凑的高产品种，如西薯 2 号、川芋 10 号、米拉等。不管是平坝丘陵区还是盆周山区，高产、优质、抗病都是选择马铃薯品种的重要依据，马铃薯生产的发展方向是专用化，品种选择一定要能满足相应用途和加工要求。

2. 选用脱毒种薯

马铃薯的病毒病较多，生产上一般采用无性繁殖，容易引起病毒积累，加重病害，导致种性退化，应选用健康脱毒种薯做种，这样才能发挥品种的优良种性，达到增产、增收目的，一般用脱毒种薯可增产 20%～30%。种薯质量应符合《马铃薯种薯（苗）质量标准和检验规程》的要求。在没有脱毒种薯情况下，应到就近高山区域调购种薯。近年在四川省农业厅的大力支持下，通过实施“四川省马铃薯良繁体系建设”项目，全省已研究形成了一套成熟的马铃薯脱毒快繁技术，微型薯生产能力达到 5000 万粒以上。在 30 个县建立了脱毒种薯扩繁基地，初步形成了覆盖全省马铃薯主产区的良繁体系网络，涌现出了一些实力较强的脱毒种薯生产、经营销售企业，各地应到专业公司和良繁基地采购优质脱毒种薯。四川盆周边缘山区，是四川主要的种薯基地，大部分都是海拔 1000 m 以上的高山区，气候凉爽，马铃薯病毒感染和积累轻，基本保持了其品种的高产特性。

3. 种薯切块与处理

（1）消毒

从外地调入的种薯，必须进行消毒，消灭如疮痂病、粉痂病等表面细菌。可用 1 mg/kg 高锰酸钾溶液浸种 10～15 min；或用 40% 福尔马林液 1 份加水 200 份，喷撒种薯表面；或浸 5 min 后，再用薄膜覆盖 2 h，晾干。用种量 120 kg，应用瑞毒霉 400～500 倍液喷湿。

播种前选种，选择具有本品种特征、无病虫害、无伤冻、表皮柔嫩、色泽光鲜、大小适中、刚过或将要度过休眠期的块茎做种。提倡选用 30～50 g 小整薯作种。整薯做种多由顶部芽萌发成苗，具有顶端优势，芽粗壮，活力高，出苗多，长势旺，分枝多，结薯能力强；而且用整薯做种没有切口，可以避免通过切刀和切口传播病害，同时也有利于保存种薯内的水分，在土壤过干、过湿等不良条件下，可最大限度地保证出苗，避免烂种、缺苗，实现全苗和壮苗目标，为优质、高产奠定良好基础。四川农业大学马铃薯研发中心的研究表明，用小整薯做种比切块薯作种增产 18%以上（2006 年）。

（2）切块。

为了节约种薯，降低生产成本，对特大种薯可切块播种。如图 7－2 所示，种薯切块时，应尽量使每个切块均带有顶芽，以充分发挥顶端优势，100 g 左右的种薯应从顶部纵切 2～3 块；若种薯较大，切块应从脐部（尾部）开始，按芽眼顺序螺旋向顶部斜切，最后再把顶芽切成两块，每个薯块重 20～40 g，带有 1～3 个芽眼。在种薯充裕时切块应尽量大。据何卫等（1997）研究，在播种密度一定时，种薯越大产量越高。要避免切薄片、小块、挖眼作种等不合理措施。切块应在栽植前 1～2 d 进行，切块过早，通风条件不良时，堆积易感染病菌，甚至腐烂；切块过晚，伤口未充分愈合，在田间也易感染病菌。在切块过程中要注意切刀的消毒和切块的处理，以防烂种，切刀每使用 10 分钟或切到病、烂薯时，用 35%的来苏水溶液或 75%酒精浸泡 1～2 min 或擦洗消毒，提倡两把切刀交替使用。切块后立即用草木灰（可加适量百菌清等杀菌剂）拌种，吸去伤口水分，使伤口尽快愈合，勿堆积过厚。

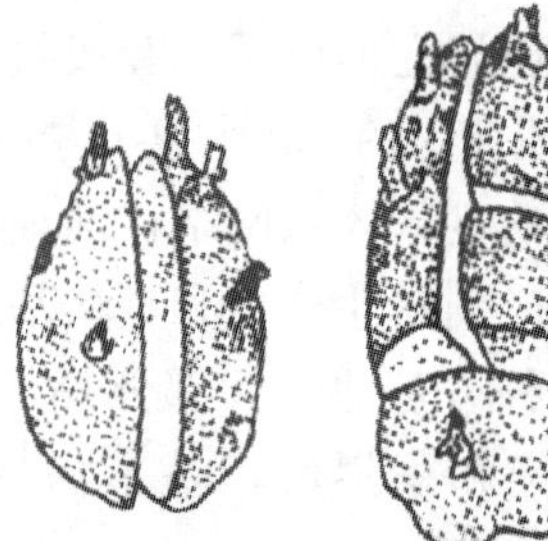
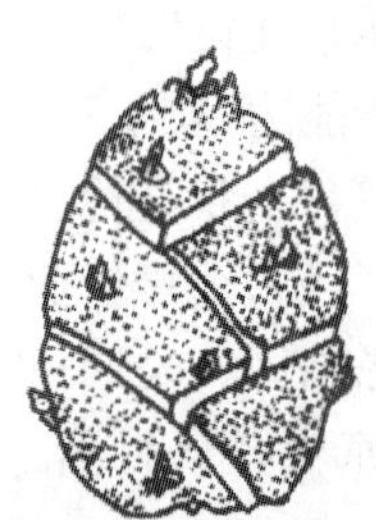

图 7－2　马铃薯种薯切块方法示意图

（3）催芽。

马铃薯的块茎具有休眠特性，没有通过休眠期的薯块即使在适宜条件下也不能萌发生长，需要进行催芽处理，打破休眠。生产上春薯秋播和秋薯春播时，其种薯大多处于休眠状态，一定要进行催芽处理，否则不能按时出苗，容易烂种，导致大量缺苗。

将薯块平放在适墒净土上，使薯芽向上，上铺 2 cm 土再平放一层种薯，反复 3～4 层后再上铺 5 cm 厚土，堆放在背阳处，用农膜盖严，15 d 后即可播种。上述工作一般应在元月中旬前做好，因马铃薯在膨大期如外界温度超过 25 ℃，块茎则停止生长，秧蔓则生长旺盛，所以必须有 90～100 d 的适宜生长期，播种不宜推迟。

打破休眠常用赤霉素（商品名为“九二〇”）或硫脲进行浸种或均匀喷洒。浸种浓度因品种的休眠期长短、种薯贮存的天数（种薯的生理年龄）等而异，一般为赤霉素 2～20 mg/L、硫脲 0.1%～0.3%。休眠期长的品种、收获贮藏时间短和小整薯做种的种薯，处理浓度应稍大些，反之可稍小些。大种薯需切块的应先切块后催芽，以打破顶端优势，避免出现顶芽催得很长而中下部芽未萌发的现象。处理方法为浸种 5～15 min 或均匀喷雾，浸种或喷雾后摊放在通风阴凉、没有阳光透射的地方晾干，然后用湿润稻草覆盖催芽或置于沙床上（一层河沙一层种薯，可堆 3～4 层）催芽，催芽温度 20～25 ℃，不见光，保持湿润，过湿易烂种，过干不能发芽。当芽长 1～2 cm 后，拔除薯块，放在温度较低（10～15 ℃）的地方炼芽，经散射光照射使嫩黄芽变绿后再播种。如出芽的快慢不一致，在催芽的过程中应注意把已出芽的薯块分批拣出来炼芽播种。

（三）适时播种

适时播种，让马铃薯有足够长的生长期，并保证每个生育时期和阶段均处于最适的气候生态条件，这是马铃薯高产的重要条件。播种过早，温度低出苗慢，容易烂种；播种过晚，生长期短，产量低。

春马铃薯的播种期应根据当地的气候条件、耕作制度等确定。在没有前后作时间限制时主要根据温度条件来确定播种期，一般在 10 cm 土层的温度达 6～7 ℃、晚霜结束前 25～30 d 时即可播种。在适期范围内，播种越早，生育期越长，产量越高。攀西地区各地的海拔高度、气候生态条件差异较大，马铃薯的播期很不一致：早的为 1 月上旬～2 月上旬播种，5～6 月可收获，称为小春马铃薯；晚的 2 月下旬～4 月上旬播种，6～8 月可收获，称为大春马铃薯。一般随着海拔的升高，温度降低，播种期延后。平坝浅丘区主要种植小春马铃薯，应在立春前播完；海拔较高的山区主要种植大春马铃薯，一般在解冻后播种。如果采用地膜覆盖种植，则马铃薯的播期可比露地栽培提前 5～10 d 播种。

攀西金沙江河谷地区（海拔 600～1200 m）播种期以 10 月中旬到 11 月上旬最佳，以选择西薯 2 号、凉薯 97、会—2、费乌瑞它等中早熟品种为主，产品在翌年的 2～3 月份上市，此时正是马铃薯生产的淡季，销路好，价格高。安宁河流域（海拔 1300～1600 m）以 11 月中旬至 12 月上旬播种为宜。大桥河流域（海拔 1700～1900 m）以 12 月中旬至翌年 1 月中旬开始播种为宜，以选择中早熟品种西薯2号、凉薯97、会一2、费乌瑞它为主，产品可在翌年的4~5月份上市。

（四）播种要求

1. 常规种植

播种期因山区地势复杂，气候悬殊，不同海拔高度的差异均有所不同。无论高山、低山、阴坡、阳坡，均可以15 cm土层的地温稳定在7~8 ℃时作为当地马铃薯的播种适期。利用块茎无性繁殖时，种薯在土温5~8 ℃的条件下即可萌发生长，最适温度为15~20 ℃。

垄作是马铃薯的科学栽培方式（见图7-3)，通过起垄，形成垄沟相间。一方面可以进一步加厚土壤的耕作层，为马铃薯根系的生长和薯块膨大创造深厚的土壤环境。另一方面也可以增加土壤的表面积，加强土壤与大气的水、热、气交换，提高土壤的通透性，加大土壤温度变化，为马铃薯的生长发育创造适宜的土壤条件；同时还便于灌溉和排水，有利于抗旱排涝以及机械收获。

图7-3 垄作

由于山区春季雨雪多、气温低，在播种方法上，要达到深沟窄垄，垄上开穴浅播。按行距70 cm、株距20 cm开沟向一边翻土，沟深6~8 cm，放种薯时使薯芽向上，然后覆土起垄高10~15 cm。压实后覆上地膜，在芽顶膜后，破膜覆土。

垄的宽窄和高低应因地势、土壤和种植方式而异，排水良好的可作宽垄，排水差的宜作窄垄、高垄。中高垄垄高20 cm左右。生产上有小垄单行（垄距50~65 cm，每垄上只种一行马铃薯）和宽垄双行（垄距80~100 cm，每垄上种植两行马铃薯）两种。一般在播种时起垄，中耕培土时加固，少数排水良好、土层深厚的地块也可平播，中耕培土时做成浅垄。

2. 地膜覆盖

春马铃薯生产上推广地膜覆盖栽培（见图7-4)。地膜覆盖一方面可以提高土温，有利于早播和提早出苗，延长生育期；另一方面也可防止土壤水分蒸发损失，保持土壤水分，有利于抗旱保苗。而且，地膜覆盖后由于土温升高，水分充足，土壤微生物活动旺盛，有机质分解快，土壤速效养分丰富，可以促进马铃薯的生长发育，因而有显著的增产增收作用。但在干旱少雨地区，当土壤本身比较干旱、播种时浇水又不多时，不宜覆盖地膜，覆膜后不利于土壤接纳雨水，容易出现烂种、烂苗，导致出苗慢而不整齐，引起缺窝断苗。

图 7-4　地膜覆盖栽培马铃薯

盖膜的方法有两种：最常见的是先播种后盖膜，出苗后及时破膜引苗；另一种方式是先盖膜后播种，在起垄后铺膜，经过几天日晒，土温升高后，用打孔工具按规定窝距打孔破膜播种，然后用湿润细土盖严，封好膜孔。

采用地膜覆盖种植马铃薯，在播种之前必须要通过灌溉或者下雨使土壤湿润。墒情良好的情况下播种，效果比较理想，出苗快而壮。如果土壤墒情不好就用地膜覆盖播种，则会因为土壤缺水推迟出苗期，增加种薯腐烂、缺苗的风险，效果反而不理想。

地膜覆盖比不盖膜生育期提前 19 d，产量增加，并且提早上市，售价较高，经济效益显著增加。

（五）合理密植

马铃薯的产量主要由单位面积株数与单株薯重构成，单位面积株数主要由种植密度决定。合理密度是调节个体与群体生长和控制群体叶面积发展速度、大小及光合生产力的重要手段。一般来说，随着密度增加，总薯数增加，但单株结薯数减少，薯块变小。大量研究表明，马铃薯的产量与种植密度呈抛物线关系，在最适密度条件下产量最高。密度过小，单位土地面积上的茎数太少，虽然单株结薯数多、薯块大，但因总薯数少而不能高产；密度过大，茎数过多，单株结薯数少，薯块变小，产量也不高，因此种植密度要适宜。

马铃薯适宜的种植密度应根据品种特性、生态条件、栽管水平和栽培目的、种薯大小等因素确定。早熟、株型紧凑的品种，植株矮小，分枝少，密度应大些，晚熟和植株高大的品种则应适当小些。气候条件适宜，土壤肥沃，栽管水平高的可适当稀些，反之则宜适当密些。生产商品薯或生产加工速冻薯条的原料薯时，要求薯块大而整齐，种植密度应适当稀些；生产种薯时，要求薯块多，应适当增加密度。种薯比较大时，每个种薯的出苗数和产生的茎数多，结薯数也多，因而可适当稀植，反之应适当密植。因为大量的研究表明，马铃薯的产量主要与单位土地面积上的茎数相关。综合国内外资料记载，净作高产马铃薯的适宜茎数为 12000～19000 茎/667m^2。根据目前生产水平，攀西地区马铃薯常规种植密度不能少于 4000 株/667m^2，净作春马铃薯的适宜密度为 4500～6500 株（穴）/667m^{2}或 13000～18000 茎/667m^2，高山区、土壤瘠薄的地区可适当密一些。

攀西地区的马铃薯大多与玉米、芸豆等作物间套作，此时马铃薯的种植密度不仅要考虑其自身的优质高产需要，还应考虑与之间套作的玉米等作物的高产需要。首先是要考虑马铃薯与玉米等作物的适宜行比，使两种作物在田间形成最佳配置，以协调二者之间的关系，最大限度地缓和两种作物间的竞争。西昌学院马铃薯课题组与四川农业大学马铃薯研发中心的研究均表明，马铃薯与玉米套作的最佳行比为 2∶2（表 7－1），与当地 1.5m 开厢马铃薯与玉米 1∶2 行比相比，2∶2行比马铃薯因增种一行而增产 64.3％，虽然玉米减产 6.3％，但两季总产仍增 14.3％，产值增 20.4％。研究结果表明，马铃薯与玉米套作，不论高、中、低海拔区，适宜的田间配置结构为 1.5m～2.0 m 开厢、2∶2 行比，马铃薯的密度为 2500～5000 株/667m^2，两行马铃薯错窝播种。据研究显示，攀西地区净作马铃薯的适宜密度为 8.25 万～9 万株/hm^2 效果最佳。

表 7－1　马铃薯/玉米行比试验产量结果（四川农业大学马铃薯研发中心，2007）

处理		马铃薯产量		玉米产量		两季总产量*		两季总产值	
厢宽(m)	行比	kg/667m^2	±％	kg/667m^2	±％	kg/667m^2	±％	元/667m^2	±％
1.5	2∶2	1217.3a	64.3	335.6ab	−6.3	579.07	14.3	1179.19a	20.4
1.67	2∶2	1166.7a	57.5	302.1ab	−15.7	535.45	5.7	1096.94ab	12.0
2.0	2∶2	907.4b	22.5	312.8ab	−12.7	494.32	−2.4	985.53b	0.6
2.0	3：2	1176.9a	58.9	265.3b	−26.0	500.72	−1.1	1039.53ab	6.1
1.5	1∶2(ck)	740.8c	—	358.3a	—	506.42	—	979.44b	—

注：* 粮食产量马铃薯按 5∶1 折算。计算产值时马铃薯（鲜）按 0.50 元/kg、玉米按 1.70 元/kg 计算。

（六）田间管理

适于植株茎叶生长和开花的气温为 16～22 ℃。夜间最适于块茎形成的气温为 10～13 ℃（土温 16～18 ℃），高于 20 ℃时则形成缓慢。出土和幼苗期在气温降至−2 ℃即遭冻害。

当苗长3～5片叶时注意防治蚜虫。显蕾初期和盛花期各追肥1次，一般施瑞毒霉500倍液加尿素或磷酸二氢钾1%加膨大素。薯块膨大期注意加强田间灌水，以提高产量。开花和块茎形成期为全生育期中需水量最大的时期，如遇干旱，每亩每次灌水15～20 t是保证马铃薯高产稳产的关键技术措施。

1. 查苗补苗

苗齐后及时查苗补缺，可在播种时于田边地角的行间多播种一部分作备用苗，用于补苗。补苗时，如果缺穴中有病烂薯，要先将病薯和周围的土壤挖掉后再补。如果没有备用苗，可从茎数较多的穴内拔苗，拔苗时顺茎下部探到根际将苗向外侧取下或用剪刀剪苗。栽时挖穴要深并用水浇透，去掉下部叶，仅留顶梢2～3片叶，气温高时，可用树枝遮阴保湿，使之生根成活。补苗应越早越好，过晚苗龄大不易成活。

2. 中耕除草培土

攀西很多地区多雨，杂草多，土壤容易板结，需要及时中耕除草培土，为马铃薯植株的健壮生长与块茎的膨大创造疏松的土壤环境条件。

中耕除草应掌握“头道深，二道浅，三道刮刮脸”的原则。第一次中耕一般在苗高7～10 cm时进行，深度10 cm左右；第二次中耕距头次10～15 d，宜稍浅；现蕾时，进行第三次中耕，深度较上次更浅，且离根系远些，以免损伤匍匐茎，影响结薯。每次中耕均结合除草，第一次中耕不必培土，以免降低土温，后两次中耕，同时结合培土，以加厚耕层，加固植株。培土第一次宜浅，第二次稍厚，总厚度不超过10 cm。第一、二次中耕还可结合追肥进行。

3. 肥水管理

马铃薯成苗快，幼苗速熟，生育期短，平衡配方施肥是高产的保障，总的施肥原则是“有机无机结合，氮磷钾配合；重施底肥，早施追肥”。底肥通常占总施肥量的80%或更多，一般情况下应将大部分或全部肥料于播种或播种前施用。农家有机肥和磷肥一般做底肥，钾肥多数做底肥，也可一部分在苗期做追肥；氮化肥应在施足底肥的基础上早施追肥，以满足马铃薯茎叶生长和块茎膨大的需求。有机肥的养分种类齐全，除了含有氮、磷、钾等大量营养元素外，还含有马铃薯生长发育所需的多种微量元素，而且有机肥的肥效稳长，并可改善土壤结构，因而增产效果显著，生产上应广辟有机肥源，增加有机肥用量。氮、磷、钾化肥的需要量可根据试验结果或上述前人研究结果进行计算，并根据土壤养分状况（土样分析测定结果）、肥料种类、栽管水平等计算肥料施用量。四川农业大学马铃薯研究中心研究表明，春马铃薯因生育期较长，追肥的增产作用明显，并得出马铃薯产量与氮肥用量和追肥比例呈二元二次凸函数关系，氮肥用量和追肥比例均应适宜，适宜的追肥比例为30%～50%。

综合有关试验结果和各地的生产实践，攀西地区春马铃薯的高产施肥方法是：用农家肥 1500～2500 kg/667m^2，混合 30～50 kg 专用复合肥或纯氮化肥 4～7 kg、过磷酸钙 30～50 kg、氯化钾 10～20 kg 或硫酸钾 20～25 kg 作底肥，均匀施于播种沟内，力争做到“三肥”（水粪、渣肥、磷钾化肥）下种，水粪浸窝，渣肥盖种；出苗后追施 2～4 kg/667m^2 纯氮化肥，最好同时再追施 5～10 kg 钾肥，兑清粪水浇施，如苗势差，还可在现蕾期再追施一次氮肥；开花后视苗情叶面喷施 0.3%磷酸二氢钾溶液，每 10 d 一次，连喷 3～4 次，以防止早衰，提高产量和品质。

追肥宜早不宜迟，以芽肥苗肥效果最好，中后期追肥容易引起徒长。在马铃薯播种出苗和生长发育期间，均保持土壤湿润，如遇久旱不雨、土壤干旱应及时灌跑马水，不宜浸灌，以免沤薯；若雨水过多，田地低洼积水，则应及时清沟排水。

4. 控制徒长

如发现马铃薯有徒长现象，可在现蕾开花期叶面喷施多效唑或烯效唑等植物生长延缓剂，以降低株高，控制地上部生长，促进光合产物向地下块茎运输，从而提高马铃薯产量。使用浓度为多效唑 100～200 mg/kg（0.01%～0.02%）、烯效唑 10～15 mg/kg。四川农业大学马铃薯研发中心的研究表明，在开花期叶面喷施 10～15 mg/kg 烯效唑能增产 10%～30%，可作为高密度、高肥水条件下控制旺长实现高产的重要技术措施，由此而提出了“肥促化控平衡栽培法”，即通过适当增密和增肥，前期促进营养生长，形成健壮个体和群体，建立旺盛的营养体；中期通过喷施烯效唑等化控技术控上促下，平衡地上部与地下部关系，改善物质运输与分配，从而提高马铃薯产量和品质。生产实践表明，该栽培方法具有显著的增产增收作用。

5. 防治病虫害

坚持病虫害综合防治原则，主要措施有：合理轮作，避免重茬；选用抗病品种和脱毒种薯；采用小整薯播种，避免切刀传播；加强肥水管理，增强抗性；结合中耕培土，及时拔除病株等。晚疫病是马铃薯的主要病害，危害严重，必须重点防治。

（七）适时收获

马铃薯在生理成熟期收获，产量、干物质含量、还原糖含量均最高。其生理成熟的标志是：①大部分叶片由绿变黄转枯，这时茎叶中的养分已基本停止向块茎输送；②块茎与植株容易脱落，收获容易；③块茎大小、色泽正常，表皮韧性大，不易脱落。加工要求块茎正常生理成熟才能收获，此时品质最优。鲜食用薯也最好在生理成熟时收获，以便获得最高产量。但市场价格常常不断变化，一般早收的往往价格高，因此还应根据市场需求变化来确定收获时期，以便获得最高的经济收益。对于后期多雨地区，应抢时早收，避免田间腐烂损失。如果是收获种薯，可在茎叶未落黄时割掉地上茎叶，适当提前采收，以防止后期地上部茎叶感病后病菌传到块茎，使种薯带上病菌而影响种薯质量。

收获应选晴天进行，先割（扯）去茎叶，然后逐垄仔细收挖。在收挖过程中尽量避免挖烂、碰伤、擦伤等机械损伤以及漏挖。7 月下旬至 9 月初，土豆品质最佳，应及时收获（具体内容见后）。

第二节　秋马铃薯的高产栽培技术

攀西地区秋季 8 至 10 月初播种栽培的马铃薯称为秋马铃薯。从热量条件来看，攀西地区属于两熟有余三熟不足地区，一般种植模式为“小春作物—大春作物”一年两熟，在大春作物收获后到小春作物播种（移栽）前有 60 d 左右时间，种一季粒用作物不够，可以通过套作等方式增种一季秋马铃薯，因此秋马铃薯大多属于填闲复种栽培（即充分利用秋季光温资源，增收一季的栽培方式）。

攀西地区的秋马铃薯生产既是一种正常的增产增收途径，也常常被用作救灾补偿栽培，即在大春作物因干旱、洪涝等灾害损失后，增种一季秋马铃薯，以弥补大春损失，即大春损失晚秋补。

攀西地区的秋马铃薯栽培分旱地和稻田两种，无论是稻田还是旱地，秋马铃薯大多与其他作物间套种植。稻田秋马铃薯常常与油菜套作（见图 7-5），旱地则常常与玉米、大豆、蔬菜等间套作。

图 7-5　稻田秋马铃薯开沟做厢及开沟机

秋马铃薯一般适宜于生长前期气候相对凉爽、霜期较迟的地区，这些地区主要分布在攀西地区海拔 1000 m 以下的平丘区域和川西南山地部分低山、河谷地带。由于秋马铃薯播种出苗期间温度较高，后期温度逐渐降低，栽培技术上有其特点。

攀西地区秋季气温下降迅速，日平均气温较低，适宜于秋马铃薯生长。秋马铃薯生育期短，用工用肥少，产量较高，可以充分提高土地复种指数；同时采用秋马铃薯做种薯春播，可防止退化，增强抗病力，一般可增产30%以上。因此在生产上发展秋马铃薯具有重要的经济意义。

一、秋马铃薯播种期的选择

根据海拔高度、气候特点和耕作制度合理确定秋马铃薯的播种期。播种期间要尽量避免高温危害，应在日平均气温25 ℃以下播种，可以通过秸秆覆盖、利用高秆作物遮阴等方式适当降低土温，或待气候相对冷凉后播种。但必须要保证出苗后有足够的生长期，可根据当地的初霜期，前推90 d为其播种适期。攀西地区大多数地区一般在8月至10月初播种，播种过早，温度过高，容易烂种；播种过晚，生育期过短，后期易遭霜（冻）危害。选晴天早晨或下午冷凉条件下播种。根据四川农业大学与西昌学院马铃薯课题组的试验研究发现，秋马铃薯的适宜播期在8月至10月初这段时间，播种太晚产量下降迅速，有的品种由于苗期受到冻害可能零收获。

秋马铃薯生长期较短，播种期的早晚对产量影响很大。过早，虽生长期加长，但因高温影响，植株生长不良，烂种缺苗多，产量也低；过迟，虽出苗良好，但生长期大大缩短，甚至到霜冻来临前，块茎尚未膨大，产量也不高。所以，秋种的马铃薯比春种的播种期选择严格，大约只有20 d左右，不像冬春马铃薯播种期可以拉长至50～60 d。在秋马铃薯生长发育期间积温要求达1700～1800 ℃。由于秋马铃薯处在秋季降温速度快的条件下，适宜播期内以适当早播为好，能获得较高的产量。凉山山区温度较低，播期应稍早，并随海拔高度有很大变化。一般海拔1000 m地区，8月14—18日播种；海拔1200 m地区，8月8—12日播种；海拔1400 m地区，8月2—6日播种；海拔1500 m以上地区为7月28—31日播种；海拔1800 m地区为7月22—25日播种。

二、品种选择及精选种薯

冬春马铃薯收获前，在田间选择健壮无病的植株，收获时再精选种薯，秋马铃薯做种最好选择四五月份收获的30～50 g左右的小整薯。据试验，秋马铃薯选用小整薯播种比切块薯播种产量高、病害少。种薯收获后，在通风透光、凉爽地方摊晾5~7 d，并进行光处理，但切忌阳光暴晒，使在光、温、气适宜条件下加速通过休眠期。秋马铃薯种薯必须进行催芽处理，否则会因出苗慢、烂薯多、缺窝多等影响产量。

（一）品种选择

秋马铃薯的生育期短，前期又高温多雨，对品种的要求比较严，应选择休眠期短、品质优、产量高、抗性强、生长发育快、结薯早、结薯集中、适应当地气候生态条件的早中熟品种。要求薯块外观好，表皮光滑、芽眼浅、食味品质好，已通过休眠期的健康种薯，提倡选用脱毒种薯或带壮芽小整薯播种。

高海拔春薯种植区选用中晚熟品种如西薯1号、凉薯系列（凉薯97、凉薯30、凉薯17、凉薯14、凉薯8号）等，低二半山以下秋薯种植区选用西薯2号、米拉、会-2号、费乌瑞它等品种。

（二）种薯处理

秋马铃薯播种时正是高温多雨季节，容易烂种死苗缺窝，因此要进行正确的选种和种薯处理。一是尽量选用20～50 g健康小整薯作种，切块种薯在高温多湿条件下容易感染病菌，造成烂种死苗；二是进行催芽处理，特别是春薯秋播、种薯未通过休眠时，一定要催芽播种，以提高出苗率和缩短出苗时间，延长生育期。

催芽时间一般在8月20日至9月10日进行，当地平均气温在25 ℃以下为播种适宜期；山区温度较低，播种期稍早以7月下旬至8月下旬为宜。选用整薯，通过散射光处理长出短壮芽后播种效果最好，出苗快、出苗壮，生长时间增加，增产效果明显。可用（10～15）$\times 10^{-6}$的920溶液浸种20～30 min打破休眠，接着用70%的甲基托布津500倍液沾薯块或拌草木灰消毒，后晾干催芽，芽长1.5 cm左右即可播种。秋播时，晴天宜于早晨或下午进行，阴天可整天播种；阴雨连绵，不宜播种，可将已催出芽的薯块摊开见光，绿化炼芽，待天气转晴后再播；遇高温烈日播穴宜深，随播随覆土，厢面加草覆盖，保湿降温；秋雨多的地方，应深沟高厢，浅播种，以利排水，确保全苗。

三、合理密植

秋马铃薯生育期短，适当增加种植密度是提高产量的有力保证，秋马铃薯多选用早熟或中熟品种，生育期短，植株矮小，种植密度应较春马铃薯增加20%～30%。秋马铃薯一般种植密度4400～6500窝（株）/667m²，净作垄宽100 cm，其中宽行67 cm、窄行33 cm，窝距24～30 cm。茎芽向下，盖土厚度5 cm左右。带状间套种植可根据带宽和马铃薯的幅宽确定种植行数，一般每带播1～3行，株距20～25 cm。

四、播种方式

（一）秋马铃薯栽培技术——地膜栽培

在城市郊区、工矿区及交通运输便利并有销售市场的地方，采用塑料薄膜覆盖种植马铃薯，不仅可以使马铃薯提前成熟早上市，增加效益，而且通过提高大薯率，还能增加产量。一般大薯率提高25%左右，可增产20%～70%。马铃薯盖膜种植，比较费事，适合在土地少、劳力多、种植面积又不是太大的地方推行。

1. 选地整地

秋马铃薯栽培应选择耕作层深厚、结构疏松、排透水性强的轻质壤土或沙壤土，前茬以禾谷类或豆类作物为好。旱地秋马铃薯多与玉米、大豆等间套作，应在前作收后及时深挖秋马铃薯播种带，并整细、起垄。稻田整地的重点是排水防湿害，应在水稻散籽后排水晒田，水稻收后及时开排水沟，包括边沟、中沟、厢沟，做到沟沟相通。并采取深沟高厢栽培，一般厢宽1.5～2.0 m、沟宽33 cm、沟深20～40 cm，厢面略呈瓦背形。

盖膜种植马铃薯，其选地要求是地势平坦，缓坡在5°～10°之内；土层深厚，达50 cm以上；土质疏松，最好是壤土或轻沙壤上，保肥保水性能强；种植地块有水源，并且排灌方便；肥力在中等以上的地块。不可选陡坡地、石砾地、沙窠地、瘠薄地和涝洼地。

盖膜种植马铃薯，整地要求比较严格，应当在深翻20～25 cm且深浅一致的基础上，细整细耙，使土壤达到深、松、平、净的要求，具体应做到平整无墒沟，土碎无坷垃，干净无石块，无茬子，无杂物，墒情好，必要时可以先灌水增墒，然后再整地。

2. 施肥施农药

盖膜种植的马铃薯，在生长期追肥太费事，因此必须在盖膜前一次施足底肥。肥料以农家肥为主，施用农家肥3500 kg/667m^{2}以上。再按配方施肥的要求，用化肥补充氮、磷、钾和微量元素。施入尿素10～15 kg/667m^2，硫酸钾20～25 kg/667m^2，或施用氮、磷、钾各为15%的三元素复合肥30～40 kg/667m^2，或马铃薯专用化肥50 kg/667m^2，并注意种、肥隔离。为防治地下害虫，用溴氰菊2.5%乳油12～24 mL/667m^2（有效成分0.3～0.6 g）兑水25～50 kg喷雾，残效期10 d左右。

3. 做床

整好地后做床，床的规格可采用底宽80 cm、上宽70～75 cm、床高10～15 cm，两床之间距离40 cm。一床加一沟为一带，一带宽1.2m。具体操作时采用“五犁一耙子”的做床法，即第一犁从距地边 40 cm 处开第一沟，沟深 15 cm 左右；在距第一沟中心 40 cm 处开第二沟。事先要撒肥的，先把农家肥和杀虫剂施入沟底，使沟深保持在 12 cm 左右。先播种后覆膜的，先把芽块播入沟中，株距为 22～26 cm。然后再在第一沟另一边的 35 cm 处开第三犁，在第二沟另一边同样开第四犁，并使这两犁向第一、二沟封土。最后再在第一、二犁（播种沟）之间开一浅犁（深 6 cm）为第五沟，专作化肥沟，把化肥足量施入沟内，形成床坯子。之后用耙子找细，将第一、二、五沟覆平，搂好床面，做好床肩，使床面平、细、净，中间稍高，呈平脊形。床肩要平，高矮要一致，以便喷洒除草剂和盖膜。下一个床的第一沟距前一个床的第二沟中心 80 cm，第二沟仍距第一沟 40 cm。以此类推，就形成了一个 1.2 m 宽带的覆膜床。苗子长出来以后，就成为大行距为 80 cm、小行距为 40 cm 的大小垄形式。

可采取平地开浅沟播种，然后覆土起垄。覆土不宜过厚，沙壤土 8～10 cm，壤土 6～8 cm，使马铃薯尽快出苗。

4. 喷施除草剂

床做好后，要立即喷洒杀灭杂草幼芽的除草剂。经试验，杀草效果较好的除草剂，有乙草胺、氟乐灵、杜尔等。一般用量为 90%浓度的乙草胺药液 100～130 mL/667m^2，50%浓度的药液用 130～200 mL/667m^2，氟乐灵 48%的药液用 100～150 mL/667m^2，杜尔 72%的药液用 120～130 mL/667m^2。上述药量分别兑水 30～40 L，喷于床上和床沟。如果只喷床上，不喷床沟，用药量可减少 1/4。

5. 铺膜播种

掌握好播种期。秋播应根据各地气候情况而定，把播种期安排在各地的最佳播种期内，注意减轻播种过晚、生育期过短而造成的损失，实现稳产增产。覆膜种植比传统种植出苗快，一般可提早 7 d 左右，所以播种时间要尽量使消苗赶到晚霜之前，在气温偏低尤应注意不能播得太晚。

覆膜种植时，种薯最好要经过催芽或闷种，使种薯幼芽萌动后再播种。这更有利于发挥地膜的作用，使增产幅度更大一些。覆膜种植的种薯芽块要大，以每块达到 40～50 g 为最好。也可用小整薯播种，这样可以使单株生长旺盛，更好地发挥增产潜力。

所铺塑料薄膜应选用 90～100 cm 宽、厚度为 0.005～0.008 mm 的超薄膜，用膜 4～5 kg/667m^2。铺膜时膜要拉紧，贴紧地面，床头和床边的薄膜要埋入土里 8～10 cm 左右，并用土埋住压严，用脚踩实。盖膜要掌握“严、紧、平、宽”的要领，即边要压严，膜要盖紧，膜面要平，见光面要宽。为防止薄膜被风揭起，可在床面上每隔几米做一小土埂。

先盖膜后播种的，可在铺膜后几天床内温度上升后开始播种。播种时在膜床上按中线两边各 20 cm 的线上，用小植苗铲或特制的打孔工具破膜挖穴，穴不要太大，窝距 22～26 cm，深度为 8 cm，植 4000～4400 窝（株）/667m^2。播下的芽块或小整薯，要用湿土盖严，深浅要一致，并加以轻拍，封好膜孔，使孔不露风。

综合上述情况，盖膜种植马铃薯的连贯作业程序有两种方式。第一种方式：深翻→耙耱整地→开沟→施入肥料、杀虫剂→播种→封沟搂平床面→喷除草剂→铺膜压严。第二种方式：深翻→耙耱整地→开沟→施入肥料、杀虫剂→封沟搂平床面→喷除草剂→铺膜压严→破膜挖坑→播种→湿土封严膜孔。

上述两种程序各有利弊。第一种可以加大播种深度，且深浅一致，后期虽不能培土，但因播种深而仍有利于结薯和生长，它的缺点是出苗慢一点。第二种因铺膜后地温上升快，出苗比第一种快，如遇天旱还可以坐水播种，但不易达到标准深度，而且也不一致。

6. 田间管理

（1）引苗。

引苗是田间管理的关键环节，不论是先播种后覆膜的，还是先覆膜后播种的，都必须进行引苗。引苗有两种做法。一是压土引苗，即薯芽在土中长至 5～6 cm 时，从床沟中取土，覆在播种沟上 5～6 cm 厚，轻拍形成顺垄土埂，靠薯苗顶力破膜出苗。这可减少膜面烧苗造成的缺苗现象。二是破膜引苗。当幼苗拱土时，及时用小铲或利器，在对准幼苗的地方，将膜割一个“T”字形口子，把苗引出膜外后，用湿土封住膜孔。而先覆膜后播种的，播种时封的土易形成硬盖，如不破开土壳，苗不易顶出，因此要破土引苗。如果苗子没有对准膜孔，在幼苗出土时也必须破膜引苗。

（2）检查覆膜。

在生长过程中，要经常检查覆膜。如果覆膜被风揭开，被磨出裂口或被牲畜践踏等，则要及时用土压住。

（3）喷药。

在生长后期，与传统种植一样，要及时打药防治晚疫病。发病初期用 80％代森锰锌可湿性粉剂、80％代森锌可湿性粉剂、50％甲霜铜可湿性粉剂等杀菌剂按产品说明交替使用，每隔 7～10 d 喷施一次。

（4）后期上土。

在薯块膨大时，如果因播种浅，块茎顶破土露在膜内，会造成青头，影响质量。对此，可再从床沟中深挖取土培在根部，拍严，防止阳光射入，使块茎消除青头现象。

7. 适时收获

攀西地区秋马铃薯大多作蔬菜鲜食用，可根据生长情况和市场需求进行收挖，也可到春节前后收获，但需提防霜冻，做好防冻工作。若作加工用，最好到生理成熟时收获。收获过程中轻装轻放减少损伤，防止雨淋。商品薯收获后，薯块要薄摊或筐装避光通风贮藏，防止表皮绿化。

秋播马铃薯一般播后 90 d 左右即可上市，如将受霜冻的死薯藤拔去后盖土，可在地下贮藏，待春节前后上市，有利于提高经济收入，增加农民收入。

（二）秋马铃薯栽培技术——稻草覆盖

凉山州马铃薯主要集中在高寒山区，在当地安宁河流域平原种植的秋马铃薯极少，在水稻收割后至来年水稻栽插期间，该地区以种植小麦、洋葱和蚕豆等为主，这些作物的种植效益受到价格波动的严重制约，且两茬水稻的时间长达 220 d，若能种上秋薯和春薯两茬，将会提高当地种植业的经济效益。但是秋马铃薯生产会受到 12 月 20 日—1 月 20 日左右霜冻的制约，因此，适宜采取稻草覆盖种植马铃薯地区一定要做到避开霜期。

前人研究表明，覆盖物免耕栽培马铃薯可以提高耕作层地温、减少蒸发、增加土壤含水量、培肥地力、缩短马铃薯生育期、节省人工、提高产量和效益。稻田免耕稻草全程覆盖种植马铃薯是一项省工节本便于推广的新技术，与常规种植方法相比，省了中耕除草、防病治病、挖薯清理等工序。且薯块整齐一致，表面清洁光滑，色泽鲜艳美观，破损率极低，商品性好，还可改良土壤，便于农作物秸秆还田，有利于下茬作物的生长，具有极明显的节本增收效果，值得有条件的地方试验推广。

稻田免耕、稻草全程覆盖种植马铃薯新技术，是根据马铃薯是地下茎的膨大部分，在温度、湿度适合的条件下只要将局部遮光就可以结薯的原理，种薯直接摆放在稻茬田上，盖上 8～10 cm 稻草就能正常生长结薯，而且大部分的薯块就长在土表，拨开稻草就能收获。四川农业大学与西昌学院 2004—2005 年开展了凉山州“薯—稻—薯”模式马铃薯栽培技术的初步研究，其技术要点如下。

1. 种植季节安排

为避免免影响早稻种植，播种期一般在 8 月下旬之后，也就是水稻收获后可随时播种，最迟不宜超过 10 月，且此时草量充足，以免干旱、晚霜影响生长。

2. 整地要求

稻田易积水，须开沟成畦，畦宽 1.5～1.6 m，沟宽 20～30 cm，深 15～20 cm（极易积水地还需更深），把开沟时取出的泥土均匀抛在畦面，使畦面略成拱形，利于排水。稻草及稻茬不影响种植，不过若稻茬过高还是需割短一些，最好是收获稻谷时就贴地收割，一可增加草量，二可抑制稻茬再生。

3. 种薯的准备

宜选用生育期短的早熟品种，而且最好使用脱毒种薯种植，这样产量高，栽培也易。种薯用量 40～50 kg/667m^2，单个薯种重量以 20～30 g 为宜，若用大薯种应切块，切块时距芽 1 cm 以上，形状以四方体为佳，切块洗净淀粉后用多灵粉剂 250～500 倍液浸一下杀菌，稍晾后用草木灰拌匀即可。种薯播种前宜先催芽，以利早出苗，争取苗齐、苗壮。催芽方法：种薯消毒后，放在通风阴凉的室内，埋入 15 cm 左右深的湿沙中进行催芽，浇水应适量，以防烂薯，当芽长 1～2 cm 时播种为佳。

4. 播种

应进行规范化栽培，每畦播 4～5 行，行距 30～40 cm，株距 25～30 cm，畦边应留 20 cm 的边，将种薯芽眼向上摆好，均匀盖上 8～10 cm 厚的稻草（若稻草量充足可适当加厚，但不能超过 15 cm），除可在稻田中使用外，还可在河滩、旱地中使用本技术，覆盖物除稻草外还可用各种杂草、麦秸等，只要能保持适量的水分，防治好地下害虫和鼠害，也可获得较理想的产量。

稻草应把整个畦面铺严实，包括留下的边，以免阳光直射薯块产生绿薯，若风大可在稻草上压上重物或以绳线拉压，以免稻草被风刮乱、刮飞。盖草厚度 8～10 cm 指的是盖上后轻轻压实后的厚度，盖得过紧或过厚影响出苗，盖得过稀易产生绿薯，降低商品价值。因盖得过紧或过厚等原因使苗不能钻出稻草层的要人工辅助出苗。

5. 施肥

根据马铃薯的需肥特性和当地土壤肥力特性确定秋马铃薯的施肥技术，因秋马铃薯生育期短，要施足基肥。施肥上要注意有机无机结合，氮磷钾配合；重施底肥，少施或不施追肥。

秋马铃薯的生育期短，前期生长较快，需肥相对较多，而且秋马铃薯在稻草覆盖后追肥困难，一定要施足底肥，应一次施足基肥，不追肥，这是取得高产的关键。一般施农家有机肥 1500～2500 kg/667m^2、腐熟人粪尿或沼液 500～700 kg/667m^2、颗粒复合肥 50～60 kg/667m^2 作基肥，混合 20～40 kg/667m^2 专用复合肥或 8～15 kg/667m^2 尿素、30～50 kg/667m^2 过磷酸钙、10～15 kg/667m^2 硫酸钾作底肥，腐熟的农家肥或沼肥可施在畦面也可直接盖在种薯上，复合肥则应施在行间，距种薯 5～10 cm，种肥隔离，以免烧芽烂种。据四川农业大学马铃薯研发中心研究，在施足底肥基础上，可以不施或少施苗肥。如施苗肥，一定要早，齐苗后进行。

6. 管理

秋马铃薯前期处于高温季节，生长快，田间管理工作要突出一个“早”字。播种后一般靠降雨保持土壤湿润，注意清理田间积水，若过于干旱可往畦面稻草上浇水以保持土壤湿润；稻草全程覆盖能抑制各种杂草生长，不必中耕除草，病害也很少，一直到收获都可不必施用农药，易发生的虫害为小地老虎，多为施用没腐熟厩肥所致，注意把厩肥腐熟即可避免，注意防止鼠害。

种植过程中不可使用除草剂，有杂草的话只能人工拔除。在温度较高的地区马铃薯会出现旺长现象，可使用根茎膨大剂进行调控，效果不错，但留作种用的不宜使用根茎膨大剂。

（1）出苗前管理。

秋马铃薯播种出苗期间处于高温多雨季节，容易出现烂种死苗，田间管理的目标是防烂种、催发芽、保全苗。应选择优质种薯，催芽播种；精细整地，提高播种质量，盖土不宜过厚；播后检查，若发现盖土不严的应补盖细土，大土块压苗应及时去除；保持土壤湿润，若土壤干旱应及时浇水抗旱，遇雨涝须及时清沟排水，若雨后或浇水后土壤板结或表面起壳，应及时中耕松土。

（2）出苗后管理。

秋马铃薯的生育期短，出苗后的田间管理重点是促生长、防病虫、早结薯和结大薯。苗齐后及时查苗补缺。由于秋马铃薯容易缺窝断苗，播种时最好在田边地角多播种预备苗，用于补苗，以保证全苗。

秋季多雨、常理厢沟，防止田间积水；遇旱应及时浇水，保持土壤湿润。雨后土壤易板结，高温高湿田间易长杂草，应及时中耕除草和培土，一般进行 2～3 次。根据底肥用量、土壤肥力及苗期长势长相，及时追肥提苗。秋季高温多雨，马铃薯易发病害，特别是晚疫病，应注意防治。

管理上要采取一切措施促进早生快发。一是在齐苗后 25 d 以前，结合第一次中耕除草，看苗追肥，用尿素 3～7.5 kg/667m^2 提苗。初花至盛花期，用 0.15～0.2 kg/667m^2 磷肥二氢钾、0.5～1 kg/667m^2 尿素，兑水 60～75 kg/667m^2 进行根外追肥，或施用 30～50 kg/667m^2 草木灰，保证高产营养需求。生长期间，尤其是中后期薯块膨大时要视土壤墒情及时浇水，收获前 7 d 停止浇水。二是中耕除草培垄，除杂草、破板结、培厚垄，创造良好的土壤疏松条件。当幼苗出土 5～10 cm 时，结合除草进行第一次中耕，深度 10 cm 左右；10～15 d 后进行第二次中耕，宜稍浅；现蕾时，进行第三次中耕，更浅，且远离根系，以免损伤匍匐茎，影响结薯。后两次中耕时应结合培土，以扩大根系吸收面。培土第一次宜薄，第二次稍厚，总厚度不超过 10 cm。三是及时防病治虫。秋季马铃薯病虫害主要有地下害虫和蚜虫，地下害虫可结合整地用乙敌粉 1.5～2.0 kg/667m^2 或辛硫磷 200 ml/667m^2 拌土的措施防治，蚜虫可在发生期用 40%氧化乐果乳油 1000～2000 倍液喷雾防治。

7. 收获

稻田免耕稻草覆盖的结果，使马铃薯从茎基长出的匍匐茎多沿土面生长，只有少量的遇到裂缝、孔道而钻入地下。因此，70%以上的薯块长在土面上，拨开稻草即可捡收，少量入土的也很浅，容易挖掘。利用此技术还可分批采收薯块，即把稻草拨开，采收已长大的薯块，再盖好让小薯继续生长，既能选择最佳薯块及时上市，又能有更高产量，提高总体经济效益。

第三节　冬马铃薯的高产栽培技术

攀西地区冬（小春）马铃薯是指在头年 10 月下旬至 12 月上中旬播种栽培，翌年 2—4 月收获的马铃薯。一般在攀西地区海拔较低、冬季温光资源较好的平坝、丘陵、河谷地区种植。

四川其他马铃薯种植区及攀西地区冬马铃薯大多作鲜食菜用，有的净作，也有的与其他蔬菜间套作。近年丘陵地区结合耕地改制，在试验示范冬马铃薯与小麦间套作，在原“麦/玉/苕”“麦/玉/豆”等带状间套多熟种植模式上，利用玉米预留行增种冬马铃薯，形成“小麦+冬马铃薯/春玉米/红苕或大豆”种植模式。

发展冬马铃薯可以充分利用冬季光温资源，提高土地和光能利用率，而且可以适应市场需求，错开上市季节，价格好、效益高，是农民增收的重要途径。

一、选地整地

攀西地区冬马铃薯应布局于海拔 2000 m 以下的区域内，在这些区域内选择前茬为非茄科作物、排灌良好、土层深厚、肥力较高的地块。前茬收后及时深翻晒垡，两犁两耙，做到土壤疏松，土块细碎。选择土层深厚、土壤肥沃、排灌方便，最好两年以上未种过马铃薯或烟草、番茄、辣椒、茄子等茄科作物的壤土或沙壤土。

在前作收获后及时进行翻耕（或深挖），一般耕深 20～30 cm，并进行精细整地后起垄。稻田应早开沟排水，采取深沟高厢栽培，也可采用免耕稻草覆盖栽培技术。

二、品种选择及种薯处理

冬马铃薯主要生长在冬春季节，气温低，应选择生育期适中、耐寒性强、丰产性好、品质优、抗病性强的品种。如西薯 2 号、米拉、会－2 号、抗青 9－1、费乌瑞它等，可根据不同海拔层次选择不同的品种布局。

严格挑选种薯，尽量选用脱毒种薯。为保证及时出苗，应选择打破休眠期的种薯做种。外地调进的种薯应进行消毒；提倡用小整薯做种，特别是播种时湿度较大、雨水较多的地区和地块，不宜切块。未通过休眠期的要进行催芽播种。

三、适时播种

冬马铃薯一般在 10 月下旬至 1 月上旬播种，在没有前作限制和保证安全越冬的前提下，播种越早，生长期越长，产量越高。攀西地区可根据不同的海拔区域选择适当的播种节令，当土层 10 cm 厚、温度 25 ℃以下，越早越好，同时考虑茬口矛盾，保证产品在市场最紧缺时上市，以提高经济效益。在海拔 600～1200 m 地区，播种期以 10 月中旬到 11 月上旬为宜；在海拔 1300～1600 m 地区以 11 月中旬至 12 月上旬为宜；在海拔 1700～1900 m 地区以 12 月中旬至来年 1 月中旬播种为宜。

四、地膜覆盖，规范栽培

采用地膜覆盖、高厢垄作，并应根据品种、海拔、土壤肥力等因素选择不同的种植密度。海拔低，水肥光热条件好，植株高大的品种，播种密度稀；随着海拔升高，水肥光热条件渐差，植株长势渐弱，播种密度逐渐加大。净作冬马铃薯适宜密度 4500～6500 株（穴）/667m^2。早熟品种适当密播，中晚熟品种适当稀播。提倡垄作栽培；小垄单行一般行间（垄间）距 50～70 cm，穴（窝）距 15～25 cm；大垄双行一般垄间距 70～100 cm，穴（窝）距 20～30 cm，错窝栽培，播后盖土 5～10 cm。最好加盖地膜，以提高土温，抵御严寒。地膜覆盖一般采用先播种后盖膜方式，出苗后及时破膜引苗，也可以先盖膜后播种。

间套作栽培密度一般 3500～5000 株（穴）/667m^2，根据带宽和行比确定马铃薯的行距、穴（窝）距。

五、科学施肥

坚持“有机肥为主、化肥为辅，重施底肥，增施钾肥”的原则。施人畜粪 2000 kg/667m^2、农家土杂肥 1000～2000 kg/667m^2、专用复合肥 30～50 kg/667m^{2}或尿素 5～15 kg/667m^2、过磷酸钙 30～50 kg/667m^2、钾肥 10～15 kg/667m^{2}或草木灰 100 kg/667m^{2}作底肥，两种肥料作盖塘肥一次施入。

追肥可进行两次：第一次于齐苗前，每亩以腐熟人粪粪水兑尿素 5～10 kg、硫酸钾 10 kg 浇施芽苗肥；现蕾期以后视苗情酌情追肥，以人畜粪为主，可兑少量化肥，以叶面喷施磷酸二氢钾为主。收获前 20 d，植株封行或开花后不宜再进行追肥。

播种后若遇冬春干旱，应根据天气情况进行灌溉，使表土经常保持湿润状态。若雨水过多，田地低洼积水，则应及时清沟排水，特别是生育后期。出苗期应灌水 3～4 次，以保齐苗、壮苗，灌水以沟灌厢不满为标准，速灌速排，生育期间保持在田间最大持水量的 60%～80%为适宜。在初蕾期至初花期要保持土壤湿润，末花期要排水炕田，防止烂薯影响产量。

当幼苗生长至 5～10 cm，如发现有缺塘，应将附近出苗较多的苗间苗移栽到缺塘内，取苗时带 1～2 节根移栽容易成活，栽后及时浇透定根水，如遇晴天，次日再补浇 1～2 次水，以保证成活。

六、加强田间管理

1. 中耕除草

当幼苗出土 5～10 cm 时，结合除草进行第一次中耕，深度 10 cm 左右，以后视田间土壤结构、杂草发生情况和苗情再进行 1～2 次中耕除草，并结合培土。

2. 防寒抗冻

冬马铃薯常受霜冻冷害的影响，严重时造成马铃薯冻伤冻死，在栽培上采取必要的农业措施防止或减轻冻害。

（1）覆盖保温。

可用稻草、秸秆等覆盖或地膜覆盖保温防冻，如遇严寒还可采取地膜加秸秆双重覆盖。

（2）增施热性肥料。

适当增施热性肥料及含钾肥料如草木灰、火烧土等。因热性肥料可增加地温，钾能影响细胞的透性，提高细胞原生质的浓度，因而增强抗寒性。

（3）施用延缓剂。

在霜冻来临前叶面喷施 100～200 mg/kg（0.01%～0.02%）的多效唑或 10～15 mg/kg 的烯效唑溶液，可以延缓生长、矮化植株、加厚叶片，增强抗寒性，而且还有防止徒长，改善光合产物分配，促进块茎生长的作用，特别是现蕾期施用。

（4）熏烟驱霜。

在霜冻来临当夜，用炉或废旧铁桶装稻谷壳或锯木屑泼少量废柴油或废机油，点火燃烧，上面覆盖少许土压灭明火，进行烟熏，改变小气候，达到驱霜防霜目的，可放置 5～6 个/667m^2。

（5）灌水保温。

寒流降温来临前 1～2 d 往畦沟灌半沟水，畦面保持湿润，以增加土壤的热容量和降低导热率，提高地温，减轻冻害，寒流过后即排干水。

七、防治病虫害

小春马铃薯病害防治以农业措施为主，通过脱毒良种、采用小整薯播种、合理施肥和灌溉等综合配套措施的推广，生产上目前基本上不用化学农药防治。个别田块发现晚疫病中心病株时，用 58%的甲霜灵锰锌 100 g/667m^2 兑水 60 kg 喷雾，隔 7～10 d 再防治一次防效较好。

重点防治晚疫病、霜霉病、青枯病等病害。金沙江沿岸地区，下种期间气温高、土壤湿度大，切块播种易烂薯，造成缺苗。可以采用小整薯播种，能有效减少烂薯，保证苗齐苗壮，减轻病害发生；或者将切后的薯块埋入 500 倍多菌灵消过毒的6%左右湿度的河沙中，切块覆沙厚度4 cm左右为宜，催芽7～10 d，待出芽后再种到大田里。这样也能有效减少烂薯，保证出苗整齐，较少病虫害的发生。

八、适时收获

成熟后根据市场的需求和接茬作物播种期适时收获，收获时认真清除残膜，防止“白色污染”，以利于土壤耕地的良性循环使用。

第四节　攀西地区马铃薯无公害生产技术

攀西地区凉山州马铃薯生产地多为农牧业区，无工业污染源，凉山马铃薯注册了农产品地理标志。凉山州建立了全国最大的（10.13万 hm^2）绿色马铃薯生产基地，制定了无公害马铃薯生产技术规程地方标准，规定了无公害马铃薯生产基地环境、栽培技术、采收等要求。

一、种薯

（一）品种

选择品质优、产量高、适应性广、抗病性强、商品性好的脱毒马铃薯品种。高海拔春薯种植区选用中晚熟品种如西薯1号、凉薯系列（凉薯97、凉薯30、凉薯3号、凉薯17、凉薯14、凉薯8号等）、会－2、合作88、鄂薯5号等，低二半山以下秋薯种植区选用西薯2号、米拉、凉薯97、费乌瑞它、抗青9－1、大西洋等。种子质量要求纯度≥96%，薯块整齐度≥80%，不完善薯块≤5%。利用茎尖组织进行培养，得到无病毒或无某些病毒的植株，再通过无病毒传播网室加代快繁得到的无毒或少毒种薯称为脱毒薯。

（二）种薯处理

1. 种薯切块

精选薯种，严格挑选种薯，以幼龄和壮龄块茎做种，淘汰薯形不规整、表皮粗糙老化及芽眼凸出、皮色暗淡等性状不良的薯块。种薯可切块处理，先将种薯放在阳光下晒2～3 d（每天3～4 h），并剔除病薯，种薯顶芽向上，放在台面上，按薯块上芽眼分布，从下端每块保留1～2个芽眼。在靠近芽眼处纵切，依次旋转向上，切完为止，每个薯块重15～40 g（不要小于15 g）。为防止切刀传病，应用35%的来苏尔溶液浸泡切刀，最好两把刀交替使用。将切好种块放在阳光下晾晒或与草木灰掺混，吸去伤口水分后即可催芽。

2. 催芽

用秋薯作春播用种，或春薯作秋播种时，必须进行催芽，打破休眠。同时，催芽还有汰除病薯、提早成熟、躲过晚疫病的危害等作用。对于没有打破休眠的种薯，一般在播种前 30 d 进行催芽。

（1）湿沙层积法。

最常用的催芽方法是采用湿沙层积法，将种薯切块后用湿沙或锯末分层层积于土坑或温床上，厚度约 50 cm，保持层积物湿润和温度 20 ℃，15～20 d 即可发芽；芽长 2 cm 时见光炼苗，然后播种。

（2）塑料袋装法。

少量种薯如脱毒微型小薯种薯催芽可采用黑色塑料袋装扎口后挂置厨房灶或火塘上方烟熏，或晴天日晒升温催芽。温度控制在 20 ℃左右，一般 7～10 d 即可出芽，芽长 1～1.5 cm 时取出，见散射光，炼苗 1～2 d，即可播种，先出芽者先播。注意经常翻种检查防止烂薯。

（3）药剂催芽。

一般采用赤霉素（九二〇）溶液浸种催芽，其浓度为：切块种薯用 0.5～1 mg/kg；整薯作种用 10～50mg/kg，浸种时间 10～20 min，取出晾干后或直接播种，或用沙土层积催芽后播种。

3. 种薯消毒

从外地调进的种薯，必须进行种薯消毒。可用 40%福尔马林液 1 份加水 200 份；或用农用链霉素喷洒种薯表面；或浸种 5 min 后，用薄膜覆盖闷种 2 h，再薄摊晾干。

二、播前准备

马铃薯忌连作，要实行合理轮作，轮作年限在 2 年以上。高山一季春薯，在前作收获后及时进行翻地，耙平耙细，既可接纳雨水，又可减少水分蒸发，达到保墒。翌年春按 100 cm 规格，每垄双行开沟施基肥后播种整地起垄。沟坝地区秋薯，在前作收获后及时翻地，然后将土壤整平耙细，再依当地条件和需要施肥播种后做成平垄或高垄。如前作是水稻田，茬口紧，可采用免耕稻草覆盖栽培，即在前作收获后按 200 cm 距开沟排水作厢，施足基肥，按规格播种后覆盖稻草。如结合双免耕栽培技术，效果事半功倍。

三、播种

春播一般在小寒至立春间，全生育期保证有 100～120 d。山区无水源灌溉地块，视温度回升的情况约在 3 月上旬至下旬播种为宜。秋播应按各地常年的温度情况而定。低海拔沟坝河谷地区，以 8 月 20 日至 9 月 10 日、当地平均气温在

25 ℃以下为播种适期；山区温度较低，播种期稍早，以 7 月下旬至 8 月下旬为宜。夏播主要用于繁育种薯，选择在高山区，使块茎生长处于冷凉季节，并保证有 70 d 以上的生长期。

播栽前将壮芽、弱小芽薯块分拣、分开种植。在干旱地区或疏松深厚的土质条件下，一般播种深度 8～10 cm。播种时切块的切面向下，出苗较快。土质过粘或雨水过多的地方不宜深播，可用细堆肥或渣肥覆盖，以后在管理中分次培土。

秋播，晴天宜于早晨或下午进行，阴天可整天播种。阴雨连绵，不宜播种，可将已催出芽的薯块摊开见光，绿化炼芽，待天气转晴后再播。遇高温烈日，播穴宜深，随播随覆土，厢面加草覆盖，保湿降温。秋雨多的地方，应深沟高厢，浅播种，以利排水，确保全苗。

双行垄作栽培，深耕土层 25～30 cm，播种时按 1 m 距离掏挖双行施肥播种沟（行距 35～40 cm），施足底肥（农家堆厩肥和氢、磷、钾肥）后，按株距 30～40 cm 摆播种薯，播后覆土起垄，垄高 15～20 cm，垄面宽 60 cm。种植 3333～4444 株/667m^2。

选择土壤耕作层深厚、疏松的沙土或沙壤土地块。灌溉水质量、空气质量和土壤环境质量符合 DB 51/336 的要求。

四、田间管理

当幼苗出土 5～10 cm 时，结合除草进行第一次中耕，深度 10 cm 左右。10～15 d 后进行第二次中耕，宜稍浅。现蕾时，进行第三次中耕，更浅，且远离根系，以免损伤匍匐茎，影响结薯。后两次中耕时应结合培土，以扩大根系吸收面。培土第一次宜薄，第二次稍厚，总厚度不超过 10 cm。

秋薯苗期温度较高，幼苗生长快，齐苗后应抓紧中耕除草，若遇大雨应及时疏松表土。现蕾后应结合中耕进行适当培土以免块茎裸露。

发芽期管理不旱不浇水，始终保持土壤疏松透气，雨后应耙破土壳。第一次中耕后，进入幼苗期管理，深锄垄沟的底部表面，使垄内有气而不伤根；垄的中上部则以浅锄把草除尽为准。块茎形成期的管理要求土壤不旱不浇水，只进行中耕来保墒。逐步浅培土，直到植株拔高即封垄时才进行大培土，培土时应注意不埋没主茎的功能叶。从现蕾开始，进入结薯期管理，应使土壤始终保持湿润，收获前 7～10 d 停止浇水。

五、施肥

根据马铃薯成苗快、幼苗速长的特性以及需肥特点和规律，应实行以有机肥为主、化肥为辅的原则，重施底肥早施追肥，增施钾肥。合理施肥，施用肥料符合 NY/394—2000 和 DB 51/338 无公害农产品肥料施用原则。收获前 20 d，植株封行或开花后不再进行根际追肥。

（一）施足基肥

施腐厩肥 3500～4000 kg/667m²、尿素 10～15 kg/667m²、过磷酸钙 40～50 kg/667m²、硫酸钾 20～25 kg/667m²，注意种肥隔离。

（二）看苗追肥

苗期追肥应及早进行，一般是齐苗前后追施芽、苗肥，肥料种类以清粪水加少量氮素化肥施用效果为好。现蕾期看苗施第二次追肥，植株现蕾时株高应为最大高度的 2/3，如达不到此标准或叶色褪淡，下部出现黄叶时应追肥促进，此次追肥以钾为主，追施钾化肥 5 kg/667m²，再配合适量氮化肥。马铃薯的追肥总氮量应控制在纯氮 5 kg/667m² 以内。

六、病虫害防治

按照“预防为主、综合防治”方针，坚持“农业防治、物理防治、生物防治为主，化学防治为辅”的原则。

（一）农业防治

把好种薯关，选择无病、抗病品种；及时清除田间病株、病薯，控制发病中心。

（二）合理施药

大力推广生物农药。使用药剂防治应符合 GB 4285、GB 8321 和 DB 51/337 的要求。严格控制农药用量和安全间隔期。禁止使用农药严格按照凉山州人民政府《关于禁止销售和使用剧毒、高毒、高残留化学农药的通告》规定执行。

马铃薯主要病虫害为癌肿病、晚疫病、环腐病、青枯病、蚜虫、二十八星瓢虫等。

1. 癌肿病

①严格检疫制度，防止病害蔓延。疫病区必须严格禁止调出或寄出带病种薯，防止疫病输出。②选用抗病良种。③加强田间管理，及时清除病残余组织，减少初次侵染病原。

2. 晚疫病

发病初期用 80%代森锰锌可湿性粉剂、80%代森锌可湿性粉剂、50%甲霜铜可湿性粉剂等杀菌剂按产品说明交替使用，每隔 7～10 d 喷施一次，安全间隔期 15 d 以上。

3. 青枯病

①选用抗病良种。②抓好种薯消毒，防止切薯传病，准备两把切刀轮换消毒，用75%酒精、0.1%高锰酸钾液或3%来苏尔液浸泡切刀5～6 min。提倡用小整薯播种。③深沟高厢双行垄作，中耕除草和培土起垄，改善土壤理化性状，以利于田间排水，减小田间湿度，减轻病菌传播。④加强田间管理，发现田间病株及时拔除，并要注意把病薯挖净。

4. 蚜虫

①积极保护利用天敌，防治病虫害。②用黄板诱杀蚜虫，每667m^2悬挂30～40块黄板（25 cm×40 cm）。每2～4 hm^2设置一盏频振式杀虫灯诱杀害虫。③药剂防治。用50%抗蚜威可湿性粉剂2000倍液或10%吡虫啉可湿性粉剂1500倍液喷雾防治。

5. 二十八星瓢虫

①捕捉成虫，摘除卵块。利用成虫的假死性，在成虫盛发期，每天早晚用脸盆、簸箕等工具轻敲马铃薯植株，成虫便掉入工具内，收集杀死。在产卵盛期摘除卵块效果也好。②清除杂草。冬春清除田边杂草、枸杞等寄生植物，以消灭其栖居场所。③药剂防治。一般可在发生较多时施药，喷洒2.5%溴氰菊酯乳油3000倍液或50%辛硫磷乳剂1000倍液。

七、采收

马铃薯在生理成熟期收获产量最高，即植株上部生长停止，中、下部叶片发黄时。但可根据块茎长势和市场需求提早收获、分批收挖或一次全收。如大面积收获后，薯块要摊晾1 d，以增强薯皮的木栓化程度，减少皮伤。同时收后块茎要防止雨淋和长时间阳光暴晒。

参考文献

［1］凉山州质量技术监督局. 凉山彝族自治州农业地方标准无公害农产品马铃薯(DB 5134/T06—2003)［S］. 2004.

［2］李佩华，彭徐. 马铃薯叶面喷施稀土肥料效应研究［J］. 黑龙江农业科学，2012（11）.

［3］李佩华. 马铃薯高产高效实用栽培技术概要［J］. 农技服务，2012（10）.

［4］李佩华. 四川省马铃薯产业发展对策浅析［G］//四川省马铃薯发展国际研讨会论文集，2005.

［5］李佩华. 四川省凉山州马铃薯生产现况及发展对策思考［J］. 西昌农业高等专科学校学报，2003（1）.

［6］门福义，刘梦芸. 马铃薯栽培生理［M］. 北京：中国农业出版社，1993.

第八章　攀西地区马铃薯立体高产高效栽培技术

在农业生产中，马铃薯是禾谷类作物的优良前茬，还是间、套、复种的极好作物。马铃薯在攀西地区被广泛作为间套作作物种植。1985—1986 年越西县在海拔 1800 m 宽谷坝区，每年推广 2667 hm^2 "薯—玉—豆"，平均产量高达 700 kg/667m^2 以上；1986 年布拖县则洛乡推广该项技术，平均产量714 kg/667m^2。1991 年全州推广面积达到 0.67 万 hm^2，从而为凉山山区农作物高产种植提供了宝贵经验。

间套作是指同一田地上，生长季节相近或相似两种或两种以上的作物按一定比例分行或分带种植。间套作体系是以充分利用自然资源（光、热、水、养分）为基础的物质生产的系统。它以作物为研究对象，以追求最佳的经济和生态效益为目的，适应了农业生产的现实需要。

攀西地区光热资源十分充足，海拔 1800～2000 m 的二半山次适宜区（面积约 4 万 hm^2）在 5 月中旬前后常出现 20～25 ℃以上的高温，马铃薯薯块膨大的适宜温度为 16～18 ℃，而此时正值春玉米的旺长期，对下层生长的马铃薯起遮阴降温作用，满足马铃薯对温度的要求，促进产量的提高；同时，低温、冷凉气候条件，能延缓病毒的增殖，增强马铃薯抗病毒能力，并提高光能利用率。马铃薯忌连作，通过间、套种植能实现"间套作，小轮作"，从而改变近年攀西地区发展马铃薯生产中土地资源这一生产要素的矛盾。为此，在该地区开展马铃薯间套作栽培技术的研究对促进马铃薯健康生产具有较强的实际意义。

第一节　马铃薯立体高效种植概述

一、马铃薯立体种植的优势

马铃薯与粮、油、菜、果等作物立体种植实行立体栽培，基本上其他作物不减产，还可多收一季马铃薯，其效益是多方面的。马铃薯与其他作物立体种植的最重要效益是提高光能利用率，单位面积上作物群体茎叶截获的太阳辐射用于光合生产，光合生产率的高低决定产量的高低。立体种植的作物茎叶群体分布合理，可以有效地提高太阳能的利用率。

（一）增加复种指数，提高经济效益

马铃薯与其他作物进行立体种植，可变一年一作为一年两作，或变一年两作为一年三作或四作，从而大大增加单位面积的经济效益。如马铃薯、玉米、马铃薯套种模式，以收获马铃薯为主，兼收一季春玉米。据有关试验研究结果，春马铃薯产量可达 2000～3000 kg/667m^2，玉米 400 kg/667m^2，秋马铃薯750 kg/667m^2，总产值达 3500～4500/667m^2 余元，扣除成本，全年纯收入可达2660 元/667m^2。

（二）充分利用自然资源，提高土地利用率

立体种植可以充分利用土地资源和太阳能资源。立体种植的作物之间播种和收获时间不同，因而可以提早或延长土地及光能的利用。例如，春马铃薯出苗期和幼苗生长期较长，可以利用这段时间在马铃薯沟内套种耐寒速生蔬菜。

马铃薯较耐阴，能充分利用高秆作物间的自然资源。凉山地区地域广阔，海拔 1800～2000 m 的山区，约有 3.33 万 hm^{2}的高原沟谷和坝区，此区 3—10 月是农业生产季节，雨量充沛，光能资源丰富，日平均气温稳定＞10 ℃的天数为 180～240 d。一年一熟有余，两熟不够，但马铃薯和玉米带状种植，在同一土地上，对空间和土壤分时、分层利用，多收一季作物，提高了复种指数，同时也有利于土地用养结合，为山地农业高产高效的有效途径之一。

（三）延缓病虫发生，减轻危害程度

间套作种植方式实现了生物多样性，可改变发生在某一寄主作物上的病虫害蔓延肆虐，能抑制病虫害的扩散。据观察，马铃薯与玉米套种时，马铃薯块茎的地下害虫咬食率下降 76％左右；由于根系对细菌侵染的障碍作用，可使马铃薯细菌性枯萎病的感染率由净作的 8.8％下降到 2.1％～4.4％。

二、立体种植作物合理搭配的原则

马铃薯与其他作物立体种植首先要考虑全年作物的选定和前后茬、季节的安排，还要参考当地的气象资料，如年降雨量的分布及年温度变化情况。根据马铃薯结薯期喜低温的特性，选择与之相结合的最佳作物并安排最合理的栽培季节，以使搭配组合既最大限度地利用当地无霜期的光能又使两作物的共生期较短。例如，高海拔一季作区，春马铃薯的适宜生长期为 4—5 月份，与其立体种植的作物最好是 6—7 月份能生长的喜温作物。攀西地区的马铃薯与玉米套作的立体种植模式，在 3 月种春马铃薯，4 月底 5 月初马铃薯成苗后，在预留行间立体种植春玉米，间宜套比例为 2∶2。这样既延长了土地利用时间又实现了马铃薯与玉米的轮作。春马铃薯生长旺季时，春玉米正值苗期，不与马铃薯争光争肥，待春

马铃薯收获时，春玉米正开始拔节进入旺盛生长阶段。此时收获春马铃薯正好给春玉米进行了行间松土。此外，也可利用马铃薯春作前和秋作后期，即 10 月至下年的 3 月，安排耐寒作物与马铃薯套种。如春马铃薯从播种到出苗一般需 30 d 左右，这段时期可搭配耐寒速生菜，如小白菜、小萝卜等，秋种马铃薯可搭配越冬作物，如冬小麦、油菜、菠菜等。

马铃薯与其他作物立体种植的组合效益可用复种指数和土地当量来衡量，复种指数是指一年中单位面积上栽培作物的茬次，土地当量则是指单位面积上立体种植种时各茬作物的产量与净种时各作物产量比值之和。如净种玉米 450 $kg/667m^2$，土地当量为 1。与马铃薯套种时，玉米产量不减，马铃薯由净种时的 2000 $kg/667m^2$ 增加为 2500 $kg/667m^2$。立体种植作物之间的共生期要尽量缩短，这样两者的产量形成盛期错开，有利于两作物均获高产。

三、马铃薯立体种植的技术要求

（一）选择合适的立体种植作物

在进行马铃薯的立体种植时，首先应选择合适的立体种植作物。选择原则是，用于立体种植的作物在生长中与马铃薯之间互不影响，既能充分利用土地，又不相互遮光；既要考虑季节、茬口的安排，又要考虑两种作物的共生期长短。

马铃薯在与其他作物间套种时，要充分发挥其早熟高产的生物学优势，此举关系到立体种植的效益高低。在栽培措施上要采用以下措施：选用早熟、高产、株高较矮的品种；提前暖种晒种、催壮芽，促进生育进程；在催壮芽基础上，提早播种，促进早出苗出土，适期合理灌溉。结薯期通过喷洒矮壮素或多效唑、烯效唑等，控制茎叶生长，促进块茎膨大，提早结薯，缩短生育期，以利立体种植作物后期的产量形成。

（二）间套作物的空间布局要合理

立体种植作物的空间布局要使作物间争光的矛盾减到最小，使单位面积上的光能利用率达到最大限度。另外在空间配置上还要考虑马铃薯的培土，协调好两作物需水方面的要求；通过高矮搭配；使通风流畅，还要合理利用养分，便于收获。立体种植作物配置时，还要注意保证使立体种植作物的密度相当于纯作时的密度。另外应使立体种植的作物尽可能在无霜期内占满地面空间，形成一个能够充分利用光、热、水、肥、气的具有强大光合生产串的复合群体。

第二节　攀西地区适宜推广的马铃薯与不同作物搭配的立体种植技术

一、薯粮立体种植覆式

（一）马铃薯—玉米—秋马铃薯

该模式以 80 cm 为一种植带，在带内种两行（培成一个垄）马铃薯，小行距 15 cm，株距 30 cm。垄沟内种一行玉米。春薯收获后，平整垄沟，于秋季播种一行马铃薯，密度与春季栽培相同。

马铃薯选用西薯 1 号、费乌瑞它等早熟品种，玉米选用穗大、单株产量高的品种。施优质土杂肥 3000～5000 kg/667m^2、硫酸钾 50 kg/667m^2。马铃薯于 2 月中旬催芽，3 月上旬播种，培垄后覆盖地膜。玉米于 5 月上旬在马铃薯沟内播种，株距 20 cm。秋马铃薯于 7 月中旬催芽，玉米行间施土杂肥 2500 kg/667m^2、复合肥 40 kg/667m^2，喷一次 100 mg/kg 多效唑，防止植株徒长。

也可按 160 cm 为一个种植带，春种两行马铃薯、两行春玉米。马铃薯收获后及时整地，播种夏白菜。白菜和春玉米收获后，立即施肥整地，定植秋甘蓝或秋菜花，同时按上述介绍与秋马铃薯立体种植种。采用这种模式，要求马铃薯催大芽于 3 月上旬播种并覆盖地膜，行、株距为 65 cm×20 cm；玉米于 4 月底 5 月初播种，株距 20 cm。马铃薯收获后，及时整平地，播种四行夏白菜，行距 40 cm，株距 35 cm，利用春玉米植株给夏白菜遮阴，有利于夏白菜生长。夏白菜和春玉米于 8 月上旬收获后，施足基肥整好地，进行秋马铃薯和秋甘蓝或秋菜花的立体种植。整地施肥和种薯催芽及立体种植作方式如前所述。这种立体种植模式可以达到一年五种五收，更加高产高效。

（二）马铃薯与玉米立体种植

这种立体种植模式在各地粮区较为普遍。一船采用双垄马铃薯与双垄玉米宽幅套种，幅宽一般采用 140 cm。马铃薯按行距 60 cm、株距 20 cm 播种两行，玉米按行距 40 cm、株距 30 cm 播种两行。玉米与马铃薯行距为 20 cm。马铃薯选用早熟品种，提前做好种薯催壮芽处理，终霜前一个月及早播种，争取早出苗早收获。春玉米选用晚熟高产品种，马铃薯收获后将薯秧压青并给玉米培土，将玉米大行间的土壤整平，移栽提前 20 d 育苗的夏玉米。夏玉米选用早熟高产品种，根据马铃薯生育情况，适时进行育苗。夏玉米成活后，为利于透光壮苗，应将春玉米下部枯老黄叶去掉。夏玉米收获后播种冬小麦。这种立体种植方式的优点是，马铃薯利用了春玉米播种前的冷凉季节，春玉米利用6月份以后不适于马铃薯生长的高温季节，延长了作物对光能利用的时间。待夏玉米收获后又及时种植了冬小麦，可以说此种立体种植方式将整个无霜期的光能全部利用了。

在光热条件充足的粮区或粮菜兼作区可采取春秋马铃薯与春夏玉米立体种植，从而实现一年四作四收。这类模式一般为四行马铃薯与两行玉米立体种植作。播幅宽度为280 cm，春马铃薯按行、株距60 cm×25 cm播种四行，春玉米行、株距为40 cm×15 cm播两行，春马铃薯收获后于马铃薯条带中央按行、株距40 cm×15 cm播两行夏玉米。春玉米收获后，在夏玉米大行间播四行秋马铃薯。夏玉米可给秋马铃薯遮阴。据试种结果表明，两季马铃薯单产分别达到1880 kg/667m^2和1617 kg/667m^2，两季玉米产量分别为395.5 kg/667m^2和585 kg/667m^2。采用这种间套模式要求水肥条件要充足。此外春夏玉米和春秋马铃薯均应选择早期高产类型品种。夏玉米最好于马铃薯收获前15～20 d育苗进行移栽。对于玉米来说要求种子大小、播种深浅、理土厚度均应一致，可避免玉米出苗后大小苗不一致而影响产量。

二、马铃薯其他立体种植模式

（一）马铃薯—春玉米—夏白菜—秋甘蓝或菜花

这种模式可以一年四种四收或五种五收。按160 cm种植带，春季种植2行马铃薯、1行春玉米，马铃薯收获后及时整地，播种夏白菜。白菜和玉米收获后，整地栽植秋甘蓝或菜花，与秋马铃薯间作，达到一年五种五收。马铃薯催大芽于3月初播种，并覆盖地膜，行距65 cm，株距20 cm，约播种4100株/667m^2。玉米于4月底至5月初播种，株距20 cm，约2100株/667m^2。马铃薯收获后，播种4行夏白菜，行距40 cm，株距35 cm，约4700株/667m^2。利用玉米植株给白菜遮光，可降低田间温度，有利于白菜植株生长。夏白菜和春玉米于8月上旬收获。

（二）马铃薯—耐寒速生蔬菜—芸豆

耐寒速生蔬菜如小白菜、小春萝卜、菠菜等，播种后40～50 d即可收获，因而非常适合与春马铃薯间作。按90 cm幅宽播种1行马铃薯，垄宽60 cm，株距20 cm，播种3700株/667m^2左右。在两垄马铃薯间整成平畦，播种3行小白菜或菠菜等，行距15 cm。马铃薯催大芽于3月上旬播种，起垄后进行地膜覆盖。小白菜或小春萝卜可于3月中下旬播种，菠菜可与马铃薯同时播种。蔬菜收获后，及时给马铃薯培土。然后将菜畦施肥整平，定植1行茄子，株距40 cm，约定植1850株。小春马铃薯净作垄宽100 cm，其中宽行67 cm、窄行33 cm，窝距24～30 cm，种植4400～5500窝（株）/667m^2。

（三）马铃薯—甘蓝或菜花

春马铃薯和秋马铃薯都可采用这种模式，该模式主要以马铃薯的垄作为甘蓝或菜花的畦埂。甘蓝或菜花要提前育苗。与春马铃薯立体种植时，甘蓝和菜花的育苗苗龄为 70～80 d，因此，育苗时间应在 1 月上中旬。与秋马铃薯立体种植时，甘蓝和菜花的育苗时间较短，约为 25 d，一般可于 7 月中旬育苗。春马铃薯于 2 月中旬前后催芽。马铃薯播种前整地，并施足基肥，按 160 cm 为一种植带，种植 1 行马铃薯、3 行甘蓝或菜花。马铃薯垄宽 60 cm，株距 18 cm，种植 2300 株/667m^2左右。甘蓝或菜花株行距 45 cm，约种植 2800 株/667m^2。

春马铃薯于 3 月上旬播种，施足基肥，一次性培好垄。于 3 月中旬定植甘蓝，并进行地膜覆盖。甘蓝或菜花在浇足定植水的情况下，缓苗前一般不再浇水。秋马铃薯于 8 月上旬播种，注意不要在连续阴雨天播种，否则播种后会因土壤湿度大、通气性差而导致种薯腐烂。种薯提前 20～25 d 催芽。播完马铃薯后定植甘蓝或菜花。

（四）薯瓜立体种植种

瓜类如南瓜、西瓜、冬瓜等是喜温而生长期长的爬蔓植物，利用瓜行间的宽畦早春套种马铃薯是非常经济合算的，方式是每种 4 垄马铃薯留 1 个 40 cm 宽的瓜畦，马铃薯收获完以后的空间让瓜爬蔓，收瓜后可接一茬秋菜。西瓜可育苗移栽，也可直播，育苗移栽的应于 3 月 20 日前后阳畦育苗，4 月中旬定植，直播的可于终霜期前 7 d 播种。

马铃薯收刨后及时开沟将薯秧埋入沟内，平整土地，作西瓜的绿肥。如果在马铃薯收刨前西瓜已经爬蔓，可暂时将西瓜蔓顺西瓜畦理顺，马铃薯收刨后再进行整枝压蔓。两行西瓜交叉爬蔓，即左边一行的瓜蔓向右爬，右边一行向左爬。压蔓时可先将瓜蔓绕根盘一圈并压好后再进行压蔓。分别于苗期、甩蔓期和膨瓜期各追肥一次。

（五）马铃薯与直立型蔬菜立体种植种

茄子、辣椒、姜等作物都是喜温而生长期长的直立型作物，与马铃薯立体种植都可提高光能利用率和土地生产率。在播种马铃薯的同时或稍后几天利用马铃薯行间播种耐寒速生蔬菜，如小白菜、小水萝卜或菠菜。这种模式可更充分地利用光能和土地资源。

这一立体种植模式的马铃薯一般采用 90 cm 的幅宽，种 1 行马铃薯。马铃薯垄宽 60 cm，株距 20 cm。将马铃薯垄间整成平畦，播种 3 行小白菜或菠菜，行距 15 cm。马铃薯催大芽提早播种，培垄后覆盖地膜。菠菜可与马铃薯同时播种，小白菜或小水萝卜于 3 月中下旬播种。小白菜等速生菜一般播种后 40～50 d 可收获，收获后及时给马铃薯培土。然后施肥并整平菜畦，定植一行茄苗。茄苗的株距为 40 cm。

第三节　攀西地区主要立体种植模式

一、以春马铃薯为主的立体种植模式

（一）马铃薯/玉米（芸豆）

中高海拔地区气候相对冷凉，热量条件多属于一熟有余两熟不足，通过“马铃薯/玉米”可以节约生长期和光温资源，实现一年两熟，大大提高耕地的周年产量和效益。该模式属于高秆作物与矮秆作物、喜光作物与耐荫作物、喜氮作物与喜钾作物立体种植作，可以充分利用空间和时间，均衡利用土壤养分，发挥不同作物间的互利共生和间隔防病原理，具有显著的增产增收作用，是盆周山区和川西南山地中高海拔地区最主要的种植模式。

在田间配置上，一般 1.5～2.0 m 开厢，马铃薯和玉米带大约各占一半，形成“双三〇”或“双二五”等模式。以 2∶2 行比最佳。马铃薯带和玉米带最好隔年交换，形成马铃薯与玉米分带立体种植轮作。在茬口衔接上，一般马铃薯 2 月中下旬播种，6 月中下旬至 7 月上旬收获；玉米 3 月下旬至 4 月播种，8～9 月收获。

在此基础上，有的地方在马铃薯收挖后再增种一季生育期短的反季蔬菜或豆类作物，形成了“薯/玉/菜（或/豆等）”模式，经济效益更高。生产上也有采用“春马铃薯/大豆”种植模式，该模式马铃薯与大豆的行比以 1∶1 和 1∶2 为宜。

西昌学院马铃薯课题组在凉山州越西县五里箐乡马扎村（海拔约 1890 m，北纬 102°32′07.4"，东经 28°31′08.2"）、五里箐乡五里村（海拔约 1963m，北纬 102°32′36.0"，东经 28°30′13.4"）分别选择马铃薯品种阿里洋芋（当地主栽品种）、西薯 1 号与玉米间套作试验。

1. 株高、茎粗、叶绿素含量及病害情况

间套作能明显减轻马铃薯晚疫病的发生。晚疫病在高湿条件下发病率较高，而间套作可以显著改善田间气候条件，降低温度和湿度，从而能较大幅度地减轻晚疫病的发生。晚疫病通常会出现中心病团，不同的作物类型间隔，可以较好地屏蔽病菌传播，有效遏制马铃薯晚疫病的发生，使其发病率大大降低。间套作阿里洋芋、西薯1号、抗青 9－1 较其净作晚疫病发病率分别降低 58%、48%、53.8%，病情指数分别降低 35%、39%、73.3%，发病级数均有较大幅度降低。

阿里洋芋、西薯1号间套作较其净作叶绿素含量和茎粗增加，株高降低；玉米间套作较其净作叶绿素含量、株高降低和茎粗减小。阿里洋芋、西薯1号、抗青9−1间套作较其净作晚疫病发病率分别降低58%、48%、53.8%，病情指数分别降低35%、39%、42%，发病级数均有较大幅度降低。阿里洋芋、西薯1号、抗青9−1间套作较其净作上、中、下层的叶面积指数均增加；玉米间套作较其净作的上、中、下层叶面积指数增加，总体叶面积系数间套作较净作增加。如表8−1所示。

表8−1　株高、茎粗、叶绿素含量，上、中、下层叶面积指数及晚疫病发病情况

处理编号	叶绿素含量	株高（cm）	茎粗（cm）	发病率（%）	晚疫病级数	病情指数（%）	上层	中层	下层
A	40.18	65.8	1.219	47	0−1	40	1.036	1.732	2.436
B	40.74	77.31	2.945	—	—	—	0.557	1.353	1.61
C	37.6	85.4	1.061	95	2−3	79	0.989	1.654	2.214
D	47.14	99.44	3.26	—	—	—	0.533	0.997	1.12
E	46.7	72.4	1.286	35	0−1	27	0.965	1.038	1.746
F	51.90	88.6	2.834	—	—	—	0.972	1.17	1.056
G	43.52	82.1	1.117	93	1−2	42	0.843	1.002	1.564
H	49.09	90	2.958	—	—	—	0.865	1.026	1.015
I	49.44	69.6	1.4016	65	2−3	45	1.35	1.6	1.6975
J	35.68	40	1.8394	—	—	—	0.625	0.998	1.015
K	47.78	66	1.1098	100	3−4	78	0.853	1.244	1.476
L	40.68	42	2.125	—	—	—	0.442	0.688	0.69

2. 田间生态环境变化情况

马铃薯和玉米间套作较其净作马铃薯株行间风速增加，温度、湿度、寒意、热力指数、露点温度、湿球温度降低。阿里洋芋、西薯1号、抗青9−1间套作较其净作叶的遮蔽增加，叶对光的截获增加（上、中、下层光强截获率的平均值），玉米间套作较净作叶的遮蔽增加，叶对光的截获分别增加。如表8−2所示。

表8−2　田间小气候环境，上、中、下层光照强度（冠层外光强/植物截获光强）

试验处理	风速（m/s）	温度（℃）	湿度（%）	寒意 Chill	热力指数	露点温度（℃）	湿球温度（℃）	上层	中层	下层
A	2.4	28.63	40.56	28.63	32.74	15.8	20.78	898/381	936/435	784/346
B	2.5	33.3	37.67	32.95	34.83	15.85	20.97	832/384	703/291	710/295

续表8－2

试验处理	风速(m/s)	温度(℃)	湿度(%)	寒意Chill	热力指数	露点温度(℃)	湿球温度(℃)	上层	中层	下层
C	1.7	30.88	51.08	30.86	34.56	19.98	23.02	876/552	914/398	762/426
D	0.8	30.07	46.42	30.21	32.06	20.13	21.09	1629/1077	1727/665	1441/502
E	1.2	27.74	50.46	27.72	29.64	19. 36	19.5	691/469	868/405	846/398
F	1.6	23.26	59.04	24.17	29.56	18.7	21.06	920/428	911/406	929/400
G	0.9	29.48	55.78	29.68	32.94	20.32	22.92	902/397	874/391	864/367
H	0.6	24.95	63.4	25.35	31.56	22.85	22.45	1305/878	1286/647	1227/502
I	0.6	28.7	52.26	28.72	30.24	17.86	20.7	1875/1299	1988/862	2109/835
J	0.4	31.8	40.22	31.46	32.48	15.9	21	2322/1389	2122/1029	1879/621
K	0.4	30.88	52.04	31.02	34.06	19.58	22.88	2211/1123	2059/856	2072/590
L	0.3	29.83	55.61	29.86	30.42	18.98	22.98	1673/1353	1695/1211	1757/1252

3. 间套作改善田间生态小环境，大幅度提高马铃薯产量，降低玉米产量

马铃薯间套作较其净作产量获得了较大增产，阿里洋芋、西薯1号、抗青9－1分别增产72%、43%、17.7%，三点平均增产44.2%；马铃薯间套作较其净作结薯数增加，单株产量、单薯重及商品薯率提高；间套作对玉米产量有一定的影响，玉米间套作较其净作分别减产21.7%、21.6%、0.3%，三点平均减产14.5%。如表8－3所示。

表8－3 产量与考种统计

处理编号	产量(kg/667m²)	特大(个)	大(个)	中(个)	小(个)	屑(个)	单薯重(g)	大中薯(%)	单株产量(kg/株)
A	2533.5	1	2－3	3－5	3－5	2	62.3	64.5	0.627
B	478.1	—	—	—	—	—	—	—	—
C	1473.8	2－3	2－3	2	—	—	47.9	52.6	0.365
D	610.3	—	—	—	—	—	—	—	—
E	3408.1	1－2	4－5	3－6	2	—	66.7	78.5	0.844
F	478.1	—	—	—	—	—	—	—	—
G	2385.5	1－2	2－3	2	1	—	58.4	58.4	0.591
H	610.1	—	—	—	—	—	—	—	—
I	2812.5	2	2－3	2－3	1－2	—	68.6	79.8	0.62

续表8－3

处理编号	产量(kg/667m²)	特大(个)	大（个）	中（个）	小（个）	屑（个）	单薯重（g）	大中薯(%)	单株产量(kg/株)
J	471.6	—	—	—	—	—	—	—	—
K	2388.6	2－3	2－3	2	—	—	56.8	61.8	0.52
L	472.8	—	—	—	—	—	—	—	—

玉米、马铃薯共生时间约为3个月左右，比其他作物共生时间都长。玉米株型高大、叶型窄长、根系入土深，是高光效的植物；而马铃薯则是株型低矮、叶型卵圆、根系密集层浅、喜凉的作物，二者共生对应互补互利。玉米与马铃薯相间排列，马铃薯行是玉米良好的通风透光走廊，增强玉米中、下部光强和CO_2供应，提高光合效率。

马铃薯和玉米间套作可以比较明显地改善田间的生态环境。李佩华等的研究认为马铃薯生长、形态建成和产量对光照强度有强烈反应，幼苗期强光和适度高温，有利于促根、壮苗；发棵期强光和适当温度，有利于建立强大的同化系统；结薯期适当强光、适温，有利于同化产物向块茎转运，促进块茎高产。恰当地采取遮光降温措施可以对马铃薯起到明显的增产作用。马铃薯块茎膨大的适宜温度为16～18 ℃，间套作增加行间风速，同时玉米的遮阴可以对马铃薯降温，温度、湿度、寒意、热力指数、露点温度、湿球温度均降低，为马铃薯的块茎膨大提供良好的自然环境，有利于块茎的膨大。马铃薯间套作较其净作茎粗增加和株高降低，叶面积系数、叶绿素含量增加，有利于光合作用。在玉米生育前期（刚出土），马铃薯对其有遮光作用，从而影响玉米生长发育，引起减产。

在川西南海拔1800～2000 m山区，马铃薯和玉米间套作种植带采取2∶2配比，间套作对马铃薯的产量贡献较大，对玉米产量有一定的影响。玉米与马铃薯为高矮作物间套作，可使单位面积有机物质的形成和积累增加，从而获得了群体的增产效应。

4. 品质分析

马铃薯间套作较其净作对淀粉、维生素C、水分、还原糖含量影响较小，蛋白质含量降低。间套作虽然对马铃薯的品质（淀粉、维生素C、水分、还原糖）的含量几乎无影响，但对蛋白质含量影响较大。李佩华等的研究表明在凉山州西昌块茎形成、膨大期遮光处理对马铃薯淀粉含量几乎无影响，间套作可以在不改变马铃薯品质的前提下大幅度增加其产量。如表8－4所示。

表 8-4 品质分析统计

处理编号	淀粉含量(g/100g)	维生素 C 含量(mg/100g)	水分含量(%)	还原糖含量(g/100g)	蛋白质含量(含 N%)
A	10.0252	3.5802	76.22	0.087	3.6664
B	—	—	—	—	—
C	11.1380	3.3448	74.25	0.121	9.6389
D	—	—	—	—	—
E	9.1594	3.5584	78.09	0.214	6.4791
F	—	—	—	—	—
G	10.8211	4.1252	76.61	0.113	7.459
H	—	—	—	—	—
I	9.7116	3.6896	78.88	0.112	4.2546
J	—	—	—	—	—
K	9.8924	3.7895	72.68	0.113	4.5898
L	—	—	—	—	—

5. 间套作提高光能和土地利用率，充分发挥边际效应（边行优势）

马铃薯与玉米间套作，能充分利用空间，形成多层次叶层，如同“立交桥”，而净作为“独木桥”，间套作提高了田间的空间，由于其株型、叶形、需光特性各不相同，增加了这个复合群体的总密度，从而增加截光量和侧面受光，减少光能损失，改善了群体内部和下部的受光状况，提高了光能利用率。同时由于间套作合理利用土地，提高了单位面积产量和产值，增加了收获指数。

边行优势是指在间套作中，相邻作物的边行产量优于内行的现象。马铃薯与玉米合理的间套作，在玉米苗期，马铃薯有很好的边行优势，当玉米进入旺盛生长阶段，马铃薯已经收获。马铃薯收获后，玉米形成了宽窄行的田间布局，有利于玉米的通风透光，对玉米产量形成有益。马铃薯+玉米间作是典型的互利共生型组合模式，集约利用土地、集约利用有效生长季节，海拔 1800～2000 m 的川西南山区应大力发展推广这一高产出、高效益的立体种植模式。

近年来，在凉山州海拔 1800～2500 m 的高山半山、河谷、沟坝地区大力推广马铃薯套作玉米的带状种植栽培技术，一般两熟达 500 kg/667m^2 以上。根据凉山州各地生产经验，马铃薯套作玉米栽培的主攻方向是：选用中早熟抗病品种，严格控制带状规格，合理密植，垄作栽培。

根据产量指标的要求，可以选择以下两种地种植。要求产原粮700 kg/667m^{2}的，应选择土壤肥力中上等、熟土层 20 cm 以上、结构疏松、排水良好的土地。

为了构成疏松深厚的耕作层，冬前深耕 20～23 cm 炕土。播种前 7～10 d 第二次翻耕增温，理好背沟、边沟，以利排水。播种时应将土块整细整平。马铃薯套玉米带状种植播种规格，以 1.7 m 开厢“双间双”，马铃薯、玉米各种两行为好。马铃薯垄宽 1 m，窄行距 33 cm，窝距 24～26 cm，3000～3400 株/667m^2，每窝用 2～3 个芽眼的薯块一个（整薯 35 g 左右），盖土厚 10 cm；玉米垄宽 70 cm，双行错窝，窄行距 40 cm，窝距 33～40 cm。

（二）春马铃薯/玉米/大豆＋秋菜（或秋马铃薯）

该模式适合宽谷河谷旱地种植，是在原“麦/玉”“麦/玉/豆”模式上发展起来的，用春马铃薯代替小麦，玉米收获后增种一季秋菜或秋马铃薯。春马铃薯于 12 月中下旬采用地膜覆盖栽培，次年 3 月下旬至 4 月上中旬在马铃薯行间种玉米，马铃薯收后种大豆，玉米收后种一季秋菜（或秋马铃薯）。

二、以秋马铃薯为主的立体种植模式

攀西地区低海拔的平丘地区和河谷地带，气候温暖，雨量充足，农业生产三季不足，两季有余。可以利用水稻、玉米收割后，小春作物播栽前的空闲时空，通过合理立体种植，增种一季秋马铃薯。

（一）稻田“中稻—秋马铃薯/油菜”模式

在水稻收后，利用秋季光温资源，增种一季秋马铃薯，秋马铃薯可与油菜套作，变过去的稻麦或稻油两熟为“中稻—秋马铃薯/油菜”三熟。秋马铃薯在 8 月下旬至 9 月上中旬播种，10 月下旬至 11 月上旬套栽油菜，12 月中下旬收获马铃薯，4 月底至 5 月上旬收获油菜，然后栽水稻。秋马铃薯选用早熟品种，重点推广免耕稻草覆盖栽培技术。

（二）旱地“麦/玉/豆/马铃薯”模式

在原“麦/玉”“麦/玉/豆”基础上，在玉米收后增种一季秋马铃薯，形成“麦/玉/豆/马铃薯”模式，是一种深度开发晚秋资源的种植方式。对于播种较迟和生育期较长的秋马铃薯，到小麦播种时如未成熟收获，可与小麦套作共生一段时间。

三、以冬马铃薯为主的立体种植模式

为进一步挖掘马铃薯种植面积的潜力，扩大种植范围，在川东、川南部分地区充分利用当地冬春季较好的温光资源，在小春预留空行、沿江河谷地带和冬闲田、地内增种一季冬马铃薯。冬马铃薯在 10 月下旬至 12 月上中旬播种，翌年 2 月下旬至 4 月上旬收获。

冬马铃薯播期比春马铃薯提前1～3个月，不影响大春作物播栽，马铃薯上市时间恰是四川省内商品马铃薯紧缺季节，效益超过正季作物，已成为当地农民增产增收的重大措施和四川省马铃薯生产上的一大亮点。

（一）小麦（蔬菜、蚕豆）＋马铃薯/玉米/芸豆

在原“麦/玉/薯”的基础上，推广“麦（菜、蚕豆）＋薯/玉”模式，利用改制的预留空行增种一季冬马铃薯，马铃薯收后种植一季迟春玉米或早夏玉米。

（二）水稻—冬马铃薯

水稻收后不能蓄水过冬的高塝田、漏筛田，改“中稻—绿肥（或空闲）”为“稻—薯”两熟，冬马铃薯实行净作，有效地推动了当地耕作制度的改革和种植业结构调整，大大提高了耕地复种指数和年生产量。

无论是春马铃薯还是秋马铃薯，在城郊附近和房前屋后的菜园地上，都有一定面积的马铃薯与蔬菜立体种植作栽培，提高了产量和效益。

（三）果树—冬马铃薯

为了充分利用光温资源，在一些果园、苗木地也有一定数量马铃薯栽培，形成了“果树+马铃薯”“林木+马铃薯”等农林结合高效种植模式。其中，在攀西地区凉山州宁南县较大面积推广“桑树+马铃薯”种植，取得了较好的社会经济效益。

参考文献

[1] 李佩华. 川西南山地区马铃薯+玉米高产高效种植模式研究［J］. 西南农业学报，2013（6）.

[2] 李佩华，彭徐. 马铃薯叶面喷施稀土肥料效应研究［J］. 黑龙江农业科学，2012（11）.

[3] 李佩华. 马铃薯高产高效实用栽培技术概要［J］. 农技服务，2012（10）.

[4] 李佩华. 四川省马铃薯产业发展对策浅析［G］//四川省马铃薯发展国际研讨会论文集，2005.

[5] 李佩华. 四川省凉山州马铃薯生产现况及发展对策思考［J］. 西昌农业高等专科学校学报，2003（1）.

[6] 杨力，张民，万连步. 马铃薯优质高效栽培［M］. 济南：山东科学技术出版社，2006.

[7] 康勇. 马铃薯优质高产栽培技术［M］. 兰州：甘肃科学技术出版社，2006.

[8] 全国农业技术推广服务中心. 马铃薯测土配方施肥技术［M］. 北京：中国农业出版社，2011.

[9] 谭宗九，丁明亚，李济宸．马铃薯高效栽培技术［M］．北京：金盾出版社，2001．
[10] 马和平，等．马铃薯高产栽培技术［M］．北京：台海出版社，2000．
[11] 卢学兰．马铃薯［M］．成都：四川教育出版社，2009．
[12] 门福义，刘梦芸．马铃薯栽培生理［M］．北京：中国农业出版社，2003．
[13] 何天祥．攀西地区小春马铃薯高产高效优质配套栽培技术［J］．现代农业科技，2007（9）：116－118．
[14] 夏江文，刘绍文，董红平，等．攀西地区冬马铃薯品种筛选试验研究［J］．农业科技通讯，2012（9）：54－56．
[15] 郑顺林，李国培，袁继超．施氮水平对马铃薯块茎形成期光合特性的影响［J］．西北农业学报，2010（3）：98－103．
[16] 郑顺林，袁继超，李德林，郝客伟，杨重云．马铃薯、玉米套作模式下田间配置及群体优化［J］．中国马铃薯，2010（2）：81－83．
[17] 梁南山，郑顺林，卢学兰．四川省马铃薯种植模式的创新与应用［J］．农业科技通讯，2011（3）：120－121．
[18] 袁继超，郑顺林．马铃薯肥促化控平衡栽培技术［J］．四川农业科技，2009（5）：29－29．
[19] 郑顺林，袁继超，马均，等．春、秋马铃薯氮肥运筹的对比研究［J］．西南农业学报，2009，22（3）：702－706．
[20] 李国培，郑顺林，袁继超．雅安地区春马铃薯高产优质高效氮肥运筹优化方案研究［J］．西南农业学报，2009，22（3）：707－711．

第九章　攀西地区马铃薯种植的主要集成栽培技术

第一节　垄作高产高效栽培技术

一、选茬整地

在凉山马铃薯主产区，一般用冬闲地种植马铃薯。马铃薯忌连作，在西南地区更应特别注意，因为种植过马铃薯的田块里，收获时难免有少量块茎残留在土壤中，即使是在高海拔地区，冬季土壤冰冻层一般也不超过 15 cm，残留的块茎不易冻坏，第二年又可萌发成为新的植株，俗称“隔生洋芋”。马铃薯一切病害都能通过带病种薯传播，其中也包括带病的隔生马铃薯。有些病害如粉痂病、癌肿病、青枯病等和有晚疫病卵孢子存在的地方，可通过土壤传播。同时马铃薯对土壤肥力的反应，也比一般作物敏感。因此要获得马铃薯稳产高产，应与禾谷类、豆类等作物轮作。

马铃薯的根系主要分布于耕作层中，加之又是地下结薯，对水肥需要量又大，这就非常需要一个疏松深厚的土壤环境。因此在耕作上必须采用深耕细整土以加厚活土层，头年秋天深耕 20 cm 以上，翻耕整地，越细越好，尽量使土壤松软，提高土壤的通气性和保水保肥能力，促进微生物的繁殖活动，以利于土壤的风化和肥料的分解，增加土壤中的有效成分，这样既能抗旱防寒，又能为马铃薯根系生长和块茎发育创造良好条件。据试验，播种前 7～10 d 翻耕、整细以增温，深耕 19.8～23.1 cm 比浅耕增产 15.6%。山区雨水多，要尽可能选择排水通气良好的土壤，并理好排水沟、背沟，以利排水。如果土壤湿度过大，不仅影响产量，还会影响块茎品质。马铃薯生长在高湿度的土壤中时，因土壤的通气性差，易引起块茎腐烂。

深耕的方法：一是机耕，二是套耕（即后面的牛跟着犁沟再耕一铧）。深耕土地要早，这样土壤风化时间长，且有利于来年减少病、虫、杂草。

二、高厢垄作

播种质量的好坏，关系到保证全苗，达到苗齐、苗壮，提高产量。据调查，马铃薯缺苗断垄的现象比较严重，一般缺苗率在3%～5%，严重者达20%以上。

凉山地区马铃薯主产区冬、春寒冷干旱，2—3月平均气温为5.85 ℃，降雨少，仅16 mm，如采用平作，加上播种质量不高，易使种薯遭受冻害，造成缺苗。根据昭觉县调查，正常年份缺苗都在5%以上，稍遇天灾即达到20%～30%。马铃薯生育中后期雨水多，6—8月份降雨量占全生育期降雨量的76%。地下水位高，温度低，熟土层薄，不利于排水防涝和马铃薯块茎的膨大增长。采用双行垄作栽培能有效地控制缺苗，降低烂薯率，保证全苗壮苗，同时对马铃薯根系发展和块茎形成很有利，可加大土层变温，改善结薯层的通气条件，且便于灌溉和排水。据盐源、昭觉、布拖、美姑等地的试验，凡采用双行垄作栽培，技术规范，基本苗达到了3333～4444株/667m^2，一般块茎产量能达到2000 kg/667m^2，大幅度提高了产量。

平地或缓坡地区实行双行垄作栽培，播种前深耕土层25～30 cm，播种时按1 m距离掏挖双行施肥播种沟（行距35～40 cm），施足底肥（腐熟农家肥，氮、磷、钾肥）后，按株距30～40 cm摆播种薯，播后覆土起垄，垄高15～20 cm，垄面宽60 cm，种植3333～4444株/667m^2。坡地可实行等高开行单行垄作栽培，行距54 cm，株距24 cm，种植4000株/667m^2。

三、中耕除草与培土

马铃薯属于浅根性作物，根系大部分分布在土壤表层下40 cm，结薯层主要分布在10～15 cm的土层中，故需要一个疏松的土壤环境。西南山区多雨，杂草丛生，土壤容易板结，勤中耕非常重要。中耕除草的作用不仅可以铲除杂草，减少水分、养分的消耗，改善田间通风透光条件，减轻病虫危害，还可为植株的健康生长与块茎的膨大，创造疏松的土壤环境条件。

中耕除草应掌握“头道深，二道浅，三道刮刮脸”的原则，即第一次中耕要深（20 cm左右），及早创造疏松的土壤环境，以利匍匐茎的伸展和块茎的形成，锄后捡净杂草，做到土松草净。第一次中耕一般在齐苗后进行，不必培土，只需不使根系外露即可，此时如培土会降低土温，不利早发快长，同时也会造成以后几次无土可培的困难。当第二次、第三次中耕时，因匍匐茎已伸长，如深锄易损伤切断匍匐茎，故不宜太深。中耕结合培土，既可增厚结薯土层，以利块茎膨大，又可避免块茎裸露地表被晒绿而降低品质。

第二节　平衡施肥高产栽培技术

马铃薯是高产作物，所需营养物质较多。西南山区土壤种类较多，不同土壤所含有机质、氮、磷、钾及微量元素各不相同，最好在马铃薯播种前先检测土壤营养成分，为科学施肥提供依据。

各种元素在植株的吸收与同化过程中，既相互促进，又相互竞争。有时只施用某种元素，而另外一种或几种元素缺乏，则施用这种元素的效果依然不大。只有在所缺元素得以补充后，施肥效果才明显。

一、施足基肥

两季作地区以及进行早熟栽培时，由于出苗后植株生长时间较短，肥料的吸收利用比较集中，要求土壤中有充足的速效养分，所以需要施足基肥。基肥中既要有速效肥料，又要有养分释放缓慢的有机肥，这样才能满足植株各生长发育时期的养分需求。施用基肥或种肥时，应切忌化学肥料直接和种薯接触，特别是切块的种薯，否则容易引起烂薯而导致严重缺苗。一般化学肥料做种肥施于种薯之间比较合理，也可以先施用有机肥盖住种薯后，再在上面撒施化学肥料，可以缓解直接接触引起的烂薯。

二、均衡施肥

（一）氮、磷配合施用

氮、磷肥配合是提高氮、磷肥效的重要措施之一。据高炳德（1983、1987）研究，如氮、磷配合施用时，块茎产量提高 65%，每 1 kg 尿素增产 22.5 kg，比单施氮肥增产 5.75 kg；每 1 kg 磷肥增产 5.4 kg，比单施磷肥增产 2.9 kg。氮肥对磷肥的增效作用在低肥力土壤尤其显著，氮、磷配合施用提高磷肥利用率可达到 18%，配合后的连应效果却因土壤肥力而异。低肥力土壤（碱解氮 70 ppm 左右，速效磷 5～6 ppm）氮磷配合可取得 93 kg 的正连应效果；而中肥力土壤（碱解氮 90 ppm 左右，速效磷 18 ppm）连应不显著；高肥力土壤则有显著的负连应效果。

氮、磷配合促进磷肥的吸收，吸磷总量比单施提高 37%，其中吸收肥料磷比单施时提高 63%，吸收的土壤磷比单施提高 27%。氮、磷配合促进对磷的吸收作用，在前期促进了茎、叶的生长和块茎的形成，并防止生长中心过早转移；后期因氮肥的配合，延长了绿叶面积存续的时间，提高了光合强度和光合势，促进了养分的吸收、合成、运转和淀粉的积累。

（二）腐殖酸肥料、磷肥配合施用

腐肥的原料可以是泥炭、褐煤，可在施用前临时混合，腐殖酸肥料和磷肥混合施用也有显著连应效果。腐磷混合增效的原因是促进磷的吸收，总吸收量提高11%，其中吸收肥料磷提高43%，吸收土壤磷增加7%，块茎形成早，块茎生长速度提高1.8～2.5倍；干重平衡期比单施磷提前3～4 d，比对照提前12 d。干重平衡期的提前，意味着物质分配中心转移提早，从而加速了物质向块茎中的运转；在块茎干物质来源中，由茎叶转移部分平均占总量的10.5%，而腐磷混施可达16%。

据高炳德（1983、1987）研究，单施腐肥增产3.2%，单施磷肥增产4.4%，肥效均不高。腐肥和磷肥混合施用增产17.7%，可获得45 kg/667m^2 的正连应效果，腐肥可使磷肥的利用率提高4%，每1 kg的P_2O_5增产20 kg/667m^2 左右。腐肥和磷肥混施有40 kg/667m^2 正连应效果，磷肥利用率提高3%，增产率达13%。

（三）氮、磷、钾配合施用

氮、磷、钾配合施用增产效果更为明显。氮、磷配合施用和氮、磷、钾配合施用，可分别比对照增产24.9%和29.7%（表9－1）；单施氮肥和氮钾配合则比对照分别增产7.8%和7.9%。

表9－1 氮、磷、钾配合施用的增产效果

项目	氮	氮＋磷	氮＋钾	氮＋磷＋钾	对照
产量（kg/亩）	841.9	975.7	743.2	1013.2	781.2
较对照增产（%）	7.8	24.9	7.9	29.7	

表9－1的资料表明，在施用有机肥的条件下，钾肥肥效不高。氮、磷、钾肥与氮、磷肥比较，氮、钾肥与氮肥比较，钾肥的增产效应仅分别为4.8%和0.1%。二磷肥肥效特别明显，磷、氮肥配合比单施氮肥增产17.1%；氮、磷、钾肥配合，比氮、钾肥配合增产21.8%。说明需要大量钾肥的马铃薯，在当地土壤并施有机肥的条件下，钾肥并不表现明显的增产效果，甚至稍有负效应。这是因为土壤本身含钾量较高，并使用了混合粪和坑土等含钾高的有机肥。

（四）钙、镁、硫和微量元素营养

从目前生产水平看，尽管微量元素肥料的增产幅度还不大，但随着耕作栽培技术的不断改进和提高，作物的单产将继续增加，对土壤微量元素的消耗将不断增大，因此，补充作物所需的微量元素势在必行。近年来，各地先后研制出种类和名目繁多的生长素类的微肥，有某种作物专用的，也有适合多种作物的，其成分大同小异，多数都含有农作物必需的常量元素和若干种微量元素，通过拌种、浸种、喷施等办法，施给不同作物，用量少而经济，使用方法简便，一般都表现不同程度的增产效果。它们通过调节农作物生长发育、促进光合产物的合成、运转和分配，从而达到提高农作物产量和品质的目的。

多元微肥用量过大，施肥时间过于集中，会影响马铃薯产量。施用时应根据当地土壤条件，因地制宜。叶面喷施以两次为宜，如已拌种，则应在生育中后期叶面喷施。微量元素肥料有很强的针对性，应注意研究与土壤条件和作物相适宜的肥料配方，形成不同作物的专用配方肥料，有针对性的施用，方能取得较好的增产效果。

三、追肥要早

马铃薯开始从土壤吸收养分到成熟前停止从土壤中吸收养分的整个时期是其营养期。据测定，氮的营养期结束于出苗后 100 d，磷的营养期结束于出苗后 110 d，钾的营养期结束于出苗后 80 d。在整个营养期中，是连续不断地吸收养分的；在不同的生育时期，对氮、磷、钾吸收的数量和比例有明显变化。在数量上，随着生育时期向成熟推进，出现了由少到多，再由多变少的趋势；在速度上，经历了慢、快、慢的变化。干物质积累最快的时期出现在块茎增长期，而氮、磷、钾吸收的最快时期出现在块茎形成期，因此，块茎形成期到块茎增长期是需肥的关键时期。该期氮素吸收量占最大吸收量的 52%～59%，磷素占 68%左右，钾素占 50%左右，所以，在马铃薯生产上，保证块茎形成期以前对氮、磷、钾的充足供应是非常重要的。

不同生育时期对氮、磷、钾吸收的比例是各不相同的，其绝对吸收量的比例为：苗期是 1∶0.15∶1.11，块茎形成期是 1∶0.17∶1.14，块茎增长期是 1∶0.18∶1.58，淀粉积累期是 1∶0.30∶1.45。随着生育期的推移，需要磷、钾的比例逐步提高，而需氮的比例减少。从对氮、磷、钾相对吸收量和比例进行比较则更为明确，苗期 1∶0.78∶0.78，块茎形成期 1∶0.86∶0.88，块茎增长期1∶1∶1.23，淀粉积累期 1∶1.75∶1.17。从相对需要量上看，苗期是氮＞磷＝钾，块茎形成期是氮＞磷＞钾，块茎增长期是钾＞氮＝磷，淀粉积累期是磷＞钾＞氮。

除了幼苗阶段，马铃薯的茎叶生长和块茎生长基本上同时进行，土壤养分和光合产物的协调分配，是取得高产优质的关键。肥水管理的目的之一，就是协调两者的关系。肥水过大或施用时期不合理，就会促进茎叶生长而抑制块茎的生长，从而造成减产。在追肥上，如果施用时期偏晚，就会加速茎叶生长。因此，在需要追肥时，必须早施，以 5～6 叶期追肥较好。

第三节　地膜、稻草覆盖免耕栽培技术

攀西地区特别是攀枝花两县三区光温资源丰富，十分适宜发展秋、冬作。前人研究表明，覆盖物免耕栽培马铃薯可以提高耕作层地温、减少蒸发、增加土壤含水量、培肥地力、缩短马铃薯生育期、节省人工、提高产量和效益。2004 年开始，西昌学院与四川农业大学马铃薯课题组在西昌通过对抗寒高产良种的筛选、不同覆盖物免耕栽培春秋马铃薯的效果研究，探寻解决当地马铃薯低温霜冻这一技术瓶颈的途径，为凉山州安宁河流域水稻主产区推广应用“春马铃薯—水稻—秋马铃薯”新型高效种植模式提供了理论依据。

2004 年 9 月 25 日至 2004 年 12 月 31 日，进行秋马铃薯稻草覆盖品种筛选栽培试验；2005 年 1 月 1 日至 2005 年 5 月 13 日进行小春（冬）马铃薯稻草覆盖品种筛选栽培试验；2006 年 1 月 13 日至 2006 年 5 月 10 日进行不同覆盖物免耕栽培试验，设稻草、地膜、地膜+稻草 3 种处理方式。

一、覆盖物对马铃薯出苗率和出苗期的影响

2006 年的春马铃薯试验结果表明，覆盖物对马铃薯的出苗期有明显影响（表 9−2），其中以地膜+稻草覆盖的出苗最早，较稻草覆盖的提前 16 d；其次为地膜覆盖处理，较稻草覆盖处理提前 13 d，地膜覆盖与地膜+稻草的出苗期差异不大。含地膜的两个处理的出苗期提前与地膜的保温保湿效果好有关，但由于地膜透气性差，湿度过大，会影响种薯的呼吸代谢，导致部分种薯腐败死亡，因而出苗率较低。稻草覆盖处理虽然出苗推迟，但由于其透气性好，因而出苗率高，基本上没有缺窝缺苗。

表 9−2　不同覆盖物对马铃薯出苗期和出苗率的影响

类型	出苗期（日/月）	出苗率（%）
地膜	19/2	74.3
稻草	23/3	100
地膜+稻草	16/2	98.6

二、覆盖物对马铃薯产量与单株结薯数的影响

2004 年的秋马铃薯筛选试验的 8 个供试品种中，86 克疫红皮产量和单株产量最高，产量为 22803 kg/hm^2（表 9−3）。2005 年冬（小春）马铃薯品种中，仍以 85 克疫红皮产量最高，为 11697 kg/hm^2（表 9−4）。地膜覆盖免耕栽培的马铃薯产量显著高于其余处理的产量，地膜覆盖的马铃薯产量比稻草覆盖物增产

35.3%，比地膜+稻草覆盖的马铃薯增产 25.6%。不同处理间的单株结薯差异显著，稻草覆盖的单株结薯数最高，其次是地膜+稻草覆盖（表 9−5）。

表 9−3　2004 年秋马铃薯产量和商品率　（单位：kg/hm²，kg/株）

品种	群体产量	单株产量	大薯产量	中薯产量	小薯产量	商品薯率
康 971−12	20893.5	0.24	787.5	9966.0	7081.5	55.1
合作 88	17098.5	0.21	1101.0	10228.5	5770.5	66.3
85 克疫红皮	22803.0	0.25	2775.0	15445.5	4582.5	79.9

表 9−4　2005 年冬（小春）马铃薯产量结果　（单位：kg/hm²）

品种	西引 1 号	西引 2 号	西引 3 号	西引 4 号
产量	3576.0	3909.0	4233.0	6520.5
品种	合作 88	康 971−12	85 克疫红皮	米拉
产量	8593.5	7173.0	11697.0	1248.0

表 9−5　不同覆盖物马铃薯产量与单株结薯数　（单位：kg/hm²）

类型	小区产量	平均单株个数
地膜	26179.8A	8.9Bc
稻草	19343.0B	11.5Aa
地膜+稻草	20843.8B	10.1ABb

三、覆盖物对马铃薯薯块分级和商品率的影响

不同覆盖物对薯块分级有不同的影响。统计分析表明，地膜覆盖的大薯产量最高，但各处理的大薯产量差异不显著；不同处理之间的中薯（薯块介于 30～50 g 之间）产量差异极显著，地膜+稻草覆盖的中薯产量显著高于另两种处理的产量，不同处理的小薯（薯块小于 30 g）产量也有差异，地膜覆盖的小薯产量显著高于另外两种处理的产量，稻草覆盖与地膜+稻草覆盖的小薯产量差异不显著。不同覆盖物处理的商品薯率差异显著，地膜覆盖的商品薯率最高，其次是地膜+稻草覆盖，稻草覆盖的商品薯率最低（表 9−6）。

表 9－6　不同覆盖物对马铃薯薯块分级和商品率的影响　（单位：kg/hm^2）

分级	大薯	中薯	小薯	商品薯率
地膜	9833.4a	5833.4AB	10833.4A	59.11a
稻草	7166.7a	5000.0B	14500.1B	45.62c
地膜＋稻草	8500.0a	6166.7A	14500.1B	50.28b

通过两年稻草覆盖栽培的马铃薯品种筛选，表明 85 克疫红皮的产量和商品薯率最高，说明该品种较适合当地的气候条件和稻草覆盖免耕栽培方式。由于试验选择的马铃薯品种的生育期（多在 120 天左右）均偏长，在块茎形成和茎叶生长期容易受到 1 月中旬的霜冻危害，严重时，茎叶被完全冻死，因此，秋马铃薯的种植应选择早熟品种和中早熟，并应提前催芽，在水稻收割后抢时下种。冬（小春）马铃薯不易受到霜冻的危害，但受到茬口紧张的影响，也应选择早熟品种，提前催芽，于 1 月 20 日左右抢时下种。张臻对"春马铃薯—水稻—秋马铃薯"的种植模式的技术和经济效益进行了初步研究，表明"春马铃薯—水稻—秋马铃薯"这一种植模式可以提高产值和经济效益。分析本模式与"麦—稻"模式的经济效益表明，本模式可比其新增产值 405 元/hm^2。因此，根据本研究的结果，可以在凉山州建立起"春马铃薯—水稻—秋马铃薯"的种植模式，为当地种植业提供新的种植模式，提高种植业的经济效益。

马铃薯稻草与泥土覆盖栽培技术见表 9－7。马铃薯高效种植技术体现见表9－8。

表 9－7　马铃薯稻草与泥土覆盖栽培技术

处理	出苗率（%）	绿皮率（%）	破损率（%）	产量（kg/667m^2）
稻草覆盖	96.4	11.36	1.46	1518.54
稻草覆盖 10 cm	95.8	2.54	1.76	2143.29
稻草覆盖 15 cm	87.9	0.65	0.64	1444.72
泥土覆土	94.6	0	4.52	1504.75

表 9－8　马铃薯高效种植技术体系

技术体系	核心技术	配套技术
春马铃薯高产高效种植技术体系	双行垄作、肥促化控、重防晚疫病	中晚熟品种、脱毒种薯、适时早播、增加密度、平衡配方施肥、病虫害综合防治

续表9－8

技术体系	核心技术	配套技术
秋马铃薯高产高效种植技术体系	开沟排湿（稻田）、带芽播种、重防晚疫病	短生育期品种、脱毒种薯、适时抢播、增加密度、稻草覆盖、平衡配方施肥、病虫害综合防治
冬马铃薯高产高效种植技术体系	覆膜保温、全程平衡施肥	耐寒品种、脱毒种薯、适时早播、增加密度、平衡配方施肥、病虫害综合防治

四、攀西地区秋作马铃薯地膜、稻草覆盖栽培技术要点

一是选择优良品种，使用脱毒种薯。选用适销对路的鲜食型早熟或中早熟马铃薯品种，如费乌瑞它等，采用优质脱毒种薯，按照区域化布局，以村、乡镇为单元等集中连片种植。

二是精细整地，规范开沟起垄。选择排灌方便、耕作层深厚、富含有机质、肥沃疏松的沙壤土或壤土，水稻收获后深翻、晒白、耙碎、平整，松土层（耕作层）达 20～25 cm 以上，按宽 110～120 cm、高 25～40 cm 的规格起垄。畦面宽 90 cm，垄间沟宽 30 cm，要求土块细碎，垄面、沟底平直。播种前 3 d 灌跑马水，灌至沟高的 1/3。

三是适时播种，合理密植。10 月下旬至 11 月中下旬播种。沟播或穴播，双行种植。早熟品种、肥田宜密植，中晚熟品种、瘦田宜稀植，一般行距 23～30 cm，株距 20～25 cm，4500～5600 株/667m^2，播种深度 5～10 cm。

四是配方施肥，重施基肥。以中等肥力田块生产鲜薯 2000 kg/667m^2 计算，大田施肥量折合纯氮 11 kg/667m^2、磷 4.4 kg/667m^2、钾 22 kg/667m^2，其中以全部有机肥、氮肥的 60％、磷肥的 100％、钾肥的 50％及微量元素肥料的 100％作为基肥，在起垄后播种前或播种后集中沟施。

五是覆盖稻草，降温保墒。播种覆土 5～6 cm 后直接用稻草顺着垄方向头尾相连均匀覆盖垄面，两端结合部位压土防止被风吹走，用干稻草 300～400 kg/667m^2；或播种后直接用稻草顺着垄方向覆盖后再在畦面上培土 8～10 cm，用稻草 200～300 kg/667m^2。

六是查苗补苗，力保全苗。及时查苗，发现烂种后用已催芽的种薯补种。

七是合理追肥，适施叶面肥。追肥宜早不宜晚。在出苗后 40～50 d 内，将剩余的 40％氮肥和 50％钾肥分 3～5 次追施，前期以氮为主、钾为辅，中期氮、钾并重，后期则为钾肥。齐苗后施第一次叶面淋肥，以后每 7～10 d 淋一次，共 4～5 次；根外追肥分 2～3 次进行，追肥后若无雨要及时灌水。

八是清沟培土，合理灌溉。齐苗后 5～10 d，苗高 15～20 cm 时第一次培土，封垄前再清沟培土，防止积水和裂缝露光、薯块变绿。前期少雨干旱宜沟灌，灌

水高度约为畦高的 1/3，最多不超过 1/2，保留数小时；中后期保持土壤湿润，遇旱灌半沟水，下雨及时排水。

九是病虫害防治。整地和幼苗期用除草剂定向喷雾防除杂草，封垄后人工除草；苗期防治地老虎、蚜虫、菜青虫和瓢虫等；中后期拔除焚烧青枯病株，消毒病穴并药剂喷雾，防止蔓延；苗期、结薯期和成熟期在雨、雾天过后，在阴雨天来临前后每 7～10 d 交替喷雾防晚疫病。

十是及时收获，提高产品合格率。选择晴天或晴间多云天气收获，机械收获、犁翻、人工挖掘，要尽量减少机械损伤。收获后避免烈日暴晒、雨淋，晾干表皮、使皮层老化。通风阴凉黑暗处预贮，堆高不超过 50 cm，避免薯块见光变绿，影响商品率和品质。

该方法主要适宜于南方稻田冬种区，冬种前期注意防霜冻、中后期防高温高湿。

五、攀西地区冬种马铃薯稻草覆盖免耕栽培技术要点

一是适时播种，合理选地。中稻、再生稻或晚稻收获后播种，一般在 10 月上旬至 11 月下旬。选择水源充足、排灌方便、土壤深厚、保水保肥和中等肥力以上的轻质壤土田免耕种植马铃薯。

二是选择适销品种，采用脱毒种薯。根据当地生产条件和市场需求，选择适销对路的高产、优质、抗病品种，使用优质脱毒一级、二级种薯，避免使用带病种薯和商品薯作种。

三是适时播种。收获水稻后，充分利用湿润的稻田及时播种。一般 140～160 cm 的畦面每畦摆种 4～5 行，行距 30～40 cm，株距 20～30 cm，播种 4500～5500 株/667m^2，摆种时芽眼向下，使芽眼与土壤充分接触。

四是重施基肥。摆种后，施经沤制腐熟的农家肥 1500 kg/667m^2，行间撒施氮、磷、钾三元复合肥 50 kg。

五是稻草覆盖。用稻草均匀地覆盖在畦面上，轻轻拍实，厚度 8～10 cm，盖草后进行清沟，将沟中挖起来的泥土均匀压在稻草上，以防稻草被大风刮跑。

六是引苗定苗，肥水管理。齐苗后及时定苗，每棵马铃薯保留最壮的 1～2 株，剪除多余弱苗、小苗，以利结大薯。秋冬季及时灌溉，干旱时可沟灌，使水分渗入畦内，在多雨季节或低洼地方，则要注意排水防渍。生长后期脱肥的可用 0.2%磷酸二氢钾或 0.5%的尿素液进行 1～2 次根外追肥。

七是防治病虫害。田间发现青枯病株，要及时带土挖除移到种植区外深埋或焚烧；重点防治晚疫病和蚜虫，如鼠害较为严重，需统一灭鼠。

八是适时收获，稻田处理。到采收季节拨开稻草即可拣收，或轻轻扒开泥土即可挖出。还可分期采收，即将稻草轻轻拨开，采收已长大的薯块，再将稻草盖

好让小薯块继续生长。马铃薯收获后残存的大量稻草和马铃薯茎叶应填埋在排灌沟内作绿肥使用，培肥地力，可使下茬作物增产。

第四节　攀西地区马铃薯高产群体创建及促控新技术

一、攀西地区马铃薯高产创建

（一）昭觉县

2011 年昭觉县承担的全省整县推进马铃薯高产创建项目在测产验收中创出凉山州新纪录。在四川省农业厅的组织下，验收组对昭觉县承担的全省整县推进马铃薯高产创建项目进行了测产验收。专家组首先对昭觉县城北乡的高产示范片进行了现场实收取点测产，验收组随机抽取 4 个社的 9 个地块进行量方实收，在测产验收中，最高折合单产达到了 4866.9 kg/667m^2，最低折合单产达到了 4195.6 kg/667m^2。在取点测产的同时，专家组还对城北乡谷都村母恩地社吉布木加的马铃薯高产攻关田进行全田实收，丈量面积 674 m^2，实收总产 4535 kg，按 1.5%扣除杂质后折合单产 4422.7 kg/667m^2，创下了凉山州马铃薯单块田实收高产纪录。昭觉县承担实施了全省整县推进马铃薯高产创建项目。在项目实施中，共在城北、地莫、洒拉地坡等 7 个乡镇集中建成核心示范片 2000 hm^2，涉及 38 个村 8538 户农户。其中，城北乡建立百亩核心攻关示范区，城北乡、地莫乡、洒拉地坡乡、比尔乡建立千亩展示区。示范片脱毒种薯率达到了 100%，标准化种植推广率、病虫害专业化防治率均达 100%。

（二）布拖县

2011 年 8 月 10 日，由四川省农业厅组织的 11 位省、市（州）、县有关专家组成的整乡推进马铃薯高产创建项目测产现场验收组，采取交叉测产对布拖县农业局实施的整乡推进马铃薯高产创建项目进行了田间现场测产验收，测产验收方法按照农业部马铃薯高产创建测产验收办法进行。当天，专家组对该县特木里镇各则村、拖觉镇日拍村随机抽取 3 个组的 9 个地块进行量方实收，每个地块实收面积均为 45 m^2 以上，称取全部鲜薯，扣除非商品薯和杂质后折算亩产。实测结果为：特木里镇高产创建示范区平均亩产达 2502.5 kg，比去年平均增产 420.5 kg/667m^2，增 20.2%，增产值 420.5 元/667m^2，扣除多投入成本 200 元，增收 220.5 元/667m^2，新增总产 4625.5 吨，总增收 242.6 万元；拖觉镇高产创建示范区平均单产 2506 kg/667m^2，比去年平均增产 436.6 kg/667m^2，增幅为 21.1%，新增产值 436.6 元/667m^2，扣除多投入成本 200 元，增收236.6 元/667m^2，新增总产5675.8吨，总增收307.6万元。布拖县特木里和拖觉两镇的2000 hm^2马铃薯高产创建示范区2011年新增总产10301.3 kg，总增收550.2万元。其中拖觉镇日拍村吉列此拉家的1000 m^2 马铃薯高产攻关田块现场实收49.95 m^2，鲜薯重量334 kg，扣除杂质1.5%，折合单产达4391.1 kg/667m^2，较上年凉山州马铃薯单个田块高产纪录3452.1 kg增产939 kg，创该县有史以来的马铃薯单产之最。

据布拖县农业局技术人员介绍，日拍村马铃薯高产创建基地采取三种科学种植法：一是采用50～150 g的健康小整薯播种，并用银发利和硫酸莲霉兑水喷雾消毒，可以有效地防治马铃薯晚疫病、病毒病等病毒细菌的传染；二是严格按照马铃薯高产栽培技术种植，即马铃薯双行垄作技术，采用1 m开厢宽窄行种植，宽行距66 cm，窄行距33 cm，株距22～26 cm，错穴种植，种植密度5000～6000穴/667m^2，播种施肥后提土覆盖并起垄；三是科学施肥，采用"增施有机肥、氮磷钾配合和重底早追"的施肥方案，用2000～2500 kg/667m^2 优质农家肥和80 kg马铃薯专用（高钾）复混（合）肥做底肥施用，齐苗后用10 kg/667m^2左右的尿素兑足量人畜粪水追施提苗促长，生长后期叶面喷施2～3次磷酸二氢钾水溶液。

（三）普格县

2011年8月5日，西昌学院马铃薯课题组邀请四川农业大学、西昌学院、普格县农业局的有关专家组成验收组，对西昌学院与普格县农科局共同实施，西昌学院所选育马铃薯新品系（种）LX2－2在凉山州普格县五道箐乡实施的高产攻关试验进行了现场验收，形成如下验收意见：

（1）马铃薯新品种系（种）LX2－2（西薯1号）试验地实施面积为1000 m^2，实收面积为66.7 m^2，实收鲜薯重340 kg，折合产量3400 kg/667m^2，扣除杂质1.5%，产量为3127.375 kg/667m^2。

（2）马铃薯新品系（种）29－1（西薯2号）试验地实施面积为867 m^2，实收面积为66.7m^2，实收鲜薯重317.5 kg，折合产量3175 kg/667m^2，扣除杂质1.5%，产量为3349 kg/667m^2，创普格县高产纪录。

课题组根据当地的生态特点和马铃薯生产中的实际问题与优质高产制约因素，对马铃薯新品种（系）优质高产的关键栽培技术进行了高产攻关试验研究（四川农业大学马铃薯栽培课题组给予重要支持），并优化集成了配套标准化栽培技术体系。该技术体系的针对性和实用性强。

（3）位于凉山州五道箐乡的0.67 hm^2 核心示范片和6.67 hm^2 示范区的马铃薯生长整齐一致，长势良好，表明课题组研究形成的优质高产马铃薯新品种（系）选育及配套栽培技术体系先进、实用、增产、增收效果显著，建议进一步扩大示范推广。

二、马铃薯的群体结构

（一）产量构成因素

大田栽培的马铃薯，不是单独的个体，而是密集在一起的群体。群体虽然由个体组成，但不是简单的个体总和，它已产生了新的性质；它是一个有机整体，有它自己的结构和性质，有自动调节的能力，它既受环境的影响，同时又能改变结构内部的环境（如光照强度和田间小气候等）；它由个体组成，但又影响每个个体的生理活动。群体利用光能的效率要比个体高得多。

马铃薯的群体结构，应该包括单位土地面积上的株丛数和茎数、株行距地配置方式以及茎叶在空间的分布状况等。在不同的自然和生产条件下，采用适宜的株行距配置方式，在单位土地面积上栽植足够数量的株丛数（茎数），以形成一个强大的光合面积，在有效的生育期内，最充分和有效地利用光能及地力，获取高额的块茎产量，这种高产的群体结构，称为合理的群体结构。

马铃薯产量通常包括两个概念：一是生物产量，是作物在整个生育期间生产和积累的有机物质总量，即整个植株（一般包括根系）总干物质的收获量。在组成整个植株的总干物质中，有机物质占 90%～95%，矿物质占 5%～10%，可见有机物质的生产和积累，是形成产量的主要物质基础。另一是经济产量（即一般所指的产量），是指栽培目的所需要的产品收获量。作物的经济产量，是生物产量的一部分。经济产量的形成，是以生物产量为物质基础。没有高的生物产量，也就不可能有高的经济产量。但是有了高的生物产量，究竟能获得多高的经济产量，还要看生物产量转化为经济产量的效率。这种转化效率称为经济系数（经济产量/生物产量）。经济系数越高，说明有机物的利用越经济。经过人类长期的选择和培育，马铃薯的经济系数达到 0.7～0.85，远高于其他作物。一般说，凡以营养器官作为收获目的物的（如薯类），其产品形成过程较简单，经济系数较高；凡以生殖器官作为收获目的物（如禾谷类、豆类等）的，其有机物要经过复杂的转运，因而经济系数较低。在收获产品中以碳水化合物为主的，在形成过程中需要的能量较少，其经济系数较高；而产品中含蛋白质、脂肪较多的，形成过程中必须由碳水化合物进一步转化，需要能量较多，因而大豆、油菜的经济系数都较稻、麦为低，但是大豆、油菜等单位重量所含能量较高。

马铃薯的生物产量、经济产量和经济系数三者间的关系十分密切。在马铃薯正常生长的情况下，经济系数是相对稳定的，因而生物产量高的，经济产量一般也较高。所以提高生物产量是获得高产的基础。马铃薯的单位面积产量是由单株产量和每亩株（穴）数构成的。而单株产量则是由单株结薯数和平均薯块重量所决定的；单株结薯数又与单株主茎数和每茎平均结薯数有着密切的关系；平均薯块重又与每株大中薯块平均重量有直接关系。单位面积产量可用下列关系表示：

单位面积产量/667m^2＝株数/667m^2×单株产量

单株产量＝单株结薯数×平均薯块重

单株结薯数＝单株主茎数×平均每茎结薯数

平均薯块重＝每株大中薯重÷每株大中薯数

如果这些因素的数量都大，则产量愈高。但不同品种或同一品种不同生产条件下的产量虽相同，结构可能不同。因此，不同地区、不同栽培条件下，有各自不同的产量因素的最好组合。一般单株产量和每亩株数是构成产量的基础，但在栽培条件和品种不同时，其产量构成因素的主次关系有所不同；在栽培水平较低的情况下，马铃薯远不能充分发挥其内在的增产潜力，故单株产量较低，以致不得不依靠增加密度来提高单位面积产量，而增加密度的结果，更促进了单株产量的下降。如果以低产的个体组成的群体来提高单位面积产量，则会因群体的基础差，单产虽有一定提高，但增产幅度小，甚至会使大中薯率降低。

根据马铃薯具有很高的单株生产力的生物学特点，在栽培水平较高的情况下，应充分发挥单株的增产潜力。西昌学院马铃薯课题组对大量生产实践研究证明：凡是单株产量较高的，单位面积产量一定也高；马铃薯单株产量差异十分明显。平均单株产量不足 500 g 时，单产很少超过 2500 kg/667m^2；而平均单株产量在 500 g 以上时，单产一般超过 2500 kg/667m^2，单产不足 2500 kg/667m^2 的，主要是密度不足所致。所以，充分发挥马铃薯的内在增产潜力，用高产的个体组成群体，以获取单位面积的增产，则产量的提高将具有极大的潜力。

当用高产的个体组成群体进行高产栽培时，其特点是充分发挥个体的增产潜力，而不过分强调密度，故要选择高产的品种及优质种薯，以确保个体植株绝对健康与苗壮生长。围绕这一中心来确定全部技术措施，并把这些措施落实到每一植株上，以充分发挥个体的增产潜力，从而达到单位面积大幅度增产的目的。

根据产量构成因素之间的相互关系，为充分发挥各因素的最大增产作用，使单位面积上茎数增多，每个茎上结薯多和薯块平均重量高，即可获得高产。也就是要达到“苗匀、茎多、茎粗、薯多、薯大”。所谓苗匀就是指植株在合理密植（有足够茎数）的前提下，均匀地分布于田间，有利于块茎的形成和增大。所谓茎粗是指植株茎秆要粗壮，直立不倒；因为茎秆粗壮是木质部加粗，从而增强了植株的营养状况，为其繁茂的生育提供了基本的条件；茎秆粗壮，叶面积也相应增加，薯块亦增大。因为块茎是茎的变态，故两者在生育过程中对主要的生态条件如土壤营养、温度、水分等的要求基本是一致的，能满足茎秆增粗的生态条件，对块茎的增长自然是有利的，所以，茎秆愈粗则产量愈高。所谓薯多薯大是指每株所结块茎数多和块茎大（重），因为每株结薯数和薯块大小是构成单株产量的两个基本因素之一。因此，掌握构成产量各因素之间的相互关系，实行合理密植，充分利用光能和地力，从而夺取单位面积上的最高产量。

（二）群体结构与产量形成

要确定单位面积的块茎产量和密度之间的精确关系，就要求有一个衡量密度的确切单位。在我国生产和科研实践中，常以单株（或穴）作为密度的基本单位。但马铃薯与其他作物不同之处在于它的单株多数不是独茎，而是株丛。铃薯株丛内各茎之间存在着相互竞争，而且这种竞争随着生育时期的不同而有很大变化，加之每一株丛又有不同的茎数，这样就使栽培密度成为复杂的问题。

目前生产上大多使用播种量作为衡量密度的单位，这是指在单位土地面积上所栽植种薯的数量，即所栽植种薯数及其平均块重的乘积。播种量相等时，小整薯整播优于大薯切块，这是因为在相等的播种量的情况下，小种薯的个数比大种薯的个数多，故产生的茎数也多；由于茎数的不同，块茎的产量也就不同。所以，播种量也不是非常精确可靠的密度单位。上述事实告诉我们，真正精确可靠的密度单位应该是马铃薯的茎数。种薯具有顶端优势，不是块茎上所有的芽眼都能形成茎枝，增加每穴的茎数可以增产。利用地上茎作为密度的单位，一定要对种薯的发育状况有详细的了解，特别是不同类型种薯和品种产生茎数的规律，以便通过种薯来预测发茎数量，以确定密度的大小。

合理的群体结构，就是首先要使群体有较理想的叶面积系数。根据我国各地生产实践经验，一般平均叶面积系数在 3.5～4.5 的范围内较为理想，但不同地区和不同品种也有很大差异。具体公式：

$$株数/667m^2=叶面积系数\times 667m^2/单株叶面积$$

公式中单株叶面积可以在当地生产实践中进行调查积累资料，一般凉山州马铃薯所使用品种的单株叶面积为 0.4～0.7 m^2。

群体是构成产量的基本因素，群体结构和产量的高低密切相关，宽窄行配置方式均比等行距配置方式增产，最高增产率达 42%以上。主要原因是宽窄行配置方式有利于通风透光。

植物生长调节剂施用的对象是马铃薯的群体，群体常有这样一种现象，即在一定的栽培条件下，构成产量各因素之间存在着一定程度的矛盾关系。20 世纪中叶以来，随着植物激素的陆续发现及人工合成植物生长调节剂的问世，植物生长物质在调控作物生长、增加农作物产量、改善产品品质及产品贮藏保鲜等方面显示了其独特的作用，取得了显著的成效。与传统的耕作方法相比，应用植物生长调节剂具有成本低、收效快、效益高、省劳力等优势，正广泛应用于种子处理、生根发芽、矮壮防倒、促蘖控芽、开花坐果、整形催熟、抗劣保鲜、性别分化等诸多领域，已成为现代农业的重要技术措施之一，有不可替代的功能和广阔的发展前景。

（三）提高光合效率

作物的光合作用是农业生产的基础。人类所进行的一切栽植活动，就是利用绿色植物进行光合作用，把太阳光能转变成化学潜能的过程。光能利用率的高低，是决定产量高低的关键，如果把最大光能利用率按理论值12%计，马铃薯单产应该是12492 kg/667m²，但实际却存在着非常大的差距。荷兰是世界马铃薯生产水平最高的国家，平均单产2572 kg/667m²，光能利用率仅为2.5%，根据目前攀西地区的生产水平和自然生态，完全有可能把光能利用率提高到2%，单产可达2082 kg/667m²。因此，努力提高马铃薯的光能利用率，将会使产量大幅度增加。

马铃薯块茎干物质的90%以上是来自光合产物。因此，马铃薯产量的高低，主要取决于光合产物积累的多少。而光合产物积累的多少，主要与叶面积系数、光合生产率和光合势有密切的关系，即在一定条件下，使上述三因素中任何一个因素提高，便可提高单位面积产量。但在田间条件下，提高光能利用率是很复杂的。植株上下部的光强分布因叶片的相互遮阴而有很大差异，因而上下层叶片光合强度也有很大不同。群体中光强的分布，主要受叶片在空间分布状况和叶面积系数变化的影响，而叶片在空间的分布和叶面积系数的变化又直接影响光合生产率和干物质积累。

从马铃薯经济产量形成的过程来看，在马铃薯营养生长阶段，光合作用产物大部分用于营养体的形成，为以后形成产品器官奠定基础；鲜薯平衡期出现后，光合作用产物主要形成薯块，即形成产量。因此，作物生育后期的光合作用产物，对经济产量有重要关系。后期产品器官已大量形成，需要获取多量有机物质，而叶面积的增加已达一定限度，若能保持适宜的叶面积，并维持一定强度的净光合生产率及光合势，是提高经济产量和经济系数的关键。充分合理的利用光能，是提高光合效率的基本途径，具体可从以下几个方面着手。

1. 使用高光效的马铃薯新品种

生产上推广使用的马铃薯新品种要求有高光合能力，低呼吸消耗，光合机能保持较长时间，叶面积适当，株型长相都有利于田间最大限度地利用光能的特点。

2. 合理安排茬口，充分利用生长季

采用间种、套种、复种等措施，提高复种指数。在温度允许的范围内，使一年中有尽可能多的时间在耕地上有马铃薯生长，使单位面积上有较大绿色面积，以提高群体的光能利用率。

3. 采用合理的栽培措施

采用合理的株行距配置方式，保证田间有最适宜的群体，最大限度地利用光能。加强田间管理，正确运用水肥，充分满足各生育时期对外界环境条件的要求，使适宜的绿叶面积持续较长时间，促进光合产物的生产、积累和运转。

4. 采用新技术

通过肥促化控、平衡施肥的技术措施，前期迅速建立强大的光合营养体；中后期控制旺长，防治茎叶徒长及控制病虫害；后期防止茎叶早衰。具体措施可采取早追肥、植物激素调控、防治病虫害、叶面喷施磷酸二氢钾等，也可补施 CO_2 肥料，提高田间 CO_2 浓度；人工补充光照，提高光照强度，人工抑制光呼吸等措施提高光合效率。

三、植物生长调节剂的概念与作用

植物在生长发育过程中，除了要求适宜的温度、光照、氧气等环境条件和需要一定的营养物质如水分、无机盐、有机物外，还需要一些对生长发育有特殊作用但含量甚微的生理活性物质。其既能促进植物的生长发育，也可抑制或阻碍植物的生长发育。植物从种胚的形成，种子的萌发，营养体生长，开花结实到植株衰老、死亡，都要受到植物激素的调控。不同的植物激素具有不同的生理功能，同一激素往往又具有多种生理作用。植物的同一生理过程一般又受多种植物激素的调控。植物激素间既相互促进、相辅相成，又相互拮抗，它们共同协调和控制整个植株的生长发育。

根据调节剂作用方式可分为许多类型，如植物生长促进剂、植物生长延缓剂、植物生长抑制剂。也可根据作用的对象分为生根剂、壮秧剂、保鲜剂、催熟剂等。植物生长调节剂具有生理作用，但它不能代替植物的营养物质，两者之间存在着根本的区别。植物营养物质是指那些供给植物生长发育所需的矿质元素，如氮、磷、钾等。它们是植物生长发育不可缺少的，直接参加植物的各种新陈代谢活动，或是植物体内许多有机物的组成成分，参与植物体的结构组成。植物的生长发育对营养物质的需要量较大，由土壤供给或施肥补充。而植物生长剂不能提供植物生长发育所需的矿质元素，它是一类辅助物质，主要通过调节植物的各种生理活动来影响植物的生长发育，一般不参与植物体的结构组成，其效应的大小不取决于其必要元素的含量，植物对它们的需要量很小，用量过大反而会影响其正常生长发育，甚至导致植物死亡。

植物生长调节剂在马铃薯生产上的合理使用，就是以运用综合农业技术措施为基础，在作物剩余的前期，促进生根壮苗，建立起强大的营养体，为制造较大的生物产量打基础；生育中期要促使营养器官与产品器官间的协调生长，以积累大量有机物质，并形成足够数量储存产品的器官；生育后期防止植株早衰和贪青，保证有充足数量的有机物质向产品器官运转。这就是说，要获得马铃薯高产，不仅要求同化产物多，运转能力强，同时还要有与之相适应的储存产品器官，这就要求应用植物生长调节剂时，处理好“源”“流”“库”三者之间的关系。

还有一类产品即生物制剂，如增产菌、根瘤菌种等。生物制剂本身就是一种微生物，如细菌、真菌等，是有生命的东西。生物制剂是利用微生物与植物之间的共生关系，相互依赖、互相促进，从而影响植物的生长发育的。

（一）赤霉素

赤霉素处理促进休眠马铃薯萌发，浸种的浓度，一般为切块处理用 0.5～2 mg/L，浸泡时间 10～15 min；整薯为 2～5 mg/L，浸泡时间 5～10 min。种薯浸泡晾干时，切勿在阳光下暴晒，在阴凉处晾干。严格掌握使用浓度，浓度过高会使薯苗细长，影响正常生长，药剂要现配现用，使用时先用少量酒精将赤霉素溶解后再加足水量。水剂赤霉素可直接兑水使用。赤霉素可打破马铃薯休眠，促进萌发；出芽快而整齐，出芽率多，腐烂率少，播种后田间出苗率亦多，生长繁茂，产量较高。

（二）矮壮素

1. 矮壮素拌种增加马铃薯产量

用 2%的矮壮素溶液拌马铃薯块，拌种后，马铃薯出土晚 1～2 d，但马铃薯苗壮、叶厚、根系发达，可明显地促进马铃薯的生长，增加产量。

2. 喷施矮壮素提高马铃薯抗病性、防止马铃薯徒长、培育马铃薯壮苗

每公顷用矮壮素 0.74 g 喷施马铃薯地上部分，可使块茎连续增大，周皮细胞数量大量增加，细胞壁中木质素出现较早，同时发现细胞间隙明显缩小，从而限制了组织内马铃薯晚疫病原——真菌的蔓延。在其后两年的后代中，不论是地上部分还是块茎，尚能保持对晚疫病的抗性。用矮壮素处理的抗病毒保护作用，仅次于免疫素。在马铃薯开花期用 1000～2500 mg/L 的矮壮素溶液叶面喷洒，可控制马铃薯地上部分旺长，使植株矮壮，叶色深绿，防止徒长，促进地下部分块茎生长，增加产量，刚喷洒会引起叶片尖端出现暂时性黄斑。对出现徒长趋势的马铃薯，每亩喷施浓度为 2000～2500 mg/L 的矮壮素溶液 40 kg，能有效地延缓茎叶生长，使株型紧凑，叶色深绿，产量提高，大块茎比例有所增加。施用矮壮素应避免入口或直接接触皮肤，使用后应洗净手。

（三）多效唑

在结薯初期用 50 mg/L 的多效唑溶液叶面喷洒，可控制马铃薯地上部分旺

长，增加产量；在马铃薯株高 25～30 cm 时，用 250～300 mg/L 的多效唑溶液进行喷洒，可抑制马铃薯茎秆伸长，促进光合作用，改善光合产物在作物器官的分配比例，起到控上促下的作用，协调地上与地下部分的生长，促进块茎膨大，增加产量 10% 左右。土壤肥力好，马铃薯长势旺盛，多效唑的浓度可选用 300 mg/L，土质一般的用 250 mg/L；土质差，长势瘦弱的薯地不宜使用。要适时施用，防止过早过迟施药。

（四）比久

对长势旺盛的马铃薯，于现蕾至开花期喷洒 3000～4000 mg/L 的比久，可延缓茎的伸长，抑制植株徒长，促使花蕾脱落，有利于块茎形成，提高产量。喷药要均匀，防止重喷漏喷，适期使用，长势差的薯地不宜使用。其残效期长，故使用比久的马铃薯不宜作种薯用。

（五）萘乙酸甲酯

使用萘乙酸甲酯处理延长马铃薯贮藏期，可将浸透萘乙酸甲酯的纸条和薯块混合在一起贮藏，或将药液与滑石粉或土壤混合后与薯块一起贮藏，或将药液直接喷在薯块表面。经过处理的马铃薯在温度 10 ℃下可贮藏 1 年，在普通室温下也可贮藏 3～6 个月。处理后的马铃薯若改为食用，可将其摊放在通风处，让其内残留的药物挥发掉。

（六）青鲜素

在马铃薯收获前 2～3 周，叶片尚绿时，用 2000～3000 mg/L 的青鲜素溶液喷施叶面，可延缓贮藏期发芽与发根，减少养分消耗，避免因长途运输或贮藏期间变质而造成损失。处理过的马铃薯不能作种用，不要处理因缺水或霜冻所致生长不良的马铃薯。青鲜素的抑制作用是永久性的。

（七）其他生长调节剂

1. 吲哚乙酸

在种植前用 50 mg/L 吲哚乙酸溶液浸泡种薯 12 h，可增加种薯吸水量，增强呼吸作用，增加种薯出苗数、植株总重和叶面积。在马铃薯生长早期用 50 mg/kg 吲哚乙酸溶液喷洒，也可每 1 kg 吲哚乙酸溶液中加磷酸二氢钾 10 g 喷洒，可促进植株生长，增加光合强度及叶片和块茎中维 C 与淀粉含量，并可提高叶片过氧化氢酶的活性。

2. 激动素

经激动素浸泡处理后，可以打破马铃薯休眠，使马铃薯在处理后 2～3 d 就能发芽。在生产中因激动素价格比 6－苄基氨基嘌呤高，活性又不如 6－苄基氨基嘌呤，故激动素多用于组织培养中。

3. 细胞分裂素

马铃薯块茎用细胞分裂素 6000 倍液浸 5~12 h，然后捞出切开即可播种，对促进马铃薯壮苗早发具有明显效果。

4. 烯效唑

叶面喷施烯效唑增加马铃薯产量，在马铃薯初花期（即薯块膨大时）进行叶面喷洒，可使茎蔓节间缩短，叶色深绿，地上部分生长延缓，地下薯块膨大加快，增加薯块数量，提高马铃薯产量。

参考文献

[1] 李佩华. 马铃薯高产高效实用栽培技术概要 [J]. 农技服务，2012 (10).
[2] 李佩华. 四川省马铃薯产业发展对策浅析 [G] //四川省马铃薯发展国际研讨会论文集，2005.
[3] 李佩华. 四川省凉山州马铃薯生产现况及发展对策思考 [J]. 西昌农业高等专科学校学报，2003 (1).
[4] 李佩华，刘绍文. “凉薯 17”的选育及配套栽培技术 [J]. 中国马铃薯，2003 (2).
[5] 李佩华，蔡光泽，陈从顺，等. 马铃薯新品系 LX－22 的选育经过 [J]. 现代农业科技，2012 (19).
[6] 杨力，张民，万连步. 马铃薯优质高效栽培 [M]. 济南：山东科学技术出版社，2006.
[7] 康勇. 马铃薯优质高产栽培技术 [M]. 兰州：甘肃科学技术出版社，2006.
[8] 全国农业技术推广服务中心. 马铃薯测土配方施肥技术 [M]. 北京：中国农业出版社，2011.
[9] 谭宗九，丁明亚，李济宸. 马铃薯高效栽培技术 [M]. 北京：金盾出版社，2001.
[10] 卢学兰. 马铃薯 [M]. 成都：四川教育出版社，2009.
[11] 门福义，刘梦芸. 马铃薯栽培生理 [M]. 北京：中国农业出版社，1995.
[12] 袁继超，蔡光泽. 攀西地区增粮增收可持续发展关键技术研究 [M]. 成都：四川科技出版社，2007.
[13] 蔡光泽. 凉山马铃薯高产栽培 [M]. 成都：四川科技出版社，2004.

第十章　攀西地区马铃薯病害防治技术

任何作物的价值决定着正确防治措施的应用程度。相对而言，马铃薯是一种具有复杂产品、贮藏和利用问题的高价值作物。马铃薯病害是寄主（马铃薯）和病原物（细菌、真菌、病毒、菌原体、线虫或有害的环境）相互作用的结果，它造成作物减产，或降低实用性。有害的环境条件的影响，常常足以在缺少传染物时使马铃薯开始发病。寄主和病原物之间的相互作用受环境条件的影响，环境条件或影响马铃薯，或影响病原物，或同时影响马铃薯和病原物。是否发病，是由遗传能力、马铃薯是感病还是抗病、病原物是致病的（有毒力的）还是不致病的（无毒力的）来决定的。

而且，在马铃薯生活史的一段时期的病害或有害环境条件，以后可能严重限制产量或品质的提高。例如，田间的问题经常地变成贮藏问题，贮藏问题后来或是影响市场质量，或是影响种薯特性，最终将影响生产能力。

马铃薯最易感染病害。真菌病有晚疫病、疮痂病、早疫病，细菌病有环腐病、青枯病，病毒病有花叶病、卷叶病、类病毒病以及支原体病害等；虫害有块茎蛾、线虫、地老虎和蛴螬等。

马铃薯的病害主要是晚疫病，其防治措施为：首先，严格检疫，不从病区调种；第二，要做好种薯处理，实行整薯整种，需要切块的，要注意切刀消毒；第三，在生长期，如发现有晚疫病发病植株，应及时喷药防治，可用50%的代森锰锌可湿性粉剂1000倍或25%瑞毒霉可湿性粉剂800倍液进行防治。每7 d喷施1次，连喷3~4次。

马铃薯的虫害主要是蚜虫、28星瓢虫和地下害虫，主要防治方法有：蚜虫防治用40%氧化乐果800倍液或10%蚜虱一遍净（吡虫啉）可湿性粉剂1000倍进行防治；28星瓢虫用80%敌百虫500倍液或乐果1000倍液喷雾防治，发现成虫即开始防治；地下害虫主要是蝼蛄、蛴螬和地老虎，用80%敌百虫可湿性粉剂500 g加水溶化后和炒熟的棉籽饼或菜籽饼或麦麸20 kg拌匀作毒饵，于傍晚撒在幼苗根的附近地面诱杀，或用辛硫磷颗粒剂812粉，随播种施入土壤进行防治。

第一节　攀西地区马铃薯主要真菌性病害

一、晚疫病

晚疫病是在我国各地普遍存在的一种危害严重的病害，不抗病的品种在病害流行时能造成毁灭性的灾害。马铃薯晚疫病在攀西地区马铃薯各产区均有发生，发病面积占种植面积的30%～75%。抗病性差的品种田间产量损失一般为20%～30%，重发生区高达50%以上。2007年凉山州马铃薯晚疫病发生面积达2.7万hm^2，田间菌源充足，病菌基数高，为2008年晚疫病的发生创造了“有利条件”，2008年马铃薯晚疫病发病面积4万hm^2，约占凉山州马铃薯种植面积的35%以上。而且病菌侵入块茎后还会在贮藏期间发病，轻者损失5%～10%，重者30%，甚至造成烂窖。

（一）病害识别

在田间识别晚疫病，主要看叶片。一般在叶尖或边缘出现淡褐色病斑，病斑的外围有晕圈，湿度一高病斑就向外扩展。叶片如同开水烫过一样，黑色、发软，叶背有白霉。严重的全叶变为黑绿色，空气干燥就枯萎，空气湿润便腐烂。叶柄和茎上也会出现黑褐色病斑和白霉。块茎感病后，表皮出现褐色病斑，起初不变形，后期随侵染加深，病斑向下凹陷并发硬。

（二）传播途径

病原菌以菌丝在贮藏块茎或废弃块茎内越冬，播种后，随幼芽生长侵入茎叶，然后形成孢子，通过空气或流水传播侵染。当遇到空气湿度连续在75%以上、气温在10℃以上时，叶片上就出现病状，形成中心病株，病叶上产生的白霉随风、雨、雾、露和气流向周围植株上扩展。有一部分落在地上，进入土中，侵染正在生长的块茎。这样循环往复，不断传播。科学家发现，晚疫病还能产生有性孢子，有性孢子可以在土壤中的残体里存活，形成侵染源。

有时虽然发生了中心病株，由于天气干旱、空气干燥、湿度低于75%或不能连续超过75%，便不能形成流行条件，被侵染的叶片枯干后病菌死亡，因而就不会大面积流行。

（三）防治方法

坚持“预防为主、综合防治”的植保工作方针，立足预防，抓早抓实，强化“公共植保、绿色植保”理念，将马铃薯晚疫病防治上升到政府公共管理层面，强化组织保障。以推广抗病品种和生态调控为基础，狠抓药剂预防措施，早期预防和应急防治相结合，建立马铃薯晚疫病防控长效机制。

1. 防治时期

凉山州大春马铃薯快速生长的6—8月，是降水集中、空气湿度大、气温适宜病菌繁殖的季节。凉山州一般从5月下旬至6月上旬进入雨季后，田间开始发病，7月中下旬病害发展速度最快；尤其是进入雨季早、6—7月雨水较多的年份，常造成暴发流行危害，因此6—7月为关键防治时期。据西昌学院马铃薯课题组调查，晚疫病多在大春马铃薯发生，如果种植秋、冬马铃薯，基本可以避开晚疫病的发生流行条件，基本不采取晚疫病的防治措施。

2. 种薯消毒处理，深种深培，减少真菌浸染薯块机会

加强种子消毒处理，播种期选用适宜的药剂拌种或浸种，注意进行切刀消毒，以减少种薯带菌量，预防病害发生。

种薯播种时，深度要保证在10 cm以上，并分次培土，厚度也要超过10 cm。块茎埋在5 cm以下的土中，不但有利于芽苗生长，还可以对块茎起到保护作用，使真菌不易侵染到块茎上，因此，减少了烂薯损失，降低块茎带菌数量，间接起到减少下年田间中心病株的作用。

3. 农业综合防治技术

根据当地情况，选择相对抗性较强的品种，推广双行高垄栽培技术。要注意提厢、上垄、排水、排湿，合理施肥，增施磷钾肥，增强植株抗病性，生长后期理沟培土一至二次，减少病菌侵染薯块的机会。扩大行距，缩小株距，或在花期喷施90 ppm的多效唑控制地上部植株生长，降低田间小气候湿度，均可减轻病情。

4. 进行药剂防治，保护未感病茎叶

进行药剂防治，必须较准确地对晚疫病发生发展进行预报，才能收到较好的防治效果。药剂对晚疫病只有预防和控制作用，没有治愈的功能。要提前用药，做到防病不见病，才是最佳效果。所以用药要讲究时机，时机准，防效才高。一般在中心病株发现前3～5 d打第一次药，以后每隔7～9 d打一次药。根据天气情况，打3～4次药，病情就可以得到控制。同时，还要连片打药，统一防治。如果有没打药的地块，一旦出现了中心病株或流行病害，就会成为其他马铃薯田的侵染源，影响防治效果。

防治晚疫病的农药较多，现介绍以下几种应用效果较好的农药及其使用方法：

用25%的甲霜灵、72%的克露、克抗灵等有内吸作用的农药，用量为200～250 g/667m^2，加适量水稀释，拌在10 kg米粒大小的炉灰渣或土粒中，在马铃薯团棵时，施在根部，随后中耕培土。

发病前 3～5 d，用 70%代森锰锌或 80%大生等可湿性粉剂 100 g/667m^2，加水 40 L，喷施马铃薯植株，可起到杀菌保护作用。

第二次喷药，时间已到发病期，要选用 25%或 35%的甲双霜灵，72%的克露、克抗灵，75%的百菌清，64%的杀毒矾等可湿性粉剂，用量为 100～150 g/667m^2，加水 50 L 稀释，用喷雾器均匀喷施马铃薯苗。每隔 7 d 喷一次，交替换药，以防使用同一药剂使真菌产生抗药性。

5. 降低菌源，减少中心病株发生

种薯入窖前，除充分晾晒和挑选外，还可用 75%百菌清、72%克露、25%甲霜灵等药液喷一下，尽量杀死附在种薯上的晚疫病真菌。播种前，对芽块再用上述药剂进行处理。即每 150 kg 芽块（667m^2 地用种量），用 50 g 上述任一种农药，加水 2～3 L，用喷雾器均匀喷在芽块上，以麻袋或塑料布覆盖闷 12～24 小时；或将相同剂量药剂，加细灰或细土 2～3 kg，混合均匀后拌在芽块上，然后再播种。

必要时提前割秧，减少病菌落地。在晚疫病流行年份，如果田间大部分植株已感病，没有挽救希望，要立即割掉秧子，运出地外。这样不仅减少病菌落地，还可以通过阳光暴晒，把落到地上的病菌杀死，从而减少薯块的感染率。

选用抗病品种，这是最经济、最有效、最简便的方法。目前绝对抗病的品种还没有，只能选择对晚疫病有田间抗性的品种。

二、早疫病

马铃薯早疫病是一种由茄链格孢引起的对马铃薯危害比较严重的病害，又称轮纹病，是马铃薯常见病害，夏季多雨时期时有流行。此病侵染叶片、茎和果实，并造成马铃薯贮藏期腐烂。早疫病是马铃薯最普通、最常见的病害之一，在世界范围内普遍发生，尤其在发展中国家被认为是仅次于马铃薯晚疫病的第二大马铃薯病害。马铃薯早疫病给许多马铃薯产区造成大面积减产，带来了巨大的经济损失。该病在我国各大马铃薯产区均有不同程度发生，且近年呈上升趋势，在局部地区其危害程度不亚于晚疫病。该病近年在川西南凉山州呈上升趋势，据初步估计，其在生产上造成减产一般约为 5%～10%，一些发病严重的地方减产可达 20%～30%，该病很少危害年轻、生长旺盛的植株。

（一）病害症状

早疫病斑在田间最先发生在植株下部较老的叶片上。发病初期叶片上出现褐黑色水浸状小斑点，组织较干，像纸一样，以后病斑逐渐扩大，呈圆形或卵形，受叶脉限制，有时呈多角形。病斑通常是有同心的轮纹，像靶板或牛眼。在病斑周围和病斑之间叶部组织褪绿，随着新斑的产生和老斑的扩展，整个叶片褪绿，然后坏死、脱水，但通常不落叶。块茎上的病斑，黑褐色、凹陷，呈圆形或不规则形，周围经常出现紫色凸起，边缘明显，病斑下薯肉变褐。腐烂时如水浸状，呈黄色或浅黄色。

（二）传播途径

早疫病也是真菌病害。早疫病真菌在植株残体和被侵染的块茎上或其他茄科植物体上越冬。病菌可活一年以上。第二年马铃薯出苗后，越冬的病菌形成新分生孢子，借风雨、气流和昆虫携带，向四周传播，侵染新的马铃薯植株。一般早疫病多发生在块茎开始膨大时。植株生长旺盛则侵染轻，而植株营养不足或衰老则发病严重，所以在瘠薄地块的马铃薯易得早疫病。在高温、干旱条件下，特别是干燥天气和湿润天气交替出现期间，早疫病发生和流行最迅速。

（三）防治方法

在马铃薯生长发育过程中，温度较高，基本上可以满足分生孢子萌发对温度的需要。若雨水较多，田间温湿度大，病害常普遍发生。川西南凉山州 5 月份春末夏初之际气温较高，气温一般为 22～28 ℃，前期春旱天气变为晚春至夏季忽晴忽雨，空气湿度变大，十分有利于病害的发生。对早疫病的防治，目前还没有特别有效的方法，主要是采取一些综合防治措施。

1. 实行合理轮作

清理田园，把残株败叶运出地外掩埋，以减少侵染菌源，延缓发病时间。轮作倒茬，实行与非茄科作物 3 年轮作。凉山地区主要避免与烟草、辣椒、茄子连作，特别是避免与烟草连作。

2. 栽培抗病品种，适当提早收获

西昌学院近年新育成品种西薯 1 号（系谱号 LX2－2）在生产实际中对该病表现出较强抗性，建议在早疫病严重地区推广使用。

3. 选择土壤肥沃的高燥田块种植

高垄栽培，合理施肥，增施氮肥，减少磷肥，可降低发病率；增施有机肥和适当追肥，推行配方施肥，要施足肥料，加强管理，使植株生长旺盛，增加自身抗病能力。要及时封垄，促进新根发生。

4. 药剂防治

发病初期喷洒 1～2 次 50％扑海因可湿性粉剂 1500 倍液、70％代森锰锌可湿性粉剂 600 倍液、75％百菌清可湿性粉剂 600 倍液、1∶1∶200 波尔多液。抑快净 2000～3000 倍液、易保 800～1000 倍液效果明显，防效均比代森锰锌、百菌清好。

5. 避免块茎损伤

收获前让块茎在土壤中充分成熟，搬运时避免块茎损伤，种植前尽量少动贮藏中的种薯。播种前严格剔除病薯，收获完将全部病薯和薯秧携出田外处理。

三、疮痂病

疮痂病是马铃薯块茎的严重病害，它在地上部不表现症状，对产量影响不大，但对块茎的商品质量有很大影响，不抗病的品种常因疮痂病使块茎表皮全部发生病斑。

（一）病害症状

疮痂病主要危害块茎。开始在块茎表皮出现褐色斑点，以后逐渐扩大，破坏表皮组织，病斑中部凹陷形成褐色疮疤。病菌主要从块茎上的皮孔侵入，在表皮组织被破坏后软腐病菌容易从伤口侵入，造成块茎腐烂。

（二）传播途径

疮痂病主要由土壤中的放线菌入侵造成。无病的块茎只要不抗疮痂病，在土壤中的放线菌特别多的情况下种植，都会发病。病原菌可长期存在于土壤中，由于感病土壤可由风、水及其他因素的影响发生迁移，所以，病原菌也可借助感病的土壤进行传播。

（三）防治方法

最有效的措施是种植抗病品种；要加强植物检疫，防止病原菌进入无病区；避免种植带疮痂病的种薯；实行合理轮作，在疮痂病发生严重的土壤上实行马铃薯和其他谷类作物4～5年的轮作，可降低疮痂病的发病率，但是很少能消灭土壤中的病原菌；种植马铃薯的地块不要施石灰，保持土壤pH值在5.0～5.2之间；在块茎生长期间保持土壤水分，防止干旱。

四、干腐病

干腐病是一种最重要的马铃薯块茎贮藏病害。收获的块茎受到损伤易感染干腐病。

（一）病害症状

干腐病通常引起贮藏块茎的干腐，但是如果湿度高也会发生湿腐。被感染块茎的表面皱缩、凹陷，腐烂的组织变成褐色、灰白色或黑色。受感染的块茎经常出现空洞，里面有黄色、粉红色或红色的霉菌。经过长时间的贮藏后，感病块茎的表面通常长出灰白色、白色、蓝色、黑色、紫色或粉红色的孢子团。

（二）传播途径

干腐病是由土壤中的镰刀菌引起的。镰刀菌属中有许多种都可以导致干腐病。病原菌因环境的不同，可形成不同形态的分生孢子。土壤中存在许多种致病菌，可通过伤口侵入块茎。较低的温度（2～5 ℃）有利于病菌的侵入，病菌一旦侵入，在较高的温度（10～15 ℃）发育更快。

（三）防治方法

一是选用抗病品种。品种间对干腐病的抗性不同，可选择抗病品种栽培。二是避免块茎损伤。块茎成熟后再收获，进行收获、贮藏时要尽量小心，不要损伤块茎。三是实行整薯播种。如果一定要种植切块，应该充分栓化。四是清洁贮藏场所。贮藏结束后，应彻底清扫贮藏窖，在来年贮藏块茎前，最好进行消毒。

五、湿腐病

湿腐病又称多水的伤疤腐烂，可以在任何种植马铃薯的地方暴发。

（一）病害症状

在块茎碰伤或皮上切口周围出现变色、水浸状区域。当病害发展时，块茎出现肿大，皮是湿的。内部有病的薯肉与健康组织被一个黑色分界线清晰地区分开。侵染湿腐病的块茎在几天内可以完全烂掉。

（二）传播途径

湿腐病是由终极腐霉或其他的腐霉菌引起的。致病真菌生活在土壤里，通过伤口进入块茎，因此侵染通常发生在收获和分级时。

（三）防治方法

延迟收获，使块茎皮成熟。避免对块茎造成机械损伤。如果贮藏期间发生腐烂，应增加通风，尽快使块茎冷凉和干燥。

第二节　攀西地区马铃薯主要细菌性病害

一、环腐病

环腐病是最易传染、威胁最大的马铃薯病害之一。环腐病在全国各地均有发生，北方比较普遍，特别在一季作区长期没有更换种薯的地方环腐病比较严重。环腐病发病严重可减产30%～60%。贮藏的块茎在有环腐病存在时，轻者烂薯，重者烂窖，应予以足够重视。

（一）病害症状

田间马铃薯植株如果被环腐病侵染，一般都在开花期出现症状。茎叶发病时不是全部枯死，而是部分枝叶首先变黄，有的小叶发黄并向上卷曲，枝叶枯死较慢，不是一个茎或一个分枝突然青枯，这是植株发病时与青枯病的区别。发病初期叶脉间褪绿，逐渐变黄，叶片边缘由黄变枯，向上卷曲。常出现部分叶片萎蔫。在块茎发病时，病菌也是沿着匍匐茎的维管束进入块茎的。块茎被病菌侵染后组织变褐色，病害严重的，病薯维管束环腐烂，呈棕红色，用手指挤压，就流出白色菌脓，薯肉和厚皮层即会分开。

（二）传播途径

种薯带病是主要病源。当切块播种时，病薯可通过切刀把病菌传给健康块茎。病菌黏液附着在运输器具如麻袋、条筐和机具上也可把病菌传给健康薯，因为即便是干燥后的黏液，病菌仍可存活几个月。在田间，通过雨水、灌溉水和昆虫等，经伤口传入马铃薯块茎、茎、匍匐茎等不同部位。病菌主要在被侵染的块茎中越冬，在田间残存的植株和块茎中也能越冬，但在土壤中不能存活。

（三）防治方法

一是选用抗病品种。二是栽培无病种薯，建立无病留种基地，繁殖无病种薯。三是提倡小整薯播种，不用刀切，避免切刀传病。四是保持卫生，对切刀和装种薯的器具进行消毒。消毒方法依据具体条件而定，可采用开水烫，次氯酸钠、漂泊粉溶液进行刷洗和浸泡。

二、黑胫病

马铃薯黑胫病在全国各地都有发生，受害的植株茎基部变黑，所以叫黑胫病。植株发病率轻者2%～5%，重者达50%左右。此病可以发生在植株生长的任何阶段。播种后块茎腐烂，造成缺苗断垄。贮藏期病害发展，轻者烂薯，重者烂窖，应特别注意。

（一）病害症状

被侵染植株茎的基部形成墨黑色的腐烂且有臭味，这是典型的症状。当发芽期被侵染，植株在出苗前就可能死亡，造成缺苗。在生长期被侵染，叶片褪绿变黄，小叶边缘向上卷，植株硬直萎蔫，基部变黑，非常容易被拔出。以后慢慢枯死。病株的块茎，先从块茎脐部发生病变：轻则匍匐茎末端变色，然后从脐部向里腐烂；重则块茎全部烂掉，并发出恶臭味。

（二）传播途径

黑胫病是细菌性病害，它的病原菌主要来自带病种薯和土壤。染病薯块的病菌直接进入幼苗体内而发病，重者不等出苗就腐烂在土里，释放出大量病菌，在马铃薯和杂草的根际活动繁殖，可随土壤、水分移动到健株，从皮孔侵染健康的块茎。病菌在被侵染的块茎中存活，又可在切芽和操作中传播给健康薯块。土壤潮湿和比较冷凉时（18 ℃以下），非常有利于病菌的传播和侵染。

（三）防治方法

选用抗病品种，建立无病种薯基地，生产健康种薯；拔除病株，同时清除病薯；入窖前与播种前汰除块茎脐部变色的块茎；提倡用小整薯播种，不用刀切，避免切刀传病；避免在低湿地种植，减少植株发病率；对切刀和装种薯器具进行消毒；收获、运输过程防止薯皮擦伤；贮藏前使块茎表皮干燥，注意贮藏期窖内通风，防止薯块表皮出现水湿，导致发病。

三、软腐病

软腐病在世界各地均有发生。该病主要发生在收获后的运输和贮藏期间，所造成的损失可高达 30%～50%。该病害被称作细菌性软腐病或软腐病，软腐病是许多水果、蔬菜的普通病害。

（一）病害症状

在生育后期和贮藏期薯块容易感染软腐病，感病块茎出现水浸状软腐，并伴有难闻的气味。病菌能通过皮孔侵入，块茎表面会出现许多小面积的凹陷，直径大约 0.3～0.6 cm，感病块茎的组织一般呈白色或奶油色。植株地上部受害时，有暗褐色条斑，严重时茎髓部腐烂，形成中空而倒伏。

（二）传播途径

软腐病侵染与黑胫病相似，病原菌在高温潮湿条件最适宜发病。细菌在土壤中存活期可达三年之久，常通过块茎伤口侵染而传播。高湿和缺氧、施用氮肥过多均有利于软腐病的侵染。

（三）防治方法

一是种植抗病品种，要因地制宜筛选和种植已有的抗病品种；二是注意环境卫生，不要随意乱扔感病的块茎和植株，库房和地窖应该进行消毒处理；三是选择适当的地块，应选择排水良好的土地种植，避免在黏重、潮湿的土地上种植马铃薯；四是减少收获损伤，收获、运输过程中应尽量减少创伤；五是改善贮藏条件，薯堆温度达到 10 ℃以下再入窖，窖内应保持凉爽、通风，降低二氧化碳含量。

四、青枯病

马铃薯青枯病已成为世界性的病害，各大洲都有分布，但以温暖潮湿、雨水充沛的热带和亚热带最为严重。病原为青枯假单胞菌，学名为杆状细菌。

（一）病害症状

青枯病是一种维管束病害，在马铃薯幼苗期或成株期发生。田间典型症状是叶片、分枝或植株呈急性萎蔫，即不等枝叶发黄变色而仍保持青绿色的时候就枯死了。有时在一丛马铃薯中，一株枯死而另一株仍保持健康，感病块茎的芽眼变浅褐色或褐色，重者呈环状腐烂，手压溢出污白色菌脓。

（二）传播途径

马铃薯青枯病的侵染来源有带病种薯、土壤、其他感病植株（包括杂草）和肥料等。引起青枯病发生和危害的环境条件比较复杂，最主要的是温度和湿度，其他如土壤质地、酸碱度、土壤线虫以及其他感病寄主或桥梁寄主植物等也是重要因素。青枯病的生长温度为 27～37 ℃，土壤相对湿度为 100％。

（三）防治方法

采用无病种薯，实行轮作，合理间套作，采用小整薯播种，调整播种期，调整农业栽培措施，选用和种植抗病品种或耐病品种。

第三节　攀西地区马铃薯主要病毒病

一、马铃薯病毒

病毒在生产上造成严重危害的最早记录是马铃薯的退化症，其症状主要表现为产量逐年降低，植株变矮小并伴有花叶、卷叶等异常现象，由于病毒危害，每年造成生产上大面积减产 10%～20%，并限制了栽培面积的进一步扩大。病毒不同于真菌和细菌，病毒的粒子很小，在一般显微镜下看不到，只能在几十万倍的电子显微镜下才能辨别。病毒通常由核酸和蛋白质构成。不同病毒的形状和大小各不相同，有的呈球形（大小相似），如马铃薯卷叶病毒；有的呈杆状或丝状，如马铃薯 A、S、M、X 和 Y 病毒及珊瑚状的花叶病毒。病毒自身不能进行新陈代谢，它的繁殖完全依赖于寄主的代谢。所以，在没有寄主的条件下，尤其是在干旱的条件下，其传染性会很快丧失。病毒病是导致马铃薯退化的根本原因。由于病毒的种类不同，危害马铃薯后出现的症状也各不相同，但或轻或重都能影响马铃薯的正常生长和造成不同程度的减产。

马铃薯病毒都有一个国际上公认的缩写，来源于它们的英文名字。如 X 病毒，也叫作 PVX；马铃薯卷叶病毒也叫作 PLRV；马铃薯帚顶病毒也叫作 PMTV。危害马铃薯的病毒有 30 多种，其中在我国普遍存在而且危害严重的有马铃薯卷叶病（PLRV）、马铃薯 Y 病毒（PVY）、马铃薯 X 病毒（PVX）、马铃薯 A 病毒（PVA）、马铃薯 S 病毒（PVS）、马铃薯 M 病毒（PVM）及马铃薯纺锤块茎类病毒（PSTV）等。病毒浸染马铃薯后所表现出的外部症状随病毒的种类（甚至株系）、寄主品种、生育期、器官及部位的不同而异，病毒对马铃薯外观状态的影响可以归纳为以下几类：花叶、环斑（靶斑）、畸形生长、变色、坏死与变质。

二、病毒病害症状

（一）花叶

受病毒侵染的马铃薯中，存在着大量的花叶症状，即叶片色泽不匀，形成深绿与浅绿相间的症状，也称花叶病。马铃薯花叶病有许多种变化形式，最普通的类型是在叶片上有暗绿、亮绿或黄色区域，常常还有凸起的靶状斑点。据研究，这种叶片上的颜色差异率由叶绿体结团和退化引起，在暗绿色区域，叶绿体分布正常；而在亮绿色区域，叶绿体结团，在绿色最亮区域（黄化区域）叶绿体结合和退化。

（二）环斑（靶斑）

1. 叶片坏死

在叶片的表面形成单线圆纹或同心纹的环、全环、半环或是近封闭的一半，以及连续屈曲状的环。多数为褪色的环，也有变色的环，褪色的环可以发展成坏死环。

（1）顶端坏死。

顶端坏死亦称之为向顶坏死，坏死虽从植株顶部和分枝开始，有时也移向底部叶片，有时影响整棵植株。

(2) 系统坏死。

有坏死条斑、斑点或环斑，分布于全部或部分叶片上，没有规范的形式。

(3) 脉坏死。

系统脉坏死，尤其可在叶片背面观察到坏死可以占满整个叶脉或部分叶脉，或条斑坏死。当部分或整个叶片坏死后，将造成落叶，这种现象可先从底部开始，在茎秆上出现一些坏死叶片。

2. 块茎坏死

(1) 坏死的类型。

在薯肉表面或深处有线性、弧形或环形的坏死。

(2) 坏死斑。

病斑通常为圆形，大小各异，深而干燥。

(3) 网状坏死。

在块茎内部形成网状坏死线。

(4) 内部坏死。

内部坏死指环状或不规则形状的坏死点和斑。

3. 畸形生长

畸形生长包括各种反常的生长现象，叶片本身变形和畸形是常见的症状。马铃薯卷叶病因淀粉聚积，使叶片变得厚而坚韧，往上卷起。

(1) 植株整体异常。

①矮缩。

有这种症状的植株通常出苗晚，并比健康的植株小，有些植株开始时发育正常，但它们会突然停止生长，叶或茎出现某些畸形。

②矮化。

植株株型变小是病毒侵染后一个常见的症状。这种症状容易与矮缩混淆，但在生长受阻的植株不表现畸形。

③衰弱。

植株茎秆十分细弱，以致不能支撑瘦小的枝叶，植株匍匐于地面。

④簇生。

叶片小而严重皱缩，并沿着茎紧密地生长在一起，这种症状有时被称为花束或丛生。

⑤丛枝。

这是指主茎上腋枝增生，与褪绿、叶片减少和生长受阻有关。

(2) 茎叶形状、大小或结构异常。

①小叶。

叶片与健康植株相比显得小，这通常与某些颜色变化有关，然而当单独发生时，如周围没有健康植株与之比较，就无法判断。

②卷叶。

小叶以中心叶脉为轴心严重向上卷，通常越接近小叶顶端，越卷得严重。卷叶也影响叶片结构。

③皱叶。

此症状在叶缘处更明显，呈波浪形，叶片也受影响，皱叶通常与花叶或斑驳共同出现。

④畸形叶片。

叶片过长或过宽，失去了正常的形状。在大多数情况下，叶片畸形与主脉增厚或其他部位畸形有关。

⑤皱缩。

叶面不平展，疱状突起是由于叶脉和叶片生长速率不同引起的，此症状通常能遍及所有叶片。

⑥革质化叶片。

当叶片在手指尖揉压时易断裂，这是由于碳水化合物转移受到影响，叶片细胞中淀粉累计所致，这种症状通常伴随着卷叶。

⑦突起。

马铃薯极少有此症状，其典型特征是生长过旺，尤其是沿着主脉旺长，也能出现在叶片上。

⑧叶柄着生角度异常。

假如不与正常的植株相比，很难区分这一症状。叶片着生在主茎的角度，不同品种是有差异的。叶片成锐角着生在相连的茎上（大部分品种不超过 60°），显示此症状的植株，看上去比健康植株高，植株叶面呈圆柱形状；叶片成钝角与茎相连（超过 90°），叶柄弯曲也是该症状的部分特征。

(3）块茎形状、质地畸形。

①纺锤形块茎。

块茎的直径逐渐减小，在基部更为严重，受侵染块茎的横截面通常是圆的。一般由纺锤块茎类病毒（PSTVd）引起。

②块茎过长。

块茎的长宽几乎相等，在正常情况下，圆形品种更为显著。

③气生薯。

块茎直接在腋芽处产生，这类块茎有或没有匍匐茎连接。

④过度生长。

块茎芽眼张大或在大块茎上长小块茎。

⑤开裂。

块茎表面有或浅或深的裂缝。

⑥软化。

块茎因淀粉积累突然停止而变软。

（4）影响幼芽生产。

①线状芽。

芽长而细，成线状，假如老植株受侵染，抽芽表现出不同严重程度的症状。

②芽坏死。

芽部分或全部坏死，并表现出坏死条斑或斑点。

4. 变色

变色主要指叶片的局部或全部颜色改变，如褪绿、变黄、变橙、变红、变紫、变成蓝绿色等。褪绿是植物的绿色部分全部或者局部变成淡绿色或淡黄色，其原因大多是因为病毒浸染后造成叶绿素的形成推迟或者是形成量的减少，凡是属于这一类褪绿，一般后期能恢复到正常的绿色。另一种原因是叶绿体被破坏，不能再形成叶绿素，这种褪绿不可能再恢复到正常的绿色。紫红及黄化都是由于叶绿素被破坏或者合成量减少而突出了胡萝卜素及花青素之故。有的植物被病毒侵染后，胡萝卜素含量增加，叶绿素含量减少，则呈鲜黄色；花青素含量较高的，则呈红色或者紫色。

三、病毒病害

（一）马铃薯卷叶病毒（PLRV）

1. 症状

当年感染的初期症状是顶部叶片直立、黄花，小叶沿中脉向上卷曲，小叶基部常有紫红色边缘。继发感染植株出苗后，下部叶片卷曲、僵直，逐渐革质化、边缘坏死，随后上部叶片也出现卷叶、褪绿，叶片背面变为紫红色，整个病株明显矮化、僵直、变黄。病株块茎切面有网状坏死。

2. 病原

PLRV 为球状多面体粒体，直径约 24 nm。

（二）马铃薯重花叶病毒（PVY）

1. 症状

随病毒毒株系和马铃薯品种不同，症状差异较大，由无症状到轻花叶、粗缩和皱缩花叶等。一些敏感品种，常在叶片背面叶脉上引起坏死，形成条斑。有的品种还可在叶柄、茎上出现条斑坏死。当和PVX、PVA复合感染时，常引起严重皱缩花叶。由感病块茎长出的再感染植株，表现叶片簇生、矮化、叶片变小变脆。Y病毒是引起马铃薯“退化”的重要病毒。

2. 病原

PVY是一种弯曲的线状螺旋形结构的病毒粒体，大小为730 nm×11 nm。

（三）马铃薯普通花叶病毒（PVX）

1. 症状

症状随马铃薯品种、病毒株系和环境条件而异，通常的症状为轻型斑驳花叶，叶片颜色深浅不一，但叶片平展，不变小，不变形，不坏死。有的株系在其某些品种上引起过敏反应，产生顶端坏死，有的强株系可引起叶片皱缩，植株矮化。与A病毒或Y病毒复合感染可引起卷曲、皱缩或坏死。

2. 病原

PVX为弯曲线条状，螺旋对称结构质粒，大小为513 nm×13 nm。

（四）马铃薯轻花叶病毒（PXA）

1. 症状

在多数品种上产生轻微花叶、斑驳，叶脉上或叶脉间呈现不规则的浅色斑，叶面稍有粗缩。症状表现常因气候条件、马铃薯品种和A病毒株系不同而异，有时症状轻微或无症状。当和PVY复合感染时可引起较严重的皱缩花叶，造成严重减产。

2. 病原

PVA粒体形态与PVX相似，为弯曲线条状，螺旋对称结构，大小为730 nm×15 nm。

（五）马铃薯副皱花叶病毒（PVM）

1. 症状

症状包括斑驳、花叶、皱缩和卷叶，枝条矮化，顶叶畸形、扭曲，严重程度与病毒株系、马铃薯品种和环境条件有关。在某些品种上产生明显花叶，叶片严重变形和叶柄、叶脉、茎的坏死。据报道，马铃薯卷花叶和脉间花叶是由PVM、PVS和PVX三种病毒复合侵染引起的。M病毒分布广泛，是一种危害较大的花叶病。

2. 病原

病原为稍弯曲的长杆状，螺旋对称结构，大小为650 nm×12nm。

（六）马铃薯潜隐花叶（PVS）

1. 症状

症状因品种和病毒株系不同而异：多数品种上引起叶脉颜色变深，叶片粗缩，叶尖下卷，叶色变浅；有的品种感病后产生轻度斑驳、脉带；有的品种感病后期变成青铜色，严重皱缩，叶面产生小的坏死斑；有些品种则常常无症状。

2. 病原

PVS 呈直的或弯的线条状，螺旋对称，大小为 650 nm×12 nm。

（七）马铃薯纺锤块茎类病毒（PSTVd）

1. 症状

植株矮化、束顶，块茎变长，呈纺锤状，顶端变尖，严重时表皮龟裂，芽眼较多。有些品种块茎出现肿瘤状畸形；表皮红色、紫色的品种感病后常褪色；感病块茎幼芽生长发展缓慢。病株分枝少，直立，叶片与茎呈锐角。顶叶叶缘上卷，小叶扭曲，叶表皱缩不平。

2. 病原

PSTV 是一种无蛋白外壳由裸露的核酸构成的类病毒，呈环状，低分子量，具有高度侵染性。

四、马铃薯病毒病传染及其防治

病毒可以通过接触机械、衣物与其相邻的植株传播，也可以通过传播媒介，如蚜虫（如 PLRV、PVY）、线虫（烟草碎裂病毒株系，可以通过毛刺线虫和拟毛刺线虫传播），以及真菌（如烟草坏死病毒可以通过寄生在油菜根部的油壶菌传播，PMLV 通过粉痂病病原菌传播）。

影响马铃薯病毒传播的因素：品种的感病性、病毒源（小区中病株数/植株总数）和传毒媒介。此外，气候也是重要的影响因素之一。蚜虫喜欢生存在气候温暖、干燥、晴朗及少风的条件下。这样的天气会增加传毒媒介的数量，即使在感染源很少的情况下，也能促进病毒的迅速传播，一旦病毒进入植株，马铃薯病毒就很难直接控制了。因此，要通过控制病毒来源、媒介及寄主植物来阻碍病毒的传播。

蚜虫是病毒传播的最优媒介，它们有的可以通过非持久途径传播（PVA、PVY），有的通过持久性途径传播（马铃薯卷叶病毒）。

在非持久性传播中，病毒不在蚜虫体内繁殖，仅仅在口腔部分的病毒才能传播。在蚜虫摄食植株后，病毒有可能感染健康植株。经过一段时间后（1～2 h），蚜虫又会变得不带病毒了。

持久性传播时，病毒会首先被蚜虫消化。之后，病毒在蚜虫体内繁殖，直至随着唾液流出，这个过程一般需要 24 h 以上，蚜虫才能第一次传播病毒。在这之后，蚜虫的余生中均可以进行病毒传播。

一些病毒（如 PVX）只能通过接触传播。

目前，运用杀虫剂消灭蚜虫一般需要几个小时，如果病毒通过持久性途径传播，且蚜虫在进入田块前不携带病毒时，或即使感染了病毒，但它尚未开始传播时，使用杀虫剂可起到防治作用。但如果在蚜虫已经开始传播病毒（马铃薯卷叶病毒，持久性；PVY，非持久性）后，再用杀虫剂就没有效果了。病毒入侵可以影响到植株的代谢，导致植株感病并表现出相关的病症。在病毒学中，如果植株感病是由于感病块茎导致的，叫作继发性病害。而在植株生长期间感病的，叫初级病害。受同一种病毒初级感染和继发性感染后的症状通常差别很大，幼龄植株比老龄植株更容易感病。随着年龄的增长，植株感病性下降的现象，叫做成株抗性。

许多品种对一种或几种病毒具有抗性，病症的严重程度不仅仅是由品种、病毒或株系以及病害的复杂性决定的，它还与上季病原入侵种薯块茎的时间有关，如果病毒入侵发生在块茎幼龄时，在其下一代作物上将会出现十分严重的病症。病毒对产量的影响与整个生长季的许多条件有关，如果初侵染发生在生长末期，一般减产量较小。如果受到继发侵染的植株小于 10%，那么对产量的影响也是很轻微的。生长条件越差（如干旱或遭到线虫侵染），病毒对产量的影响越大。运用合格种薯，可以避免病毒病害的发生。

通过以下方法可以阻止病毒病害的传播：正选择（无性系选择）或运用微型薯；及时淘汰劣株（移走感病植株，减少病毒源）；在无毒条件下种植马铃薯；运用杀虫剂及可以防止病毒传播的制剂（如运用矿物油防治 PVY）；在蚜虫大量飞来前，提早灭秧。

在生产管理中，主要是采用各种防范措施以减少病毒的机械传播。当手触摸过植株后却没有采取一些卫生防预措施时，人可以机械地传播病毒或偶然也会通过沾染病毒的衣服摩擦植株而机械传播病毒。当动物在田间行走摩擦植株时也会以同样的方式传播病毒。然而，在田间最重要的侵染源是农用机具和田间作业。拖拉机或旋耕机的轮子上可以传播 PSTVd，中耕和培土的工具上可以传播 PVX。当播种前将种薯切块时，被侵染的切刀可机械传播病毒到其他块茎上，PVX 和 PSTVd 以及 PVS 是以这种方式进行传播的。

参考文献

[1] 李佩华. 四川省马铃薯的主要病害类型及其防治 [J]. 中国马铃薯，2004(5).

[2] 李佩华，蔡光泽，潘韬，等. 西南山区马铃薯晚疫病防治 [J]. 现代农业科技，2009 (9).
[3] 李佩华，蔡光泽，陈从顺，等. 马铃薯新品系 LX-22 的选育经过 [J]. 现代农业科技，2012 (19).
[4] 李济宸，张志铭. 马铃薯病害及其防治 [M]. 石家庄：河北科学技术出版社，1992.
[5] 肖连康. 2008 年马铃薯晚疫病防治技术措施 [G] //凉山州马铃薯大会论文集，2008.
[6] 门福义，刘梦芸. 马铃薯栽培生理 [M]. 北京：中国农业出版社，1993.
[7] 谢开云，何卫. 马铃薯三代种薯体系与种薯质量控制 [M]. 北京：金盾出版社，2011.

第十一章　攀西地区马铃薯贮藏

第一节　马铃薯休眠生理及生理性缺陷

将马铃薯进行贮藏，既可方便消费者又可防止供应中出现大的波动。消费者对商品薯、种薯和加工用原料薯的需求，支配着这种贮藏行为。这种要求可针对当地或出口市场。马铃薯贮藏通过替代持续性的生产，可使该蔬菜的供给持续较长时间。事实上大多数地方是不可能进行持续性生产的。但是，通过增加和延长生产时期可降低贮藏需求。生产和需求形式决定了马铃薯的贮藏。当不可能进行持续性生产和收获时，贮藏便具有重要功能，它能在一段时间内使马铃薯处于可控状态下。然而，特定的贮藏需求在很大程度上是由总的和特殊的消费需求，以及收获的规模、持续时间和频率等共同决定的。这些因素和各种贮藏花费以及社会条件使贮藏需求带有强烈的地区特异性。因此没有绝对的最佳贮藏系统，在不同技术、经济和社会条件下体系是不同的，但好的贮藏系统都应该适合当地的情况。

马铃薯收获以后，仍然是一个活动的有机体，在贮藏、运输、销售过程中，仍进行着新陈代谢，这是影响马铃薯贮藏和新鲜度的主要因素。如何把种用、食用和加工用鲜薯进行科学贮藏，是马铃薯产业的重要技术环节。任何一个贮藏体系的主要目标都是要尽量减少贮藏损失。马铃薯块茎是一个有生命力的植物器官。它们需要消耗氧气，放出CO_2和热量。这种有生命力的组织在贮藏时的活动不仅受贮藏温度的影响，还受品种遗传特性、生长期的农耕措施、病虫害的攻击，特别是块茎的物理状况等的影响。如果要使贮藏损失保持最小，那么就有必要充分了解这个有生命力的器官和这些影响因素。

一、马铃薯贮藏特性

（一）木栓化现象

马铃薯块茎的皮层比较薄，收获时容易造成机械损伤，贮藏期间容易受病原微生物的侵染而致病。新收获的马铃薯尚处在后熟阶段，呼吸旺盛，会产生大量CO_2并释放出热量，加之水分散失，重量减轻，在此期间，薯块的伤口会逐渐木栓化，如条件适宜，5～7 d就可形成致密的木栓质保护层。这种保护层能阻止氧气进入马铃薯块茎内，也可阻止水分的散失及各种病原微生物的侵入。保护层的形成环境条件：温度在15～20 ℃，相对湿度在85%～95%，有足够的氧气，在漫射光或昏暗光照射的条件下进行贮藏。

（二）马铃薯块茎的休眠

新收获的块茎，即使给以发芽的适宜条件，也不能很快发芽，必须经过一段时期才能发芽，这种现象叫作休眠。

休眠分自然（生理）休眠和被迫休眠两种。前者是由内在生理原因支配的，后者则是由于外界条件不适宜块茎萌发造成的。块茎休眠特性是马铃薯在系统发育过程中形成的一种对于不良环境条件的适应性。

块茎的休眠关系到生产和消费，因为休眠期的长短影响块茎耐贮性及播种后能否及时出苗、出苗的整齐度以至产量的高低。这在微型薯作种或二季作地区尤为突出。

休眠期的长短因品种和贮藏条件的不同而不同。高温、高湿条件下能缩短休眠期，低温干燥则延长休眠期。如有些品种在1～4 ℃贮藏条件下，休眠期可达5个月以上，而在20 ℃左右条件下2个月就可发芽。

块茎的休眠及其解除，除受外界环境条件影响外，主要受内在生理原因所支配。块茎内存在着β抑制剂等植物激素，同时还存在着赤霉素类物质，这两类物质比例的大小就决定着块茎的休眠或解除。刚收获的块茎抑制剂类物质含量最高，赤霉素类含量极微，因而块茎处于休眠状态。在休眠过程中，赤霉素类物质逐渐增加，当其含量超过抑制剂类物质的时候，块茎便解除休眠，进入萌芽。

马铃薯在贮藏期间有一个较长的休眠期，可分为三个阶段。第一阶段，即休眠初期阶段，是指从收获到表皮老化和伤口愈合的一段时间，一般为20～30 d。这一时期，马铃薯呼吸强度大，水分散失多，但随着表皮组织的木栓化，其机械损伤完全愈合，水分散失减少。第二阶段，即生理休眠阶段，为60～90 d。在此期间，即使环境条件适宜，马铃薯也不易发芽，而且呼吸作用弱，是安全贮藏的最佳时期。第三阶段，即强迫休眠阶段，马铃薯在通过生理休眠之后，如果遇到适宜的条件就会发芽，如果环境条件不适宜则处于休眠状态。

（三）物质转化现象

1. 淀粉转变成糖

马铃薯块茎中淀粉的含量会随着贮藏期的延长而逐渐降低，并通过淀粉酶的作用转化为蔗糖又进一步分解为葡萄糖和果糖。马铃薯在低温条件下贮藏，尤其贮藏温度在 0 ℃左右时，细胞中会积累很多糖分，尤其以蔗糖为主，含量常在 0.2%～7%之间。此外，还有少量的葡萄糖。当温度在 20 ℃左右时，薯块细胞中积累的蔗糖会很快减少，这是因为此时马铃薯呼吸作用增强，糖作为呼吸基质而被消耗的缘故。当窖温在 10 ℃以上时，块茎内淀粉含量可保持稳定，但在这种温度条件下时间不能过长。窖温在 0～10 ℃，淀粉含量迅速下降，糖则迅速增加，这是由于块茎中含有较多的磷酸化酶，酶要在低温条件才有利于活动，促使淀粉迅速分解，转化为糖，结果使块茎食味变甜。块茎在贮藏期间由于不断地进行呼吸和蒸发，它所含的淀粉逐渐转化成糖，再分解为二氧化碳和水，并放出大量的热，使空气过分潮湿，温度升高。

2. 茄素

块茎在贮藏期间，茄素的含量也会逐渐增加，其中以幼芽中含量较多。当薯块发芽时，一部分含氮物质会转化为有毒的、带有苦味的苷类物质。马铃薯贮藏期间，块茎中的维生素 C 含量随贮藏期的延长而逐渐降低，贮藏 180～210 d 后维生素 C 含量可降低 60%～70%，因此食用块茎在贮藏期间要尽量防止发芽。

此外，机械损伤和日光照射都会使茄素含量增加，光照是造成茄素含量增加的主要因素，甚至短期光照也会提高茄素的含量，块茎表皮变绿，从而影响食用品质。因此马铃薯生育、收获、运输、贮藏期间，都应避免见光，而对种用块茎，茄素含量多少均无影响。

（四）出汗现象

贮藏中的马铃薯常会发生出汗或结露现象，即块茎表面出现微小的水滴，这种现象的发生主要是由于薯块与贮藏环境的温差造成的。如果薯块表层温度降到结露点以下发生结露现象时，则表明贮藏措施不当，应及时处理，否则薯块可能发芽、染病甚至腐烂。防止马铃薯出汗的办法主要是保持温度稳定，避免贮藏温度忽高忽低。可在马铃薯贮藏堆上覆盖草垫等吸湿材料，并在适当的时候进行更换。

二、马铃薯主要生理缺陷

马铃薯生理缺陷与马铃薯贮藏密切相关，即可由于贮藏不当造成生理缺陷。

（一）二次生长、裂薯

二次生长就是在已形成并正在生长的块茎上形成的各种畸变形状，包括块茎上的芽抽出并长成匍匐茎，或其顶端长成子薯及链球薯，或芽眼突出、块茎弯曲、裂开。次生生长现象，使原来生长的块茎已积累的淀粉又重新转化成糖并向次生生长部位转移，淀粉含量下降、品质降低、形状特异。块茎的经济价值大大降低。裂薯主要是干旱之后又降雨或灌溉，块茎迅速生长由内部压力造成的。过量施肥也是造成裂沟的重要原因之一。遭受病毒侵染也可能形成块茎开裂。

防治办法：注意增施有机肥，增强土壤的保肥保水能力，避免过量施肥；适当深耕，加强中耕培土；种植密度适当，株行距均匀一致；注意选用不易发生二次生长的品种。

（二）空心

块茎的中央部位髓部细胞内含物消失，呈星状放射状或两三个空洞相连接成大洞，块茎外表无任何症状，植株地上部也无任何症状。这种现象多发生于大块茎，发生的基本原因是生育期多肥、多雨或株距过大，块茎急剧增大，大量吸收了水分，淀粉再度转化为糖，造成块茎体积大而干物质少，因而形成内部空洞或空心，虽很少发生腐烂，但商品价值降低。一般在稀植、田间缺株的相邻株以及缺钾时易发生。

防治措施：生长早期的脱叶遮阴和适当密植可减轻空心，注意田间株行距配置均匀一致，不过量施肥，及时培土。

（三）块茎的绿化

在田间暴露于地表的块茎和收获后贮藏期间在光下暴露的块茎，其表面部分变绿，甚至在块茎内部也部分变绿或黄绿，并伴随着块茎变劣，食味麻辣，食用后易发生中毒现象。

发生这种现象，是由于块茎接受日光的直接或间接照射或人工光线照射的作用，使周皮、皮层薄壁组织的淀粉体变成绿色淀粉体而变绿，同时在光的作用下使马铃薯素大量增加。

（四）纤细芽

块茎上萌发的芽条纤弱，俗称“毛芽”。这种成线状现象多发生于感染卷叶病毒或纺锤块茎病毒和高浓度赤霉素处理的块茎（一般用赤霉素 20 ppm 浓度浸种的块茎就易发生纤细芽），这种块茎多不表现顶端优势。

（五）块茎内萌芽

块茎的萌芽不向外部生长，而向块茎内部生长，使块茎发生裂开缝隙，有时在萌芽顶端产生小块茎（块茎内块茎）或穿透块茎，芽条从块茎另一头穿出。老化薯或在贮藏窖中高温下贮藏，下层块茎多易发生。这种块茎内萌芽现象是由于外部萌芽的生长点遭到破坏，由基部的腋芽生长，随后由于环境因素迫使生长着的芽条对周皮产生压力，原来的芽眼受到周围块茎的挤压，向基部伸展的芽丛的机械作用的结果。

防治措施：薄层摊放，经常翻动清选。

（六）块茎薯肉变黑

1. 薯心发黑

一般块茎外表没有任何症状，切开块茎后，在中心部位呈黑色或深褐色。变色部分轮廓清晰，形状不规则，有的变黑部分中空，变黑部分不失水，但变硬，放在室温下还可变软。发病的主要原因是高温通气不良，造成块茎髓部中心缺氧、窒息、细胞破坏，酶促变褐所致。

在块茎成熟期遇到高温和土壤过湿而产生通气不良以及在运输过程或窖藏过程通风不良，储温过高，氧气不足，CO_2 过高就易使薯心发黑。氧气在空气中含量低于 14%～15%时最易发生，40～42 ℃、1～2 d，36 ℃、3 d，27～30 ℃、6～12 d 即能使薯心发黑。

2. 块茎内部的黑斑

块茎表面没有任何症状，切开薯块后，可以看到黑斑沿着维管束扩展到块茎内部。在收获、运输或贮藏过程，块茎遭到碰撞，使皮下组织损伤，24 h 后，其受伤部位变黑，一般低于 10 ℃的条件下易发生。这是由于受伤部位细胞受到损伤，引起酪氨酸等酚类物质在酶促作用下氧化变黑、发酵反应的结果。

3. 在煮前变黑的位置，还是煮前不变的位置，在煮后均发生了薯肉变黑

这种情况下，薯肉颜色变黑是由于氯原酸与铁形成了络合物的结果，这多发生在块茎的基部，因铁集中在基部，顶部很少发生。一般是在煮后 1 h 左右出现不同强度的灰绿色，最后变暗变黑。

在油煎过程中薯片迅速变黑，这种变黑是由于还原糖和氨基酸的反应结果，在一般温度下这个反应进行得很慢，只有经过几个月才能发生，但当块茎加热特别是油温高的情况下，糖与氨基酸迅速发生反应形成了类黑色素颜色产物，导致薯肉变黑。

4. 块茎低温受冻而引起薯肉变黑

当块茎在－1～－2 ℃下 8 h 左右，块茎轻微受冻，恢复后就会发生薯肉变黑，这可能是受冻部分细胞被破坏引起酶促反应的结果。

（七）水薯和甜尾现象

水薯，就是块茎切开后薯肉稍有透明，成水渍状。这种块茎内水分含量高而干物质含量少，淀粉含量很低。原因是生育后期氮肥过多，茎叶倒伏或过度生长，影响了光合产物的供给，因而使淀粉的累积减少，而含水量高。

甜尾薯，即是块茎尾部含糖量高，淀粉含量少，这是块茎前期生长很快，在光合产物不足的情况下，由块茎尾部淀粉水解成糖转移供给块茎顶部继续生长和顶部的淀粉合成，从而造成尾部糖分增多、淀粉减少，水分相对较多，使尾部变甜并成水渍化。随着水分的损失，基部萎蔫。

（八）块茎薯肉变褐

块茎表面无任何症状，但切开后，在薯肉部分分布着大小不等、形状不规则的褐色斑点，褐色部分细胞已经死亡，成为木栓化，淀粉粒已基本消失，煮熟不烂，严重者完全失去食用价值。原因可能是土壤水分不足、干旱造成，或者土壤缺磷、缺钙，卷叶病毒及晚疫病严重时，块茎剖面部有可能出现褐斑症状。

（九）皮孔肥大

皮孔周围细胞增生，使皮孔张大并突起，形成许多类似疮痂病病症的小斑点，既影响块茎的形状美观，又极易被病菌感染，使块茎不易贮藏。在正常情况下，块茎表面的皮孔不向表面突出，但当土壤湿度过大或贮藏过程湿度过高时会出现。

防治措施：在马铃薯的生育期间，注意特别是低洼易涝地块的培土和排水；成熟期土壤水分控制和调节在60%左右为适；贮藏前期采取通风等措施，以减少块茎湿度过高。

（十）芽薯

芽薯就是在种薯芽眼处，萌芽部分不能正常伸长，就在萌芽部分直接形成块茎，俗称“梦生薯”。原因是已通过休眠的块茎，酶的活动增强，种薯可利用态的养分迅速增加，并在萌芽部分积累，播种后土壤温度过低，一般不足 13 ℃，影响了芽条的正常生长，但此时温度却适于块茎形成，于是萌芽部分膨大形成块茎。一般在春季播种过早，播种后长期处于低温的情况下发生；在土壤干旱的情况下更易发生。冷凉地区不宜播种过早，不然会造成缺苗，尤其是敏感的品种更应注意。

（十一）贮藏期间的主要病害

马铃薯贮藏中常见病害主要有生理性病害与传染性病害。

1. 生理性病害

马铃薯的生理性病害主要由薯块呼吸作用和物质代谢紊乱引起，主要是马铃薯黑胫病。薯块肉质部分逐渐变黑，最终布满黑色斑点。贮藏环境中氧气不足，导致透入组织的氧气不足而积累二氧化碳气体，薯块因酪氨酸酶活性增强，使酪氨酸酶转变成黑色素而变黑。薯块发芽时气温较高，过度干燥，在运输、贮藏过程中造成损伤、受重压，都会出现薯块变黑现象。

2. 传染性病害

马铃薯贮藏中主要的传染性病害有环腐病和干腐病两种，环腐病外皮显现凹入的棕色斑点，而后透入块茎的组织，严重时扩展到薯块内部。马铃薯感染了环腐病，块茎组织变成淡色，产生难闻气体与黏液，逐渐全薯软腐产生大量黏液。在湿热的贮藏环境中最易发生此病。此病菌发育的最适温度为20～30 ℃，病菌多从伤口侵入，不能从自然孔道侵染。故在贮藏中要避免机械损伤，并保持较低温度，即可减少染病机会。此病在久雨潮湿时尤多，如不采取防范措施，最终会导致全部腐烂。

干腐病又名镰刀菌病，症状是出现带白、粉红、灰青色以及其他颜色的霉菌附着的棕色茎块，组织发黑并变成孔状，内部变空，结果使整个薯块肉质枯干。

第二节　马铃薯收获贮藏原理

一、马铃薯收获

收获后的损失会降低块茎数量或品质，或两者皆有。块茎数量的损失显而易见，而品质损失常常被低估，但也很重要，因为它们会显著降低作物价值。数量和品质的损失是由物理、生理或病理，或是三者的共同作用引起，受块茎自身状态的影响，马铃薯正常的贮藏期不得不由于腐烂、萎蔫、发芽或几种因素的共同影响而提前终止。

由机械损伤引起的损失常常被忽略，物理损伤也会导致次级生理和病理损失，这就使机械损伤造成的损失难以估算。机械损伤以许多形式发生，并且可在所有阶段发生：从收获前到收获，再到操作处理（如分级、包装、运输以及市场上的摆放），最后到消费者家中。尽管块茎在每一时期都会受到明显的损伤，但总损伤的近3/4是发生在收获期。1/3的作物被机械严重损伤的现象也并不少见，严重损伤的块茎绝不能被贮藏。

机械损伤大体上可划分为两种类型：外表皮受损而发生的破裂，块茎薯肉变黑或变色且与表皮破裂无关时所发生的内部瘀伤或黑心。破裂损伤可进一步划分为擦伤（仅仅是表皮受伤）和薯肉损伤（擦伤得更深一些）。所有类型的损伤可能由同一碰撞引起，块茎所处条件常常决定其遭受哪种类型的损伤。

在收获和操作处理时影响损伤的因素包括土壤条件、块茎条件、温度、操作处理的小心程度、收获和处理设备的设计，显然，收获时的土壤条件会极大地影响损伤水平。这反过来反映出在最初地点选择和预准备上是否重视了这些问题。

例如，大土块和石块，特别是有棱角的或尖的，会增加损伤程度。一般来说，极端潮湿或极端干燥的土壤条件都会增加损伤。

一个品种破裂和内部瘀伤的程度受块茎干物质含量和膨压的影响。内部瘀伤的发生和干物质含量间存在直接相关性，高含量的干物质会产生更严重的瘀伤。而干物质又受生长条件和品种的影响。品种、土壤类型和温度同样会影响块茎形状和薯皮的强韧度（对破裂发生起重要的抑制作用）。干瘪的或松软的块茎，其发生的损伤更趋向于形成瘀伤。新芽的生长会加重块茎的萎蔫，因此发芽的块茎其瘀伤会比未发芽的更严重。同样地，收获期的成熟度影响擦伤程度。如果块茎必须在早于作物自然成熟时收获，则需要提前 15 d 左右通过物理或化学的方式破坏地上部。当然，因为品种和环境不同，时间的确定还要靠当地的经验。

马铃薯在 5 ℃的低温时更容易发生机械损伤，在一定条件下，增加敏感块茎的温度（如在分级操作之前）够通降低损伤。据报道，在钾营养不足的条件下生长会更易形成瘀伤。显然，无论采取人工还是机械收获，操作处理的小心程度都可能影响损伤程度。除了显而易见的物理损失，甚至小的损伤也会导致生理和病理损失增加。损伤的产品比未损伤的产品在收获后的保存期更短。生理损伤可能是在贮藏前期、中期或后期将块茎暴露于极高或极低的温度下引起。在收获后不要将块茎直接暴露于阳光下，这种暴露会促使马铃薯变绿，这是鲜食薯需避免的，并且在严重情况下，过热会导致块茎细胞死亡、变黑。在高温贮藏条件下会有黑心症状发生。这种变色和块茎内部组织的损害是缺氧导致的结果。

二、马铃薯贮藏

（一）外界环境条件与马铃薯贮藏

置于极冷温度下（−2 ℃）的块茎将会受伤，因为会形成内部冰晶。甚至稍微结冰的块茎，其维管束也会变色。冰冻 4～5 h 的块茎几乎不表现出内部变色的症状，但解冻后块茎会变得湿、软，并流出液体。延长在稍高于冰点的温度下的暴露可引起低温损害，导致薯肉或薯皮出现红褐色的斑块或小点。

在贮藏期间块茎的呼吸作用会导致干物质的损失。在 10 ℃的贮藏温度下，这种损失在最初 1 个月占鲜重的 1%～2%左右，在以后的每个月为 0.8%，但发芽时又会升高到 1.5%。块茎呼吸作用最重要的影响是呼吸热的产生以及它们随后对贮藏温度和通风系统的影响。呼吸作用的速率依赖于温度，在 5 ℃时最小。如果将 100 定义为 5 ℃的呼吸值，那么其他温度近似的值如下所示：

0℃——270

5℃——100

10℃——120

15℃——130

20℃——220

25℃——380

呼吸热的产生量是很重要的，在呼吸作用中每产生 1 g CO_2 就有 2.5 kcal 的热量产生，可根据下表进行估算。如果热量没有被散除开，则马铃薯的温度会升高。理论上讲，每 24 h 至少上升 0.25 ℃。

	h/t	W/t
未成熟块茎在贮藏点	259	72
块茎贮藏在 10 ℃	65	18
块茎贮藏在 5 ℃	29～50	8～14
发芽的块茎	104	29
衰老的糖化块茎	208	58

如果块茎处在缺氧的环境中，一些类型的损害就会发生，如发酵、变味、组织溃烂和死亡。因为马铃薯是按重量销售的，块茎出售前的水分丧失便意味着销售额的损失。如果水分丧失超过 10%，块茎的外观会变得皱缩、不吸引人，从而影响块茎的可销售性。水分从块茎丧失是蒸发作用造成的。

马铃薯的水分丧失速率与水蒸气压差（VPD）或周围空气的干燥力成比例。在任何给定的 VPD 下，丧失速率是受成熟块茎的周皮或外皮层限制的。除去或损伤周皮会增加蒸发速率。新收获的未成熟块茎丧失水分比成熟块茎更快，因为未成熟的外皮其水蒸气的可渗透性更强。因嫩芽表面的水蒸气渗透性比块茎周皮的更强，所以当芽开始生长时，水分丧失会增加。未损伤的成熟块茎，其水分丧失量平均为每毫巴（mbar）VPD 每周 0.14%～0.17%块茎重，在损伤块茎中这能上升到每周 0.5%～0.8%。类似地，每 1%的芽重增加每毫巴 VPD 每周的蒸发损失 0.07%～0.1%。只要空气保持静止，则块茎周围空气的干燥力或 VPD 较低。空气流动若超过其交换必需的最小值将不可避免地增加水分丧失。块茎周围空气的 VPD 受其相对湿度和温度的影响，在任何给定的相对湿度下，温度的增加伴随着 VPD 的增加。相反地，在任何给定的温度下，相对湿度的增加伴随 VPD 的下降。

温度在贮藏期的具体作用依赖于它对各时期许多反应的影响，而这些反应都是可限制生长的。一般而言，贮藏温度低于或超过 4～21 ℃这一范围越多，则剩余的休眠越短，最关键的温度介于 4 ℃和 10 ℃之间。块茎最先贮藏在低温下随后贮藏于 10 ℃中将比一直贮藏于 10 ℃下有更短的休眠期。品种对温度的变动有不同的反应，尽管休眠期长短与随后芽的生长率间没有明显的联系，但芽的生长始终伴随着休眠的破除。影响芽生长的速率和形状的主要因素是马铃薯品种特性、先前的贮藏、温度、湿度和空气成分以及曝光程度。在 5 ℃及以下，芽的生长缓慢；5 ℃以上则随着温度的升高而升高直到约 20 ℃的最适温度，超过则生长速率下降。贮藏湿度也能影响芽的生长速率，芽的形状也会受影响，例如在干燥条件下分枝程度更高，在潮湿条件下不定根的产生量更多。CO_2的增加同样促进芽的生长。生长在光下，则马铃薯的芽产生叶绿素，并且比生长在黑暗中的更短和健壮。在 17 ℃连续光照下贮藏 7.5 周的种薯其最长芽的平均长度比对照（黑暗中）的少 3%。除此以外，贮藏在光下芽上也会长出更多的根原体。更多的贮藏和市场上的损失可能是由各种生理异常引起，这些生理异常通常是由收获前那些影响块茎形状和生理状态的非正常生长条件引起的。

（二）马铃薯生理因素、物质变化与马铃薯贮藏

贮藏损失的另一个生理因素是发芽，发芽会降低商品性并导致水分和呼吸损失的增加，受伤染病的块茎其发芽早于完整健康的块茎。正常情况下，收获时块茎要休眠，即使在最适的条件下芽也不会生长。生长是一个复杂的过程，在影响休眠期长短的因素中，其中有两个最重要的因素，即是马铃薯品种和贮藏温度。然而，其他在一般情况下重要性很小的因素，有时也会产生最重要的影响。

最后，糖水平的变化会极大地影响块茎的烹饪和加工品质。除收获后糖含量会立即进行最初的调节外，之后，贮藏温度也会影响糖含量。温度的下降，特别是低于 6 ℃时会引起糖含量的上升。蔗糖和还原糖都会累积，但在不同温度下不一定就会保持相同的比例。受低温糖化作用的块茎可在 15～20 ℃的高温下贮藏两星期来去糖化。除了暴露在低温下会导致糖含量的增加，当延长了在高温下的贮藏时间之后，糖含量也会呈上升趋势，这种情况被称为衰老糖化。块茎的糖含量会影响它们的便于烹调性，同时这也会极大地影响炸片产品的颜色。油炸产品的颜色主要由氨基酸和还原糖之间的反应引起。在正常的油炸温度下，最终的颜色与还原糖含量密切相关，这些还原糖中又以葡萄糖的含量与褐化的关系最为密切。当然，产品颜色也受可调节的油炸温度和时间的影响。

（三）病虫害与马铃薯贮藏

马铃薯若受微生物侵染可能会引起最为严重的收获后损失，物理和生理的伤害通常会使块茎更易受病原物攻击，这些损失可引起完整组织数量的损失以及品质的下降。数量上的病理损失可由寄主组织被快速完全毁坏引起，如感染枯萎病、粉红腐烂病、干腐病、细菌性软腐病等情况。攻击方式常常是通过特异的病原物进行初侵染，随后是广谱次级生物的大量侵染。通常，包括软腐病，其只有微弱的致病性，是腐生的，即在初侵染的死亡组织中生存，这些次级侵入者可能仍具侵略性且在收获后的病理学中有重要作用。因为它们会大量繁殖以扩大原初病原物的初侵染范围。品质的病原性丧失是由斑点性病害引起，如常见的疮痂

病、粉痂病、黑痣病、银腐病等；也可由致畸形的病害引起，如形成瘤状物。这些病害，尽管只会引发一点或根本不引发块茎腐烂，但会影响马铃薯的外观进而影响其商品价值。另一组病害如外皮斑点和丝核菌屑病会侵入并杀死马铃薯的芽眼，而芽眼对于种薯非常重要。

收获后的病害也可进一步划分为下面两种情况：一种是在收获之前的大田中受侵染，另一种是在收获时或收获后受侵染。发生在收获前的侵染，一般腐烂会立即在田间爆发，并且在收获后的贮藏期继续发生，如晚疫病、褐腐病、粉红腐烂病。相反地，另一种情况的侵染是潜伏的，仅仅在之后的贮藏中显露出来，如早疫病、外皮斑点病。发生在收获时或之后的侵染通常是在机械伤口处，如干腐病、水浸状腐烂病和坏疽病。属收获后侵染的病原物中大多数是伤口寄生菌，几乎不可能通过完整的未受伤的外皮来侵染。但一些病原菌. 能通过自然的外皮开口，如皮孔侵染，特别是随后贮藏在高温的环境下，块茎表面有自由水分冷凝这样的情况下更易侵染。

在收获后期的主要病害包括由真菌、细菌、病毒和生理异常等引起的病害，除此以外，病害性损失也可由昆虫、线虫、其他有害动物（如啮齿类和鸟类）等引起。收获后引起危害最大的昆虫是马铃薯块茎蛾，也被称为烟潜叶蛾，对贮藏的块茎来说，最初的侵染主要是收获时幼虫对块茎的侵染。成年块茎蛾很容易迁飞，可从大田迁移到贮藏设施。成熟的马铃薯块茎蛾会产卵在马铃薯的芽眼上或其附近，卵化出的幼虫通过从芽眼钻孔进入块茎并在钻孔挖道时取食。幼虫的危害直接导致重量损失，伤口又会引起皱缩和微生物的二次侵染，二次侵染同时伴随着其他有害生物例如蛞蝓、线虫和切粮虫引起的损伤。当马铃薯块茎蛾的幼虫成熟时，它们会在块茎外面作茧并在那里化蛹，然后出现成熟个体，并重复这种循环（3～4 周），同时也会迁飞至大田中。

种薯贮藏中，蚜虫对幼芽的严重侵扰会在某些病毒病的传播中发挥一定作用，特别是马铃薯卷叶病毒。当研究降低收获后损失的方法时，需考虑到贮藏仅是整个马铃薯生产体系中的一部分。许多收获前的产量影响因素显著地影响收获后块茎的表现，如地点的选择会影响许多病害的严重性，场地的准备会极大地影响收获期块茎的损伤程度。不同品种在一些重要贮藏特性上存在较大差异，如对收获和处理损伤的抵抗力、对有害生物和病害的抗性、休眠期的长度、芽的生长等。不同的栽培措施和种植条件会显著影响收获块茎的物理条件、健康和生理状态。

除了这些收获前所考虑的，收获后损失也可通过多种物理、化学和生物学方法来降低。如：小心地收获并提高处理技术对于降低收获损失是必要的；从作物的成熟度和主要的天气情况以及土壤条件等方面来确定收获时间是重要的；成熟块茎会比未成熟的遭受更少的收获损伤，特别是外皮擦伤；如果有必要，块茎需在收获前 15 d 左右通过人工破坏茎秆完成最后的成熟；土壤条件影响损伤程度；所用工具都应本着将损伤减至最低来挑选；块茎决不能从超过 15 cm 的高处投到不软表面上。

进行贮藏的马铃薯必须健康、干燥、无土。常常需保护块茎远离雨水和避免直接暴露到阳光下或风中。被雨淋过的块茎不应被贮藏，因为它们容易很快腐烂。如果不能快速清理掉潮湿的块茎，则湿的块茎需以尽可能薄的堆积形式来临时存放，以促使其快速干燥。不要在未受保护的马铃薯边行走或站立。对于一般的卫生设备、清洁用具、操作机器、容器和贮藏点都必须注意使用杀菌剂以减少潜在的病原物来源。老化的块茎用烧掉或掩埋的方式处理掉。留在大田或贮藏点的马铃薯是病虫害的潜在资源、寄主或聚集点。

贮藏期间降低水分和病害性损失的一个简单而有效的方法是充分适时地愈伤化，愈伤化是一个伤口治愈过程，其间外皮发生硬化。这一过程首先涉及靠近伤口的周皮或木栓层的形成，它也是一个抗侵染的屏障。这一过程在 12～18 ℃或高于此范围，相对湿度≥85％且有氧气存在的情况下发生。低于相对湿度下限，即使温度合适，这一反应也不会发生。随着温度的上升直至最大值约 20～25 ℃，该反应发生也越快。最佳条件被认为是 7～15 d、15 ℃、85％～90％湿度。在大多数情况下，愈伤化条件通过稍微限制最近收获的作物的自然空气流通来简单地获得。这会使呼吸热积累且水分会从伤口和黏土中蒸发掉，愈伤化是一个较易自然促发的保护过程，除了在细菌性软腐病的高发区，它被认为是一个在收获后立刻发生的惯性程序。在收获和操作后立即进行愈伤化才有价值，否则在保护性周皮形成之前，病原物将在伤口组织上形成。一旦块茎形成愈伤，对它们之后的操作应尽量避免新损伤。

低温贮藏可使易腐烂的农业和园艺产品的损失最小化，因此被广泛选择。但是，除非进行了适当地设计和充分地愈伤化，否则马铃薯的低温贮藏会令人失望。低温贮藏的原理是由于温度的下降使代谢过程减慢，导致呼吸和发育引起的损失降低。病原物的代谢活动在低温下同样降低，因此腐烂常被阻止。实际上马铃薯置于 5 ℃或更低的温度下不会发芽，但因为低温糖化的问题，作为消费的马铃薯其理想的贮藏温度在 5～10 ℃，这依赖于贮藏期的长短和块茎的最终用途。种薯能在 2～4 ℃的低温下长时间贮藏，因为低温糖化在此没有什么重要性。

冷藏通常需要保持适当的温度，需要熟练的管理人员和经过仔细设计的通风设备。在一些情况下，冷藏并不是可行的。块茎可被贮藏在超过先前讨论的范围之外的温度下相当长的时间。许多建筑上的和管理上的技术可用来降低贮藏温度，如利用夜晚的冷空气。要使蒸发作用的水分损失最小化，贮藏区空气的 VPD 必须保持尽可能低，相对湿度应保持在 90％左右的高水平，在某种情况下，这将要求使用冷的通风空气来人工增湿。要避免自由水在块茎上的凝结，因为如同雨水引起的情况一样，这会促发快速地细菌性腐烂。

除了通过良好的植物病害控制手段，如清除感病块茎和病株残体等来降低收获后的有害生物和病害损失外，在一些情况下，也可通过使用化学农药来降低这种损失。在使用化学药剂之前，需要了解涉及病害或有害生物的生物学详尽的知识。对于侵染最初发生在收获前的大田中的有害生物和病害，最好直接用化学药剂和其他措施进行大田控制。通过直接应用农药到块茎上可能会控制一些有害生物和收获后病害，但由于用于鲜食薯会有农药残留的风险问题，因此并没有被广泛采用。在应用于食品之前，化学药剂都应进行严格的审查，其使用必须与国家相关的食品添加剂规章一致。使用啮齿类动物毒剂和化学抑芽剂也有类似的要求。这些审查措施对于种薯的处理是不必要的，然而，在操作和使用所有农用化学药剂时都应小心慎重。在 5 ℃以上长期贮藏时，用来控制发芽的化学药剂包括萘乙酸（MENA)、四氯硝基苯（TCNB)、苯胺灵（IPPC)、氯苯胺灵（CIPC)、三甲基乙醇、马来酰肼。除了马来酰肼（一种用于收获前的叶面喷雾剂）外，上述列举的其他化学药剂都是在收获后的块茎上使用的，由于它们都容易汽化，所以要将其分散在一种惰性填充物中。

若应用固体形式，则化学药剂水平必须足够，以保证活性成分的含量，达到预期的贮藏时间。除了四氯硝基苯，以上的其他药剂都会抑制愈伤化过程和伤口木栓化的形成。当抑芽剂被用到消费用马铃薯上时，需非常小心以避免污染种薯，四氯硝基苯是唯一可能被用于种薯的抑制剂，但还需要根据当地实际情况进行调查后才能使用。

第三节　攀西地区马铃薯贮藏

一、攀西地区马铃薯贮藏现状

攀西地区及四川的马铃薯的贮藏设施简陋，贮藏量小，技术水平低，损耗量大，不能适应现代农业发展的需求，合理的把种用薯、鲜食用薯、商品薯、加工用鲜薯进行科学贮藏，是延长马铃薯产业链的关键环节，通过科学贮藏，既可调节市场供求，又可增值 20％～30％。

攀西地区的马铃薯多以农户为单位分散贮藏，贮藏量小，贮藏方式基本为堆藏或囤藏，贮藏设施多为没有温湿度控制的简易仓库和土窖（海拔 2600 m 以上的高寒山区局部区域采用）。且缺乏专用的运输设备，运输方式多为人背、马驮或马车运输等，因贮藏粗放，管理措施不到位，虽然借助了当地的自然条件，能够以最低的贮藏成本让马铃薯块茎安全贮藏一段时间，满足生产和消费的基本需求，但贮藏过程及环境条件对贮藏效果影响很大。据有关部门调查，在凉山州因冰雪灾害受冻种薯达10余万t。据多年调查统计，马铃薯在贮藏过程中，由于腐烂、发芽、变绿、失水引起的损失在30%左右。低温贮藏导致马铃薯块茎内还原糖含量增加又是影响马铃薯加工品质变劣的一个重要因素。

二、攀西地区马铃薯贮藏中存在的问题

1. 贮藏设施简陋，条件不完善

攀西地区凉山州许多农户的贮藏室（间）的墙体多为土坯，部分无窗户，未吊顶，更未涉及隔热、通风设施，因而无法调节室内温湿度，不能及时换入新鲜空气；选址不当，有的地下水位较高，致使室内湿度过大；有的贮藏室位置背阴，且处在北风口，在冬季（元月）贮藏马铃薯时，特别容易发生薯块冻害。

2. 不区分品种、用途混合贮藏

目前，攀西地区农民基本仍按过去习惯，一家只有1个窖（室），食用薯、商品薯、种薯、加工薯等几种用途的薯块，或几个不同品种的马铃薯，都贮藏在一个窖（室）内。这不仅造成品种的混杂和病害的传播，影响种性，同时对食用薯品质和加工薯价值的保持不利，因而直接影响农户的经济效益。贮藏过程中，只有满足不同用途薯块对贮藏条件的不同要求，才能达到贮藏的预期目的。

3. 入库质量不能保证

入库质量是指入库薯块具有本品种特性，形状规则完整，薯皮干燥、无斑病、无腐烂、无冻害、无泥土及其他杂质。马铃薯收获时，由于劳动力不足等原因，不经晾晒、挑选、分级，泥土薯块混合，病薯受损伤薯混在一起入库，贮藏常常采用倾倒的方式，薯块损伤严重，加之堆放时人在薯堆上乱踏而踩伤薯块，严重影响了马铃薯的入库质量。泥土多造成贮温升高，通气不畅，带入各种病菌；病烂薯直接把大量病菌接种在薯堆内，为病害的扩大蔓延创造条件，造成烂薯。

4. 贮藏管理不当

许多农户不了解马铃薯贮藏期间要经过后熟期、休眠期和萌发期三个生理阶段的特性及各个生理阶段应采取的措施。沿袭“自然管理”的习惯，在马铃薯贮藏期间，不检查，不根据各种用途的薯块调整室内的温湿度，极少通风换气，出库时易出现烂薯、发芽、黑心及冻害等，造成较大的经济损失。或者在贮藏时只注意保温防冻，不注意通风换气，使贮藏室内因薯块呼吸产出大量CO_2，使薯块正常呼吸受阻，就种薯而言，会造成芽子窒息，进而影响其出苗率。

凉山州马铃薯的贮藏，原原种、原种由农业部门专收专贮，其他的种薯，农民自用薯、商品薯，一般都以一家一户贮藏为主，没有专门的贮藏设施，极易造成品种混杂和烂薯，尤其是二、三、四代种薯质量难以保证。商品薯的损耗也较大。加工企业没有修建专门的鲜薯贮藏库，鲜薯敞放，日晒雨淋，薯块腐烂

较重。

参考文献

[1] 阮俊. 马铃薯高效栽培技术 [M]. 成都：四川教育出版社，2009.
[2] 李佩华，蔡光泽，普晋，等. 四川省马铃薯脱毒种薯生产现状及发展对策浅析 [J]. 西昌学院学报（自然科学版），2012 (3).
[3] 李佩华. 马铃薯高产高效实用栽培技术概要 [J]. 农技服务，2012 (10).
[4] 门福义，刘梦芸. 马铃薯栽培生理 [M]. 北京：中国农业出版社，1993.
[5] 徐成勇，曹吉祥，陈学才，刘斌，刘明英，张荣，马辉. 四川省马铃薯贮藏现状、存在问题及解决措施 [G] //凉山州马铃薯大会论文集. 2008.
[6] 散射光种薯贮藏（光照与幼芽生长）[G] //四川灾后种薯体系重建项目资料之五. 2008.
[7] 马铃薯贮藏原理 [G] //四川灾后种薯体系重建项目资料之七. 2009.

附表1　凉山州马铃薯种薯生产档案（田间）

<table>
<tr><td>生产单位</td><td colspan="4"></td><td colspan="3">生产许可证编号</td><td colspan="3"></td></tr>
<tr><td>基地名称</td><td colspan="10"></td></tr>
<tr><td>基地面积（亩）</td><td></td><td colspan="2">技术负责人</td><td colspan="2">种薯代数</td><td colspan="2"></td><td colspan="2">品种名称</td><td></td></tr>
<tr><td>种薯来源</td><td colspan="3"></td><td colspan="7">供种单位经营许可证编号：</td></tr>
<tr><td>调进时间</td><td colspan="3">年　月　日</td><td colspan="7">供种单位生产许可证编号：</td></tr>
<tr><td>纯　度</td><td colspan="3"></td><td colspan="4">数　量（公斤）</td><td colspan="3"></td></tr>
<tr><td>检疫证编号</td><td colspan="3"></td><td colspan="4">种薯产地：</td><td colspan="3"></td></tr>
<tr><td>种薯包装情况</td><td colspan="3">包装材料：</td><td colspan="4">包装规格：</td><td colspan="3">包装批号：</td></tr>
<tr><td>种薯储藏情况</td><td colspan="7">储藏时间：　年　月　日至　年　月　日</td><td colspan="3">储藏地点：</td></tr>
<tr><td>种薯发货人姓名</td><td colspan="3"></td><td colspan="4">种薯接收及保管人姓名</td><td colspan="3"></td></tr>
<tr><td>播种日期</td><td colspan="10">年　月　日至　月　日</td></tr>
<tr><td>播种期</td><td colspan="3">年　月　日</td><td colspan="4">始花期</td><td colspan="3">年　月　日</td></tr>
<tr><td>收获期</td><td colspan="3">年　月　日</td><td colspan="4">终花期</td><td colspan="3">年　月　日</td></tr>
<tr><td colspan="11">隔离区内同类作物始花期：</td></tr>
<tr><td colspan="11">总体隔离情况：</td></tr>
<tr><td colspan="11">分　户　具　体　情　况（共　页）</td></tr>
<tr><td>户　名</td><td colspan="2">面积（亩）</td><td colspan="2">本田前作</td><td colspan="2">品种名称</td><td colspan="2">隔离及去杂情况</td><td colspan="2">结　论</td></tr>
<tr><td></td><td colspan="2"></td><td colspan="2"></td><td colspan="2"></td><td colspan="2"></td><td colspan="2"></td></tr>
<tr><td></td><td colspan="2"></td><td colspan="2"></td><td colspan="2"></td><td colspan="2"></td><td colspan="2"></td></tr>
<tr><td></td><td colspan="2"></td><td colspan="2"></td><td colspan="2"></td><td colspan="2"></td><td colspan="2"></td></tr>
<tr><td></td><td colspan="2"></td><td colspan="2"></td><td colspan="2"></td><td colspan="2"></td><td colspan="2"></td></tr>
<tr><td></td><td colspan="2"></td><td colspan="2"></td><td colspan="2"></td><td colspan="2"></td><td colspan="2"></td></tr>
<tr><td></td><td colspan="2"></td><td colspan="2"></td><td colspan="2"></td><td colspan="2"></td><td colspan="2"></td></tr>
</table>

注：1. 本档案每个基地每个品种同一生产年度各填一本。

2. 分户面积之和应等于基地面积。

3. 种薯的纯度按供种单位提供的检测数据填写。

4. 基地名称写到××县（区、市）××乡（镇）××村××组。

5. 隔离情况要注明隔离方式（如时间隔离或空间隔离）、是否达到国家规定要求。

表1　种子生产档案

分 户 具 体 情 况（共 页）					
户　名	面积（亩）	本田前作	品种名称	隔离及去杂情况	结　论

注：本页不够可加页。

表 2　种子生产档案

<table>
<tr><td colspan="2">检查时所发现的问题及所采取措施的记录</td></tr>
<tr><td>检查时期</td><td>发现的问题及所采取措施的记录</td></tr>
<tr><td>播种前</td><td>基地技术负责人签名：
年　月　日</td></tr>
<tr><td>播种后</td><td>基地技术负责人签名：
年　月　日</td></tr>
<tr><td>花期</td><td>基地技术负责人签名：
年　月　日</td></tr>
</table>

表 3　种子生产档案

基地苗期田间检查情况

检查时间　　年　　月　　日

农户姓名	生育时期	面积（亩）	总株数	杂株数	杂株率（%）	其中				去杂时间	综合评定	备注
						变异株		异品种				
						株数	%	株数	%			

调查人员：

表4 种子生产档案

苗期田间检查发现的问题及所采取措施的记录
基地技术负责人签名： 年 月 日

表 5　种子生产档案

基地花期田间检查情况

检查时间　　年　　月　　日

农户姓名	生育时期	面积（亩）	总株数	杂株数	杂株率（%）	其　中				去杂时间	综合评定	备注
						变异株		异品种				
						株数	%	株数	%			

调查人员：

表6　种子生产档案

田间花期检查发现的问题及所采取措施的记录
基地技术负责人签名： 年　月　日

表 7　种子生产档案

种子生产田间的病、虫、草害情况及病害送检情况记录
基地技术负责人签名： 年　月　日
种子产地气象记录
基地技术负责人签名： 年　月　日

注：产地气象记录指可能影响种子生产和质量的不良天气，如暴雨、干旱、冰雹、连阴雨、持续高温、寒露风等。

表 8　种子生产档案

<table>
<tr><td>基地检验总体结论（包括隔离是否符合要求，有无影响种子质量的插花田，田间去杂、去劣等是否全面彻底，田间花期检查是否符合标准等）</td><td colspan="5">基地技术负责人签名：
年　月　日</td></tr>
<tr><td colspan="6">种子收获入库情况</td></tr>
<tr><td>收获日期</td><td></td><td>入库时间</td><td></td><td>所用的收获方式</td><td></td></tr>
<tr><td>所用包装材料及规格</td><td colspan="5"></td></tr>
<tr><td colspan="6">分户具体入库情况（共　页）</td></tr>
<tr><td>农户姓名</td><td>面积（亩）</td><td>入库数（公斤）</td><td>农户姓名</td><td>面积（亩）</td><td>入库数（公斤）</td></tr>
<tr><td></td><td></td><td></td><td></td><td></td><td></td></tr>
<tr><td></td><td></td><td></td><td></td><td></td><td></td></tr>
<tr><td></td><td></td><td></td><td></td><td></td><td></td></tr>
<tr><td></td><td></td><td></td><td></td><td></td><td></td></tr>
<tr><td></td><td></td><td></td><td></td><td></td><td></td></tr>
<tr><td></td><td></td><td></td><td></td><td></td><td></td></tr>
<tr><td></td><td></td><td></td><td></td><td></td><td></td></tr>
<tr><td></td><td></td><td></td><td></td><td></td><td></td></tr>
<tr><td></td><td></td><td></td><td></td><td></td><td></td></tr>
<tr><td></td><td></td><td></td><td></td><td></td><td></td></tr>
<tr><td></td><td></td><td></td><td></td><td></td><td></td></tr>
<tr><td></td><td></td><td></td><td></td><td></td><td></td></tr>
<tr><td></td><td></td><td></td><td></td><td></td><td></td></tr>
<tr><td></td><td></td><td></td><td></td><td></td><td></td></tr>
<tr><td></td><td></td><td></td><td></td><td></td><td></td></tr>
<tr><td></td><td></td><td></td><td></td><td></td><td></td></tr>
<tr><td></td><td></td><td></td><td></td><td></td><td></td></tr>
<tr><td></td><td></td><td></td><td></td><td></td><td></td></tr>
<tr><td></td><td></td><td></td><td></td><td></td><td></td></tr>
</table>

表 9　种子生产档案

分 户 具 体 入 库 情 况（共 页）					
农户姓名	面积（亩）	入库数量（公斤）	农户姓名	面积（亩）	入库数量（公斤）
合 计			合 计		

注：本页不够可以加页。

表10 种子生产档案

入库后种子批划分情况	入库总数量（公斤）			
	划分种子批个数			
每个种子批的数量、检验、检测结果	批 号	数量（公斤）	纯度（%）	病检情况
病害检测单位				
质量检验单位				
检验后种子处理依据及处理记录（含种子流向）				
种子批在出售前从基地到存放地点以及不同存放地点之间的运输、流动情况：				

购（领）种单位	购（领）种数量（公斤）	购（领）种日期	包装规格及数量	经办人签名

注：

1. 分户具体入库数量之和应等于入库总数量。

2. 每个种子批的数量之和应等于入库总数量。

3. 种子流向应简要说明种子批在出售前从基地到存放地点以及不同存放地点之间的运输、流动情况。

注：本页不够可以加页。

附表 2　马铃薯脱毒种薯病毒检测申请及抽样表

申请单位：

检测申请（由申请单位填写）						抽样记录（由检测机构、检疫员填写）	
品种	种薯级别	生产数量或面积	上一级种薯条形码编号	产地	预计收获时间	抽样数量	样品采集地及 GPS 信息
申请时间： 联系电话： 申请单位签章：			申请人： 电子邮件：			检疫员签字： 采样时间：	

填报说明："种薯级别"分别为基础苗、原原种、原种、生产种，"生产数量或面积"填报单位基础苗为瓶、原原种为 m^2、原种和生产种为亩。

附表 3　马铃薯脱毒种薯病毒检测合格证申领表

申请单位：

品种	种薯级别	田间检查结果	植物检疫检验结果报告单编号	上一级种薯条形码编号	收获日期	生产数量或面积	总产量	合格证发放数量	领取人签名

填报说明：“种薯级别”分别为基础苗、原原种、原种、生产种，“田间检查结果”为合格或不合格，“上一级种薯条形码编号”中基础苗不需填报，“生产数量或面积”填报单位基础苗为瓶、原原种为 m^2、原种和生产种为亩，“总产量”填报单位基础苗为瓶、原原种为粒、原种和生产种为 kg，“合格证发放数量”由检测机构填写。

签　　章：

申领时间：　　　　　　　　　　　　　　　　　　领取时间：